北方粳稻

高产优质抗逆生理基础

◎ 隋国民　侯守贵　马兴全　主编

U0349198

中国农业科学技术出版社

图书在版编目（CIP）数据

北方粳稻高产优质抗逆生理基础／隋国民，侯守贵，马兴全主编．—北京：中国农业科学技术出版社，2017.12

ISBN 978-7-5116-2844-2

Ⅰ.①北…　Ⅱ.①隋…②侯…③马…　Ⅲ.①粳稻-高产栽培　Ⅳ.①S511.2

中国版本图书馆 CIP 数据核字（2016）第 278852 号

责任编辑	李冠桥
责任校对	马广洋

出 版 者	中国农业科学技术出版社
	北京市中关村南大街 12 号　邮编：100081
电　　话	（010）82109705（编辑室）　　（010）82109704（发行部）
	（010）82109709（读者服务部）
传　　真	（010）82106625
网　　址	http://www.castp.cn
经 销 者	各地新华书店
印 刷 者	北京富泰印刷有限责任公司
开　　本	787 mm×1 092 mm　1/16
印　　张	21.5　　彩插　12 面
字　　数	384 千字
版　　次	2017 年 12 月第 1 版　2017 年 12 月第 1 次印刷
定　　价	86.00 元

《北方粳稻高产优质抗逆生理基础》
编委会

序

　　1980 年是我国恢复研究生制度的第二年，我考取了沈阳农业大学的研究生，师从著名水稻专家杨守仁教授，从事北方粳稻特别是东北粳稻高产育种生理基础研究。那一年，东北水稻种植面积还只有 1 200 多万亩，总产 420 万 t 左右，平均单产仅 330kg/亩（15 亩 = 1hm²。下同）左右。2010 年我成为中国工程院院士后的第二年，东北水稻种植面积已经发展到 6 200 多万亩，总产 2 800 多万 t，平均单产也跃升到 460kg/亩以上。到 2015 年，东北粳稻实际种植面积已达到 7 800 多万亩，总产近 3 800 万 t，平均单产达到 520 kg/亩，其中辽宁水稻平均单产更是突破了创纪录的 560kg/亩以上。

　　东北粳稻生产的快速发展，得益于近三十年来国家对东北粳稻的高度重视与支持和科技的长足进步。这期间，《北方粳稻高产优质抗逆生理基础》的主要编撰者们曾先后来到沈阳农业大学攻读硕士、博士学位，就北方粳稻高产、优质、抗逆生理基础开展了系统、深入的研究。毕业分配到辽宁省稻作研究所以后，他们不忘初心，砥砺前行，结合自己的育种、栽培与生产实践，继续开展相关研究，积累了大量第一手资料。《北方粳稻高产优质抗逆生理基础》就是对这些资料进行的系统归纳和总结。

　　全书内容涵盖了北方东北粳稻产量和品质形成、氮磷钾高效利用、根系生理、抗逆生理及其调控机理等，汇集了近年北方粳稻相关研究领域的新成果、新方法和新技术，是一部较全面、系统介绍北方粳稻特别是东北粳稻生理基础的专著，具有较高的学术价值和现实指导意义。

　　随着时间的推移，北方的气候在变，水稻生产方式和生产水平在变，品种和栽培技术也在变。关于北方粳稻特别是东北粳稻的研究，无论内容、深度还是广度也都会不断发生变化。因此，对北方粳稻的研究仍将在路上！衷心希望该书编著者们百尺竿头，更进一步，为我国北方粳稻科研与生产的发展做出新的、更大的贡献！

中国工程院院士　陈温福

2017 年 11 月

前　　言

《北方粳稻高产优质抗逆生理基础》一书，是根据近年来辽宁及北方水稻新品种的特征特性、生态环境的变化及生产状况等而开展的水稻栽培抗逆生理基础研究，汇聚了相关学术领域专家、学者多年的智慧和结晶。本书共分六章，第一章水稻产量品质形成的基础研究，从生理、生态和栽培因子等方面，阐述了水稻产量品质形成的基础。第二章水稻根系生理研究，根据水稻根系的品种特性，详细论述根系的形态建成，根系与地上部性状、与叶片衰老、与籽粒灌浆结实的关系及外源植物生长调节剂对根系的影响。第三章从稻田土壤养分释放特性、水稻养分吸收动态变化规律及营养特性、施肥量与施肥方法等论述了影响氮磷钾利用率的因素及提高途径。第四章水稻抗旱性研究，阐述了北方粳稻资源耐旱性评价及耐旱核心亲本群体构建，不同生育时期水分胁迫对水稻的影响，不同灌溉量和旱胁迫下水稻耐旱品系的生理效应。第五章水稻盐分胁迫生理研究，阐述了水稻盐胁迫伤害机理、耐盐机理、相关鉴定指标筛选及盐胁迫下水稻叶片气孔性状的生理调节。第六章水稻低温冷害研究，从东北地区气候特点、低温冷害区域分布特征、低温冷害的类型、低温伤害机理及评价指标等方面论述了东北地区低温冷害发生规律与预防。

本书可作为北方稻区农业科研院所、农业院校、农业技术推广部门和水稻生产者的参考用书。

本书的出版得到了科技部、农业部、辽宁省科技厅的资金资助。在编写过程中，得到了辽宁省农业科学院、辽宁省水稻研究所、沈阳农业大学、辽宁省盐碱地利用研究所、辽宁省农业科学院植保所、辽宁省农业科学院植环所、吉林省农业科学院水稻所、黑龙江省农业科学院、中国农业科学技术出版社等单位的大力支持。沈阳农业大学贾宝艳教授为本书审稿，并提出了大量宝贵意见；天津科技大学华泽田研究员对本书提出了修改建议；沈阳农业大学陈温福院士特为本书作序。在此，一并致谢！

由于编者水平有限、时间仓促，书中难免有不足之处，希望广大读者批评指正。

编　者
2017 年 10 月

目　　录

第一章　水稻产量品质形成的基础研究

第一节　水稻产量品质形成的生理基础

一、物质生产与分配

从光合产物和物质生产的角度分析，水稻的产量等于总物质生产量与收获指数的乘积。许多研究表明，当产量较低时，提高干物质生产总量和经济系数，都能显著提高稻谷产量；当产量达到较高水平时，提高干物质积累量是进一步提高产量的重要途径。因此在保证收获指数不变的情况下，大幅度提高生物产量从而获得高产，是水稻未来发展的必然趋势。不同产量类型水稻品种中后期的干物质积累能力存在明显的品种间差异，回归分析表明：水稻始穗前期的干物质积累量与产量呈显著的二次多项式关系（图1-1），水稻的产量随着群体始穗前干物质积累量增大而增加，当干物质生产量达到18 000kg/hm²时达到最大值，之后随着群体干物质积累量增大产量有下降的趋势。生长速率与产量呈幂指数关系（图1-2）。

从干物质积累动态上看（表1-1），在分蘖初期，低产品种和对照品种的干物质生产量都较高，分别为2 942.74kg/hm²和2 974.88kg/hm²，而高产类型的品种在这一时期内的干物质积累量略低，为2 832.39kg/hm²。到分蘖末期，对照品种的干物质积累量增加较快，达到6 537.86kg/hm²，远高于高产类型的品种和低产类型的品种（5 873.77 kg/hm²和5 977.44kg/hm²）。但从分蘖末期到始穗期，高产类型的品种干物质重超过了对照和低产类型的品种，达到了11 318.05kg/hm²，可见高产类型的水稻品种在分蘖末期到始穗期之间有一个很快的物质积累过程，而低产类型的品种和对照品种则相对较平缓。高产类型的品种在出穗前期

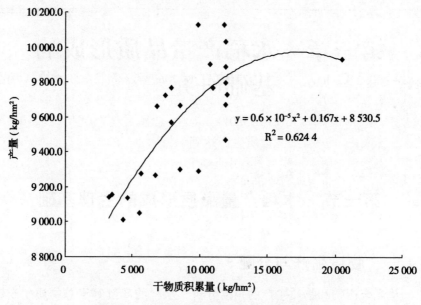

$$y = 0.6 \times 10^{-5}x^2 + 0.167x + 8\ 530.5$$
$$R^2 = 0.624\ 4$$

图 1-1　始穗期干物质积累量与产量的关系

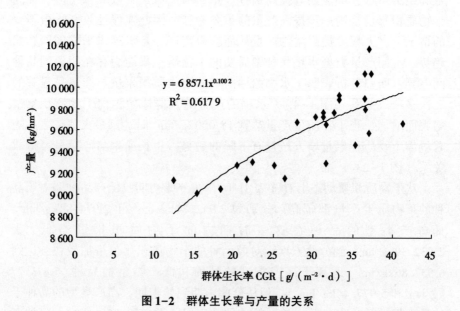

$$y = 6\ 857.1x^{0.100\ 2}$$
$$R^2 = 0.617\ 9$$

图 1-2　群体生长率与产量的关系

的生长量较大主要是因为其与低产类型的品种相比具有较多的分蘖，增加了光合叶面积和单位面积的物质生产率。到齐穗期，对照品种的干物质积累量最高，为 15 263.76kg/hm²，高产类型的品种次之，为 13 390.46kg/hm²，低产类型的品种最低，为 12 954.48kg/hm²。从水稻的齐穗期到成熟期，高产类型的水稻品种有一个较快的干物质生产阶段，而低产类型的水稻品种和对照品种则相对平缓。在乳熟期高产类型品种的干物质积累量最高（18 900.27kg/hm²），对照品种次之（18 706.75kg/hm²），低产类型的品种最低（17 278.77kg/hm²）。进入成熟期后，低产类型的品种的干物质积累量却达到了最高，为 23 033.01kg/hm²，其次是高产类型的品种，为 22 177.86kg/hm²。可见在物质生产达到一定水平后，高的结实率和高收获指数成为主要因素。生育进程中光合物质的生产、分配与运输等其他方面的不协调是产量无法提高的重要原因。

表 1–1　不同类型品种干重分配特征　　　　（kg/hm²）

			分蘖初期	分蘖末期	始穗期	齐穗期	乳熟期	完熟期
高产品种	叶	重 量	1 472.44	2 870.64	3 784.60	3 077.25	2 155.63	2 348.66
		比例（%）	52.12	49.11	33.52	22.98	11.41	10.62
	鞘	重 量	1 359.95	2 789.39	4 319.45	4 180.33	4 529.69	2 808.64
		比例（%）	47.88	47.29	38.00	31.22	23.97	12.69
	茎	重 量		233.24	2 192.16	3 149.87	2 893.76	3 763.60
		比例（%）		3.97	19.32	23.65	15.83	16.85
	穗	重 量			1 021.83	2 736.02	8 421.54	11 469.54
		比例（%）			9.17	20.14	45.90	51.77
	干叶	重 量				247.00	903.00	1 787.43
		比例（%）				1.84	4.78	8.07
	总 重		2 832.39	5 873.77	11 318.05	13 390.46	18 900.27	22 177.86
低产品种	叶	重 量	1 562.44	2 874.71	3 565.75	2 902.01	1 968.46	2 399.90
		比例（%）	53.03	48.23	36.63	22.40	11.39	10.35
	鞘	重 量	1 380.30	2 958.27	3 962.34	3 954.90	4 545.52	2 714.18
		比例（%）	46.97	49.36	40.61	30.53	26.31	11.73
	茎	重 量		144.46	1 558.87	2 887.74	2 532.40	3 805.20
		比例（%）		2.41	15.78	22.29	14.69	16.66
	穗	重 量			699.79	2 393.83	7 182.39	11 497.75
		比例（%）			6.97	18.45	41.65	49.68
	干叶	重 量				816.00	1 050.00	2 615.97
		比例（%）				6.30	6.08	11.60
	总 重			5 977.44	9 786.75	12 954.48	17 278.77	23 033.01

（续表）

		分蘖初期	分蘖末期	始穗期	齐穗期	乳熟期	完熟期
对照	叶 重量	1 518.69	3 340.49	4 095.46	3 627.72	2 227.26	3 124.88
	比例（%）	51.33	51.10	40.57	23.77	11.91	14.85
	鞘 重量	1 456.19	3 089.88	3 904.84	4 429.69	4 917.92	3 312.37
	比例（%）	48.67	47.26	38.56	29.02	26.29	15.73
	茎 重量		107.50	1 591.19	4 241.08	3 108.63	5 293.54
	比例（%）		1.64	15.72	27.87	16.59	25.45
	穗 重量			531.23	2 414.28	7 425.95	12 786.99
	比例（%）			5.16	15.80	39.64	61.14
	干叶 重量				551	1 030.00	3 024.88
	比例（%）				3.61	5.51	14.61
	总重		6 537.86	10 122.72	15 263.76	18 706.75	21 925.37

从两种产量类型品种各器官干物重分配特点上看，分蘖期两类品种的差别不显著。在分蘖初期，高产品种叶重所占的比例为 52.12%，鞘重所占的比例为 47.88%；低产品种叶重所占的比例为 53.03%，鞘重所占的比例为 46.97%。在分蘖末期，高产品种叶重所占的比例为 49.11%，鞘重所占的比例为 47.29%，茎重所占的比例为 3.97%；低产品种叶重所占的比例为 48.23%，鞘重所占的比例为 49.36%，茎重所占的比例为 2.41%。从始穗期开始，两种类型品种各器官干物重分配有显著差别。在始穗期，高产品种叶片的干物重为 3 784.60kg/hm²，低产品种为 3 565.75kg/hm²，分别占总干物质比例为 33.52%和 36.63%；高产品种叶鞘的干物重为 4 319.45kg/hm²，低产品种为 3 962.34kg/hm²，分别占总干物质比例为 38.00%和 40.61%；高产品种茎秆的干物重为 2 192.16kg/hm²，低产品种为 1 558.87kg/hm²，分别占总干物质比例为 19.32%和 15.78%；高产品种穗的干物重为 1 021.83kg/hm²，低产品种为 699.79kg/hm²，分别占总干物质比例为 9.17%和 6.97%。在齐穗期，高产品种叶片的干物重为 3 077.25 kg/hm²，低产品种为 2 902.01kg/hm²，分别占总干物质比例为 22.98%和 22.40%，高产品种叶鞘的干物重为 4 180.33kg/hm²，低产品种为 3 954.90kg/hm²，分别占总干物质比例为 31.22%和 30.53%；高产品种茎秆的干物重为 3 149.87 kg/hm²，低产品种为 2 887.74kg/hm²，分别占总干物质比例为 23.65%

和 22.29%；高产品种穗的干物重为 2 736.02 kg/hm^2，低产品种为 2 393.83kg/hm^2，分别占总干物质比例为 20.14% 和 18.45%；在这一时期，高产品种的干叶为 247.00kg/hm^2，低产品种为 816.00kg/hm^2，分别占总干物质比例为 1.84% 和 6.30%。到成熟期两类品种差异最大的是穗重和干叶重，高产品种此时穗的干物重为 11 469.54kg/hm^2，低产品种为 11 497.75kg/hm^2，分别占总干物质比例为 51.77% 和 49.68%；高产品种的干叶为 1 787.43 kg/hm^2，低产品种远高于高产品种为 2 615.97kg/hm^2，分别占总干物质比例为 8.07% 和 11.60%。

　　以上的试验结果，更进一步说明低产品种在成熟后除总干物重外，穗重也不低，可见其穗部的干物质有很大的比例是枝梗、空谷和秕粒，而真正形成产量的饱满籽粒数少。此外，与高产品种相比，低产品种在籽粒灌浆期间，干叶的比例较高，可能是由于低产品种的群体过于密闭，导致纹枯病较重，鲜叶的比例下降，或是由于水稻品种本身在生育后期生理不协调，抗寒、抗旱性不好等原因导致干叶片的数量增加。

　　各器官干物重在冠层不同层次的分布表明（表 1-2）：在始穗期，<25cm 层，高产品种叶重占 2.35%，茎鞘重 27.73%，低产品种叶重占 1.10%，茎鞘重占 23.44%；在 25～50cm 层，高产品种叶重占 7.70%，茎鞘重占 13.47%；低产品种叶重占 6.65%，茎鞘重占 17.39%；在 50～75cm 层，高产品种叶重占 8.32%，茎鞘重占 9.75%，穗重占 0.13%；低产品种叶重占 9.33%，茎鞘重占 10.33%，穗重占 0.59%；在 75～100cm 层，高产品种叶重占 5.96%，茎鞘重占 4.27%，穗重占 3.23%；低产品种叶重占 5.70%，茎鞘重占 6.31%，穗重占 2.35%；而在 >100cm 处，高产品种叶重占 1.93%，茎鞘重占 0.50%，穗重占 14.67%，低产品种叶重占 2.20%，茎鞘重占 0.04%，穗重占 14.61%。在成熟期，<25cm 层，高产品种叶重占 8.54%，茎鞘重占 7.06%，低产品种叶重占 6.67%，茎鞘重占 4.53%；在 25～50cm 层，高产品种叶重占 7.83%，茎鞘重占 5.38%；低产品种叶重占 9.69%，茎鞘重占 6.17%；在 50～75cm 层，高产品种叶重占 8.71%，茎鞘重占 3.94%，穗重占 0.36%；低产品种叶重占 7.69%，茎鞘重占 3.43%；在 75～100cm 层，高产品种叶重占 6.08%，茎鞘重占 1.84%，穗重占 4.33%；低产品种叶重占 5.79%，茎鞘重占 1.76%，穗重占 3.49%；而在 >100cm 处，高产品种叶重占 1.80%，茎鞘重占 0.33%，穗重占 43.8%，低产品种叶重占 2.27%，茎鞘重占 0.01%，穗重占 48.51%。由此可见，高产品种的穗位不如低产品种整齐，叶片的分布相对均匀。

表1-2　各器官干重在各层中的分布比例　　　　　　（%）

时期	高度（cm）	高产品种			低产品种		
		叶干重	茎干重	穗干重	叶干重	茎干重	穗干重
始穗期	0~25	2.35	27.73	0.00	1.10	23.44	0.00
	25~50	7.70	13.47	0.00	6.65	17.39	0.00
	50~75	8.32	9.75	0.13	9.33	10.33	0.59
	75~100	5.96	4.27	3.23	5.70	6.31	2.35
	>100	1.93	0.50	14.67	2.20	0.00	14.61
成熟期	0~25	8.54	7.06	0.00	6.67	4.53	0.00
	25~50	7.83	5.38	0.00	9.69	6.17	0.00
	50~75	8.71	3.94	0.36	7.69	3.43	0.00
	75~100	6.08	1.84	4.33	5.79	1.76	3.49
	>100	1.80	0.33	43.80	2.27	0.04	48.51

　　水稻地上部分各器官的生长，可运用经典模型对其叶、鞘、茎和穗进行拟合。结果表明（表1-3），总干物质生产用二次方程（$y=a+bx+cx^2$）拟合达到极显著水平（$r=0.9975^{**}$），叶片的生长用二次方程拟合（$y=a+bx+cx^2$），达到显著水平（$R=0.9481^{**}$）；叶鞘的生长用二次方程拟合达到极显著水平（$R=0.9889^{**}$），茎的生长用 Logistic 方程（$y=a/(1+e^{b+cx})$）拟合达到极显著水平（$R=0.9670^{**}$），穗的生长用 Logistic 方程（$R=0.9992^{**}$）拟合都达到极显著水平（$R=0.9992^{**}$）。

表1-3　各器官生长曲线拟合方程比较

	系数	方程式					
		$y=a+bx$	$y=a/(1+e^{b+cx})$	$y=ax^b$	$y=ae^{bx}$	$y=a+b/x$	$y=a+bx+cx^2$
植株总重	a	-5.72	122.83	0.34	14.52	81.75	-0.73
	b	0.78	2.58	1.16	0.02	-1 604.97	0.59
	c		-0.03				0.00
	r	0.9963^{**}	0.9940^{**}	0.9973^{**}	0.9834^{**}	0.8569^{*}	0.9975^{**}
叶	a	9.84	12.43	5.49	10.14	14.08	-0.36
	b	0.02	3.63	0.18	0.00	-136.20	0.40
	c		-0.18				0.00
	r	0.24	0.80	0.43	0.22	0.66	0.9481^{*}
鞘	a	7.40	16.66	2.41	9.22	19.45	-0.93
	b	0.09	2.54	0.42	0.01	-278.25	1.00
	c		-0.09				-0.98
	r	0.71	0.9433^{*}	0.80	0.65	0.9138^{*}	0.9889^{**}

	系数	方程式					
		$y=a+bx$	$y=a/(1+e^{b+cx})$	$y=ax^b$	$y=ae^{bx}$	$y=a+b/x$	$y=a+bx+cx^2$
茎	a	-3.36	-0.31	0.03	2.08	15.13	-6.04
	b	0.16	1.00	1.34	0.02	-349.66	0.26
	c		-0.99				0.00
	r	0.9507**	0.967**	0.9552**	0.8867*	0.8590*	0.9587**
穗	a	-17.58	50.01	0.00	0.89	31.29	5.45
	b	0.47	8.31	3.13	0.03	-790.91	-0.40
	c		-0.09				0.01
	r	0.9560**	0.9992**	0.9885**	0.9768**	0.66	0.9924**

二、叶绿素含量和光合作用研究

水稻产量的高低最终决定于抽穗至成熟期的光合生产能力，而光合生产能力主要取决于光能截获能力及光能转化效率两大因素，前者主要与叶面积发展及叶片姿态有关，后者主要与单叶光合速率有关。目前，对叶绿素含量与光合作用强度的直接关系尚无统一认识，但光合作用毕竟是在叶绿体中依靠叶绿素来完成的，所以叶绿素与光合作用及产量的形成密不可分。

1. 功能叶片叶绿素含量变化研究

从光合作用与物质生产的角度看，提高作物群体光合效率不外乎从数量上增加光合器官和从质量上提高光合器官功能，水稻穗的光合作用能力很弱，对籽粒贡献小，叶鞘与穗部光合作用在抽穗后提供的同化产物通常小于10%，因此，其主要光合器官只能是叶片，叶绿素含量是叶片质量的重要指标。叶绿素含量与叶片的净光合速率呈显著的二次曲线关系，光合速率在一定的范围内随着叶绿素的增加而增加，在SPAD达到38左右时光合速率最高（图1-3）。

高产品种除应有较大的最适叶面积外，还应具有较高的SPAD值，在水稻生长的各个阶段，SPAD值都与净光合速率呈现显著的正相关。一般认为，在叶SPAD值较低时，在一定的范围内，增加SPAD值能够提高光合速率，但达到一定水平后，光合速率不再增加。半直立穗型品种倒三叶、倒二叶的SPAD值在抽穗至穗后20d内始终高于剑叶，其他类型品种的剑叶的SPAD值在穗后10d高于其他叶片，从表1-4可见，高产品种剑叶的SPAD平均值为38.31，倒2叶的SPAD平均值为41.00，倒3叶SPAD平均值为41.07；低产品种剑叶SPAD平均值为39.02，倒2叶

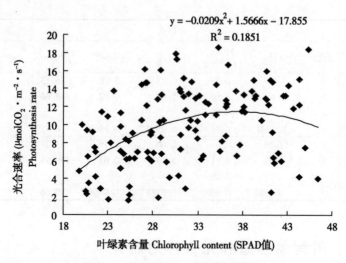

$$y = -0.0209x^2 + 1.5666x - 17.855$$
$$R^2 = 0.1851$$

图 1-3　SPAD 值与光合速率的关系

SPAD 平均值为 41.65，倒 3 叶 SPAD 平均值为 42.12。两类品种间差异不明显，高产品种和低产品种上 3 叶叶绿素平均含量均表现出剑叶<倒 2 叶<倒 3 叶的趋势。

表 1-4　灌浆期不同地点品种 SPAD 值比较

叶片	高产品种					低产品种				
	沈阳	辽阳	鞍山	营口	平均	沈阳	辽阳	鞍山	营口	平均
剑　叶	37.18	34.68	41.42	39.94	38.31	38.11	35.79	40.97	41.23	39.02
倒二叶	40.39	37.69	44.84	41.10	41.00	40.51	37.74	45.37	42.96	41.65
倒三叶	39.49	38.42	45.64	40.75	41.07	41.06	38.12	45.15	44.13	42.12
平均值	39.02	36.93	43.97	40.60	40.13	39.90	37.22	43.83	42.77	40.93

　　叶绿素的含量因品种、生育时期、栽培条件而异，粳稻品种的叶绿素含量高于籼稻品种，重穗型品种剑叶中的叶绿素含量比多穗型品种高，直穗型品种不同时期叶绿素含量高于弯穗类型品种。同时半直立穗型品种不同叶龄剑叶叶绿素含量变化为理想的"升快降慢"型，直立穗型品种为"升快下降较慢"型，对照小穗多蘖型品种为"升慢降慢"类型，大散穗型品种为"升快降快"型。图 1-4 是高产和低产两类品种全生育期叶绿素含量的变化。高产品种的叶绿素变化较平缓，变化幅度较小。低产品种的叶绿素从移栽至分蘖盛期（6 月 28 日）增长快，一直到灌浆前期（8 月28 日）都保持较高水平，但生育后期下降幅度快于高产品种。高产品种

表现为"升慢降慢"，而低产品种表现出"升快降快"。

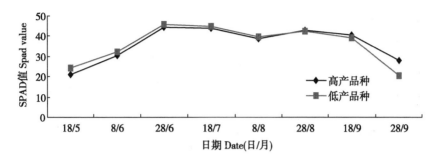

图 1-4　各生育时期 SPAD 值的变化

叶绿素各组分及叶绿素 a/b 比值均存在显著的品种间差异；叶绿素 a 含量决定总叶绿素含量水平，叶绿素 b 的含量主导叶绿素 a/b 比值的变化；总叶绿素含量、叶绿素 a 含量与剑叶净光合速率呈显著正相关，叶绿素 b 含量与剑叶净光合速率的正相关关系接近显著水平；叶绿素 a/b 与剑叶净光合速率无直接相关关系，但在品种间叶绿素含量由少增多的过程中，叶绿素含量状况对光合作用的促进作用由总量的增加转向叶绿素 a/b 比值的降低；由图 1-5 可见，高产品种的叶绿素 b 含量比较平稳，低产品种的叶绿素 b 含量比较活跃。

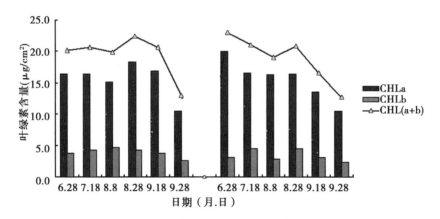

图 1-5　生育期内叶绿素总量及叶绿素 a、b 变化

从叶绿素 a/b 值动态变化来看（图 1-6），叶绿素 a/b 值并不随叶绿素含量的变化而变化，而是表现出自己的变化规律。从整个生育过程来看，高产品种与低产品种，在生育前期叶绿素 a/b 比值都表现出高低交替的变化规律。生育后期趋于平缓，同时高产品种的叶绿素 a/b 值要小于低

产品种。

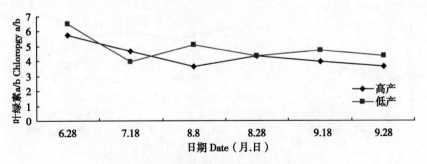

图 1-6　不同产量类型品种叶绿素 a/b 值变化

2. 光合作用对产量品质形成的影响

在分蘖末期，高产品种的光合速率为 CO_2 27.90μmol/mol，远高于低产品种（CO_2 14.91μmol/mol）。在始穗期，高产品种和低产品种的光合效率最高，分别为 CO_2 26.98μmol/mol 和 CO_2 27.85μmol/mol，但两类品种间无显著差别。在齐穗期，高产品种的光合速率为 CO_2 24.82μmol/mol，高于低产品种（CO_2 17.76μmol/mol）。在灌浆中期（9 月 10 日左右），高产品种的光合速率为 CO_2 21.17μmol/mol，低于低产品种 CO_2 25.77μmol/mol）。到成熟期，两类品种的光合速率都呈大幅下降的趋势，但高产品种的下降幅度小于低产品种，此时低产品种的光合速率已经非常低（负值）。从整体上看，高产品种在分蘖期、成熟期的光合速率明显超过低产品种，在始穗期和灌浆期与低产品种接近。低产品种的光合速率在灌浆后期较低，可能与其自身的遗传特性有关，因其易受到外界条件的影响，如低温、干旱等原因而引起光合速率变动较大，下降迅速，光合物质生产减少（表 1-5）。

表 1-5　不同生育期光合特征比较

生育期	光合速率（CO_2μmol/mol）		气孔导度 [H_2O mol/ ($m^2 \cdot s$)]		胞间 CO_2 浓度（CO_2μmol/mol）		蒸腾速率 [H_2O mmol/ ($m^2 \cdot s$)]	
	高产	低产	高产	低产	高产	低产	高产	低产
分蘖末期	27.90	14.91	3.26	1.88	293.33	294.00	21.60	17.07
始穗期	26.98	27.85	1.56	0.75	276.25	228.00	16.53	10.73
齐穗期	24.82	17.76	0.63	0.61	270.50	278.50	8.62	7.86
灌浆中期	21.17	25.77	0.92	0.71	284.50	285.00	12.12	12.28
成熟期	4.86	-2.17	0.40	0.30	334.75	377.50	5.27	4.32
平　均	21.14	16.82	1.35	0.85	291.87	292.60	12.83	10.45

回归分析表明（图 1-7），光合速率随着气孔导度和蒸腾速率的增大而

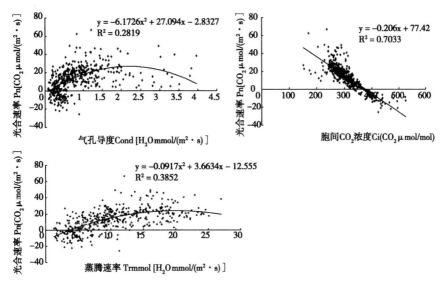

图 1-7　气孔导度、胞间 CO_2 浓度和蒸腾速率、光合速率的关系

提高，但超过一定程度后有所下降，呈显著的二次曲线关系，气孔导度在 2.0molH_2Om^{-2}s^{-1} 左右，蒸腾速率在 20mmolH_2Om^{-2}s^{-1} 左右光合速率最大。光合速率与胞间 CO_2 浓度呈极显著的直线关系，光合速率越大，胞间 CO_2 浓度越低，可见 CO_2 同化的速度是光合速率大小的主要制约因素。由以上分析可知，在籽粒浆后期高产品种的光合速率较高主要是因为这类品种在生育后期仍能保持较高的气孔导度、蒸腾速率和 CO_2 同化的同化能力。

在水稻的齐穗期，选择晴天，从 7：30~17：30 每隔 1 小时对水稻上部功能叶片的光合速率观测一次，得到水稻在齐穗期全天的光合速率变化（图 1-8）。1d 中因温度和光照等环境因子不断变化，叶片的光合速率也表现出一定的变化规律。高产品种的日变化接近单峰曲线，在 10：30 净光合速率达到最大值；低产品种的日变化接近双峰曲线，分别在 10：30 和 15：30 净光合速率达到最大值。无论是高产品种还是低产品种都表现为上午的光合速率大于下午的光合速率，并且在上午达到最大值后，虽然低产品种下午仍出现一次高峰，但总体上一直处于下降的趋势。

灌浆期净光合速率、气孔导度、细胞间隙 CO_2 浓度和蒸腾速率与产量及产量构成因素的相关分析表明（表 1-6）：水稻灌浆中期叶片的净光合速率与产量呈显著正相关，相关系数为 0.469*；灌浆中期的气孔导度和蒸腾速率与每穗成粒数呈显著正相关，相关系数为 0.388* 和 0.448*；灌浆中期的光合速率和灌浆初期的胞间 CO_2 浓度与成粒率呈显著正相关，相

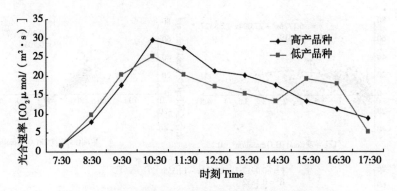

图 1-8　水稻光合速率日变化（2005 年 8 月 20 日晴）

关系数为 0.513^{**} 和 0.397^{*}。到灌浆盛期，胞间 CO_2 浓度与千粒重呈显著正相关，相关系数为 0.431^{*}；蒸腾速率与千粒重呈显著负相关，相关系数为 -0.417^{*}。灌浆初期和灌浆盛期胞间 CO_2 浓度与产量呈显著正相关，相关系数为 0.408^{*} 和 0.442^{*}。回归分析表明水稻产量随着叶片光合速率的增加而提高，二者呈显著的幂指函数关系（图 1-9）。

表 1-6　灌浆期光合速率与产量及其构成因素的相关分析

相关系数	光合速率		气孔导度		细胞间 CO_2 浓度		蒸腾速率	
	灌浆初期	灌浆中期	灌浆初期	灌浆中期	灌浆初期	灌浆中期	灌浆初期	灌浆中期
成粒数	0.044	0.129	-0.192	0.388^{*}	-0.189	0.165	-0.190	0.448^{*}
成粒率	0.195	0.513^{**}	0.067	-0.226	0.397^{*}	0.153	0.060	-0.242
千粒重	0.064	-0.125	-0.151	-0.311	-0.104	0.431^{*}	-0.205	-0.417^{*}
产　量	0.246	0.469^{*}	-0.062	0.150	0.408^{*}	0.442^{*}	-0.067	0.195

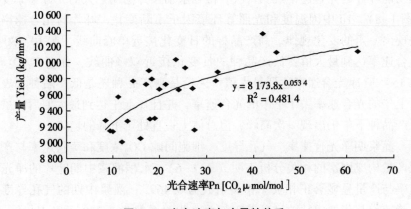

图 1-9　光合速率与产量的关系

　　由表1-7可见，稻米品质与灌浆不同时期水稻的光合特性之间关系密切，其中加工品质中整精米率与灌浆初期的气孔导度、胞间CO_2浓度、蒸腾作用均呈显著的正相关（r=0.609*、0.593*、0.658*），表明灌浆初期水稻光合特性对整精米率有较大的影响。外观品质中垩白粒率与灌浆初期光合速率呈显著的负相关（r=-0.613*），与灌浆后期胞间CO_2浓度呈极显著的正相关（r=0.751**），表明灌浆后期胞间CO_2浓度越大，其叶片扩散CO_2阻力大，羧化能力弱，光合速率降低，垩白粒率升高；垩白大小与灌浆后期的蒸腾作用呈显著的负相关（r=-0.608*）；垩白度与灌浆后期胞间CO_2浓度呈极显著的正相关（r=0.817**），与灌浆后期的光合速率呈显著的负相关（r=-0.681**）；粒长与灌浆后期气孔导度、蒸腾作用呈显著的负相关（r=-0.638*、-0.601*）；粒宽与灌浆中期胞间CO_2浓度呈显著的负相关（r=-0.606*）；长宽比与灌浆中期光合速率、灌浆后期气孔导度、灌浆后期蒸腾作用呈显著的负相关（r=-0.622*、-0.635*、-0.635**），与灌浆中期胞间CO_2浓度呈显著的正相关（r=0.692*）。蒸煮食味品质中直链淀粉含量与灌浆前期气孔导度呈显著的正相关（r=0.685*），与灌浆后期气孔导度、蒸腾作用呈显著的负相关（r=-0.576*、-0.632*）。营养品质中蛋白质含量与灌浆后期胞间CO_2浓度呈极显著的正相关（r=0.779**），与灌浆后期蒸腾作用呈显著的负相关（r=-0.666**）。回归分析表明，在一定范围内，垩白率和垩白度都随着品种叶片光合速率的提高而减小，呈二次曲线关系（图1-10，图1-11）。

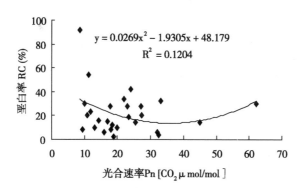

图1-10　光合速率与垩白率的关系

表 1-7　灌浆不同时期水稻的光合特性与稻米品质的相关系数

项目	灌浆时期	糙米率	精米率	整精米率	垩白率	垩白大小	垩白度	粒长	粒宽	长宽比	透明度	直链淀粉含量	蛋白质含量
光合速率	初期	0.258	0.252	−0.239	−0.613*	0.049	−0.501	−0.086	0.221	−0.197	−0.334	−0.492	−0.109
	中期	0.522	0.255	−0.220	−0.008	−0.467	−0.158	−0.467	0.415	−0.622*	−0.049	−0.091	−0.530
	后期	0.104	0.296	0.056	−0.444	−0.561	−0.681*	−0.553	−0.019	−0.403	0.271	0.106	−0.474
气孔导度	初期	−0.101	0.246	0.609*	0.310	0.336	0.280	0.169	−0.473	0.423	0.100	0.685*	0.396
	中期	−0.279	−0.049	0.254	−0.284	0.229	−0.275	0.142	−0.476	0.397	0.434	0.043	−0.152
	后期	0.515	0.342	0.008	−0.388	−0.564	−0.508	−0.638*	0.226	−0.635*	0.320	−0.576*	−0.575
胞间 CO_2 浓度	初期	0.022	0.168	0.593*	0.264	0.545	0.336	0.278	−0.525	0.523	0.254	0.326	0.216
	中期	−0.529	−0.277	0.202	−0.124	0.482	0.005	0.415	−0.606*	0.692*	0.143	0.093	0.388
	后期	−0.529	−0.415	0.032	0.751**	0.223	0.817**	0.549	−0.097	0.486	−0.225	0.401	0.779**
蒸腾作用	初期	0.116	0.381	0.658*	0.234	0.469	0.261	0.156	−0.344	0.327	0.192	0.457	0.228
	中期	−0.163	0.002	0.275	−0.285	0.221	−0.283	0.031	−0.449	0.292	0.496	−0.031	−0.210
	后期	0.468	0.304	−0.029	−0.369	−0.608*	−0.507	−0.601*	0.271	−0.635*	0.398	−0.632*	−0.666*

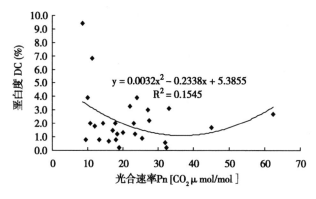

$$y = 0.0032x^2 - 0.2338x + 5.3855$$
$$R^2 = 0.1545$$

图 1-11 光合速率与垩白度的关系

三、源库结构研究

在水稻产量形成过程中，叶是重要的物质生产器官，即"源"；鞘充当对应叶片光合产物的运输通道，即"流"，通道的畅阻影响产量形成；穗在整个产量形成过程中是重要的物质贮存器官，即"库"，总库容量（总颖花量×饱粒千粒重）由单位面积有效穗数、穗粒数、千粒重组成。水稻产量的高低主要决定于源、库、流三者的强弱及其相互间的协调程度。

1. 不同产量类型水稻品种源库特性比较

表 1-8 是对不同产量类型水稻品种源库特征的比较，低产品种的单位面积总颖花数量最高，为 52 702.38×10⁴ 个/hm²，其次是高产品种，为 50 081.18×10⁴ 个/hm²，两者都明显高于对照品种（4 2791.51×10⁴ 个/hm²），分别高出对照品种 23.2%和 17.0%；与单位面积总颖花数量相同，总库容量也是低产品种最大，为 13 060.79×10⁴ 个/hm²，高产品种为 12 230.85×10⁴ 个/hm²，对照品种为 10 683.25×10⁴ 个/hm²。高产品种与对照品种的源库比相似，都明显小于低产品种。对照品种的库有效充实度最高，为 86.98%，其次是高产品种为 81.51%，低产品种的库有效充实度仅为 70.05%。以上结果说明，与对照辽粳 294 相比，辽宁省近两年育成的水稻品种在颖花数量和生产潜力上有了很大的提高，这是产量提高的一个主要原因，但如果过于强调通过单穗粒数的增加来提高单位面积的颖花量，会使有效穗减少，光合叶片数量减少，库的有效充实度降低，这也正是低产品种产量不高的原因之一。

表 1-8 不同类型品种源库特性比较

品种类型	品种名称	单位面积颖花量 (10^4个/hm^2)	总库容量 (kg/hm^2)	抽穗期叶面积指数 LAI	源库比 (kg/m^2)	库有效充实度 (%)	平均产量 (kg/hm^2)
	辽盐 188	39 178.99	10 233.55	4.68	0.22	98.96	10 126.76
	辽星 10 号	44 236.55	11 365.47	4.28	0.27	89.12	10 129.26
	富禾 80	61 497.04	15 839.33	4.28	0.37	61.67	9 767.99
	福粳 8 号	52 370.12	12 293.88	3.75	0.33	79.69	9 796.74
	沈 9765	46 010.06	11 408.77	4.28	0.27	87.95	10 033.63
高产	辽优 20	54 386.06	13 138.31	5.48	0.24	75.24	9 885.49
	辽盐 158	44 658.65	10 408.26	3.73	0.28	93.84	9 767.36
	辽河 5 号	48 655.83	12 357.97	4.75	0.26	80.11	9 900.50
	辽星 16	48 055.24	10 825.04	4.63	0.23	95.67	10 356.14
	辽优 22	61 763.30	14 437.94	4.53	0.32	68.78	9 929.87
	平均	50 081.18	12 230.85	4.44	0.28	83.10	9 969.37
	辽盐 92	52 094.90	12 375.79	3.50	0.35	73.87	9 142.33
	沈 339	84 833.58	20 103.44	3.68	0.55	45.45	9 136.71
	苏粳 4 号	46 537.70	11 070.74	3.60	0.31	82.72	9 157.96
低产	东亚 446	44 617.70	13 252.57	4.78	0.28	68.00	9 011.70
	盘锦 8 号	44 054.32	10 723.92	4.63	0.23	86.52	9 277.96
	辽盐 42	56 776.90	14 556.18	4.53	0.35	62.18	9 051.70
	开 226	40 001.56	9 342.86	4.53	0.21	99.21	9 269.21
	平均	52 702.38	13 060.79	4.13	0.32	73.99	9 149.65
对照	辽粳 294	42 791.51	10 683.25	3.73	0.29	86.98	9 292.65

　　源库两类器官的数量与机能是水稻产量的决定因素。以上结果表明，低产品种的库容量比对照品种和高产品种都要高，说明库容量不是低产品种的产量限制因素。如果以成熟期的干物质生产总量表示源的生产能力，以光合作用特征值净光合速率表示源强弱的重要指标，则从前面分析可知，两种产量类型的品种干物质生产量和净光合速率基本相当。可见无论高产品种还是低产品种都不存在源供应不足和光合能力弱的问题。为此，本研究以粒叶比、粒物比与颖花茎鞘重比等反映源库协调程度常用的指标来分析不同产量类型水稻品种源库协调性。由表 1-9 可见，在抽穗期，高产品种粒叶比较低，为 1.14 粒/cm^2，而低产品种的粒叶比较高，为 1.32 粒/cm^2；到成熟期，高产水稻粒叶比仍然较低，为 1.12 粒/cm^2，低产品种的粒叶为 1.28 粒/cm^2；粒物比、颖花叶重比和颖花茎鞘重比都表现出低产品种大于高产品种的趋势，这表明高产品种比低产品种拥有较大的源

贮备，在水稻的生育后期仍有很大比例的功能叶片量和茎鞘物质贮藏量。
源库比例不如高产品种协调，可以认为是低产品种充实度差的原因。

表 1-9　不同品种的源库关系特性比较

品种类型	品种名称	结实率	粒叶比（粒/cm²）		粒物比（粒/g）		颖花叶重比（粒/g）		颖花茎鞘重比（粒/g）	
			抽穗期	完熟期	抽穗期	完熟期	抽穗期	完熟期	抽穗期	完熟期
高产	辽盐 188	85.91	0.84	0.80	25.18	14.83	96.11	130.45	43.99	51.58
	辽星 10 号	88.00	1.03	0.98	26.32	19.00	105.61	192.78	52.70	77.75
	富禾 80	81.24	1.44	1.35	35.93	24.11	131.80	228.63	65.92	83.94
	福粳 8 号	92.29	1.40	1.37	34.44	22.85	146.05	194.40	66.73	79.03
	沈 9765	86.27	1.08	1.10	29.94	16.84	115.90	160.07	55.23	61.47
	辽优 20	77.24	0.99	0.99	26.70	15.91	103.36	159.36	56.95	66.59
	辽盐 158	85.89	1.20	1.00	25.74	14.40	81.05	134.97	43.78	47.82
	辽河 5 号	89.32	1.02	1.12	29.09	17.67	128.75	201.45	60.08	67.88
	辽星 16	82.04	1.04	0.99	28.17	17.15	98.36	165.93	51.00	61.92
	辽优 22	77.34	1.36	1.46	32.18	20.34	134.52	191.01	63.02	74.16
	平均	84.55	1.14	1.12	29.37	18.31	114.15	175.90	55.94	67.21
低产	辽盐 92	84.74	1.49	1.30	34.27	20.15	132.99	224.64	72.76	83.88
	沈 339	82.50	2.31	2.15	49.02	30.21	190.77	352.29	89.33	116.36
	苏粳 4 号	90.76	1.29	1.36	30.08	16.30	143.16	177.74	63.20	63.01
	东亚 446	92.75	0.93	1.00	25.42	17.91	91.95	159.25	50.13	60.49
	盘锦 8 号	89.92	0.95	0.97	28.52	17.23	112.62	159.26	53.35	54.26
	辽盐 42	73.50	1.35	1.19	36.18	23.95	125.00	255.73	64.39	92.14
	开 226	92.67	0.88	1.01	22.11	13.47	91.48	172.48	47.52	54.06
	平均	86.69	1.32	1.28	32.23	19.89	126.85	214.48	62.96	74.89

2. 源库特性与产量品质的相关性

相关分析表明（表 1-10），水稻产量与充实度呈显著的正相关
（r=0.401*）；粒重与粒叶比呈显著的负相关（r=-0.384*）；颖花量与
库容量、粒叶比和源库比都呈极显著的正相关，相关系数分别为 r=
0.959**、r=0.893** 和 r=0.865**，与充实度呈极显著的负相关，相关
系数为r=-0.887**；结实率与库容量呈极显著的负相关（r=-0.587**），
与充实度呈极显著的正相关（r=0.567**）。用所有试验品种的库容量、
源库比、籽粒充实度和粒叶比与产量进行数学模型模拟，结果表明，水
稻产量与源库比（图 1-12）和籽粒充实度（图 1-13）都呈显著的二次
多项式关系。

表 1-10 产量性状与源库结构的相关关系

	产量		千粒重		有效穗数		颖花量		结实率	
	相关	偏相关	相关	偏相关	相关	偏相关	相关	偏相关	相关	偏相关
库容量（kg/hm²）	-0.211	0.234	-0.043	0.524	0.166	0.008	0.959**	0.983	-0.587**	0.056
抽穗期叶面积	0.322	-0.325	0.245	-0.277	-0.204	-0.164	-0.094	-0.377	-0.283	0.223
源库比（kg/m²）	-0.352	-0.177	-0.176	-0.193	0.226	0.206	0.865**	-0.923	-0.335	-0.077
充实度	0.401*	0.734	-0.067	0.224	-0.147	0.088	-0.887**	0.265	0.567**	0.194
粒叶比（粒/cm²）	-0.284	0.116	-0.384*	0.156	0.158	-0.244	0.893**	0.936	-0.373	0.135

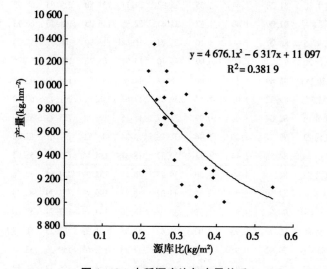

图 1-12 水稻源库比与产量关系

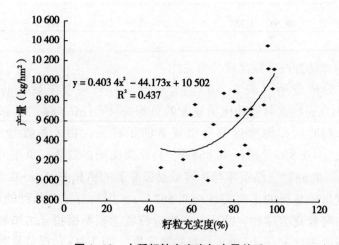

图 1-13 水稻籽粒充实度与产量关系

　　通过对水稻不同灌浆时期源库比与产量的相关分析表明（表1-11）：水稻产量与水稻抽穗期和成熟期的粒叶比、粒物比、颖花鞘重比、颖花茎重比都没有显著的相关性，千粒重与成熟期的粒叶比呈显著的负相关（$r=-0.386*$），颖花量与成熟期的粒叶比呈极显著的正相关（$r=0.922**$）；与抽穗期、成熟期的粒物比呈极显著的正相关，相关系数分别为 $r=0.936**$ 和 $r=0.862**$；与抽穗期和成熟期的颖花叶重比都呈极显著的正相关，相关系数分别为 $r=0.863**$ 和 $r=0.844**$；与抽穗期和成熟期的颖花鞘重比都呈极显著的正相关，相关系数分别为 $r=0.883**$ 和 $r=0.806**$。结实率与成熟期的粒叶比呈显著的负相关（$r=-0.412*$），与抽穗期、成熟期的粒物比都呈极显著的负相关，相关系数分别为 $r=-0.641**$ 和 $r=-0.532**$；与抽穗期成熟期的颖花叶重比都呈极显著的负相关，相关系数分别为 $r=-0.457*$ 和 $r=-0.516**$；与抽穗期、成熟期的颖花鞘重比都呈极显著的负相关，相关系数分别为 $r=-0.564**$ 和 $r=-0.572**$。由以上分析可见，颖花量与结实率是最为活跃的因素，二者与水稻各个时期的源库结构都呈现出显著的相关性，并且大都是反向的，说明解决和协调颖花量与结实率之间的矛盾是水稻获得高产的关键因素。

表 1-11　不同时期源库特征与产量的相关性

性状	项目	粒叶比		粒物比		颖花叶重比		颖花鞘重比		颖花茎重比	
		抽穗期	成熟期	抽穗期	成熟期	抽穗期	成熟期	抽穗期	成熟期	成熟期	抽穗期
产量	相关	-0.011	-0.253	-0.174	-0.122	-0.154	-0.174	-0.215	-0.092	0.224	-0.052
	偏相关	-0.072	-0.304	-0.092	-0.115	0.533**	-0.113	-0.084	0.274	0.185	0.154
千粒重	相关	0.103	-0.386*	-0.345	-0.182	-0.372*	-0.294	-0.373	-0.212	0.114	-0.075
	偏相关	0.134	-0.282	-0.022	0.364	-0.055	-0.245	-0.262	-0.135	-0.262	-0.084
有效穗数	相关	-0.012	0.004	0.104	0.156	-0.062	-0.044	-0.036	0.003	0.224	0.203
	偏相关	0.164	-0.326	0.453*	0.334	-0.284	-0.402*	-0.154	-0.054	-0.173	0.154
颖花量	相关	0.213	0.922**	0.936**	0.862**	0.863	0.844**	0.883**	0.806**	0.002	-0.235
	偏相关	0.042	0.094	0.032	-0.354	0.354	0.165	0.756**	0.124	0.905**	-0.053
结实率	相关	-0.194	-0.412	-0.614**	-0.532**	-0.475	-0.516**	-0.564**	-0.572**	-0.074	0.264
	偏相关	-0.472	0.643	-0.512**	0.165	0.102	0.195	-0.423*	0.164	-0.412	0.284

　　表1-12是水稻源库特征与稻米品质性状的相关系数，在碾磨品质中，糙米率与颖花量、抽穗期的LAI和结实率都呈显著负相关，相关系数分别为 $r=-0.475*$、$r=-0.485**$ 和 $r=0.449*$，与源库比和粒叶比呈极显著正相关，相关系数分别为 $r=0.568**$ 和 $r=-0.738**$；精米率与库容量呈显著正相关（$r=0.442*$）。在外观品质中，长宽比与充实度呈极显著负相关（$r=-0.549**$）；垩白大小与源库比呈显著负相关（$r=-0.418*$），与充实度

呈极显著负相关（r=-0.527**）；食味品质中的胶稠度与充实度呈显著负相关（r=-0.436*），直链淀粉含量与充实度呈极显著负相关（r=-0.540*）。营养品质中的蛋白质含量与粒叶比呈极显著正相关（r=0.506**）。

表 1-12　水稻品质性状构成与源库的相关

性状		单位面积颖花量	库容量	抽穗期叶面积指数	源库比	充实度	结实率	粒叶比
糙米率	相关	-0.475*	0.152	-0.485**	0.568**	0.258	-0.449*	0.738**
	偏相关	0.854	-0.849	-0.872	0.776	-0.050	0.878	0.901
精米率	相关	-0.010	0.442*	-0.234	0.088	-0.097	-0.217	0.227
	偏相关	-0.759	0.760	0.778	-0.802	0.188	-0.811	-0.807
整精米率	相关	0.301	0.142	0.156	-0.312	-0.338	0.158	-0.218
	偏相关	-0.271	0.248	0.300	-0.729	0.196	-0.489	-0.490
粒长	相关	-0.161	0.082	-0.192	0.133	0.147	-0.257	0.184
	偏相关	-0.556	0.587	0.555	0.042	-0.069	-0.363	-0.383
粒宽	相关	0.232	0.023	0.183	-0.196	-0.279	0.250	-0.238
	偏相关	-0.190	0.222	0.169	0.426	-0.161	0.063	0.054
长宽比	相关	0.353	0.281	0.127	-0.431	-0.549**	0.056	-0.161
	偏相关	0.118	-0.116	-0.110	0.010	-0.239	0.043	-0.112
垩白率	相关	0.044	0.303	-0.103	-0.037	-0.150	-0.098	0.063
	偏相关	0.513	-0.499	-0.538	0.614	-0.209	0.604	0.554
垩白大小	相关	0.332	0.306	0.100	-0.418*	-0.527**	0.028	-0.147
	偏相关	0.287	-0.294	-0.292	0.330	0.069	0.326	0.536
垩白度	相关	-0.078	-0.037	-0.027	0.052	0.029	-0.013	-0.031
	偏相关	-0.605	0.627	0.582	-0.520	0.344	-0.489	-0.553
透明度	相关	0.054	-0.019	0.061	-0.088	-0.027	-0.036	0.120
	偏相关	-0.672	0.660	0.715	-0.515	-0.329	-0.765	-0.706
碱消值	相关	-0.097	0.105	-0.137	0.195	-0.080	-0.024	-0.048
	偏相关	0.852	-0.850	-0.866	0.786	-0.132	0.858	0.794
胶稠度	相关	0.303	0.021	0.221	-0.260	-0.436*	0.265	-0.365
	偏相关	0.703	-0.702	-0.686	0.510	0.001	0.605	0.611
直链淀粉含量	相关	0.248	0.218	0.064	-0.298	-0.540**	0.141	-0.559**
	偏相关	0.351	-0.366	-0.402	-0.072	0.001	0.337	-0.061
蛋白质含量	相关	-0.029	0.049	-0.041	0.032	0.110	-0.055	0.506**
	偏相关	0.640	-0.639	-0.619	0.270	0.202	0.513	0.735

水稻灌浆不同时期源库比与品质性状的相关分析表明（表 1-13，在

表 1-13　不同生育时期源库特征与品质性状的相关性

性状	相关性	粒叶比 抽穗期	粒叶比 成熟期	粒物比 抽穗期	粒物比 成熟期	颖花叶重比 抽穗期	颖花叶重比 成熟期	颖花鞘重比 抽穗期	颖花鞘重比 成熟期	颖花茎重比 抽穗期	颖花茎重比 成熟期
糙米率	相关	-0.626**	-0.077	-0.643**	-0.639**	-0.597**	-0.596**	-3.612**	-0.547**	0.249	0.064
	偏相关	0.817	-0.848	0.695	-0.790	-0.811	-0.790	-0.769	0.810	-0.784	0.765
精米率	相关	-0.446*	0.002	-0.461*	-0.434*	-0.396*	-0.406*	-0.483*	-0.439*	0.237	0.191
	偏相关	0.795	-0.782	0.946	-0.905	-0.857	-0.863	-0.899	0.861	-0.772	0.718
整精米率	相关	-0.048	0.130	-0.057	-0.020	0.027	-0.088	-0.091	-0.054	0.001	0.138
	偏相关	-0.938	0.938	-0.991	0.993	0.976	0.967	0.985	-0.973	0.903	-0.855
粒长	相关	0.240	-0.051	0.237	0.213	0.170	0.189	0.250	0.240	-0.135	0.033
	偏相关	-0.869	0.923	-0.939	0.962	0.939	0.940	0.979	-0.972	0.942	-0.915
粒宽	相关	-0.232	0.277	-0.198	-0.074	-0.086	-0.049	-0.184	-0.050	-0.218	-0.142
	偏相关	-0.809	0.710	-0.848	0.787	0.788	0.782	0.744	-0.716	0.592	-0.517
长宽比	相关	0.292	-0.193	0.258	0.172	0.177	0.179	0.264	0.185	0.019	0.089
	偏相关	0.766	-0.868	0.795	-0.863	-0.849	-0.849	-0.896	0.910	-0.930	0.929
垩白率	相关	0.115	0.388*	0.280	0.293	0.227	0.318	0.266	0.363	-0.343	-0.124
	偏相关	-0.940	0.918	-0.988	0.970	0.960	0.949	0.957	-0.938	0.855	-0.798
垩白大小	相关	0.039	0.108	0.059	0.096	0.073	0.012	0.095	0.164	-0.209	-0.157
	偏相关	0.732	-0.813	0.748	-0.814	-0.810	-0.817	-0.840	0.860	-0.873	0.872
垩白度	相关	0.104	0.362	0.257	0.268	0.210	0.278	0.257	0.349	-0.339	-0.153
	偏相关	0.937	-0.926	0.993	-0.981	-0.967	-0.959	-0.972	0.954	-0.878	0.825

（续表）

性状	相关性	粒叶比		粒物比		颖花叶重比		颖花鞘重比		颖花茎重比	
		抽穗期	成熟期	抽穗期	成熟期	抽穗期	成熟期	抽穗期	成熟期	成熟期	抽穗期
透明度	相关	-0.104	-0.024	0.016	-0.086	-0.022	-0.043	0.061	-0.023	-0.213	0.066
	偏相关	-0.256	0.365	-0.337	0.350	0.326	0.363	0.430	-0.411	-0.497	0.476
碱消值	相关	-0.187	0.133	-0.079	-0.083	-0.178	-0.173	-0.139	-0.097	0.179	0.131
	偏相关	0.065	-0.199	0.055	-0.168	-0.150	-0.184	-0.187	0.235	0.361	-0.312
胶稠度	相关	0.108	-0.167	0.001	-0.099	0.053	-0.111	0.000	-0.108	0.119	0.172
	偏相关	0.484	-0.359	0.676	-0.563	-0.480	-0.477	-0.509	0.435	0.178	-0.262
直链淀粉含量	相关	0.337	-0.128	0.510**	0.349	0.464*	0.454*	0.436*	0.285	-0.216	-0.075
	偏相关	0.300	-0.178	0.470	-0.319	-0.271	-0.245	-0.284	0.200	-0.028	-0.055
蛋白质含量	相关	0.305	-0.096	0.325	0.272	0.354	0.368	0.382*	0.301	-0.103	-0.181
	偏相关	-0.862	0.883	-0.964	0.948	0.923	0.930	0.963	-0.938	-0.845	0.886

碾磨品质中糙米率和精米率与不同时期的源库特征都有相关性，其中糙米率与抽穗期粒叶比（r=-0.626**）　　抽穗期粒物比（r=-0.643**）、成熟期的物粒（r=-0.639**）、抽穗期颖花叶重比（r=-0.597**）、成熟期的颖花叶重比（r=-0.596**）、抽穗期颖花鞘重比（r=-0.612**）和成熟期的颖花鞘重比（r=-0.547**）都呈极显著负相关。精米率与抽穗期的粒叶比（r=-0.446*）、抽穗期粒物比（r=-0.461*）、成熟期的粒物比（r=-0.434*）抽穗期颖花叶重比（r=-0.396*）、成熟期的颖花叶重比（r=-0.406*）、抽穗期颖花鞘重比（r=-0.438*）和成熟期的颖花鞘重比（r=-0.439*）都呈显著的负相关。外观品质中的垩白率与成熟期的粒叶比呈显著的正相关（r=0.388*）。食味品质中的直链淀粉含量与抽穗期粒物比呈极显著正相关（r=0.510**）；与抽穗期的颖花叶重比、成熟期的颖花叶重比和抽穗期的颖花鞘重比呈显著正相关，相关系数为 r=0.464*、r=0.454*和 r=0.426*。营养品质中的蛋白质含量与成熟期的颖花鞘重比呈显著正相关（r=0.382*）。

由表 1-14 还可以看到虽然多数品质性状与不同灌浆时期源库特征和源库比的相关性较小，但偏相关都较大，这是因为品质性状间和源库特征间的相互关联，使品质性状与不同灌浆时期源库特征的直接相关变小。为进一步分析品质性状与不同灌浆时期源库特征之间的量化关系，以抽穗期的粒叶比（X_1）、成熟期的粒叶比（X_2）、抽穗期粒物比（X_3）、成熟期的粒物比（X_4）、抽穗期颖花叶重比（X_5）、成熟期的颖花叶重比（X_6）、抽穗期颖花鞘重比（X_7）、成熟期的颖花鞘重比（X_8）、抽穗期颖花茎重比（X_9）、成熟期的颖花茎重比（X_{10}）为自变量，以品质性状为因变量计算出品质性状与不同灌浆时期源库特征的多元线性逐步回归方程（表 1-14）。其中，糙米率、精米率、整精米率、粒长、垩白率、垩白大小、垩白度、直链淀粉含量、蛋白质含量与不同灌浆时期源库特征的回归方程达到显著水平。

表 1-14　水稻品质性状与不同灌浆时期源库特征的回归方程

品质性状	回归方程	复相关系数
糙米率	$Y = 87.8621 + 0.0928X_3 - 0.3225X_4 + 0.01607X_5 - 0.17205X_7 + 0.1179X_8 - 0.1427X_9$	R=0.7962**
精米率	$Y = 76.4627 - 1.7530X_2 + 0.0521X_5 - 0.1187X_7$	R=0.5764*
整精米率	$Y = 63.006 - 25.1766X_1 + 22.1561X_2 + 0.8674X_4 - 0.0476X_6$	R=0.5824*
粒　长	$Y = 4.8134 - 0.4289X_1 + 0.6614X_2 - 0.0088X_5 + 0.01776X_7$	R=0.5958*
粒宽 GW	$Y = 3.1308 - 0.1332X_1 + 0.0149X_4 + 0.0027X_5 - 0.0099X_7 - 0.0066X_9$	R=0.4137
长宽比	$Y = 1.6401 - 0.1466X_1 + 0.4053X_2 + 0.0116X_7$	R=0.5168

（续表）

品质性状	回归方程	复相关系数
垩白率	$Y = 6.4198 - 60.8572X_1 + 4.4292X_3 - 3.2202X_4 - 0.4053X_5 + 0.9306X_8$	$R = 0.6308^*$
垩白大小	$Y = 5.5697 - 10.7294X_1 + 8.9222X_2 - 0.0297X_6 + 0.1421X_8 + 0.0794X_{10}$	$R = 0.6094^*$
垩白度	$Y = 0.7631 - 8.603X_1 + 3.3416X_2 + 0.4901X_3 - 0.4358X_4 - 0.0596X_5 + 0.1214X_8$	$R = 0.6582^*$
透明度	$Y = 0.8133 - 0.0036X_9$	$R = 0.2772$
碱消值	$Y = 5.9162 + 1.1673X_1 - 2.1946X_2 + 0.0698X_3 - 0.0508X_4 - 0.0372X_7 + 0.0291X_8 + 0.0344X_{10}$	$R = 0.5773$
胶稠度	$Y = 70.755 + 0.2069X_{10}$	$R = 0.1975$
直链淀粉含量	$Y = 16.5471 - 2.3291X_1 - 1.6735X_2 + 0.4081X_3 - 0.1020X_4 + 0.0103X_6 - 0.0397X_7 - 0.0480X_8$	$R = 0.7976^*$
蛋白质含量	$Y = 3.225 - 1.6249X_1 - 0.0716X_3 + 0.1299X_7 - 0.0459X_8 + 0.1453X_9 - 0.063X_{10}$	$R = 0.6974^*$

3. 改变源库关系对水稻籽粒灌浆及品质性状的影响

进入籽粒灌浆期，水稻的经济产量主要由倒1、倒2和倒3叶决定，因此这3个叶片的光合产物是产量的主要贡献者。用裁剪功能叶片和裁剪穗部枝梗的方法研究水稻的源库关系及其对籽粒灌浆和品质的影响。试验处理为：自下（根）而上（穗），A1剪去剑叶；A2剪去倒2叶；A3剪去倒3叶；A4剪去剑叶、倒2、倒3叶总长的1/2。B1剪去穗上部1/3枝梗；B2剪去穗中部1/3枝梗；B3剪去穗下部1/3枝梗；B4剪去穗子1/2枝梗；CK对照不做任何处理。

高的叶/颖花量的比例，是水稻高产的一个源库特征，同时也是源库协调程度的一个综合指标。从表1-15中可见，随着水稻叶面积的减少，叶/颖花量、叶/实粒数、叶/秕粒数、叶/粒重和叶/穗重的值都有不同程度的减小；而随着水稻颖花数的减少，这些数值都有不同程度的增加。各剪叶处理的叶/颖花量数值分别比对照下降了26.0%、37.7%、19.7%、65.2%；而疏花处理的叶/颖花量数值分别比对照增加了19.7%、23.9%、42.2%、57.8%。从叶/粒重比值来看，各剪叶处理的数值分别比对照下降了28.2%、30.4%、36.1%、52.5%；而疏花处理分别比对照增加了25.8%、25.9%、17.5%、125.4%。由此可见，在去叶处理中，当将上3叶的面积去掉1/2时，粒重下降的幅度最大，其次为去剑叶。在疏花处理中，剪去上部和中部籽粒的叶/粒重数值基本一致。

表 1-15　剪源疏库后源库关系变化

处理态变量	CK	A1	A2	A3	A4	B1	B2	B3	B4
叶/颖花量 （cm²/个）	2.18	1.73	1.58	1.82	1.32	2.61	2.70	3.10	4.62
叶/实粒数 （cm²/粒）	3.35	3.24	3.10	3.31	1.76	3.54	3.98	4.89	5.09
叶/粒重 （cm²/g）	531.78	414.80	407.50	390.88	348.76	668.18	669.11	624.06	1 197.74
叶/穗重 （cm²/g）	447.06	354.89	340.43	336.07	336.12	549.14	549.77	600.37	304.62

各处理茎鞘物质输出率（出穗期茎鞘干重-成熟期茎鞘干重/出穗期茎鞘干重×100%）见表 1-16。随着冠层叶面积减少，茎鞘物质输出率逐渐增大，各处理的大小顺序为：A2>A4>A1>A3；而随着籽粒数量的减少，茎鞘物质输出率逐渐减小，各处理的大小顺序为：B3>B2>B1>B4。由于单位面积水稻的颖花数量已基本固定，各减源处理的库容量由粒重决定，随着粒重的减小，库容量也有不同程度的减小。裁减叶片后，由于供给籽粒冠层实际面积减少，谷粒充实度（库容实际容纳的物质量/库容理论可容纳的物质量）呈显著下降的趋势。而疏花后，由于库容量减小，谷粒充实度呈明显增加的趋势。

表 1-16　剪源疏库后茎鞘物质输出率变化

处　理	CK	A1	A2	A3	A4	B1	B2	B3	B4
库容量 （g/穗）	3.40	3.19	3.12	3.17	2.63	2.68	2.67	2.27	1.78
籽粒产量 （g/穗）	0.54	0.64	0.60	0.60	0.58	0.43	0.43	0.40	0.65
充实度 （%）	85.99	69.99	76.62	79.45	60.01	86.18	86.21	87.59	92.86
茎鞘物质 输出率（%）	22.81	27.31	33.35	25.71	27.89	16.82	19.75	19.98	14.31

籽粒的灌浆物质主要来源于花后的光合产物，灌浆物质的积累数量又必然与籽粒的库容量密切相关。对上述处理中的 A4（剪去剑叶、倒 2、倒 3 叶总长的 1/2），B4（剪去穗子 1/2 枝梗）和 CK（对照不做任何处理）的籽粒灌浆特性进行研究，来探讨水稻出穗后的源库关系与籽粒灌浆特性的关系。

不同试验处理终极生长量 A 有显著差异，且强势粒均大于劣势粒。两种处理籽粒的终极生长量（A 值）均受其源库关系的影响。剪叶导致光合产物（源）不足，终极生长量下降，而剪穗则有提高籽粒终极生长量的趋势。源库关系主要影响劣势粒的终极生长量，剪穗后劣势粒也能得到充足的光合产物供应，终极生长量与强势粒差异不大，而剪叶则严重影响劣势粒的灌浆，终极生长量小，与强势粒的差异大。相关分析表明，终极生长量与结实率、籽粒充实度和千粒重呈显著正相关，特别是劣势粒，终极生长量与结实率、千粒重和籽粒充实度的相关系数分别为 0.976、0.965 和 0.935，达极显著水平（表 1-17）。

表 1-17　籽粒灌浆过程的 Richards 方程参数估值

处　理		A	K	B	N	拟合度 R^2
	优势粒	21.325	0.239	37.094	2.536	0.949
对照	中势粒	19.521	0.536	22 968.943	6.311	0.986
	劣势粒	17.427	0.089	178.212	1.827	0.985
	优势粒	19.949	0.261	94.866	3.571	0.994
剪叶	中势粒	18.640	0.335	28 802.431	5.428	0.911
	劣势粒	16.241	0.047	6 234.012	0.487	0.904
	优势粒	23.187	0.413	31 491.812	9.163	0.976
疏花	中势粒	22.560	0.459	27 215.345	7.531	0.988
	劣势粒	19.400	0.443	26 353.547	8.036	0.987

从表 1-18 和图 1-14 可以看出，对照的优势粒和中势粒的籽粒增重过程较为接近，只是中势粒的灌浆高峰期比优势粒稍有滞后，但劣势粒的籽粒增重过程明显不同于优势粒和中势粒，灌浆高峰期滞后许多，最大灌浆速率低很多。疏花、剪叶处理对优势粒的影响较小，表现为：剪叶后的最大生长速率有所降低，而疏花后优势粒的灌浆动态与灌浆速率几乎与对照相同；各处理对中势粒和劣势粒的影响最大，疏花后，灌浆物质的源相对增强，灌浆高峰期明显提前，灌浆速率也提高很大；籽粒的增重曲线与灌浆速率曲线与优势粒几乎一致，表现为典型的同步灌浆特性。而剪叶后的情况正好相反，灌浆高峰期明显滞后，且灌浆速率降低了很多，劣势粒在整个灌浆期间的一半时间里，几乎没有启动，灌浆速率也降低到非常低的程度，表现为典型的异步灌浆特性。剪叶处理后，籽粒的理论灌浆时间延长。此外，水稻在疏花后，优势粒和中势粒的起始势、相对起始势、最大灌浆速率、平均灌浆速率和灌浆时间等方程特征参数与对照相比都没有大的变化，只是改变了劣势粒的灌浆特性，使之更接近优势粒的灌浆特性。

表 1-18 不同处理灌浆方程特征参数

处理		起始势	相对起始势	最大速率 GR_m	拐点时间 T_{max}	实灌时间 T_{99}	平均速率
对照 CK	优势粒 SG	0.0943	0.0044	0.8764	11.2210	37.9415	0.5621
	中势粒 WG	0.0849	0.0043	1.0438	15.3036	31.0242	0.6292
	劣势粒 IG	0.0487	0.0028	0.3105	51.4855	86.0286	0.2026
剪叶	优势粒 SG	0.0730	0.0037	0.7433	12.5827	42.7447	0.4667
	中势粒 WG	0.0618	0.0033	0.6902	25.5769	44.3014	0.4208
	劣势粒 IG	0.0968	0.0060	0.2280	200.5973	105.4964	0.1540
疏花	优势粒 SG	0.0451	0.0019	0.7324	19.6941	53.9991	0.4294
	中势粒 WG	0.0609	0.0027	0.9129	17.8519	41.5377	0.5431
	劣势粒 IG	0.0551	0.0028	0.7225	18.2905	45.3520	0.4278

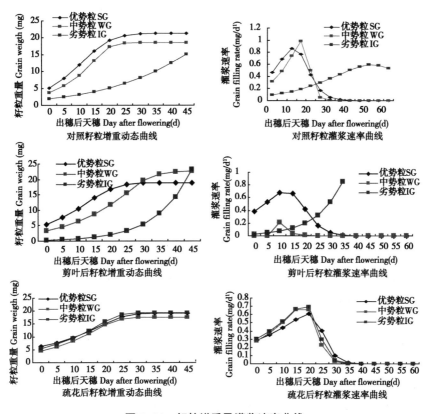

图 1-14 籽粒增重及灌浆速率曲线

灌浆速率曲线有两个拐点（T1，T2），假定达 99%A 时为实际灌浆终期 T3，由此确定灌浆阶段，分别为前期（0~T1）、中期（T1~T2）和后期（T2~T3）。从各灌浆期的贡献率（各期灌浆物质积累的净增量占总灌浆物质的百分比）上看（表1-19），对照优势粒前、中、后期分别占 22.98%、55.67%和9.70%，中势粒为46.16%、49.98%和5.18%，劣势 粒为60.92%、39.82%和0.02%。剪叶处理的优势粒前、中、后期分别占 17.63%、74.08%和7.96%，中势粒为64.21%、27.05%和6.24%，劣势 粒为8.44%、89.55%和0.03%。疏花处理后，优势粒前、中、后期分别 占66.10%、13.09%和2.40%，中势粒为48.38%、32.23%和7.74%，劣 势粒为43.49%、20.84%和5.35%。从各时期的灌浆时间和灌浆速率上 看，剪叶处理后各时期的灌浆时间都有所延长，平均每个时期内的灌浆速 率都比对照明显降低。蔬花处理后，主要是劣势粒在各时期的灌浆时间缩 短，灌浆速率则明显提高。

表1-19　不同处理灌浆不同阶段灌浆参数比较

处理		前期			中期			后期		
		天数	平均速率	%	天数 Days	平均速率	%	天数	平均速率	%
对照	优	4.21	1.16	22.98	18.23	0.65	55.67	30.41	0.14	19.70
	中	11.16	0.81	46.16	19.45	0.60	49.98	23.83	0.07	5.18
	劣	34.31	0.54	60.92	68.66	0.02	39.82	103.09	0.00	0.00
剪叶	优	5.45	0.65	17.63	19.71	0.75	74.08	30.16	0.05	7.96
	中	19.26	0.81	64.21	31.89	0.16	27.05	39.21	0.03	6.24
	劣	176.12	0.01	8.44	225.08	0.06	89.55	298.12	0.00	0.00
疏花	优	13.67	1.12	66.10	25.72	0.12	13.09	30.71	0.02	2.42
	中	12.74	0.86	48.38	22.96	0.32	32.23	27.79	0.06	7.74
	劣	12.88	0.66	43.69	23.70	0.17	20.84	28.59	0.04	5.35

剪叶和疏花改变了源库关系，影响了光合产物的合成和积累，从而显 著影响水稻的结实率、籽粒充实度、千粒重和产量。剪叶后因源不足，光 合产物少而显著降低结实率和粒重。可见，水稻剪叶后，结实率为 61.53%，比对照降低了40%，粒重为23.99g，比对照降低了4.5%；疏花 处理后由于源大库小，光合产物充足，因而结实率有所提高，粒重没有显 著的变化。源库处理对碾米品质有显著影响，糙米率去叶处理后显著低于 对照，精米率以去库处理最高，为77.90%，去叶处理最低，为59.82%， 与对照比有显著差异。源库处理中，整精米率仍以去叶处理最低，为 54.15%，对照最高为67.95%，疏花处理为63.99%，可见疏花有降低整 精米率的趋势。源库处理显著影响稻米的垩白性状。剪叶显著提垩白粒率 （17.58%），比对照提高了41.1%，而疏花则显著降低垩白粒率 （9.67%），比对照降低了33.9%。可见，光合产物不足可能是造成垩白粒

率提高的主要原因。剪叶降低了稻米的直链淀粉含量。由此表明源库关系既影响光合产物的积累，又可能进一步影响其代谢和转化（表1-20）。

表1-20　源库处理对部分产量和和品质性状的影响

处理	结实率（%）	粒重（g）	糙米率（%）	精米率（%）	整精米率（%）	垩白粒率（%）	垩白大小（%）	直链淀粉含量（%）
对照	86.15	25.09	81.93	76.00	67.95	12.00	27.33	16.73
剪叶	61.53	23.99	61.89	59.82	54.15	17.58	42.50	14.59a
疏花	90.48	24.51	85.95	77.90	63.99a	9.67	28.33	16.72

四、叶片及穗部形态研究

好的水稻品种必定要具备产量较高、米质优良的特点，而高产优质是通过增加肥量的投入和高效的光合利用实现的，因此高产品种的选择必须是改善水稻茎、叶、穗的形态结构，优化个体在群体中的几何结构及排列方式，使个体在形态与机能性状上提高群体光能利用效率。

1. 叶片形态特征研究

水稻冠层功能叶片的结构影响群体光能利用、光合产物分配和库源关系等，与产量关系密切。从表1-21可以看出，高产品种的上三叶中剑叶平均叶长为20.70cm，叶宽为1.71cm，面积为20.32cm²，比叶重（单位面积的叶重）为0.16 g/cm²；低产品种剑叶平均叶长为22.13cm，叶宽为1.74cm，面积为25.76cm²，比叶重为0.35g/cm²；高产品种的倒2叶平均叶长为28.76cm，叶宽为1.71cm，面积为32.176cm²，比叶重为0.22 g/cm²；低产品种倒2叶平均叶长为30.70cm，叶宽为1.64cm，面积为33.15cm²，比叶重为0.25g/cm²；高产品种的倒3叶平均叶长为33.09cm，叶宽为1.57cm，面积为34.88cm²，比叶重为0.22g/cm²；低产品种倒3叶平均叶长为28.89cm，叶宽为1.44cm，面积为34.90cm²，比叶重为0.23g/cm²；从整体上看，高产与低产两类品种，上3叶叶片大小都明显高于对照品种，其中低产品种的上3叶大小和比叶重要比高产品种略大。

从叶片的着生状态来看（表1-22），水稻品种的上三叶基角、开张角和弯曲度均具有如下规律：剑叶<倒2叶<倒3叶，叶片夹角由下向上逐渐缩小。高产品种的剑叶、倒2叶、倒3叶基角分别为16.39°、15.71°、24.74°，开张角依次为37.30°、48.30°、37.24°。低产品种的剑叶、倒2叶、倒3叶基角分别为16.87°、17.38°、25.21°，开张角依次为56.50°、80.36°、65.37°。而对照品种的剑叶、倒2叶、倒3叶基角分别为16.53°、

表 1-21 品种冠层叶片大小比较

类型	品种名称	剑叶 长 cm	宽 cm	比叶重 g/cm²	面积 cm²	倒二叶 长 cm	宽 cm	比叶重 g/cm²	面积 cm²	倒三叶 长 cm	宽 cm	比叶重 g/cm²	面积 cm²
高产品种	辽盐188	18.05	1.54	0.16	18.61	25.46	1.57	0.22	26.82	30.23	1.57	0.24	31.76
	辽星10号	23.72	1.82	0.19	28.89	31.35	1.71	0.28	35.90	33.83	1.62	0.29	36.72
	富禾80	23.64	1.71	0.24	27.13	31.44	1.60	0.23	33.60	36.87	1.68	0.21	41.57
	福粳8号	18.90	1.85	0.12	23.38	28.56	1.61	0.17	30.77	31.48	1.52	0.20	32.08
	沈9765	19.53	1.60	0.17	20.96	28.54	1.50	0.13	28.76	30.04	1.40	0.15	28.25
	辽优20	26.32	1.69	0.21	29.86	35.93	1.96	0.24	47.16	42.27	1.48	0.22	41.96
	辽盐158	18.33	1.67	0.15	20.47	25.49	1.53	0.22	26.16	28.90	1.42	0.21	27.57
	辽河5号	19.61	1.87	0.18	24.58	26.28	1.75	0.18	30.80	30.78	1.64	0.15	33.79
	辽星16	18.55	1.68	0.16	20.83	26.06	1.55	0.22	27.08	30.25	1.60	0.21	32.37
	辽优22	20.37	2.11	0.14	28.80	28.47	1.92	0.27	36.57	36.27	1.80	0.26	43.67
	平 均	20.70	1.75	0.16	24.32	28.76	1.67	0.22	32.17	33.09	1.57	0.22	34.88
低产品种	辽盐92	21.70	1.90	0.28	27.58	33.39	1.78	0.29	39.89	34.62	1.52	0.23	35.33
	沈339	21.13	1.64	0.98	23.18	27.42	1.60	0.13	29.47	31.17	1.68	0.12	35.08
	苏粳4号	21.60	1.90	0.21	27.54	30.81	1.80	0.25	37.05	36.30	1.67	0.24	40.62
	东亚446	29.66	1.75	0.46	34.68	40.62	1.60	0.43	43.63	46.81	1.50	0.34	47.04
	盘锦8号	24.49	1.62	0.23	26.60	27.22	1.56	0.23	28.41	24.07	1.66	0.24	26.78
	辽盐42	22.53	1.77	0.15	26.66	29.16	1.58	0.19	30.85	28.43	1.44	0.22	27.37
	开226	13.77	1.59	0.16	14.70	22.06	1.59	0.20	23.46	28.89	1.61	0.19	31.24
	平 均	22.13	1.74	0.35	25.76	30.10	1.64	0.25	33.15	32.90	1.58	0.23	34.90
对照	辽粳294	19.87	1.54	0.17	20.50	23.45	1.42	0.21	22.31	25.36	1.03	0.19	17.50

15.20°、30.21°，开张角依次为 37.70°、47.45°、61.30°。可见，虽然高产与低产两类品种上 3 叶的叶片大小无显著差别，但高产品种与对照品种开张角度小，弯曲度低，从群体来看，株型较紧凑，这种冠层结构，能最大程度地利用光能，有利于中后期光合作用。而低产品种的叶片着生普遍松散，叶片披垂较大，这两种株型结构会影响群体通风透光，不利于光能充分利用。

表 1-22 品种冠层叶片角度比较

类型	剑叶			倒二叶			倒三叶		
	基角	开张角	弯曲度	基角	开张角	弯曲度	基角	开张角	弯曲度
高产	16.39°	37.30°	20.91°	15.70°	48.30°	32.60°	24.74°	37.24°	12.50°
低产	16.87°	56.50°	39.63°	17.38°	80.36°	65.98°	25.21°	65.37°	40.16°
对照	15.23°	35.70°	20.47°	15.20°	47.45°	32.25°	30.20°	61.30°	31.10°

2. 穗部性状研究

表 1-23 是不同类型品种穗部性状的比较，高产品种的穗长最大，平均为 19.74cm，低产品种的穗长平均为 17.46cm，两类品种的穗长都明显高于对照品种（16.25cm）。低产品种的二次枝梗数最多，平均为 23.19 个/穗，高产品种的二次枝梗数平均为 20.71 个/穗，对照品种的二次枝梗数平均仅为 15.04 个/穗。一次枝梗数量和着粒密度在不同类型的品种间差异不显著。由此可见，新品种主要是通过增加穗长和二次枝梗的数量来增加穗粒数的，着粒密度都比对照品种有所增加。与低产品种相比，高产品种的穗长增加较多，二次枝梗数增加较少。

表 1-23 不同类型品种穗部性状比较

品种	穗长（cm）	一次枝梗（个/穗）	二次枝梗（个/穗）	着粒密度（粒/cm）
高产品种	19.74	11.38	20.71	7.27
低产品种	17.46a	12.68	23.19	7.97
对照品种	16.25	10.06	15.04	6.14

相关分析可见（表 1-24）：水稻的产量与一次枝梗数量和着粒密度呈负相关，相关系数分别为 $r=-0.535^{**}$ 和 $r=-0.380^{*}$；结实率与一次枝梗数量、二次枝梗数量和着粒密度呈负相关，相关系数分别为 $r=-0.407^{*}$，$r=-0.682^{**}$ 和 $r=-0.534^{**}$；千粒重与二次枝梗数量和着粒密度呈负相关，相关系数分别为 $r=-0.475^{*}$ 和 $r=-0.559^{**}$；糙米率与一次枝梗数量和二次枝梗数量呈负相关，

相关系数分别为 r=-0.484** 和 r=-0.542**；垩白率与穗长呈负相关，相关系数为 r=-0.484**，与二次枝梗数量呈正相关，相关系数为 r=0.621**；垩白度与二次枝梗数量呈正相关，相关系数为 r=0.465*。

通过以上分析可知，虽然增加枝梗数量和着粒密度可以提高穗粒数，但显著降低了水稻的结实率和千粒重，进而影响到产量，而且稻米品质也会随着枝梗数量的增加而降低。

表 1-24　穗部性状与产量结构、品质性状的相关

	穗长	一次枝梗	二次枝梗	着粒密度
产量	-0.076	-0.535**	-0.274	-0.380*
结实率	-0.119	-0.407*	-0.682**	-0.534**
千粒重	0.303	-0.337	-0.475*	-0.559**
糙米率	-0.310	-0.484**	-0.542**	-0.427
精米率	-0.159	-0.554**	-0.339	-0.360
整精米率	0.085	-0.235	0.058	-0.162
粒长	0.435*	0.238	0.260	0.047
粒宽	-0.277	-0.486**	-0.286	-0.207
长宽比	0.408*	0.448*	0.397*	0.210
垩白率	-0.441*	0.073	0.621**	0.191
垩白大小	-0.032	0.035	0.338	0.016
垩白度	0.046	0.041	0.465*	0.130
透明度	-0.218	0.043	-0.005	0.107
直链淀粉含量	0.009	0.254	0.164	0.408*
蛋白质含量	0.116	0.197	0.164	0.420

五、非结构性碳水化合物含量

碳水化合物作为光合产物和植物体内的营养物质，为作物的各种合成过程和各种生命活动提供所需的能量。其中可溶性糖含量、蔗糖含量和淀粉含量的高低，反映了植株光合能力和植株体内碳水化合物转化及积累水平的高低。水稻籽粒物质主要来自抽穗前茎鞘贮存物质和抽穗后的光合作用（李义珍，1996；梁建生等，1994）。有研究表明，抽穗期茎鞘中储存的可转化性糖不仅是籽粒灌浆物质的一部分，而且对灌浆初期籽粒库的活性、启动和促进籽粒灌浆起重要作用，主要表现在影响胚乳的细胞分裂、胚乳发育和物质充实。许多研究表明，茎鞘非结构性碳水化合物与结实率和千粒重具有显著的相关性（王志琴，1997；张祖建，1998；杨建昌，1999）。

1. 碳水化合物含量比较研究

图 1-15 是不同类型的水稻品种在灌浆期茎鞘内的非结构性碳水化合

物变化情况，在水稻灌浆初期各供试品种中淀粉含量都达到了最高水平，高产品种与对照品种的淀粉降解速率比较慢且下降平稳，低产品种淀粉降解速率相对较快，并且在抽穗后30d左右出现峰值，从输出率［（抽穗期茎鞘非结构性糖含量—成熟期茎鞘非结构性糖含量）/抽穗期茎鞘重］上看，低产品种>对照品种>高产品种。茎鞘中在水稻抽穗后有先升后降的变化趋势，灌浆初期茎鞘中可溶性糖含量有短暂的积累过程。高产品种在出穗后10d左右可溶性糖含量达到最大值，之后开始下降，且下降幅度最大。对照品种的高峰值出现较晚，约在出穗后30d。高产品种茎鞘内的蔗糖含量一直处于相对平稳的水平。茎鞘中总的非结构性碳水化合物的变化与淀粉含量的变化大致相同，总的输出率高产品种与低产品种相似。

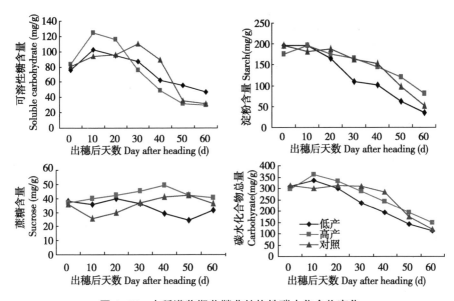

图1-15 水稻灌浆期茎鞘非结构性碳水化合物变化

从水稻籽粒内碳水化合物的变化动态来看（图1-16），各品种籽粒内淀粉含量变化趋势差别不大，都是在抽穗后20d左右达到最大转化速率，在抽穗后40d左右达到最大值。与淀粉含量变化相反，可溶性糖和蔗糖含量在品种间有较大差别，且明显表现出前高后低的趋势。在灌浆初期，高产品种的可溶性糖和蔗糖含量都高于对照和低产品种。这表明在高产品种籽粒中，同化物的供应相对较高。从籽粒中总碳水化合物的含量变化看出，在灌浆初期，高产品种的总糖含量最高，其次为低产品种，对照品种最低，与淀粉含量的变化趋势相似，在抽穗后40d左右达到最大值。

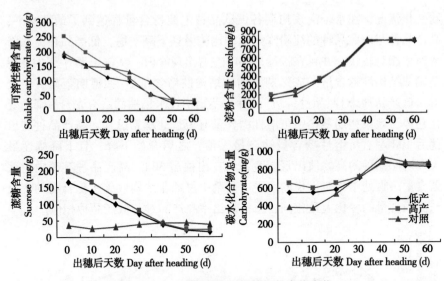

图 1-16　水稻灌浆期籽粒碳水化合物变化

2. 茎鞘内碳水化合物变化与籽粒灌浆的相关性

表 1-25 是水稻品种茎鞘内非结构性碳水化合物在水稻籽粒灌浆期输出率的比较，高产品种可溶性糖的输出率平均值为 68.79%，低产品种可溶性糖的输出率平均值为 38.54%，高产品种淀粉的输出率平均值为 54.34%，低产品种淀粉的输出率平均值为 83.03%。可见，高产品种在水稻抽穗灌浆期的茎鞘内可溶性糖变化较大，而淀粉含量的变化相对较小，表明这一类品种在水稻成熟期既保持着较大的光合能力，又能较大比例的向籽粒输出可溶性碳水化合物。

表 1-25　水稻品种碳水化合物输出率比较

| 品种 | | 抽穗期含量（mg/g） | | 输出率（%） | | 籽粒充实度(%) | 灌浆速率 [mg/（d·粒）] |
		可溶性糖	淀粉	可溶性糖	淀粉		
高产品种	辽盐 188	85.24	177.64	74.36	50.21	98.96	0.83
	辽星 10 号	87.34	180.36	73.21	49.36	89.12	0.77
	富禾 80	80.24	179.38	70.36	68.41	61.67	0.69
	福粳 8 号	79.25	176.35	78.36	71.24	79.69	0.80
	沈 9765	80.12	165.96	64.25	50.36	87.95	0.80
	辽优 20	79.65	170.36	69.37	47.39	75.24	0.80
	辽盐 158	87.36	182.01	69.25	49.25	93.84	0.70
	辽河 5 号	86.74	179.24	63.15	53.14	80.11	0.75
	辽星 16	86.35	171.98	64.31	52.65	95.67	0.82
	辽优 22	80.53	169.24	61.24	51.35	68.78	0.63
	平　均	83.28	175.25	68.79	54.34	83.10	0.76

（续表）

品种		抽穗期含量（mg/g）		输出率（%）		籽粒充	灌浆速率
		可溶性糖	淀粉	可溶性糖	淀粉	实度(%)	[mg/（d·粒）]
低产品种	辽盐 92	75.21	198.65	40.38	87.26	73.87	0.69
	沈 339	77.39	189.34	57.69	73.65	45.45	0.71
	苏粳 4 号	70.36	197.82	30.25	86.12	82.72	0.62
	东亚 446	72.36	189.35	59.36	84.69	68.00	0.64
	盘锦 8 号	79.24	195.34	29.39	85.20	86.52	0.77
	辽盐 42	70.36	201.35	25.41	83.26	62.18	0.67
	开 226	76.24	203.14	27.31	81.02	69.19	0.60
	平 均	74.45	196.43	38.54	83.03	69.70	0.67

注：输出率＝（抽穗期茎鞘糖含量－成熟期茎鞘糖含量）/抽穗期茎鞘糖含量×100

相关分析表明，水稻茎鞘内可溶性糖输出率与籽粒的灌浆速率存在显著相关性（r=0.601**），淀粉输出率与籽粒的充实度和灌浆速率都存在显著相关性（r=-0.494*，0.590**）。回归分析表明，水稻茎鞘内可溶性糖输出率与籽粒的灌浆速率存在着显著的多项式关系，淀粉输出率与籽粒的充实度和灌浆速率都存在着显著的多项式关系（图 1-17）。

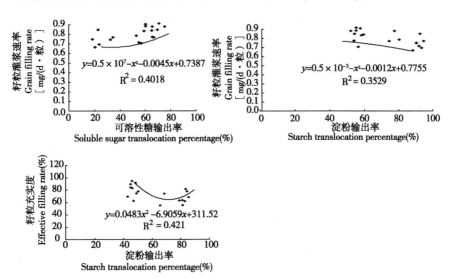

图 1-17 水稻籽粒充实度、灌浆速率与碳水化合物的关系

3. 碳水化合物酶活性比较研究

α-淀粉酶、β-淀粉酶均能催化淀粉水解，其活性高低是茎鞘贮藏碳水化合物再利用的主要限制因素。蔗糖合成酶和酸性蔗糖转化酶是蔗糖合成和分解的主要酶，其活性的高低决定了茎鞘中碳水化合物的流向，与细

胞分裂和组织发育、生长有关系密切，高的蔗糖转化酶活性往往伴随着活跃的碳代谢和能量代谢。

在茎鞘内 α-淀粉酶、β-淀粉酶两种酶的活性均有不同程度的升高，高产品种与对照品种的 α-淀粉酶活性在灌浆初期上升较快，低产品种 α-淀粉酶活性在灌浆初期上升较慢，但在抽穗后 20d，α-淀粉酶活性迅速上升，超过高产品种和对照品种，各品种的 α-淀粉酶活性都在花后 40d 达到最大值。各类品种 β-淀粉酶活性的变化较为一致，都是低—高—低的变化趋势，但含量不同，高产品种>低产品种>对照品种。总体上讲高产品种在灌浆前期 α-淀粉酶、β-淀粉酶含量较高，这可能是茎鞘贮藏碳水化合物输出量大，收获指数高，结实情况较好的一个重要原因。高产品种和对照品种茎鞘中蔗糖合成酶活性都在抽穗后 20d 达到最大值，低产品种则相对滞后。高产品种和对照品种酸性蔗糖转化酶的活性一直维持在较高的水平，且其含量相对稳定，低产品种的蔗糖转化酶活性则相对较低，变化也较大（图 1-18）。

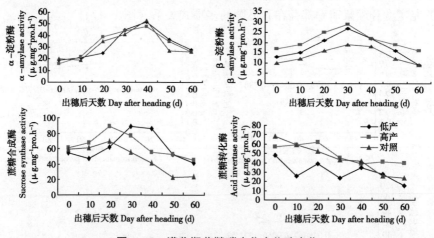

图 1-18　灌浆期茎鞘碳水化合物酶变化

籽粒中 α-淀粉酶和 β-淀粉酶的变化趋势与茎鞘相同，但含量要小于茎鞘。蔗糖合成酶活性在水稻抽穗后迅速增大，于花后 20d 达最大值，以后逐渐下降（图 1-19）。蔗糖转化酶灌浆初期活性较高，各品种间的差别不大。

4. 茎鞘碳水化合物含量与产量、品质的相关性

相关分析表明（表 1-26），水稻品种的产量水平与其叶片和茎鞘在灌浆期间的碳水化合物含量具有明显的相关性，低产品种的产量与灌浆前期

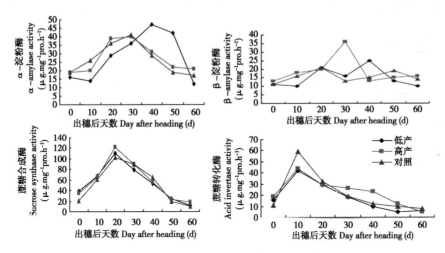

图 1-19　水稻灌浆期籽粒碳水化合物酶变化

可溶性糖含量间呈极显著的正相关（r＝0.691**），与灌浆后期可溶性糖含量呈极显著的负相关（r＝-0.742**），与蔗糖的含量也表现出了一定的正相关；对照品种的产量与灌浆后期的可溶性糖含量间呈显著的负相关（r＝-0.400*），与灌浆前期蔗糖的含量呈显著的正相关（r＝0.430*）；高产品种的产量与碳水化合物含量的相关性较大，与灌浆前期和灌浆后期体内的可溶性糖含量都呈极显著的负相关（r＝-0.885** 和-0.601**），与灌浆前期蔗糖含量也呈极显著的负相关（r＝-0.780**），与灌浆后期淀粉的积累量呈极显著的正相关（r＝0.570**）。

表 1-26　水稻茎鞘碳水化合物含量与产量的相关分析

品种类型	可溶性糖		蔗糖		淀粉	
	前期	后期	前期	后期	前期	后期
低产品种	0.691**	-0.742**	0.340	0.360	0.042	0.270
对照品种	0.178	-0.400*	0.430*	-0.082	-0.340	0.152
高产品种	-0.885**	-0.601**	-0.780**	0.301	-0.231	0.570**

从表 1-27 可见，灌浆期叶片可溶性糖含量与大多数品质性状呈显著或极显著的相关：与糙米率呈显著负相关（r＝-0.642*），与整精米率（r＝0.596*）呈显著正相关，与垩白粒率、垩白度呈极显著正相关（r＝0.741**、0.736**），与粒宽、蛋白质含量呈显著正相关（r＝0.705*、0.577*），与直链淀粉含量呈极显著负相关（r＝-0.732**），与长宽比呈

显著负相关（r=-0.626*）。另外，垩白大小与抽穗期叶片蔗糖酶含量呈极显著负相关（r=-0.718**）；直链淀粉含量与抽穗期可溶性糖的含量呈显著正相关（r=0.692*）。

表1-27 品质性状与碳水化合物积累的相关系数

	可溶性糖		蔗糖		蔗糖酶		淀粉	
	抽穗期	灌浆期	抽穗期	灌浆期	抽穗期	灌浆期	抽穗期	灌浆期
糙米率	-0.007	-0.642*	-0.129	-0.022	-0.500	-0.537	0.042	0.173
精米率	0.178	-0.400	0.281	-0.082	-0.407	-0.512	-0.138	0.152
整精米率	-0.446	0.596*	-0.006	0.301	-0.359	-0.398	-0.231	0.057
垩白率	-0.556	0.741**	-0.368	0.261	0.055	0.035	-0.037	-0.067
垩白大小	-0.196	0.267	-0.002	-0.351	-0.718**	-0.565	-0.262	-0.554
垩白度	-0.508	0.736**	-0.320	0.080	-0.145	-0.080	-0.108	-0.281
粒　长	-0.285	-0.468	-0.489	0.026	0.262	-0.241	-0.049	0.447
粒　宽	0.107	0.705*	0.045	-0.306	-0.252	-0.102	-0.411	-0.417
长宽比	-0.215	-0.626*	-0.246	0.194	0.261	-0.044	0.234	0.426
透明度	0.373	-0.461	0.165	0.275	-0.337	-0.153	-0.161	0.475
直链淀粉	0.692*	-0.732**	-0.185	-0.240	0.485	0.371	0.084	0.364
蛋白质	-0.076	0.577*	0.479	0.361	-0.041	0.265	-0.263	-0.052

六、群体构成研究

1. 群体茎蘖动态特征

水稻品种分蘖能力的强弱、分蘖形成的早晚对产量的形成起着至关重要的作用，分蘖太强的品种，穗数较多，但茎秆较弱，抗倒性能差，穗粒数少，水稻群体的通透性能差。分蘖弱的品种，穗粒数较多，但群体的调节能力较弱，易造成穗数不足；生长后期田间漏光严重，群体的光能利用差。分蘖形成的太晚，使无效分蘖增多，既不能充分利用肥水条件，过多的消耗养分，又使水稻在生长后期田间的茎叶配置不好。

从表1-28可见，高产品种的最高分蘖平均为549.01×10⁴个/hm²，低产品种为500.72×10⁴个/hm²，对照品种587.51×10⁴个/hm²，两者分别低于对照6.5%和14.8%。高产品种的分蘖率［（最高苗-基本苗）/基本苗］平均为347.12%，低产品种为328.79%，对照品种339.25%，高产品种比对照高2.5%，低产品种比对照低3.8%。高产品种的有效分蘖平均为384.63×10⁴个/hm²，低产品种为357.86×10⁴个/hm²，对照品种433.76×10⁴个/hm²，两者分别低于对照11.3%和17.8%。高产品种、低产品种和对照在成穗率上的差异不明显，分别为 70.25%、71.45%和 73.83%。

表 1-28　不同品种的分蘖特性比较

品种类型	品种名称	基本苗 （10⁴个/hm²）	最高分蘖 （10⁴个/hm²）	分蘖率 （%）	有效分蘖 （10⁴个/hm²）	成穗率 （%）
高产品种	辽盐188	201.28	523.76	331.96	380.01	72.55
	辽星10号	161.85	488.76	401.28	360.01	73.66
	富禾80	211.65	491.26	285.29	380.01	77.35
	福粳8号	201.28	543.76	348.45	386.26	71.03
	沈9765	209.58	480.01	280.20	340.01	70.83
	辽优20	195.05	641.26	445.74	412.51	64.33
	辽盐158	228.25	525.01	281.82	362.51	69.05
	辽河5号	234.48	663.76	369.91	463.76	69.87
	辽星16	190.90	591.26	414.13	437.51	74.00
	辽优22	217.88	541.26	312.38	323.76	59.82
	平　均	205.22	549.01	347.12	384.63	70.25
低产品种 LYV	辽盐92	215.80	511.26	293.27	341.26	66.75
	沈339	161.85	380.01	289.74	261.26	68.75
	苏粳4号	205.43	456.26	268.69	358.76	78.63
	东亚446	161.85	458.76	370.51	322.51	70.30
	盘锦8号	197.13	550.01	363.16	411.26	74.77
	辽盐42	199.20	572.51	377.08	357.51	62.45
	开226	217.88	576.26	339.05	452.51	78.52
	平　均	194.16	500.72	328.79	357.86	71.45
对照	辽粳294	222.03	587.51	339.25	433.76	73.83

　　从不同类型品种的分蘖动态曲线（图1-20）可知，水稻的分蘖数量随着生育进程的发展都呈现出慢—快—慢的 S 形变化过程。在分蘖初期，对照品种的分蘖动态曲线较陡，表明其分蘖强，在生长发育过程中分蘖的增幅较大；其次为高产品种，低产品种最小。用 Logistic 方程拟合三种产量类型品种的分蘖动态，分别得到高产品种、低产品种和对照品种的分蘖动态方程，高产品种为 $Y = 19.09/（1+8422.82e^{-0.39}）$，低产品种为 $Y = 21.71/（1+9\,672.09e^{-0.49}）$，对照品种为 $Y = 17.63/（1+22\,704.08e^{-0.459}）$，并且都达到极显著水平（P 值分别为 0.0018、0.0018、0.0007）。由 Logistic 方程可知，对照品种的单株最大分蘖量为 21.71，其次为高产类型的品种为 19.09，最后是低产品种为 17.63。在曲线的拐点处是分蘖数随着时间变化的最大值，即分蘖的最大速度。通过对方程一阶导数和二阶导数的计算可知：不同类型品种分蘖速率几乎都于插秧缓苗后 20~30d 达到最高峰，其中对照品种最高为 4.38 个/d，高产品种为 3.81 个/d，低产品种为 4.01 个/d。

从图 1-20 可以看出，在 6 月 21 日以前两种类型的品种分蘖数量和分蘖速率基本相同，之后虽然两类品种和对照品种的分蘖速率都减慢，但低产品种分蘖速率减缓的程度要大一些，这是此类品种最终分蘖少的主要原因。

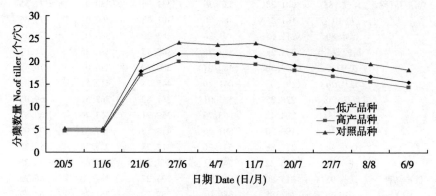

图 1-20 不同类型品种的分蘖动态曲线

2. 群体叶面积指数

水稻灌浆期适宜的叶面积指数是水稻高产必要条件，它是协调库源关系和各部器官平衡发展的基础（凌启鸿等，1994；杨守仁，1997）。水稻群体叶面积由有效茎蘖的叶面积（有效叶面积）和无效茎蘖的叶面积（无效叶面积）两部分组成，茎蘖上剑叶、倒 2 叶和倒 3 叶的面积称为高效叶面积，高质量群体具有很高的有效叶面积比例和高效叶面积比例。

水稻的叶面积指数随着生育进程的发展呈现出慢—快—慢的变化过程。从不同类型品种的叶面积指数动态曲线（图 1-21）可知，在水稻抽穗前高产品种和对照品种表现出叶面积增幅大、低产品种增幅小的特点。两类品种叶面积指数基本都于始穗期达到最高峰，此后虽然两类品种和对照品种的叶面积指数都开始下降，但高产品种和对照品种下降的程度要大。从整体上讲，由于高产品种的茎蘖数量较高，高产品种的叶面积指数在各个时期都要高于低产品种。

3. 不同品种叶面积指数及光合势比较

尼奇波罗维奇（1957）提出了作物光合势的概念，用来表示群体生产规模的大小和生产时间长短，对作物生产的影响。光合势是指单位土地面积上（hm^2），作物群体在整个生育期或某一生育期内，总共有多少平方米的叶面积，按其功能期折算成为"工作日"来衡量它对产量的影响（张宪政，1992）。表 1-29 是不同产量类型品种的光合势比较，在分蘖至

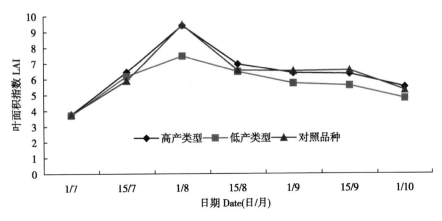

图 1-21　不同产量类型品种的 LAI 消长动态比较

始穗期，高产品种的平均光合势为 $416.66×10^4 m^2 \cdot d$，低产品种的平均光合势为 $282.32×10^4 m^2 \cdot d$；在始穗期至成熟期，高产品种的平均光合势为 $465.84×10^4 m^2 \cdot d$，低产品种的平均光合势为 $357.15×10^4 m^2 \cdot d$；两个时期内，高产品种的光合势分别比低产品种高出 47.52% 和 30.25%。从两个时期内光合势所占的比例上看，两种产量类型品种比较接近，高产品种的平均值分别占总光合势的 47.21% 和 52.79%，低产品种的平均值分别占总光合势的 44.15% 和 55.85%。由此可见，高产品种在全生育期内的光合势明显高于低产品种，并且水稻在抽穗至成熟期的光合势大小对群体获高产起着很大的作用。因此，采取各种有效的技术措施，增加功能叶片的数量和延长功能叶片的寿命，是高产的关键。

表 1-29　不同品种最大叶面积指数和光合势比较

产量类型	品种名称	最大叶面指数	分蘖-始穗		始穗-成熟		总光合势
			光合势 $10^4 m^2 \cdot d$	%	光合势 $10^4 m^2 \cdot d$	%	
高产品种	辽盐 188	10.99	406.13	45.85	479.73	54.15	885.86
	LDC120	9.35	367.91	46.61	421.40	53.39	789.31
	农实 99-3	8.54	324.69	44.25	409.06	55.75	733.75
	仙 S38	8.75	349.50	46.04	409.56	53.96	759.06
	辽优 20	11.85	310.11	35.29	568.57	64.71	878.68
	辽盐 158	10.06	422.10	46.39	487.77	53.61	909.87
	龙盘 5 号	8.28	373.54	46.59	428.29	53.41	801.83
	LDC166	11.81	354.65	40.44	522.34	59.56	876.99
	平均	9.40	416.66	47.21	465.84	52.79	882.51

（续表）

产量类型	品种名称	最大叶面指数	分蘖-始穗		始穗-成熟		总光合势
			光合势 $10^4 m^2 \cdot d$	%	光合势 $10^4 m^2 \cdot d$	%	
低产品种	沈 339	5.95	294.31	48.17	316.63	51.83	610.94
	苏粳 4 号	8.36	361.96	49.60	367.75	50.40	729.71
	东亚 446	6.44	406.22	54.87	334.13	45.13	740.36
	盘锦 8 号	7.69	264.56	39.28	409.03	60.72	673.59
	辽盐 42	6.88	315.81	50.78	306.04	49.22	621.85
	开 226	8.24	324.60	44.23	409.30	55.77	733.90
	平均	7.47	282.32	44.15	357.15	55.85	639.47
对照	辽粳 294	9.44	246.29	35.77	442.33	64.23	688.62

4. 叶面积指数的垂直分布特点

良好的叶面积空间分布可改善水稻群体的透光性和提高群体光能利用率，是提高产量的重要因素。在灌浆初期，高产品种和对照品种的群体中下部（25~50cm 和 75~100cm）叶面积指数所占比例较大，接近 80%，低产品种水稻群体的下部（25~50cm）叶面积指数所占比例较大；在灌浆中期，不同品种的叶面指数分布相似，但高产类型的品种表现为上部的叶面积指数分布较大；在灌浆末期，高产与低产类型水稻品种差别不大，而对照品种表现为中上部（25~75cm）的比例较大（图 1-22）。

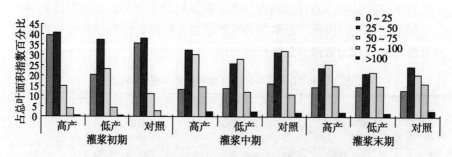

图 1-22 灌浆期不同品种的叶面积指数空间分配比例

5. 叶面积指数与干物质生产的关系

Watson（1958）研究指出，叶片的生长是干物质生产和产量增长的决定因素。从图 1-23 可见，水稻的物质生产量和物质生长率随着叶面积指数的提高而明显增加，相关分析表明，叶面积指数与干物质生长率和产量之间的相关系数分别达到 0.967 和 0.980 的极显著水平。但干物质生产率与叶面积指数并非简单的直线相关，而表现为明显的二次曲线回归关系。

其中高产类型水稻群体的物质生产率与叶面积指数的回归方程为 Y = 4.79 + 8.92x − 0.98x², 低产类型水稻群体的物质生产率与叶面积指数的回归方程为 Y = 9.79 + 6.92x − 0.58x²。

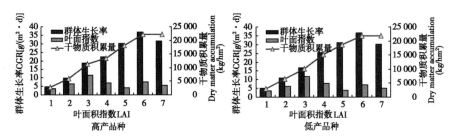

图 1-23　不同品种叶面积指数与干物质生产量及生产率比较

第二节　水稻产量品质形成的生态基础

　　水稻产量和品质为数量性状, 它们的表现与众多数量基因的表达和相互作用以及环境因素的影响有关。水稻产量在地点间、年际间的变化是因为生物体的生长状况与其周围环境密切相关。由于遗传型和环境因子交互作用效应的存在, 使得同一品种在不同的环境条件下表现不尽相同。长期以来, 高产、优质、适应性广是水稻育种的首要目标, 水稻品种对环境的稳定性, 一直受到育种工作者的关注。如何提高水稻品种的稳定性和生态适应性, 是一项值得育种工作者研究重大课题。不同环境条件会导致基因在表达方式或程度上产生差异, 因此基因型与环境的互作效应对水稻产量有着重要的影响。

一、水稻产量品质性状的生态变异性

1. 水稻产量各性状的生态变异性

　　方差分析结果 (表 1-30) 表明, 年份×地点互作效应是影响产量的主要随机因素, 其次是地点效应, 表明试验材料产量的变化主要受环境效应影响, 基因型×环境互作效应对产量的影响占次要地位。每穗总粒数主要受地点效应和基因×年份互作效应的影响, 剩余效应的影响也较大。结实率主要受年份×地点效应的影响, 基因×地点和年份效应对于结实率的影响也较大; 千粒重主要受地点效应的影响; 剩余效应同样对穗粒数和千粒重有较大影响。综上所述, 水稻的产量和产量结构都受到环境效应 (年份、试点、年份×试点）和基因型与环境互作效应（品种×年份、品种×试点）的影响，其中地点效应和年份×地点互作效应最大，这表明水稻产量性状在各试点的表现很一致，并且在年际间各品种在各试点的表现也一致。

表1-30　产量和产量构成因素方差分量估计值

方差分量	产量	有效穗数	总粒数	成粒率	千粒重
年　份 δ_Y^2	0.05	0.01	0.04	2.88	0.01
地　点 δ_L^2	16.07	0.03	255.44	0.02	3.38
年份×地点 δ_{YL}^2	57.99	0.04	44.78	16.91	0.21
品种×年份 δ_{GY}^2	8.839	163.03	264.54	2.32	0.77
品种×地点 δ_{GL}^2	9.01	0.07	0.02	4.53	1.79
机　误 δ_e^2	20.91	5362.59	276.68	27.27	12.26

从各试点环境因子和施肥水平与水稻的产量性状间的相关性（表1-31）可知，试验品种的有效穗数与6月、8月的平均气温呈显著的正相关，其相关系数分别为0.64和0.71；与7月的降水量和5月的日照也呈显著的正相关，其相关系数分别为0.64和0.71。与7月的平均气温呈显著的负相关，其相关系数为0.60；有效穗数与磷肥的施用量呈正相关。穗粒数与6月和8月的降水量呈显著的正相关，其相关系数分别为0.74和0.61；穗粒数与7月的气温呈显著的负相关，其相关系数为-0.82。结实率与8月的气温和9月的日照时数呈显著的正相关，其相关系数分别为0.91和0.97；千粒重与试点钾肥的施用量呈显著的正相关，其相关系数为0.89。

表1-31　产量构成因素与环境因子相关性

环境因子	有效穗数	每穗粒数	结实率	千粒重	环境因子
平均气温	5月	-0.19	0.26	-0.27	0.22
	6月	0.64*	-0.09	0.03	0.42
	7月	-0.60*	-0.82*	-0.13	0.05
	8月	0.71*	0.31	0.91*	0.09
	9月	-0.49	0.43	0.29	0.10
降水量	5月	0.12	-0.18	-0.13	-0.01
	6月	0.10	0.74*	0.05	-0.11
	7月	0.51*	0.11	0.05	-0.26
	8月	0.19	0.61*	0.09	0.03
	9月	0.08	0.20	-0.40	0.10

（续表）

环境因子	有效穗数	每穗粒数	结实率	千粒重	环境因子
日照时数	5 月	0.51*	0.61*	0.17	−0.01
	6 月	−0.22	−0.19	−0.07	0.09
	7 月	−0.38	0.73*	−0.08	−0.14
	8 月	0.36	0.47	0.12	0.02
	9 月	−0.23	0.46	0.97*	0.08

2. 水稻品质性状的生态变异性

由表1-32和表1-33可见，在加工品质中，糙米率达国标一级稻谷的品种达标率较高（96.20%），变幅为80.9%~83.6%，平均值为82.4%；精米率变幅为67.7%~74.1%，平均值为69.9%；整精米率的国标一级稻谷达标率较低（11.54%），变幅为56.4%~68.2%，平均值为63.4%。整精米率的变异系数最大，为4.19%。外观品质中，垩白率、垩白度的国标一级稻谷达标率相对较低（26.90%、15.40%），品种间差异较明显，其中垩白粒率变幅为4.5%~75.4%，平均值为19.1%，变异系数为76.60%；垩白度变幅为0.4%~11.9%，平均值为3.3%，变异系数为83.81%，长宽比变幅为1.6~2.0，平均值为1.8，变异系数为5.53%；透明度变幅为0.68%~0.84%，平均值为0.76%，变异系数为4.96%。蒸煮和营养品质中，直链淀粉含量的国标一级稻谷达标率较高（75.0%），变幅为15.7%~21.6%，平均值为17.0%，变异系数为6.61%；蛋白质变幅为7.4%~9.2%，平均值为8.09%，变异系数为6.02%。

表1-32 水稻品质性状统计分析情况

项 目	变 幅	平均值	标准差	变异系数
糙米率（%）	80.9~83.6	82.4	0.72	0.88
精米率（%）	67.7~74.1	70.2	1.68	2.4
整精米率（%）	56.4~68.2	63.41	2.65	4.19
垩白率（%）	4.5~75.4	19.06	14.61	76.6
垩白大小（%）	8.19~24.84	16.29	3.9	24
垩白度（%）	0.37~11.89	3.31	2.77	83.81
粒长（mm）	4.78~5.27	5.04	0.14	2.72
粒宽（mm）	2.56~2.93	2.72	0.1	3.54
长宽比	1.64~2.06	1.84	0.1	5.53
透明度	0.68~0.84	0.76	0.04	4.96
直链淀粉（%）	15.68~21.59	17.01	1.13	6.61
蛋白质（%）	7.43~9.22	8.09	0.49	6.02

表 1-33 水稻品质性状国家优质稻标准及品种达标情况

等　级	糙米率 %≥	整精米率 %≥	垩白粒率 %≤	垩白度 %≤	直链淀粉 %
1级标准	81.00	66.00	10.00	1.00	15.0~18.0
2级标准	79.00	64.00	20.00	3.00	15.0~19.0
3级标准	77.00	62.00	30.00	5.00	15.0~20.0
达一级稻谷比例（%）	96.20	11.54	26.9	15.40	75.00
达二级稻谷比例（%）	3.80	45.00	40.00	20.00	15.00
达三级稻谷比例（%）	0.00	10.00	10.00	35.00	10.00
未达标比例（%）	0.00	34.60	23.1	29.6	0.00

　　由以上分析可知，辽宁省目前的水稻品种在糙米率和直链淀粉指标上基本上能达到国家优质米标准，而在整精米率、垩白率、垩白度上差距较大，只有10%~25%的品种达到了一级米标准。可见整精米率偏低，垩白度和垩白率过大是目前在水稻生产中米质不能达标的一个主要因素。

　　3. 不同生态区品质性状差异比较

　　从表1-34可见，沈阳试点稻米的糙米率、精米率、整精米率分别为83.1%，73.5%和66.1%，明显高于其他试点。辽阳、营口试点的整精米率低于其他两个试点；不同试点的垩白粒率和垩白度有明显差异，其中垩白率在沈阳试点最大（23%），在鞍山试点最小（15%）；垩白度在辽阳（4%）、营口（4%）两试点最大，沈阳试点最小（2.2%）；粒长在鞍山试点最大（5.10 mm），在营口试点最小（4.96 mm）；长宽比在各试验点间差异不大；透明度在营口最低（0.685%），在沈阳和鞍山试点较高（0.806%、0.804%）；直链淀粉含量在沈阳最低（16.7%），在营口试点最高（17.2%）；蛋白质含量则在辽阳试点最低（7.4%），在沈阳试点最高（8.6%）。

表 1-34 不同生态区稻米品质性状比较

品质性状	沈阳	辽阳	鞍山	营口	平均	CV（%）
糙米率（%）	83.1	81.1	82.7	82.8	82.4	1.1
精米率（%）	73.5	68.2	68.9	68.9	69.9	3.5
整精米率（%）	66.1	61.2	64.2	62.2	63.4	3.4
垩白率（%）	23.0	19.0	15.0	20.0	19.0	17.2
垩白大小（%）	9.7	20.8	17.6	20.1	16.0	28.5
垩白度（%）	2.2	4.0	2.6	4.0	3.2	28.6
粒长（mm）	5.1	5.1	5.1	5.0	5.1	1.2

（续表）

品质性状	沈阳	辽阳	鞍山	营口	平均	CV（%）
粒宽（mm）	2.8	2.8	2.7	2.6	2.7	2.2
长宽比	1.8	1.8	1.8	1.9	1.8	1.8
透明度	0.8	0.8	0.8	0.7	0.8	7.4
直链淀粉（%）	16.7	17.1	17.1	17.2	17.0	1.3
蛋白质（%）	8.6	7.4	8.3	8.1	8.1	6.6

4. 品质性状变异来源的比较

通过对稻米品质性状在品种、年份、地点的变异系数进行比较（图1-24）可以看出，不同品质性状间的变异系数存在很大的差异，其中垩白率、垩白大小、垩白度三个垩白性状变异系数最大，其次是整精米率、精米率、透明度、蛋白质含量，而糙米率、粒长、粒宽、长宽比、直链淀粉含量等性状变异系数较小。各品质性状的变异来源大小有也很大区别，精米率、整精米率、垩白率和垩白度在地点间的变异最大，表明这一类品质性状受栽培环境因素的影响比较大，是品质性状中较不稳定的因素。糙米率、垩白大小、粒长、粒宽、长宽比、透明度、直链淀粉含量和蛋白质含量在品种间的变异最大，说明这些品质性状的遗传因素比较大。

在变异最大的垩白性状中，垩白率与垩白度的变异趋势相同，都是地点间变异最大，其次是品种间变异，最后是年份间的变异。而垩白大小的变异来源与前二者略有不同，这一性状的品种间变异最大，其次是地点间变异，最后是年份间的变异。这表明垩白率更多地受到环境因素的影响，而垩白大小受到更多的基因型影响。

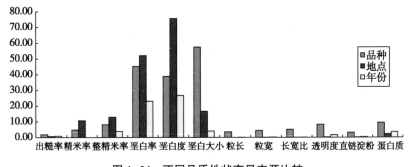

图1-24　不同品质性状变异来源比较

5. 影响稻米品质的环境随机效应分析

采用朱军等提出的非平衡数据的混合线性模型对各品质性状进行方差

分析，结果表明（表1-35），糙米率在年份间、品种×年份和地点×年份的方差分量最大；精米率在地点间的方差分量最大，其次为品种×地点×年份的互作；整精米率、垩白率和垩白度在年份间、品种间、地点×年份互作、品种×年份互作以及品种×地点×年份的互作间的都较大；粒长和粒宽只在地点×品种互作间的方差较大；透明度在地点间方差分量最大，其次为地点×年份互作；直链淀粉含量在地点×年份互作上方差分量最大；蛋白质含量在地点间和地点×年份互作的方差分量较大。从整体上看，在水稻的品质性状中，垩白率、垩白度是受到环境随机效应影响最大的性状，其次为整精米率、蛋白质含量和透明度，而粒长、粒宽和长宽比环境因素的影响最小。

表1-35　水稻品质性状的方差分量估计值

性状	年份 (δ_Y^2)	地点 (δ_L^2)	年份×地点 (δ_{YL}^2)	品种×年份 (δ_{GY}^2)	品种×地点 (δ_{GL}^2)	品种×地点×年份 (δ_{GLY}^2)
糙米率（%）	0.73	0.67	0.10	1.31	0.81	0.30
精米率（%）	0.00	15.47	0.00	1.53	2.46	5.00
整精米率（%）	8.19	6.29	27.46	2.43	6.97	19.20
垩白率（%）	330.17	121.26	112.87	362.85	389.31	234.06
垩白度（%）	324.00	284.31	0.00	844.98	762.57	0.00
粒长（mm）	0.00	0.00	0.85	0.30	6.79	0.00
粒宽（mm）	0.00	0.74	0.00	0.00	4.13	0.00
长宽比	0.00	1.77	0.00	0.12	10.75	0.00
透明度	2.64	41.97	0.00	3.97	15.68	0.00
直链淀粉（%）	0.00	0.00	8.90	2.05	0.37	1.68
蛋白质含量（%）	8.08	15.95	13.30	0.00	8.11	0.00

6. 基因型、环境及基因×环境互作对稻米品质的影响

表1-36是品质性状的基因型方差（品种）、环境方差（年份、地点）、基因×环境互作方差（品种×年份、品种×地点、年份×地点和品种×地点×年份）占总方差的比例。其中糙米率基因型方差所占总方差比例最大（45.37%），说明糙米率主要受到基因型的影响较大。其次受到基因×环境互作的影响，所占比例为24.23%，环境因素对这一性状的影响占20.43%。精米率主要受到环境因素的影响，方差所占比例为51.75%，占总方差的一半，基因×环境互作效应占22.31%；整精米率主要受到环境因素和基因×环境互作效应的影响，所占比例分别为31.63%和33.18%；垩白率和垩白大小主要受到基因型效应的影响，所占比例分别为69.94%和

65.96%，其次受到基因×环境互作效应的影响，所占比例分别为 15.95%
和 16.90%；垩白度受到基因、环境和基因×环境互作 3 种效应的影响基本
相当，方差所占的比例分别为 30.64%、22.44% 和 36.92%；长宽比主要
受到基因型和基因×环境互作效应的影响，所占比例分别为 56.27% 和
26.51%。直链淀粉含量主要受到基因型效应的影响，方差所占的比例为
56.65%，受到环境和基因×环境互作的影响效应基本相当，分别为
21.75% 和 21.66%；基因、环境和基因×环境互作效应对蛋白质含量的影
响基本相当，方差所占的比例分别为 35.71%、25.47% 和 26.96%。以上
分析可以看出，稻米的品质性状除受品种因素影响外，大多数的性状都不
同程度地受到环境和基因×环境互作效应的影响，说明水稻品质的表现是
品种和环境及其互作共同作用的结果，三者任何一个方面都是不能忽
视的。

表 1-36　稻米品质性状的基因型与环境效应方差占总方差比例

变异来源	基因（%）	环境（%）	基因×环境（%）	误差（%）
糙米率（%）	45.37	20.43	24.23	11.04
精米率（%）	15.94	51.75	22.31	10.51
整精米率（%）	25.19	31.63	33.18	10.82
垩白率（%）	69.94	7.11	15.95	7.25
垩白大小（%）	65.96	6.99	16.90	11.88
垩白度（%）	30.64	22.44	36.92	10.75
粒长（mm）	50.31	0.63	44.40	5.52
粒宽（mm）	50.46	6.98	35.11	7.96
长宽比	56.27	9.53	26.51	8.61
透明度	26.51	39.61	20.93	12.53
直链淀粉（%）	56.65	21.75	21.66	1.46
蛋白质含量（%）	35.71	25.47	26.96	12.55

7. 品质性状与栽培环境因子的相关分析

品质性状与各试点 2004 年和 2005 年两年的气候因子及肥力水平的相
关分析发现（表 1-37），出糙率与 7 月（$r=-0.72$）和 9 月（$r=-0.79$）降
水量呈显著负相关，与磷肥的施用量呈负相关（$r=-0.54$），精米率与气
候因素相关不明显，但与磷肥的施用量呈负相关（$r=-0.62$），整精米率
与 9 月份温度和降水量呈显著负相关（$r=-0.62$ 和 -0.55），垩白率与 7 月
降水量和 8 月份日照时数呈显著负相关（$r=-0.70$ 和 -0.55），而与 8 月降
水量呈显著正相关（$r=0.82$），而与钾肥施用量呈正相关（$r=0.61$）；垩

白度与 8 月平均温度（r=0.59）、8 月份降水量（r=0.53）、9 月份日照时数（r=0.74）、磷肥施用量（r=0.55）呈显著正相关，与 7 月份的降水量（r=-0.61）和 8 月份日照时数（r=-0.57）呈负相关；垩白大小与磷肥施用量呈显著正相关（r=0.55），粒长与 9 月份降水量（r=0.58）呈显著正相关，与 7 月份日照时数（r=-0.83）和 9 月份日照时数（r=-0.56）和氮肥施用水平呈显著负相关，长宽比与 9 月份温度（r=0.58）、7 月份日照时数（r=0.82）和氮肥施用量（r=0.69）呈显著正相关，透明度与7 月份日照时数（r=-0.59）和磷肥施用量（r=-0.64）呈显著负相关，与钾肥施用量呈负相关（r=-0.59）；直链淀粉含量与 9 月份温度有较大负相关（r=-0.51），蛋白质含量与 7 月降水量呈显著负相关(r=-0.56)，与磷肥施用量也呈显著负相关(r=-0.62)。

表 1-37　品质性状环境因子的相关关系

环境因子	平均温度			降水量			日照时数			肥力水平		
	7月	8月	9月	7月	8月	9月	7月	8月	9月	N	P	K
出糙率（%）	0.10	0.11	-0.22	-0.72	0.55	-0.79	0.30	-0.42	-0.16	0.48	-0.54	-0.02
精米率（%）	-0.06	-0.07	-0.08	-0.05	0.24	-0.13	-0.32	0.03	-0.31	-0.12	-0.62	-0.20
整精米率（%）	-0.46	-0.15	-0.62	-0.43	0.43	-0.55	-0.13	-0.49	-0.03	0.01	-0.47	0.08
垩白率（%）	-0.09	0.66	-0.08	-0.70	0.82	-0.27	0.35	-0.55	0.41	-0.11	-0.05	0.26
垩白度	-0.12	0.59	-0.28	-0.61	0.53	-0.28	0.52	-0.57	0.74	0.30	0.55	0.53
垩白大小	0.01	0.12	-0.08	-0.13	-0.15	-0.19	0.48	-0.12	0.35	0.41	0.55	0.22
粒长（mm）	-0.15	-0.26	-0.12	0.30	-0.12	0.52	-0.83	-0.14	-0.56	-0.76	-0.24	0.07
长宽比	0.52	0.14	0.58	-0.28	0.02	-0.33	0.82	0.23	0.34	0.69	0.40	-0.07
透明度	-0.26	-0.23	-0.51	-0.05	0.20	0.05	-0.37	-0.47	-0.41	-0.64	0.03	
直链淀粉含量（%）	-0.30	0.07	-0.51	-0.14	0.18	-0.35	-0.09	-0.15	0.05	0.30	-0.15	0.17
蛋白质含量（%）	0.26	0.08	0.17	-0.56	0.47	-0.47	0.19	-0.26	-0.28	0.08	-0.62	-0.24

二、温度对水稻产量、品质的影响

抽穗开花期是水稻产量形成的关键时期，也是对温度等环境因素最敏感的时期。高温可能会通过影响颖花发育、花粉育性、柱头活性和干物质转运，而导致穗粒数、结实率和千粒重的变化。由于水稻颖花分化已经完成，总颖花量基本确定。此时极端高温可能主要是通过影响颖花的退化而影响到穗粒数。灌浆期温度试验，供试水稻品种 10 个，分别为沈农 9765、盐优 7592、辽优 267、辽粳 294、盘锦 8 号、辽盐 42、开 226、沈农 9810、龙盘 5 号、LDC012。4 月 20 日播种，5 月 22 日移栽，田间管理同大田生产。7 月 30 日在试验田内选长势一致的稻株，每个品种各选 18 穴，分别带土移栽到直径为 20cm 的塑料桶中，每桶 3 穴。试验分常温对照和温室增温处理，3 次重复。在各品种的始穗期，分别随机抽取 3 桶植株放置在温湿可控的玻璃温室内增温处理，温度为（35.0±0.2）℃，连续 20d，每天 8h（8：00—16：00），然后移入常温对照的稻田内。常温对照与增温处理的水肥等管理保持一致，水稻成熟后分别收获进行室内考种和相关测试。结果显示（表 1-38），高温处理与常温对照相比水稻穗粒数的差异较小，高温处理的 10 个试验品种中，有 5 个略有降低，5 个略有提高。高温处理与对照间的这些微小的差异可能主要来自于试验中的取样误差，这说明水稻抽穗开花期遇到高温，并不会显著引起颖花退化。高温很大程度降低了水稻结实率，与常温对照相比，高温处理的 10 个品种的结实率平均下降了 20% 以上。同时，试验结果还显示高温对水稻结实率的影响存在基因型差异，下降幅度最大的为盘锦 8 号，降幅达到 31.81%，降幅度最小的为盐优 7592，降幅仅为 16.67%。水稻千粒重比常温对照略有增加，10 个品种平均增加 0.54g 左右，千粒重的略微增加可能与源库关系的变化相关。由于空秕率提高，降低了总库容量，使源库比提高，进而有利于千粒重的提高。

表 1-38 灌浆期高温对产量性状的影响

品种	穗粒数（个/穗）		结实率（%）		千粒重（g）	
	常温（对照）	高温处理	常温（对照）	高温处理	常温（对照）	高温处理
沈农 9765	92.7	93.7	84.0	63.4	24.1	24.4
盐优 7592	180.3	175.7	61.8	51.5	21.7	22.4
辽优 267	89.5	90.0	70.3	54.5	25.8	25.2
辽粳 294	81.8	80.5	95.7	71.4	22.2	23.0
盘锦 8 号	92.9	93.5	89.9	61.3	24.8	25.7
辽盐 42	102.8	100.4	85.0	62.3	21.8	22.4
开 226	96.5	97.3	87.6	64.0	21.9	21.4
沈农 9810	80.1	80.8	87.2	74.0	23.1	23.8
龙盘 5 号	99.9	99.3	81.2	64.2	22.1	23.6
LDC012	100.9	102.3	79.8	57.0	23.2	24.3
平均值	105.0	104.6	79.5	61.2	23.1	23.6

1. 高温对稻米品质的影响

（1）高温对稻米加工品质的影响。本研究主要探讨水稻抽穗开花期高温对糙米率和整精米率的影响及其基因型差异。糙米率试验结果发现（图1-25），抽穗开花期高温对水稻糙米率影响不明显。但与常温相比，10个试验品种的糙米率都略微下降；高温处理很大程度降低了稻米的整精米率，与常温对照相比，有6个品种的整精米率平均下降了40%以上。试验结果还显示高温对水稻整精米率的影响也存在明显的基因型差异，其中下降幅度最大的是开226，降幅接近75%，而辽粳294、辽盐42基本保持不变。这些结果表明，水稻抽穗期高温对加工品质的影响主要表现在整精米率上，而且基因型间存在差异。

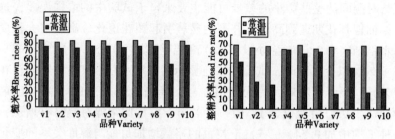

图1-25　高温处理对糙米率和整精米率的影响

V1：沈农9765；V2：盐优7592；V3：辽优267；V4：辽粳294；V5：盘锦8号；V6：辽盐42；V7：开226；V8：沈农9810 V9：龙盘5号；V10：LDC012（The same below）

（2）高温对稻米外观品质的影响。图1-26显示，水稻抽穗开花期高温处理能明显著提高稻米垩白率和垩白度，与常温对照相比，除辽优267外，其他参试品种的稻米垩白率都有不同程度的增加。受高温影响最大的是沈农9810，垩白率提高了59.3%；影响最小的是盐优7592，垩白率仅增加了0.02%。与常温相比，高温处理下稻米垩白度的变化程度更大，并且高温对各品种垩白度的影响存在明显的基因型差异。在所有的参试品种中，受影响最大的是沈农9810，最低的是辽优267。可见，高温对垩白性状的影响程度与水稻品种稻米品质的遗传特性相关。

（3）高温对稻米直链淀粉和蛋白质含量的影响。图1-27显示，水稻抽穗开花期高温处理对稻米直链淀粉含量的影响因品种而异。其中盐优7592和沈农9810的直链淀粉含量与常温对照相比有所下降，其他参试品种都有不同程度的增加。受高温影响最大的是开226，直链淀粉含量提高了8.2%，影响最小的是辽粳294，仅增加了0.04%。与常温相比，高温处理下参试品种的蛋白质含量会有所提高，平均增加幅度为7%左右。

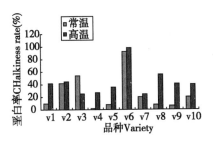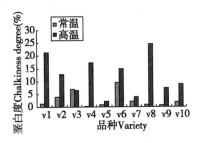

图1-26　高温处理对垩白的影响

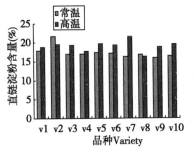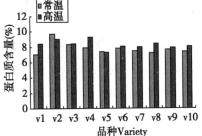

图1-27　高温处理对直链淀粉和蛋白质含量的影响

2. 低温对水稻光合生理指标及产量构成因素的影响

水稻孕穗期至抽穗开花期是低温影响产量的关键时期，其中花粉母细胞减数分裂期遇日平均气温低于15℃就会使花器分化受到破坏，花粉败育；子房在16℃以下发育即受影响。

（1）低温对水稻光合生理指标的影响。

①低温对剑叶净光合速率（Pn）的影响　开花期不同程度低温胁迫下水稻剑叶的Pn受到明显影响（图1-28）。辽星1号在10℃低温1d和15℃低温1d后，Pn出现了小幅度上升，其中15℃低温1d Pn与CK间差异达0.05水平显著；10℃低温3d和5d处理下Pn下降了13.6%和28.9%；15℃低温3d、5d处理下Pn分别下降了9.6%和19.3%；方差分析结果表明，各处理间Pn值存在极显著差异。辽优5218在10℃低温处理下Pn持续下降，变化率分别为7.5%、16.9%和29.7%；15℃低温1d处理后Pn增加了14.5%，与CK间差异达0.01水平显著；3d和5d处理后，Pn持续下降，变化率分别为7.3%和21.4%；方差分析结果表明，各处理间存在极显著差异。品种间比较，辽星1号Pn值在各处理下均高于辽优5218，在相同处理下辽优5218的变化率要大于辽星1号。

②低温对水稻剑叶水分利用率（WUE）的影响　Pn/Tr（WUE）的值

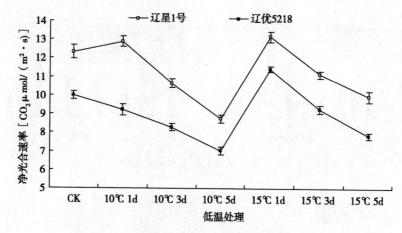

图1-28 开花期低温胁迫下剑叶净光合速率的变化

可以反映叶片光合水分利用效率。由图1-29可知，两个水稻品种在10℃和15℃低温处理1d后，WUE出现了上升的趋势，其中辽星1号分别增加了16.4%和24.8%，与CK间差异均达极显著水平；辽优5218增加了0.2%和17.9%，后者与CK间差异极显著。随着低温处理时间的延长，剑叶的WUE持续下降。辽星1号10℃处理3d和5d后，WUE分别下降了16%和42.4%，与CK间差异达极显著水平；15℃处理3d和5d后，WUE分别下降了5.4%和31.5%，后者与CK间差异极显著。辽优5218在10℃处理3d和5d后，WUE分别下降了12.2%和29%，与CK间差异达显著或极显著水平；15℃处理3d和5d后，WUE分别下降了0.8%和28.4%，后者与CK间差异极显著。品种间呈现相同的变化趋势，但辽星1号的变化幅度明显大于辽优5218。

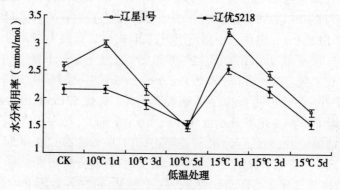

图1-29 开花期低温胁迫下剑叶水分利用率的变化

③低温对水稻剑叶气孔导度的影响　低温胁迫程度加剧，辽星 1 号剑叶气孔导度均呈直线下降趋势（图 1-30），10℃处理下 1d、3d 和 5d，Gs 下降率分别为 7.2%、14.4%和 30.6%，除 1d 处理未达显著差以外，3d 和 5d 处理间及与 CK 间差异均达到极显著水平；15℃处理 3d 和 5d 变化明显，下降率可达 9.7%和 27.0%，处理间及与 CK 间差异达显著或极显著水平。辽优 5218 的变化趋势也是随着低温加剧，Gs 值下降，但变化幅度要比辽星 1 缓和很多，10℃处理 5d 下降率最大为 10.4%，与其他处理间及 CK 间差异达显著水平。

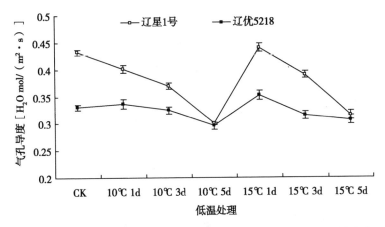

图 1-30　开花期低温胁迫下辽星 1 号和辽优 5218 剑叶气孔导度的变化

④低温对剑叶叶绿素含量的影响　抽穗期低温降低叶片的叶绿素含量（图 1-31，图 1-32），且温度越低，持续时间越长对叶绿素的破坏作用越强。辽星 1 号叶绿素 a 含量变化率在 1.6%~37.1%，叶绿素 b 的变化率为 2.5%~40.1%；与叶绿素 a 比较，叶绿素 b 含量下降的幅度较大。辽优 5218 叶绿素 a 的变化率为 1.1%~42.6%，叶绿素 b 含量的变化率为 5.8%~43.1%；其叶绿素 b 的含量变化幅度也略高于叶绿素 a。低温处理后一周左右，可见叶片外缘的黄枯、叶肉组织的坏死现象。方差分析结果表明，所设定的低温水平及处理时间对两个水稻品种剑叶叶绿素 a、叶绿素 b 含量的影响均达到显著或极显著水平。

（2）低温对水稻产量构成因素及株高和穗抽出度的影响。水稻孕穗期至抽穗开花期是低温影响产量的关键时期，其中花粉母细胞减数分裂期遇日平均气温低于 15℃就会使花器分化受到破坏，花粉败育；子房在 16℃以下发育即受影响；孕穗期低温对单株实粒数影响最大，尤其是 5d 低温，辽星 1 号降低了 32.05%；辽优 5218 降低了 50.55%，其次是开花期 10℃低温 5d

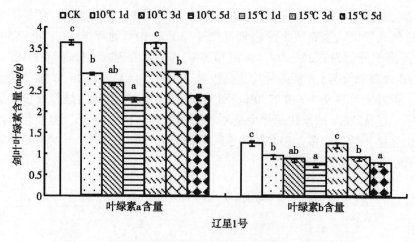

图 1-31　低温胁迫下辽星 1 号剑叶叶绿素 a、b 含量的变化

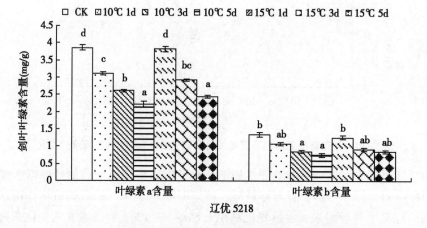

图 1-32　低温胁迫下辽优 5218 剑叶 a、叶绿素 b 含量的变化

处理后下降 39.3%（表 1-39）。方差分析的结果表明，辽星 1 号孕穗期低温处理 5d、抽穗开花期极端低温 5d 处理后，单株实粒数指标与对照之间差异达显著或极显著水平；辽优 5218 只有孕穗期极端低温 5d 处理后，该指标与对照间差异达显著水平。

　　单株秕粒数在低温处理下均增加，辽星 1 号秕粒数在孕穗期 12℃低温 5d 处理后变化最大，增加了 199.9%，辽优 5218 秕粒数增加了 105.89%。方差分析结果表明，辽星 1 号孕穗期低温处理 5d、抽穗开花期极端低温处理 5d 后，单株秕粒数与对照间差异达显著或极显著水平；辽优 5218 在孕穗期、抽穗开花期极端低温 5d 处理后，单株秕粒数与对照间差异达显著或极显著水平。

表1-39 低温胁迫下辽星1号和辽优5218产量性状的变化

生育时期	品种	低温(℃)	时间(d)	单穴穗数	穗长(cm)	穗粒数	单穴实粒数	单穴秕粒数	千粒重(g)	单穴结实率(%)
孕穗期	辽星1号	CK	0	13.7a	17.5bc	178.8cd	2 196.3c	254.0a	24.5c	89.5d
		12	1	13.0a	18.3c	186.5d	2 110.0c	314.7a	25.2d	86.9cd
		12	3	12.7a	16.9b	147.6b	1 488.3ab	387.0abc	23.7b	79.8b
		12	5	13.7a	16.6b	137.8b	1 363.3a	547.0c	23.7b	72.5a
		17	1	12.7a	17.2bc	167.6c	1 919.3bc	210.3a	24.4c	90.1d
		17	3	13.3a	16.4ab	141.0b	1 526.3ab	349.3ab	24.2c	81.5bc
		17	5	15.0a	15.4a	108.9a	1 086.0a	525.3bc	23.1a	66.6a
	辽优5218	CK	0	12.3a	23.2a	193.0b	1 865.3bc	509.0ab	27.1d	78.4bcd
		12	1	12.3a	23.7a	202.0b	2 122.7c	362.3a	26.9d	85.4d
		12	3	15.0a	22.7a	172.1a	1 973.0bc	609.0ab	26.3c	76.5bcd
		12	5	12.7a	23.5a	168.0b	1 289.3a	1 048.0a	24.8a	54.7a
		17	1	14.3a	23.6a	196.0b	1 957.3bc	846.0bc	28.6e	70.5bc
		17	3	11.7a	23.2a	192.6b	1 844.0abc	409.7a	26.0b	82.4cd
		17	5	13.7a	22.4a	184.0ab	1 549.3ab	752.0abc	26.0b	67.4b
抽穗开花期	辽星1号	CK	0	13.7a	17.5a	178.9a	2 196.3b	254.0a	24.5c	89.5c
		10	1	14.0a	17.5a	175.2a	2 017.3b	435.7ab	25.7d	82.8bc
		10	3	13.0a	17.9a	170.3a	1 709.3ab	500.7b	24.2bc	77.5b
		10	5	12.3a	17.4a	170.0a	1 333.0a	761.7c	23.8a	62.9a
		15	1	12.0a	17.8a	187.5a	1 950.7b	299.3a	24.1ab	85.8c
		15	3	12.0a	17.8a	184.9a	1 863.3b	355.7ab	24.0ab	83.0bc
		15	5	12.0a	18.3a	177.0a	1 732.3ab	391.3ab	24.3bc	82.9bc
	辽优5218	CK	0	12.3a	23.2abc	193.0a	1 865.3ab	509.0a	27.1c	78.4bc
		10	1	15.0a	23.4bc	194.6a	2 173.0b	746.3ab	25.9a	74.7bc
		10	3	12.3a	16.64ab	198.5ab	1 644.7ab	796.3ab	27.9d	67.4ab
		10	5	11.7a	24.3c	200.8ab	1 391.3a	958.3b	29.1e	58.7a
		15	1	12.3a	24.1c	209.9b	2 151.3b	431.0a	27.3c	82.8c
		15	3	13.0a	23.9c	201.5ab	2 028.7b	590.0ab	28.1d	77.8bc
		15	5	15.0a	16.3a	188.1a	2 015.3b	807.0ab	26.8b	71.8bc

多数低温处理后，千粒重显著下降，尤其是孕穗期12℃低温5d处理后，辽星1号下降了5.71%，辽优5218下降了8.49%。单株结实率指标，品种间辽星1号高于辽优5218，孕穗期低温处理，辽星1号单株结实率下降了18.99%~25.59%，辽优5218下降了14.03%~30.23%。抽穗开花期低温辽星1号单株结实率下降了7.37%~29.72%，辽优5218下降了8.42%~25.13%。辽星1号开花期10℃低温处理5d，单株结实率下降最大为29.72%，辽优5218则是孕穗期12℃低温处理5d单株结实率下降幅度最大为30.23%，品种特性决定各自颖花结实对低温的敏感时期有所不同。

相关分析结果表明，孕穗期低温处理，辽星1号的株高、穗抽出度与单株结实率均呈极显著正相关；辽优5218的穗抽出度、株高与单株实粒数、单株结实率呈极显著正相关。抽穗开花期，辽星1号的穗抽出度、株高与单株实粒数、单株结实率两者间均呈显著或极显著正相关。

①低温下产量构成因素的变化 低温胁迫后，单株穗重明显降低，尤其低温5d处理后，辽优5218降低了20.4%~30.6%，辽星1号降低了33.4%~37.0%。方差分析结果显示，12℃5d低温处理显著抑制两品种的穗重。

单穴草重的变化在辽优5218和辽星1号间呈相反趋势。低温处理后，辽优5218多数表现为草重增加，其中12℃低温5d处理后，草重比对照增加了40.9%，差异显著；辽星1号低温处理草重均略低于对照，但未达到显著水平。

孕穗期低温胁迫显著降低单株实粒数。12℃处理5d，辽优5218单株实粒数降低了39.7%，辽星1号降低了37.9%（表1-40）。方差分析结果表明，辽优5218只有低温5d处理后，该指标与对照间差异达显著水平；对照品种辽星1号低温处理3d和5d，单株实粒数与对照之间差异均达显著或极显著水平。

表1-40 低温胁迫对辽优5218和辽星1号产量构成因素的影响

品种	低温（℃）	时间（d）	单穴穗数（个）	单穴穗重（g）	单穴草重（g）	单穴实粒数（个）	单穴结实率（%）	千粒重（g）
辽优	CK	0	12.3a	57.9bc	36.7ab	2138.0c	86.0d	27.1d
5218		1	12.3a	63.4c	34.6a	2122.7c	85.4d	26.9d
	12	3	15.0a	59.5bc	46.4abc	1973.0bc	76.5bcd	26.3c
		5	12.7a	40.2a	51.7c	1289.3a	54.7a	24.8a
		1	14.3a	64.4c	49.2c	1957.3bc	82.4cd	27.0d
	17	3	11.7a	54.5abc	41.1abc	1844.0bc	70.5bc	26.0b
		5	13.7a	46.1ab	48.5bc	1549.3ab	67.4b	26.0b

（续表）

品种	低温 （℃）	时间 （d）	单穴穗数 （个）	单穴穗重 （g）	单穴草重 （g）	单穴实粒数 （个）	单穴结实率 （%）	千粒重 （g）
辽星 1号	CK	0	13.7a	59.2b	47.2a	2196.3c	89.5d	24.5c
		1	13.0a	59.0b	46.0a	2110.0c	86.9cd	24.2c
	12	3	12.7a	39.8ab	37.4a	1488.3ab	79.8ab	23.7b
		5	13.7a	37.3a	45.0a	1363.3a	66.6a	23.1a
		1	12.7a	52.0b	39.7a	1919.3bc	87.1cd	24.4c
	17	3	13.3a	41.6ab	45.0a	1526.3ab	81.5bc	24.2c
		5	15.0a	39.4ab	48.1a	1486.0ab	72.5a	23.7b

注：表中同列数字后的字母表示在 0.05 水平的差异显著性

辽优5218除12℃低温处理5d单株结实率比对照显著降低外，其他低温处理对单株结实率均无显著影响；辽星1号1d低温处理后，单株结实率无显著变化，低温处理3d和5d后，该项指标显著低于对照。品种间比较，空白对照间、相同低温处理间，辽星1号单株结实率高于辽优5218。12℃低温处理下，辽优5218比辽星1号敏感，单株结实率下降幅度最大为36.4%，辽星1号下降了25.6%。

低温处理1d对辽优5218和辽星1号千粒重的影响较小，处理3d和5d则显著降低两品种的千粒重。尤其是12℃低温5d处理后，辽优5218下降了8.5%，辽星1号下降了5.7%。

②低温下株高及穗抽出度的变化　水稻进入孕穗期，节间伸长生长还在继续，此时的低温会对穗长、株高产生一定的影响；抽穗开花期低温会对穗抽出度产生影响，从而影响到最终的植株高度，所以收获后对植株形态指标进行了考察。

试验结果表明，株高性状在抽穗开花期对低温最为敏感，其次是孕穗期（表1-41）。辽星1号在抽穗开花期10℃低温5d处理后，株高降低了15.22%，在孕穗期12℃低温处理5d后株高降低了9.76%,；辽优5218在孕穗期12℃低温5d处理后，株高降低了4.84%，抽穗开花期10℃低温处理5d后株高降低了7.36%。方差分析结果表明，辽星1号株高性状对低温敏感程度要高于辽优5218；辽星1号孕穗期低温处理5d，株高与对照的差异达显著或极显著水平；抽穗开花期低温3d和5d处理，株高与对照差异均达到显著或极显著水平；辽优5218所有低温处理对株高的影响均未达到显著水平。

表 1-41 低温胁迫下叶片脯氨酸含量、株高及穗抽出度的变化

生育时期	品种	低温 (℃)	时间 (d)	株高 (cm)	穗抽出度 (cm)
孕穗期	辽星 1 号	CK	0	96.3c	5.89c
			1	95.3c	6.15c
		12	3	90.3bc	5.09ab
			5	86.7ab	4.51ab
			1	94.3c	6.82c
		17	3	93.3bc	5.30b
			5	82.0a	3.97a
	辽优 5218	CK	0	103.3a	8.13bc
			1	107.0a	9.19c
		12	3	104.3a	8.02bc
			5	98.3a	5.54a
			1	106.3a	8.29bc
		17	3	107.0a	9.80d
			5	99.7a	7.32b
抽穗开花期	辽星 1 号	CK	0	96.3d	5.89c
			1	92.3bcd	4.83c
		10	3	87.3ab	2.53b
			5	81.7a	1.00a
			1	94.7cd	5.33c
		15	3	91.3bcd	3.11b
			5	88.7bc	2.80b
	辽优 5218	CK	0	103.3a	8.13c
			1	105.0a	8.45c
		10	3	96.0a	5.54b
			5	95.7a	4.59ab
			1	108.0a	7.90c
		15	3	101.3a	6.01b
			5	99.7a	3.00a

注：表中同列数字后的字母表示在 0.05 水平的差异显著性

孕穗期 5d 低温处理对穗抽出度的影响最重，其中辽星 1 号孕穗期低温处理 5d 后，穗抽出度下降率在 23.49% ~ 32.54%；辽优 5218 下降了 43.58% ~ 63.10%。方差分析结果表明，无论孕穗期还是抽穗开花期，低温处理 1d 以上，穗抽出度与对照间的差异均达到显著水平，即低温对穗颈节的伸长生长产生显著抑制。由此可见，穗抽出度是对低温非常敏感的性状。

（3）低温下颖花性状与产量构成因素间的相关分析。

①低温下颖花性状的变化　低温处理后，花药长度、宽度及花药体积都发生了改变，总的趋势是随着处理温度的降低、处理时间的延长花药变

短、变窄，体积变小（表1-42）。辽优5218在12℃低温处理5d后，花药的长度下降最大达16.2%，花药宽度下降了15.6%，花药体积下降率最大达到38.9%。低温处理5d，辽星1号花药长度下降了13.6%，宽度下降了7.5%，花药体积的最大下降率为22.2%。品种间比较，低温胁迫对杂交稻辽优5218颖花花药的伤害要大于常规水稻辽星1号。

表1-42 低温胁迫下辽优5218和辽星1号花药长、宽及体积的变化

低温 (℃)	时间 (d)	辽优5218			辽星1号		
		花药长 (mm)	花药宽 (mm)	花药体积 (mm^3)	花药长 (mm)	花药宽 (mm)	花药体积 (mm^3)
CK	0	2.59d	0.45b	0.18b	1.69c	0.40b	0.09b
12	1	2.50c	0.44b	0.16b	1.67c	0.41b	0.10b
	3	2.39b	0.40a	0.13a	1.48a	0.38ab	0.07a
	5	2.17a	0.38a	0.11a	1.46a	0.37a	0.07a
17	1	2.49c	0.45b	0.17b	1.68c	0.42b	0.10b
	3	2.47c	0.40a	0.13a	1.66c	0.41b	0.09b
	5	2.24a	0.38a	0.11a	1.54b	0.39ab	0.08ab

注：表中同列数字后的字母表示在0.05水平的差异显著性

②颖花性状与产量构成因素的相关分析 相关分析结果表明（表1-43），辽优5218花药长度与单株穗重、单株实粒数及单株结实率均呈显著或极显著正相关；花药宽度和花药体积与单株草重呈极显著负相关。辽星1号花药形态指标与所观测各产量性状间均无显著相关性。

表1-43 颖花性状与产量构成因素间相关分析

品种	考察指标	单穴穗数	穗重	草重	单穴实粒数	单穴结实率	千粒重
辽优 5218	花药长度	-0.203	0.850*	-0.724	0.834*	0.811*	0.726
	花药宽度	-0.391	0.609	-0.919**	0.650	0.708	0.405
	花药体积	-0.121	0.710	-0.771*	0.711	0.650	0.577
辽星 1号	花药长度	-0.176	0.703	0.229	0.703	0.724	0.685
	花药宽度	-0.240	0.591	0.121	0.583	0.662	0.646
	花药体积	-0.236	0.635	0.114	0.626	0.673	0.671

注：表中*表示在0.05水平的相关显著性，**表示在0.01水平的相关显著性

（4）低温下叶片逆境响应。

①低温下叶片脯氨酸含量的变化。两个品种叶片脯氨酸含量在孕穗期、抽穗开花期低温胁迫下均表现出明显的增加趋势（图1-33、图1-34)，且处理温度越低、时间越长增加幅度越大。两个处理时期之间比较，辽星1号和辽优5218都是在孕穗期低温胁迫下，叶片脯氨酸含量较高。其中孕穗期12℃处理5d后，辽星1号脯氨酸含量增加了2.65倍，

辽优 5218 增加了 7.66 倍；抽穗开花期 10℃ 处理 5d 后，辽星 1 号增加了 1.58 倍，辽优 5218 增加了 7.04 倍。品种间比较，正常生长环境下，常规粳稻辽星 1 号叶片脯氨酸含量高于杂交粳稻辽优 5218，在相同的低温胁迫下辽星 1 号叶片脯氨酸含量也高于辽优 5218，但辽优 5218 叶片脯氨酸含量的变化幅度要远大于常规粳稻品种辽星 1 号。

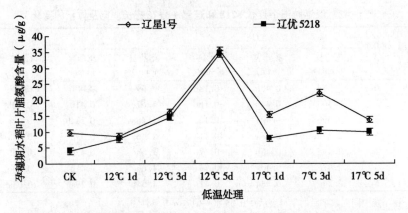

图 1-33　孕穗期低温胁迫下辽星 1 号和辽优 5218 叶片脯氨酸含量的变化

　　方差分析结果表明，低温处理 1d，所有低温处理的叶片脯氨酸含量与对照间的差异均未达到显著水平；随着胁迫时间的延长，脯氨酸含量迅速增加，并显著高于对照，同时两个品种在极端低温胁迫下 1d、3d 和 5d 叶片脯氨酸含量之间差异也达到显著或极显著水平。

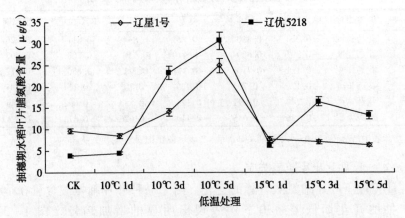

图 1-34　抽穗开花期低温胁迫下辽星 1 号和辽优 5218 叶片脯氨酸含量的变化

　　②脯氨酸含量的变化与水稻植株性状及产量性状的相关分析。脯氨酸

含量的增加如果是对低温胁迫下水稻机体功能的保护机制，那么这种含量的改变应该与植株性状及产量性状的某些指标存在一定的关联。相关分析结果表明（表1-44），孕穗期低温处理，辽优5218叶片脯氨酸含量与穗抽出度、单株实粒数、单株结实率均呈显著负相关，可以明确反映出低温伤害的程度；辽星1号叶片脯氨酸含量与各植株性状及各考种指标间均无显著相关性。抽穗开花期低温处理，辽优5218叶片脯氨酸含量与株高、单株实粒数、单株结实率均呈显著负相关，与千粒重呈显著正相关；辽星1号叶片脯氨酸含量与株高、单株实粒数、单株结实率呈显著负相关，与单株秕粒数呈极显著正相关。

三、光照对产量和品质的作用

1. 水稻群体内光照情况

（1）环境光强与水稻群体内相对光照度的日变化。水稻在灌浆期，穗层下部距地面25cm处是水稻在生育后期所有绿色叶片的最下端，这一高度的相对光照度表明水稻群体对光的截获能力。图1-35是自然光照度的日变化和群体内25cm处相对照度的日变化，从中可以看出，随着太阳高度角的增加，环境的光照强度和群体内光照度也不断增加。9：00—10：30光照迅速增强，环境光照在10：30达到最大值，10：30—13：30变化相对较小，以后开始下降。而群体内的相对光照最大值出现相对滞后，10：30—11：45群体内的相对照度迅速增加，在11：45达到最大值，之后开始迅速下降。

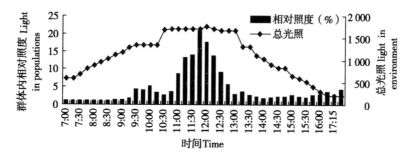

图1-35　环境光强与群体内相对照度的日变化

（2）群体内光照垂直分布。王延颐（1982）曾研究了水稻直立和披散株型的群体光分布，指出株型对群体光分布影响较大，并与太阳高度角有关，在中午前后太阳高度角较大时，不同株型群体光分布差异较大，直立株型群体中下部光照条件明显优于松散株型群体，但当太阳高度角降低

表 1-44 辽星 1 号和辽优 5218 各性状间相关分析

品种	时期	考察指标	穗抽出度	株高	单穴穗数	穗长	穗粒数	单穴实粒数	单穴秕粒数	单穴结实率	千粒重
辽星1号	孕穗期	脯氨酸含量	-0.449	-0.412	0.057	-0.381	-0.461	-0.538	0.529	-0.475	-0.421
		穗抽出度	1	0.889*	-0.734	0.782*	0.872*	0.875	-0.957**	0.960**	0.835*
		株高	0.889*	1	-0.710	0.849**	0.913**	0.921**	-0.927**	0.971**	0.895**
	抽穗开花期	脯氨酸含量	-0.655	-0.784*	0.014	-0.543	-0.674	-0.785*	0.896*	-0.913**	-0.377
		穗抽出度	1	0.964*	0.463	-0.140	0.581	0.860*	-0.840*	0.863*	0.511
		株高	0.964**	1	0.322	0.013	0.705	0.867*	-0.942**	0.946**	0.402
辽优5218	孕穗期	脯氨酸含量	-0.771*	-0.664	0.003	0.161	-0.799*	-0.758*	0.702	-0.780*	-0.728
		穗抽出度	1	0.918**	-0.253	0.095	0.766*	0.830*	-0.875*	0.936**	0.492
		株高	0.918**	1	-0.097	0.355	0.725	0.906**	-0.715	0.845*	0.642
	抽穗开花期	脯氨酸含量	-0.684	-0.756*	0.014	-0.197	0.133	-0.846*	0.737	-0.863*	0.848*
		穗抽出度	1	0.715	-0.105	0.602	0.338	0.448	-0.664	0.614	-0.432
		株高	0.715	1	0.113	0.665	0.394	0.682	-0.697	0.721	-0.471

注: * 和 ** 表示在 0.05 和 0.01 水平相关显著性

时，两种株型群体光分布的差异也随之缩小。陈温福等（1995）通过剪穗试验表明直立穗型在剪穗前后群体光分布的变化较小，而半直立穗和弯穗剪穗前后群体光分布变化很大。从本试验所测定的抽穗后水稻群体光照的垂直分布看出（图 1-36），群体中上部差异较大，群体下部差异较小，而且不同的穗型变化趋势一致，光分布差异最大的高度基本上是穗和上 3 叶所处的位置附近。在辽粳 294 的群体中，光通过穗所在层后（100cm 以上）光照减弱了 2%，光通过上 3 叶所在层后（80～100cm）光照减弱了 24%，两层共降低了 26%。

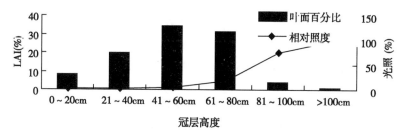

图 1-36　群体内光照的空间分布（12：00）

2. 弱光处理对水稻物质生产及结实的影响

从表 1-45 可以看出，水稻在抽穗后光照强度降至对照的 80% 时，对单株产量、生物产量、粒重、结实率和成熟后的谷草比都没有显著的影响。但当光照强度降至对照的 60% 时，单株产量比对照降低了 41.12%，生物产量比对照降低了 23.81%，粒重比对照降低了 13.91%，结实率比对照降低了 44.60%，谷草比对照降低了 39.02%，都达到了显著的水平。当光照强度降至对照的 40% 时，单株产量比对照降低了 64.04%，生物产量比对照降低了 44.64%，粒重比对照降低了 56.07%，结实率比对照降低了 72.14%，谷草比对照降低了 68.29%。当光照强度降至对照的 20% 时，单株产量为 0.91g，粒重为 2.26g，结实率仅为 7.74%，植株几乎停止了生长。

表 1-45　弱光处理对产量性状的影响

处理	单株产量（g）	生物产量（g）	粒重（g）	结实率（%）	谷草比
CK	28.67a	63.42a	25.52a	86.53a	0.82a
T1	27.99a	61.96a	24.76a	84.71a	0.82a
T2	16.88b	48.32b	21.97b	47.94b	0.50b
T3	10.31b	35.11c	11.21c	24.11c	0.26c
T4	0.91c	20.19d	2.26d	7.74d	0.20c

3. 弱光处理对水稻物质分配的影响

弱光照对水稻灌浆期单茎各器官干物质分配影响如表 1-46 所示。从干物质积累的量上来看，随着光照的减少，干物质在茎叶和穗中的积累量都有所下降，会出现负积累量。在灌浆初期，对照和各遮光处理茎叶重分为 5.21g、4.53g、4.05g、3.67g 和 4.05g，穗重分别为 1.61g、1.02g、0.75g、0.72g 和 0.73g；到灌浆末期，对照和各遮光处理茎叶重分为 5.41g、3.06g、2.65g、2.01g 和 2.04g，穗重分别为 6.24g、2.75g、1.45g、0.63g 和 0.54g。T3 和 T4 的茎叶重量和穗重都出现了负增长，虽然 T1 和 T2 的穗重都有所增加，但其茎叶重量都下降了很多。从干物质分配的比例来看，随着光照的减少，干物质在叶和茎鞘中的分配比率增加，在穗中的比率减少。在灌浆初期，对照和各遮光处理茎叶重所占的比例分别为 76.39%、81.62%、84.38%、83.60%和 84.73%，穗重所占的比例分别为 23.60%、18.38%、15.63%、16.40%和 15.27%；而到灌浆末期，对照和各遮光处理茎叶重所占的比例分别为 46.39%、52.59%、64.55%、76.05%和 78.99%，穗重所占的比例分别为 53.61%、47.41%、35.45%、23.95%和 21.01%。可见，由于穗中积累的干物质主要来自于叶片的光合作用，在遮光后由于光照的不足，使叶片的光合物质减少，可以向穗部运送的光合物质也随着减少，甚至不再向穗部运送光合物质，光照不足限制了茎叶的光合产物向穗部的转移，从而使干物质在穗中分配比率减小。

表 1-46　遮光处理对不同灌浆时期干物质分配的影响

	处理		对照 CK	T1	T2	T3	T4
茎叶重	初期	重量（g）	5.21	4.53	4.05	3.67	4.05
		（%）	76.39	81.62	84.38	83.60	84.73
	中期	重量（g）	6.50	4.02	4.18	4.22	4.04
		（%）	56.32	65.58	78.87	82.26	84.70
	末期	重量（g）	5.40	3.05	2.64	2.00	2.03
		（%）	46.39	52.59	64.55	76.05	78.99
穗重	初期	重量（g）	1.61	1.02	0.75	0.72	0.73
		（%）	23.60	18.38	15.63	16.40	15.27
	中期	重量（g）	5.04	2.11	1.12	0.91	0.73
		（%）	43.67	34.42	21.13	17.74	15.30
	末期	重量（g）	6.24	2.75	1.45	0.63	0.54
		（%）	53.61	47.41	35.45	23.95	21.01

4. 弱光处理对水稻品质的影响

如表 1-47 所示，除粒长与粒宽外，稻米品质都显著受光照影响，弱光会降低稻米的碾磨品质,其中T3和T4达到显著差异水平。在垩白性状中,弱光处理显著地增大了稻米的垩白率,当光照降低20%时,垩白率增加了31.77%,达到显著水平。垩白大小有随着光照减弱而增大的趋势,但各处理未达到显著水平。弱光处理也显著地降低了稻米的透明度,当光照降低40%时,稻米的透明度降低了18.30%,达到显著水平。当光照降低60%时,稻米的透明度降低了30.98%,达到显著水平。各弱光处理的蛋白质含量变化规律与直链淀粉的变化相反,蛋白质含量随着光照的减弱而显著的提高,直链淀粉含量则显著的降低。以上表明,灌浆期弱光会对稻米的加工品质和外观品质产生一些不利影响。

表 1-47 遮光处理对米质性状的影响

性 状	对照 CK	T1	T2	T3	T4
糙米率	81.50a	78.63a	74.10a	61.51b	42.32c
精米率	75.81a	72.65a	68.70ab	61.07b	40.25c
整精米率	74.06a	70.41a	64.96a	49.45b	13.01c
垩白率	11.33a	14.93b	29.26bc	34.24c	55.65c
垩白大小	29.40a	33.15a	35.12a	32.6a	36.85a
垩白度	3.27a	4.57a	11.16ab	11.87ab	21.46b
透明度	0.71a	0.68ab	0.58bc	0.49c	0.25d
粒 长	4.94a	4.93a	4.99a	5.01a	4.82a
粒 宽	2.7a	2.68a	2.75a	2.57a	2.55a
蛋白质含量	6.31a	6.87a	8.77b	8.92b	8.31b
直链淀粉含量	19.45a	19.32a	19.16ab	18.45b	17.45c

5. 弱光处理对水稻生理特征的影响

(1)弱光处理对叶绿素含量的影响。分别于水稻灌浆初期、中期和成熟期测定的剑叶、倒二叶和倒三叶的叶绿素含量(SPAD值)列于表1-48。在水稻灌浆初期,对照的上三叶叶绿素 SPAD 值分别为 40.36、40.34 和 38.52,到成熟期分别为 30.16、29.97 和 25.51,到灌浆中期分别下降了 1.59%、0.15% 和 2.91%,在灌浆末期分别下降了 25.27%、25.71% 和 33.77%。T1 的上三叶叶绿素含量到了灌浆中期分别下降了16.03%、13.19% 和 34.63%,在灌浆末期分别下降了 32.55%、43.63% 和56.99%。T2 的上三叶的叶绿素含量到了灌浆中期剑叶和倒二叶有所增加,分别为 7.96% 和 3.22%、倒三叶下降了 16.07%,在灌浆末期分别下降了

10.68%、30.27%和61.02%。T3 的上三叶的叶绿素含量到了灌浆中期剑叶有所增加，为 4.85%，倒三叶下降了 21.81%，在灌浆末期分别下降了53.23%、63.66%、86.5%。T4 的倒二叶和倒三叶的叶绿素含量到了灌浆中期分别下降了 12.88%和 37.71%，在灌浆末期分别下降了 67.56%、77.27%和 100%。由此可见，随着光照的减弱，水稻上三叶功能叶片的叶绿素含量的下降幅度也随之增大，其中水稻倒三叶的叶绿素下降的幅度最大。

表 1-48 遮光处理对叶绿素含量（SPAD 值）的影响

处理		SPAD 值			变化量（%）		
		初期	中期	末期	初期	中期	末期
CK	剑叶	40.36	39.72	30.16	—	−1.59	−25.27
	倒二叶	40.34	40.28	29.97	—	−0.15	−25.71
	倒三叶	38.52	37.40	25.51	—	−2.91	−33.77
T1	剑叶	38.31	32.17	25.84	—	−16.03	−32.55
	倒二叶	37.45	32.51	21.11	—	−13.19	−43.63
	倒三叶	36.27	23.71	15.60	—	−34.63	−56.99
T2	剑叶	39.71	42.87	35.47	—	7.96	−10.68
	倒二叶	39.74	41.02	27.71	—	3.22	−30.27
	倒三叶	38.64	32.43	15.06	—	−16.07	−61.02
T3	剑叶	40.86	42.84	19.11	—	4.85	−53.23
	倒二叶	39.24	37.57	14.26	—	−4.26	−63.66
	倒三叶	35.12	27.46	4.74	—	−21.81	−86.50
T4	剑叶	38.26	38.51	12.41	—	0.65	−67.56
	倒二叶	38.81	33.81	8.82	—	−12.88	−77.27
	倒三叶	36.54	22.76	0.00	—	−37.71	−100.00

（2）弱光处理对叶片光合作用的影响。分别于水稻灌浆初期、中期和成熟期测定的剑叶、倒二叶和倒三叶的光合速率（表 1-49）。随着光照的减弱，水稻上三叶功能叶片的光合速率也有减小趋势。在水稻灌浆初期，对照的上三叶光合速率分别为 15.12、12.26 和 9.11，到灌浆末期分别下降了 49.24%、53.02%和 53.13%。T1 上三叶光合速率分别为 16.87、13.83 和 10.50，到灌浆末期分别下降了 46.59%、44.61%和 55.9%。T2 上三叶光合速率分别为 13.64、12.33 和 10.42，到灌浆末期分别下降了55.28%、60.1%和 66.41%。T3 上三叶光合速率分别为 10.45、9.42 和7.31，到灌浆末期分别下降了 82.30%、85.03%和 93.57%。T4 上三叶光合速率分别为 6.41、5.98 和 3.01，到灌浆末期分别下降了 83.31%、83.61%和 100.00%。

表 1-49 遮光处理对叶片光合速率的影响

处理		观察值			变化量（%）		
		初期	中期	末期	初期	中期	末期
CK	剑　叶	15.11	14.06	7.67	—	−6.95	−49.24
	倒二叶	12.26	11.81	5.76	—	−3.67	−53.02
	倒三叶	9.11	10.52	4.27	—	15.48	−53.13
T1	剑叶	16.87	14.44	9.01	—	−14.40	−46.59
	倒二叶	13.83	12.78	7.66	—	−7.59	−44.61
	倒三叶	10.50	9.47	4.63	—	−9.81	−55.90
T2	剑　叶	13.64	14.47	6.10	—	6.09	−55.28
	倒二叶	12.33	13.27	4.92	—	7.62	−60.10
	倒三叶	10.42	7.98	3.50	—	−23.42	−66.41
T3	剑　叶	10.45	11.14	1.85	—	6.60	−82.30
	倒二叶	9.42	10.07	1.41	—	6.90	−85.03
	倒三叶	7.31	1.15	0.47	—	−84.27	−93.57
T4	剑　叶	6.41	2.92	1.07	—	−54.45	−83.31
	倒二叶	5.98	2.67	0.98	—	−55.35	−83.61
	倒三叶	3.01	2.51	0.00	—	−16.61	−100.00

表 1-50 是各遮光处理水稻剑叶光合特征值的比较，除与水稻叶片的光合速率相似外，气孔导度和蒸腾速率也随着光照的减弱而减小。在灌浆初期对照和各遮光处理的气孔导度值分别为 0.41、0.46、0.30、0.25 和 0.11，到成熟期分别下降了 63.41%、65.22%、66.67%、84.0% 和 90.91%。在灌浆初期对照和各遮光处理的叶片蒸腾速率值分别为 5.25、6.00、4.86、4.05 和 2.41，到成熟期分别下降了 39.24%、51.5%、57.2%、83.21% 和 88.38%。

表 1-50 遮光处理对叶片光合特性的影响

处理		观察值			变化量（%）		
		初期	中期	末期	初期	中期	末期
光合速率 Pn	CK	12.15	12.11	5.92	—	−0.33	−51.28
	T1	13.73	12.25	7.11	—	−10.78	−48.22
	T2	12.15	11.93	4.86	—	−1.81	−60
	T3	9.06	7.45	1.24	—	−17.77	−86.31
	T4	5.14	2.71	0.69	—	−47.28	−86.58
气孔导度 Cond	CK	0.41	0.23	0.15	—	−43.9	−63.41
	T1	0.46	0.25	0.16	—	−45.65	−65.22
	T2	0.30	0.19	0.10	—	−36.67	−66.67
	T3	0.25	0.11	0.04	—	−56.0	−84.0
	T4	0.11	0.03	0.01	—	−72.73	−90.91

（续表）

处理		观察值			变化量（%）		
		初期	中期	末期	初期	中期	末期
胞间 CO_2 浓度 Ci	CK	298.93	272.18	289.95	—	-8.95	-3.00
	T1	287.55	249.52	252.55	—	-13.23	-12.17
	T2	273.75	221.01	180.68	—	-19.27	-34.00
	T3	280.45	170.12	77.10	—	-39.34	-72.51
	T4	280.86	81.66	28.93	—	-70.93	-89.70
蒸腾速率 Trmmol	CK	5.25	4.35	3.19	—	-17.14	-39.24
	T1	6.00	4.30	2.91	—	-28.33	-51.5
	T2	4.86	3.74	2.08	—	-23.05	-57.20
	T3	4.05	2.15	0.68	—	-46.91	-83.21
	T4	2.41	0.88	0.28	—	-63.49	-88.38

（3）弱光处理对水稻籽粒灌浆的影响。抽穗期各小区标记生长正常、大小中等的稻穗（稻穗抽出剑叶叶枕 0.5~1.0cm，剑叶大小相近）300个。开花当天及以后每 4d 取 1 次样，至成熟止。每处理随机取 10 穗，取样后，摘取着生于穗顶部 3 个一次枝梗上的顶粒及从下往上的第 1、第 2、第 3、第 4 粒为优势粒，基部 3 个一次枝梗顶部从上向下的第 2、第 3、第 4 粒及其近穗轴端的一个二次枝梗的籽粒为劣势粒，其余为中间类型。非受精籽粒及受精后停止发育的籽粒在计数后剔除。摘下的籽粒烘干后去颖壳称重，参照张宪政的方法，用 Logistic 方程 $Y = A/1 + be^{-kt}$ 拟合。各处理的优势粒、中势粒和劣势粒的籽粒物质累积曲线和籽粒灌浆速率曲线见图 1-37。各模型的决定指数 R^2 大多在 0.97 以上，说明所测资料符合 Logistic 模型。T3 和 T4 的劣势粒灌浆启动极迟，增长速度很慢，不适合 Logistic 模型。

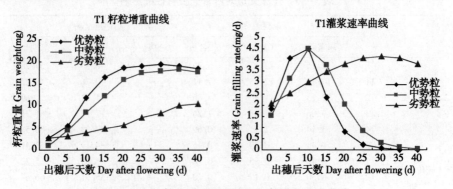

图 1-37　籽粒物质累积曲线和籽粒灌浆速率曲线

各处理的优势粒、中势粒和劣势粒的最终米粒干重的 15 个估算值（A：mg/粒）见表 1-51。水稻的籽粒重量有随着光照减弱而减小的趋势，优势粒、中势粒和劣势粒的最终米粒干重不遮阳处理最大，分别为 19.11 mg/粒、18.39 mg/粒和 15.08 mg/粒，T4 最小，分别为 7.55 mg/粒、3.93 mg/粒和 2.59 mg/粒。各遮阳处理籽粒的 A 值均低于对照，且弱光对劣势粒的影响大于优势粒。20% 遮阳处理强势粒的 A 值比对照低 0.03 mg/粒，中势粒低 0.29 mg/粒，劣势粒高 1.59 mg/粒；40% 遮阳处理强势粒的 A 值比对照低 2.35 mg/粒，中势粒低 3.77 mg/粒，劣势粒低 9.21 mg/粒；60% 遮阳处理强势粒的 A 值比对照低 7.05 mg/粒，中势粒低 8.98 mg/粒，劣势粒低 12.33 mg/粒；80% 遮阳处理强势粒的 A 值比对照低 11.45 mg/粒，中势粒低 14.46 mg/粒，劣势粒低 12.49 mg/粒。

表 1-51 籽粒灌浆的 Logistic 方程参数估值

处理		A	b	k	拟合度 R^2
对照 CK	优势粒	19.11	5.14	0.22	0.99
	中势粒	18.39	7.28	0.20	0.99
	劣势粒	15.08	7.45	0.08	0.98
T1	优势粒	19.08	8.25	0.26	1.00
	中势粒	18.10	9.68	0.21	1.00
	劣势粒	16.67	5.87	0.06	0.99
T2	优势粒	16.76	4.95	0.19	0.99
	中势粒	14.62	6.62	0.14	0.99
	劣势粒	5.87	1.79	0.07	0.93
T3	优势粒	12.05	3.22	0.18	0.98
	中势粒	9.41	3.16	0.08	0.97
	劣势粒	2.75	0.44	0.77	0.43
T4	优势粒	7.55	4.61	0.15	0.94
	中势粒	3.93	1.85	0.21	0.98
	劣势粒	2.59	0.99	0.54	0.63

由表 1-52 的平均灌浆速率、最大灌浆速率可看出，各处理的灌浆速率存在差异，对照优势粒的最大灌浆速率在出穗后 7d 出现，其值为 4.77 mg/（粒·d）；中势粒的最大灌浆速率在出穗后 10d 出现，其值为 4.61 mg/（粒·d）；劣势粒的最大灌浆速率在出穗后 24d 出现，其值为 3.78 mg/（粒·d）。T1 优势粒的最大灌浆速率在出穗后 8d 出现，其值为 4.78 mg/（粒·d）；中势粒的最大灌浆速率在出穗后 10d 出现，其值为

4.54 mg/（粒·d）；劣势粒的最大灌浆速率在出穗后 29d 出现，其值为
4.17 mg/（粒·d）。T2 优势粒的最大灌浆速率在出穗后 8d 出现，其值为
4.20 mg/（粒·d）；中势粒的最大灌浆速率在出穗后 13d 出现，其值为
3.66 mg/（粒·d）；劣势粒的最大灌浆速率在出穗后 8d 出现，其值为
1.46 mg/（粒·d）。T3 优势粒的最大灌浆速率在出穗后 6d 出现，其值为
3.00 mg/（粒·d）；中势粒的最大灌浆速率在出穗后 14d 出现，其值为
2.34 mg/（粒·d）。T4 优势粒的最大灌浆速率在出穗后 9d 出现，其值为
1.88 mg/（粒·d）；中势粒的最大灌浆速率在出穗后 4d 出现，其值为
0.99 mg/（粒·d）。可见灌浆物质累积曲线的拐点时间在不同光强处有差
异，随着光照的减少，水稻籽粒的灌浆速率的拐点时间提前，拐点时累积
的干物质随光强的降低而下降。随着光强下降，优势粒、中势粒和劣势粒
灌浆速率都明显降低，如 60%遮阳（T3）、80%遮阳（T4）强势粒的平均
灌浆速率比对照分别低 32.43% 和 62.16%，中势粒比照低 44.44% 和
80.56%，劣势粒比照低 77.42% 和 80.65%。

表 1-52　遮光处理对籽粒灌浆特性的影响

处理		最大速率时间（d）	最大速率[mg/（粒·d）]	平均速率[mg/（粒·d）]	饱满指数
CK	优势粒	7.52	4.77	0.37	0.93
	中势粒	10.08	4.61	0.36	0.90
	劣势粒	24.37	3.78	0.31	0.91
T1	优势粒	8.11	4.78	0.37	0.89
	中势粒	10.85	4.54	0.36	0.86
	劣势粒	29.81	4.17	0.32	0.83
T2	优势粒	8.64	4.20	0.33	0.79
	中势粒	13.81	3.66	0.28	0.67
	劣势粒	8.48	1.46	0.13	0.62
T3	优势粒	6.43	3.00	0.25	0.65
	中势粒	14.96	2.34	0.20	0.50
	劣势粒	-1.05	0.68	0.07	0.44
T4	优势粒	9.88	1.88	0.14	0.55
	中势粒	4.01	0.99	0.07	0.50
	劣势粒	-0.03	0.64	0.06	0.48

四、温光互作对水稻产量和品质的影响

水稻灌浆结实期间的气候生态条件对稻米品质有很大的影响，现已明

确，纬度、海拔等地理环境的不同引起的品质性状变化与这些气候生态因子的变化有关。在各环境因子中，尤其是灌浆成熟期的气温是影响稻米品质性状的一个极为重要的因素，唐湘如（1991）研究结果表明：抽穗期至成熟期的高温会使灌浆速率加快，缩短灌浆持续时间，使籽粒的充实度受到影响，稻米的糙米率、精米率、和整精米率下降，米粒的垩白增大，透明度变差。Cruz 等学者经过多年的研究得出 3 种基本观点：①灌浆期温度升高直链淀粉含量增加。②灌浆期温度升高直链淀粉含量降低。③灌浆期间温度对直链淀粉的影响因品种而异，对于高直链淀粉含量的品种，温度升高直链淀粉含量增高；对于低直链淀粉含量的品种，温度升高直链淀粉含量降低；气温对于直链淀粉含量的影响主要看是否有利于淀粉的积累，温度太高或太低都不利于淀粉积累。与高温相比，低温对品质性状的不利影响要小得多，因此就品质而言，抽穗后至成熟阶段温度不宜过高，但也不能太低，一般以 20~30℃较为适宜。与温度相比，日均温差对品质性状的影响要小。环爱华（2001）指出灌浆期间若光照不足，则碳水化合物积累少，籽粒充实不良，物质合成受阻，粒重低，青米多，加工品质变劣，同时由于光照的不足，抑制了磷素的吸收，削弱了蛋白质的合成，使蛋白质含量下降，直链淀粉含量和总淀粉含量降低，胶稠度变硬。相对湿度或降水量对稻米的品质也有一定的影响。相对湿度与糊化温度、胶稠度和垩白大小一般呈正相关，而与直链淀粉含量呈负相关，不同的雨量环境对米粒延伸性、直链淀粉含量及糙米率和蛋白质含量有显著影响，并且环境与品种之间存在显著互作。

　　表 1-53 是 2007 年水稻生育期间移栽至始穗期和始穗至成熟时期内积温、总温差和日照时数差异的比较，各处理在水稻生育前期的积温差异不显著，总温差和日照时数达到显著差异。在水稻的灌浆期，积温和日照时数达到显著差异，而总温差差异不显著。

表 1-53　不同生育期的温度与日照比较

处 理	移栽至始穗期			始穗至成熟期		
	积温	总温差	日照时数	积温	总温差	日照时数
A1	1 653.10a	650.40a	500.64a	1322.63a	490.84a	307.54a
A2	1 647.50a	608.39b	446.58b	1152.42b	474.19a	306.13a
A3	1 634.26a	563.19c	391.47c	1069.19c	473.59a	296.95b
A4	1 594.59a	513.16d	338.76d	970.81d	459.55a	282.65c

1. 各处理产量及产量性状比较

各处理的稻谷产量、生物产量及产量结构比较见表1-54，稻谷产量和生物产量有下降的趋势，并且达到显著水平。稻谷产量A4与A1相比下降了26.6%，生物产量A4与A1相比下降了28.9%，二者下降的幅度相当。从产量结构上看，每穴穗数和结实率各处理间变化较大，随着播种期的推迟，这两个性状有显著降低的趋势，A4处理与A1处理相比每穴穗数和结实率分别下降了32.5%和10.0%；各处理对千粒重的影响较小，只在A1和A4两个处理达到了显著水平；各处理对每穗粒数的影响不显著。可见，水稻的穗数和结实率是受环境影响较大的因素，环境因子对产量的影响主要是通过这两个因素的改变来实现的。

表1-54 不同处理的产量及产量构成因素比较

处理	稻谷产量	生物产量	有效穗数	每穗粒数	结实率	千粒重
A1	49.62a	100.08a	20.88a	113.92a	92.60a	26.51a
A2	48.04a	89.97ab	18.28b	109.72a	90.59ab	26.06ab
A3	39.88b	78.03bc	16.11c	104.82a	86.80bc	25.19ab
A4	36.42b	71.19c	14.09c	97.23a	83.30c	24.68b

2. 不同时期积温、日照时数与产量相关分析

相关分析表明（表1-55），始穗期至成熟期积温、移栽期至始穗期温差和移栽期至始穗期日照与稻谷产量、生物产量及产量结构都有显著相关性，且都为正相关。其中，移栽期至始穗期日照时数与每穴穗数的相关性最大（R=0.823**），其次为移栽期至始穗期温差与每穴穗数的相关性（R=0.796**）。

表1-55 不同生育期的温度、日照与产量性状的相关关系

变量	稻谷产量	生物产量	每穴穗数	总粒数	结实率	千粒重
移栽期-始穗期积温	0.151	0.159	0.293	0.066	-0.009	0.126
始穗期-成熟期积温	0.597**	0.681**	0.764**	0.369*	0.622**	0.441**
移栽期-始穗期温差	0.652**	0.641**	0.796**	0.344*	0.556**	0.439**
始穗期-成熟期温差	0.178	0.292	0.286	0.151	0.332*	0.235
移栽期-始穗期日照	0.681**	0.684**	0.823**	0.373*	0.584**	0.448**
始穗期-成熟期日照	-0.197	-0.212	-0.265	-0.092	-0.017	-0.126

3. 温光因子与产量品质的典型相关

以移栽期至始穗期积温（x_1）、始穗期-成熟期积温（x_2）、移栽期至

始穗期温差（x_3）、始穗期至成熟期温差（x_4）、移栽期–始穗期日照（x_5）、始穗期至成熟期日照（x_6）为温光因子；以稻谷重量（y_1）、生物产量（y_2）、每穴穗数（y_3）、每穗总粒数（y_4）、结实率（y_5）、千粒重（y_6）、平均谷日增重（y_7）、平均干物质日增重（y_8）为产量性状；以穗长（z_1）、一次枝梗数（z_2）、二次枝梗数（z_3）、每穗实粒数（z_4）、每穗秕粒数（z_5）、株高（z_6）、生育期（z_7）为农艺性状；以糙米率（t_1）、精米率（t_2）、整精米率（t_3）、垩白粒率（t_4）、垩白大小（t_5）、垩白度（t_6）、透明度（t_7）、长度（t_8）、宽度（t_9）、长宽比（t_{10}）、直链淀粉含量（t_{11}）、蛋白质含量（t_{12}）为品质性状组进行典型相关分析。

表 1-56　光温因子与产量、农艺、品质性状的典型相关分析

性状比较	典型相关系数 R	典型变量组合
温光因子/产量性状	0.986 **	$U1=-0.0051x_1-0.2913x_2-0.2048x_3-0.1851x_4-0.4258x_5+0.0058x_6$ $V1=-0.6628y_1-0.7089y_2-0.8313y_3-0.3295y_4-0.6346y_5-0.4752y_6-0.3275y_7-0.538y_8$
	0.9682 **	$U2=-0.5057x_1+0.7663x_2+0.2019x_3-0.0211x_4-0.7175x_5+0.2792x_6$ $V2=4.0829y_1-6.5789y_2-0.0249y_3-0.0643y_4+0.1029y_5+0.1072y_6-3.6513y_7+5.7226y_8$
	0.638	
	0.4694	
	0.3034	
	0.1996	
温光因子/农艺性状	0.8726 **	$V1=-0.2846x_1-0.7641x_2-0.8235x_3-0.3001x_4-0.8392x_5+0.3247x_6$ $U1=0.1366z_1+0.1474z_2+0.2445z_3-0.533z_4+0.5376z_5+0.1113z_6-0.6101z_7$
	0.5992	
	0.5000	
	0.4557	
	0.2148	
	0.0727	
光温因子/品质性状	0.8861 **	$U1=-0.10551x_1+0.4037x_2+0.1961x_3-0.172x_4+0.4925x_5-0.1534x_6$ $V1=0.4136t_1+0.1253t_2-0.2943t_3-0.7221t_4+0.2147t_5+0.3461t_6+0.2419t_7-0.4126t_8+0.4842t_9+0.7155t_{10}-0.5102t_{11}+0.9047t_{12}$
	0.8177	
	0.6446	
	0.5019	
	0.4875	
	0.3417	

由表 1-56 可见，不同生育时期的光温因子与产量性状的 6 个典型相关系数中，前 2 个典型相关系数较大且达到极显著水平（R = 0.9860 ** R =

0.9682^{**}）。说明光温因子与产量性状之间存在极显著的相关关系。两组变量间的相关主要由载荷量较高的变量所决定。分析前 2 个典型变量组成可知，在光温因子与产量性状的第 1 对典型变量构成中，U1 的权重系数大小依次为 $x_5 > x_2 > x_3 > x_4 > x_6 > x_1$，以 x_5 和 x_2 的权重系数较大；V1 的权重系数大小依次为 $y_3 > y_2 > y_1 > y_5 > y_8 > y_6 > y_4 > y_7$，以 y_3、y_2 和 y_1 的权重系数较大。说明该对典型变量中，移栽期至始穗期日照和始穗期至成熟期积温和每穴穗数、生物产量和稻谷重量密切相关。x_5 和 x_2 的作用方向相同，y_3、y_2 和 y_1 的作用方向也是相同的。在光温因子与产量性状的第 2 对典型变量构成中，U2 的权重系数大小依次为 $x_2 > x_5 > x_1 > x_6 > x_3 > x_4$，以 x_5、x_2 和 x_1 的权重系数较大，V2 的权重系数大小依次为 $y_2 > y_8 > y_1 > y_7 > y_6 > y_5 > y_4 > y_3$，以 y_2、y_8 和 y_1 的权重系数较大。说明在该对典型变量中，移栽期至始穗期日照、始穗期至成熟期积温、移栽期至始穗期积温和生物产量、平均干物质日增重、稻谷重量密切相关，x_5、y_2 呈负效应。

在不同生育时期的光温因子与农艺性状的 6 个典型相关系数中，只有第 1 个典型相关系数较大且达到极显著水平（$R = 0.8726^{**}$）。说明光温因子与农艺性状之间也存在极显著的相关关系。在光温因子与农艺性状的第 1 对典型变量构成中，U1 的权重系数大小依次为 $x_5 > x_3 > x_2 > x_6 > x_4 > x_1$，以 x_5 和 x_3 的权重系数较大；V1 的权重系数大小依次为 $z_7 > z_5 > z_4 > z_3 > z_2 > z_1 > z_6$，以 z_7、z_5 和 z_4 的权重系数较大。说明该对典型变量中，移栽期−始穗期日照、移栽期至始穗期温差和每穗秕粒数、生育期、每穗实粒数密切相关。x_5 和 x_3 的效应方向相同，z_7、z_4 和 z_5 的效应方向相反。

在不同生育时期的光温因子与品质性状的 6 个典型相关系数中，只有第 1 个典型相关系数较大且达到极显著水平（$R = 0.8861^{**}$）。说明光温因子与水稻品质性状间之间存在极显著的相关关系。在光温因子与品质性状的第 1 对典型变量构成中，U1 的权重系数大小依次为 $x_5 > x_2 > x_3 > x_4 > x_6 > x_1$，以 x_5 和 x_2 的权重系数较大；V1 的权重系数大小依次为 $t_{12} > t_4 > t_{10} > t_{11} > t_9 > t_8 > t_1 > t_6 > t_3 > t_7 > t_5 > t_2$，以 t_{12}、t_4 和 t_{10} 的权重系数较大。说明该对典型变量中，移栽期−始穗期日照、始穗期−成熟期积温与蛋白质含量、垩白粒率、长宽比密切相关。x_5 和 x_2 的效应方向相同，t_{12}、t_{10} 和 t_4 效应方向相反。

第三节　栽培因子对水稻产量的影响

随着品种的更替，水稻品种单产不断提高，较高的肥力和较密的种植有利于直立穗和半直穗品种产量的发挥,尤其是对近年育成的新品种。在不同肥力和密度试验处理中,产量较高的的品种大部分为 20 世纪 90 年代后期至今所育的品种,而 20 世纪 60—70 年代应用的品种,多数产量较低,表明近些年应用的直立穗和半直立穗品种较 20 世纪 60—70 年代应用的弯穗形品种更易获得较高的产量。但在中低肥水平下,弯穗形老品种通过调节栽培密度,也可获得较高的产量,表明在品种更新的过程中,栽培肥力与栽培密度也起了决定性的作用,新品种更适于高肥力条件下栽培,否则难以发挥其应有产量潜力。

一、氮密互作对产量的影响

产量在肥力、品种、密度和肥力×品种间差异都达到极显著水平(F≥F0.01);穗数在品种、密度、肥力×品种和品种×密度间差异都达到显著(F≥F0.05)或极显著水平;穗粒数在品种、肥力和肥力×品种间差异都达到显著或极显著水平;结实率在品种和肥力×品种×密度间差异都达到极显著水平;而千粒重在除肥力×密度外的各效应间的差异都达到显著或极显著水平。生物产量在肥力、肥力×品种、品种×密度间差异达到极显著水平;收获指数在除品种×密度外的各效应间的差异都达到显著或极显著水平。肥力及肥力×品种互作效应对产量的影响都达到极显著水平,可见在品种更新过程中,与品种相配套的肥力的改变起到了重要的作用。

表 1-57　方差分析结果 F 值

变异来源	产量		穗数		穗粒数		结实率		千粒重		生物产量		收获指数	
	F	P	F	P	F	P	F	P	F	P	F	P	F	P
肥力	11.8	0.00	1.45	0.29	18.7	0.00	0.05	0.95	427	0.00	16.1	0.00	67.8	0.00
品种	3.53	0.00	41.2	0.00	56.1	0.00	5.52	0.00	848	0.00	0.95	0.46	14.8	0.00
密度	14.3	0.00	65.6	0.00	0.29	0.59	0.29	0.59	269	0.00	0.71	0.40	5.19	0.03
肥力×品种	5.41	0.00	2.18	0.02	3.17	0.00	1.15	0.33	573	0.00	2.44	0.01	3.00	0.00
品种×密度	1.94	0.08	2.29	0.04	1.53	0.18	0.69	0.66	41.9	0.00	2.98	0.00	1.08	0.38
肥力×密度	0.63	0.53	1.18	0.31	0.64	0.53	0.48	0.62	0.40	0.66	1.90	0.16	7.14	0.00
肥力×品种	0.57	0.86	0.61	0.83	0.86	0.59	1.84	0.05	48.8	0.00	0.85	0.60	1.94	0.04

由表 1-58 可见,在高肥区,20 世纪 60—70 年代应用的黎明和丰锦两个品种的产量都显著地低于 20 世纪 90 年代应用的辽粳 454、辽粳 9 号和辽星 1 号。表中数据显示,各个品种在密植条件下产量均高于稀植条件下的产量,黎明、丰锦、辽粳 326、辽星 1 号等品种在密植和稀植条件下

的产量差异不显著，而辽粳 5 号、辽粳 454、辽粳 9 号等品种在这两个密度差异下的产量差异显著，说明前者是广适型品种，而后者随着种植密度的变化产量波动较大。在各处理和品种中，黎明在密植时的穗数最高，为6 700.13 穗/m²，其次为近年新育成的辽星 1 号，密植时为 6 050.13 穗/m²，稀植时为5436.13 穗/m²，辽粳 5 号在稀植时穗数最低。辽星 1 号密植和稀植的穗粒数最高，分别为 182.18 和 175.05 粒/穗；其次是辽粳 9 和辽粳 326；而黎明品种和辽粳 5 号密植和稀植均较低。黎明品种稀植和辽粳 5 号稀植的结实率最高，而辽粳 326 稀植最低。千粒重以辽粳 326 稀植最高，为 28.12g；其次是黎明品种，稀植为 26.21g；辽粳 326 密植最低，仅为 22.38g。在高肥条件下，通过品种间产量性状比较可以发现，高产品种的穗粒数普遍高于低产品种且差异达显著水平，高产品种和低产品种间的穗数、结实率和千粒重却没有规律可循，由此可见，近年育成的水稻品种在高肥条件下主要是靠提高穗粒数实现增产的。

表 1-58　高肥区品种间产量性状比较

品种	密度	产量 （kg/hm²）	穗数 （×10³穗/hm²）	穗粒数	结实率 （%）	千粒重 （g）
黎明	密	7 885.15gh	6 700.13a	76.97fg	94.84abc	24.15f
	稀	7 205.64h	4 342.76de	91.03ef	96.77a	26.21b
丰锦	密	8 089.66gh	4 100.08ef	110.10d	94.18abc	24.51de
	稀	8 062.66gh	3 674.64fgh	103.77de	94.83abc	24.81d
辽粳 5 号	密	11 586.23bcd	4 050.08ef	81.78fg	91.83bc	23.04h
	稀	9 800.37ef	2 976.16i	72.95g	94.88ab	23.22h
辽粳 326	密	12 080.24abc	3 900.07efg	148.50bc	93.04abc	22.38i
	稀	10 853.88cde	3 188.74hi	136.67bc	75.92e	28.12a
辽粳 454	密	13 151.26a	4 700.09d	117.57d	93.83abc	25.50c
	稀	11 033.66cde	4 099.81ef	114.05d	92.53abc	24.58de
辽粳 9 号	密	12 577.25ab	3 400.06ghi	135.58c	86.76d	23.71g
	稀	9 133.47fg	2 368.78j	152.55b	90.36cd	25.65c
辽星 1 号	密	10 980.21cde	6 050.12b	182.18a	94.25abc	23.77g
	稀	10 425.67def	5 436.05c	175.05a	92.75abc	24.30ef

由表 1-59 可见，在中肥区，在各处理和品种中，黎明品种密植产量最高，达到 11 993kg/hm²；其次是丰锦密植、辽星 1 号密植和稀植、辽粳 454 稀植，可见辽星 1 号的适应性较强，在密植和稀植条件下产量均较高；而辽粳 5 号密植和稀植产量均较低。在穗数上，辽星 1 号密植和稀植均较高，位居第一和第二，分别为 6 650 穗/m² 和 5 709 穗/m²；而辽粳 5 号密植

和稀植均较低；辽粳 326 稀植最低。辽粳 326 的穗粒数最高，且稀植时高于密植，稀植时为 162.45 粒/穗，密植时为 127.77 粒/穗；其次是辽星 1号，密植时为 103.95 粒/穗，稀植时为 110.88 粒/穗；黎明的穗粒数最低，密植和稀植时分别为 61.26 粒/穗和 67.43 粒/穗；黎明、辽粳 454 和辽星 1 号在密植和稀植时穗粒数差异不明显。结实率中以辽粳 5 号的最高，且密植和稀植基本一致，为 95.2%；其次是丰锦和黎明；而辽粳 9 号的结实率最低，且密植和稀植基本一致，分别为 86.57% 和 87.31%。辽粳9 号稀植和黎明稀植的千粒重较高，分别为 34.48g 和 26.36g；辽粳 326 稀植和密植的千粒重较低，为 22.31g 和 23.02g。

表 1-59　中肥区品种间产量性状比较

品种	密度	产量（kg/hm²）	穗数（×10³穗/hm²）	穗粒数	结实率（%）	千粒重（g）
黎明	密	11 993.24a	5 350.10b	61.26g	94.50abc	25.82c
	稀	9 527.66bc	4 251.66cd	67.43g	93.98abc	26.36b
丰锦	密	10 867.22ab	4 200.08cd	85.41ef	92.61abcd	24.78de
	稀	9 699.55bc	3 370.95e	102.44cd	94.73ab	24.63e
辽粳 5 号	密	7 694.65d	3 250.06ef	72.94fg	95.22a	23.72g
	稀	7 073.85d	2 733.20fg	86.11def	95.20a	24.13f
辽粳 326	密	9 746.69bc	3 750.07de	127.77b	89.04de	23.02h
	稀	8 374.25cd	2 429.52g	162.45a	94.35abc	22.31i
辽粳 454	密	9 753.19bc	4 457.27c	97.61cde	93.30abcd	25.06d
	稀	10 847.20ab	3 583.54e	99.50cde	90.05cde	25.11d
辽粳 9 号	密	10 080.70b	3 400.06e	134.88b	86.57e	25.67c
	稀	7 047.73d	2 581.36g	103.63c	87.31e	34.48a
辽星 1 号	密	10 859.22ab	6 650.13a	103.95c	92.12abcd	24.14f
	稀	10 608.19ab	5 709.37b	110.88c	90.65bcde	23.92fg

由表 1-60 可见，在低肥区，辽粳 9 号和辽粳 326 两个品种在密植时产量最高，分别为 11 713.73kg/hm² 和 9 913.69kg/hm²。丰锦稀植时产量最低，仅为 7 629.29kg/hm²。黎明密植时的穗数最高，为 5 950.11穗/m²，辽粳 9 号在稀植时的穗数最低，为 2 611.73穗/m²。辽星 1 号仍然具有最高的穗粒数，密植和稀植分别为 177.06 粒/穗和 150.44 粒/穗；辽粳 5 号密植时穗粒数最少，仅为 74.65 粒/穗。多数处理和品种的结实率差异不明显，辽粳 9 号密植和稀植较低，其他均较高。千粒重以丰锦稀植最高，为 29.42g；其次是黎明稀植，为 25.83g；以辽星 1 号密植最低，仅为 22.71g。

表 1-60 低肥区品种间产量性状比较

品种	密度	产量 （kg/hm²）	穗数 （×10³穗/hm²）	穗粒数	结实率 （%）	千粒重 （g）
黎明	密	8 770.66bcdef	5 950.11a	79.11def	94.81a	24.15def
	稀	8 518.75bcdef	4 190.92de	77.71ef	93.90a	25.83b
丰锦	密	7 715.15ef	3 650.07ef	93.81de	93.58a	23.78g
	稀	7 629.29f	3 097.63fg	87.83def	91.73ab	29.42a
辽粳 5 号	密	8 864.64bcdef	3 400.06f	74.65f	95.32a	23.91efg
	稀	9 217.59bcd	3 188.74fg	91.59de	94.52a	24.29d
辽粳 326	密	9 913.69b	3 400.06f	138.10bc	93.43a	23.02hi
	稀	9 276.818bcd	3 097.63fg	139.45bc	92.45ab	23.15h
辽粳 454	密	9 479.68bc	5 350.10b	125.91c	88.33bc	24.19de
	稀	7 871.03def	5 132.36bc	126.28c	92.57ab	23.83fg
辽粳 9 号	密	11 713.73a	3 300.06f	85.38def	86.82c	23.80g
	稀	8 577.72bcdef	2 611.73g	95.74d	85.69c	24.90c
辽星 1 号	密	8 245.16cdef	5 200.10bc	177.06a	94.09a	22.71i
	稀	9 110.40bcd	4 646.45cd	150.44b	93.90a	24.04defg

综合中肥和低肥条件下供试品种的产量及产量构成要素的分析结果，可以看出，除了低肥、密植条件下辽粳 9 号的产量显著高于其他品种外，在低肥和中肥条件下近期育成的品种与老品种相比产量没有差异。由此可见，高肥和密植利于 20 世纪 90 年代以来育成的直立穗和半直立穗品种产量潜力的发挥，使其产量结构更趋于合理化和最大化。而在中低肥水平下，20 世纪 60—70 年代应用的弯穗品种通过调节栽培密度，也可获得较高的产量，甚至有超过新育成品种的可能。

二、肥力对水稻物质生产及光合的影响

在高肥条件下，在水稻的分蘖后期（7 月 20 日）以前的生长期内，不同年代水稻品种的干物质生产量和干物质积累速率差别不明显。从始穗期（8 月 2 日）后各品种的干物质生产量和干物质积累速率出现明显差别，其中黎明、丰锦和辽粳 5 号 3 个品种在经过一个较快的增长过程后，很快进入平缓增长过程，到生育后期干物质积累速率较低，而辽粳 454、辽粳 9 号和辽星 1 号到生育后期干物质积累速率较高（图 1-38）。

在低肥条件下，除黎明和丰锦两个品种外，大部分品种在分蘖后期（7 月 20 日）都进入一个干物质生产量迅速增长的过程。从整个生育进程讲，黎明、丰锦 2 个品种增长过程平缓，而辽粳 326 和辽星 1 号两个品种

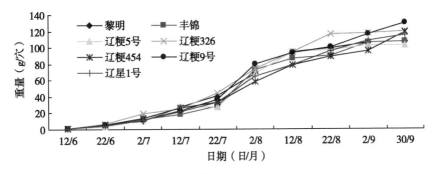

图 1-38　高肥条件下干物质动态

到生育后期干物质积累速率仍较高，说明这 2 个品种在生育后期还有较强的物质生产能力（图 1-39）。

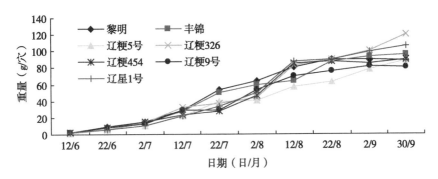

图 1-39　低肥条件下干物质动态

表 1-61 显示了水稻品种在高肥和低肥两种氮肥水平下功能叶片叶绿素含量变化情况，高肥区水稻叶片的叶绿素含量都高于低肥区叶绿素含量，可见氮肥的施用量对叶片叶绿素含量具有较大的影响。不同的品种对于氮肥的反应大小有明显差别，差别最小的品种是丰锦，两种肥力下差值为 3.71，差别最大的品种是辽粳 454，两种肥力下差值为 7.30。总体上看 20 世纪 60—70 年代品种叶绿素含量对氮肥反应小于 20 世纪 90 年代后的品种。

表 1-61　不同肥力下品种功能叶片 SPAD 变化比较

肥力	叶片	黎明	丰锦	辽粳 5 号	辽粳 326	辽粳 454	辽粳 9 号	辽星 1 号
高肥	剑叶	32.99	34.93	35.39	38.27	39.53	37.68	45.00
	倒二叶	34.03	35.06	35.89	37.59	38.19	37.53	45.17
	倒三叶	30.47	34.42	32.80	35.88	37.83	36.06	41.33
	平均	32.50	34.81	34.69	37.25	38.52	37.09	43.83

（续表）

肥力	叶片	黎明	丰锦	辽粳 5 号	辽粳 326	辽粳 454	辽粳 9 号	辽星 1 号
低肥	剑叶	29.36	31.23	29.66	31.13	32.23	30.66	38.74
	倒二叶	30.40	31.36	30.16	30.46	30.90	30.51	38.91
	倒三叶	26.84	30.72	27.07	28.75	30.54	29.03	35.08
	平均	28.87	31.10	28.96	30.11	31.22	30.07	37.58

表 1-62 是水稻品种在高肥和低肥两种氮肥水平下分蘖情况比较，总体讲高肥区水稻的分蘖率都高于低肥区的分蘖率，可见肥力的大小对水稻的分蘖率具有较大的影响。品种对于氮肥的反应大小有明显差别，差别最小的品种是辽粳 9 号，差别最大的品种是黎明。不同的品种的分蘖率具有明显差别，在高肥区，黎明的分蘖率最高，为 1 092.00%，辽星 1 号的分蘖率最低，为 582.86；在低肥区，丰锦的分蘖率最高，为 845.71%，辽星 1 号分蘖率最低，为 514.29%。与分蘖率相反，高肥区水稻的成穗率都低于低肥区的成穗率，可见高肥力虽然能带来品种分蘖的增加，但同时也增加了无效分蘖。

表 1-62 不同肥力下水稻品种分蘖特性比较

品种	高肥			低肥		
	最高分蘖 （个/穴）	分蘖率 （%）	成穗率 （%）	最高分蘖 （个/穴）	分蘖率 （%）	成穗率 （%）
黎明	38.22	1 092	56.39	25.9	740	77.2
丰锦	35.1	1 002.86	64.15	29.6	845.71	79.62
辽粳 5 号	34.2	977.14	57.86	23.65	675.71	88.27
辽粳 326	24.7	705.71	51.65	20.55	587.14	72.83
辽粳 454	22	628.57	51.22	20.75	592.86	69.8
辽粳 9 号	21.1	602.86	65.4	18.95	541.43	96.52
辽星 1 号	20.4	582.86	63.83	18	514.29	75.35

从不同品种的分蘖动态上看（图 1-40，图 1-41），水稻品种的分蘖数量随生育进程的推进呈现出"由少到多，又由多到少"的变化过程，但不同施肥水平下各水稻品种的分蘖动态存在差异，总的趋势是随着肥力的增加分蘖变化曲线的斜率增大，表明高肥区水稻的分蘖增加更为迅速，而且达到的最高茎蘖数也较大；另外，在高肥区各水稻品种的分蘖动态曲线之间的差异也明显大于低肥区。说明施肥量对分蘖发育有很大的影响，并且存在与品种的互作效应。

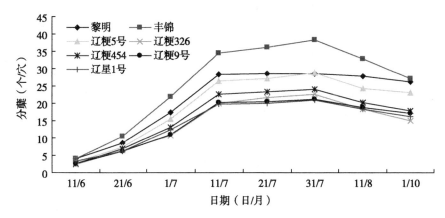

图 1-40　低肥条件下品种分蘖动态

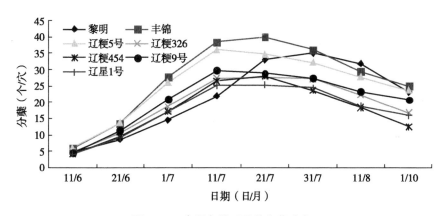

图 1-41　高肥条件下品种分蘖动态

对分蘖动态曲线的品种间差异进行分析可知，无论在高肥区，还是在低肥区，20 世纪 60—80 年代育成了黎明、丰锦和辽粳 5 号的分蘖动态曲线较陡，表明早期的品种分蘖能力较强，并分蘖发生的较早，而 20 世纪 90 年代后育成品种的分蘖动态曲线较趋于平缓，分蘖发生的较少，分蘖增加较平稳，无效分蘖少，这种特性在高肥条件下，能有效地协调穗多与穗大的矛盾，更易获得高产。

比较不同品种在灌浆期叶面积指数和光合势（表 1-63），发现在高肥区，辽粳 9 号的叶面积指数最高，始穗期为 7.22，成熟期为 4.75，平均光合势为 $269.18 \times 10^4 \mathrm{m}^2 \cdot \mathrm{d}$，黎明虽然始穗期有较大的叶面积指数（5.23），但其成熟期的叶面积指数较低，因而平均光合势最低，为 $172.99 \times 10^4 \mathrm{m}^2 \cdot \mathrm{d}$。在低肥区，丰锦的叶面积指数最高，始穗期为 9.09，成熟期为 7.82，平均光合势为 $380.55 \times 10^4 m^2 \cdot d$。总体上讲，在始穗期高肥区的水稻叶面积指数略大于低肥区，20 世纪 60—70 年代品种略大于新品种，但到成熟期，情况则相反。因此 20 世纪 60—70 年代品种在水稻灌浆期的光合势低肥区大于高肥区，新品种低肥区小于高肥区。由此可见，水稻在抽穗至成熟期的光合势大小对群体获高产起着很大的作用。因此，采取各种有效的技术措施，增加功能叶片的数量和延长功能叶片的寿命，是高产的关键。

表 1-63　不同肥力条件下品种间叶面积指数及光合势比较

肥力水平	品种	叶面积指数		光合势
		始穗期	成熟期	$(10^4 m^2 \cdot d)$
高肥区	黎明	5.23	2.46	172.99
	丰锦	6.18	3.24	211.92
	辽粳 5 号	5.51	2.76	186.06
	辽粳 326	6.37	3.71	226.83
	辽粳 454	5.19	4.67	221.78
	辽粳 9 号	7.22	4.75	269.18
	辽星 1 号	5.61	4.56	228.71
低肥区	黎明	6.32	4.15	235.70
	丰锦	9.09	7.82	380.55
	辽粳 5 号	6.64	4.82	257.79
	辽粳 326	5.11	2.83	178.69
	辽粳 454	5.17	2.57	173.99
	辽粳 9 号	4.92	4.45	210.76
	辽星 1 号	5.01	3.94	201.37

三、密度对水稻物质生产及光合的影响

在密植条件下，在 7 月 20 日至 8 月 12 日所有品种的干物质生长速率都有一个明显加快的过程，之后除辽粳 326 外，大部分品种都进入一个平缓的增长的过程。可见由于栽培过密，水稻在出穗灌浆期群体密闭，不利于通风和透光，使用水稻在后期的光合生产能力受到影响，尤其两个弯穗型品种，甚至于出现了负的增长（图 1-42）。

在稀植条件下，所有品种的干物质生长速率在整个生长期间都表现为较平缓的增长，各年代品种间和各种穗型的品种间差别不明显(图 1-43)。

（1）水稻品种不同密度下分蘖特性比较。表 1-64 是水稻品种在密植和稀植两种密度水平下分蘖情况比较，总体讲稀植水稻的分蘖率都高于密植的分蘖率，可见栽培密度也同样对水稻的分蘖率具有影响，但其对分蘖

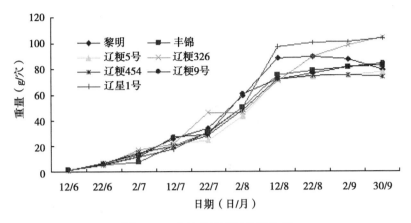

图 1-42　密植条件下干物质动态

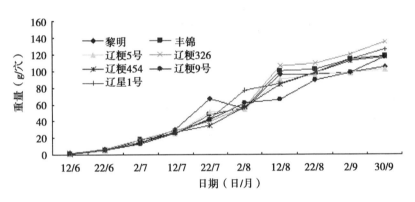

图 1-43　稀植条件下干物质动态

的影响程度小于肥力的影响。品种对于密度的反应大小有明显差别，差别
最小的品种是辽粳 9 号，差别最大的品种是辽粳 326。在密植条件下，丰
锦的分蘖率最高为 863.81%，辽星 1 号的分蘖率最低为 504.76%；在稀植
条件下，丰锦的分蘖率最高为 990.48%，辽星 1 号分蘖率最低为
629.52%。与分蘖率相反，密植条件下水稻的成穗率都低于稀植条件下的
成穗率。

表 1-64　不同密度下水稻品种分蘖特性比较

品种	高肥			低肥		
	最高分蘖 （个/穴）	分蘖率 （%）	成穗率 （%）	最高分蘖 （个/穴）	分蘖率 （%）	成穗率 （%）
黎　明	29.57	844.76	59.13	32.64	932.7	72.94
丰　锦	30.23	863.81	64.34	34.67	990.48	82.29

（续表）

品种	高肥			低肥		
	最高分蘖 （个/穴）	分蘖率 （%）	成穗率 （%）	最高分蘖 （个/穴）	分蘖率 （%）	成穗率 （%）
辽粳 5 号	27.53	786.67	54.98	31	885.71	74.44
辽粳 326	19.23	549.52	56.46	27.23	778.1	60.06
辽粳 454	19.03	543.81	55.72	24.37	696.19	60.4
辽粳 9 号	20.7	591.43	65.3	23.03	658.1	70.43
辽星 1 号	17.67	504.76	56.17	22.03	629.52	74.26

对不同栽培密度下水稻分蘖动态曲线（图1-44和图1-45）进行分析可知，在密植条件下，所有试验品种分蘖数量增加较快，而后期下降也较快。20世纪60—80年代育成的黎明、丰锦和辽粳5号的分蘖动态曲线较陡，而20世纪90年代后育成品种的分蘖动态较趋于平缓。在稀植条件下，所有品种的分蘖发生的较少，分蘖增加较平稳，后期下降的数量较少，无效分蘖少。

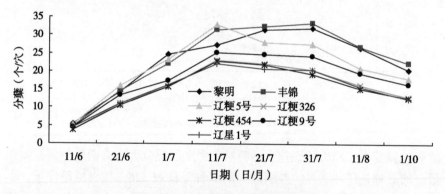

图1-44　密植条件下品种分蘖动态

（2）不同密度下水稻品种叶面积指数和光合势比较。表1-65是水稻品种在不同栽培密度条件下，叶面积指数和光合势比较。在密植条件下，辽粳9号的叶面积指数最高，始穗期为6.84，成熟期为5.40，平均光合势为275.42×10⁴m²·d，丰锦虽然始穗期有较大的叶面积指数（6.08），但其成熟期的叶面积指数较低，因而平均光合势最低，为189.93×10⁴m²·d。在稀植条件下，黎明的叶面积指数最高，始穗期为7.86，成熟期为4.73，平均光合势为283.24×10⁴m²·d。

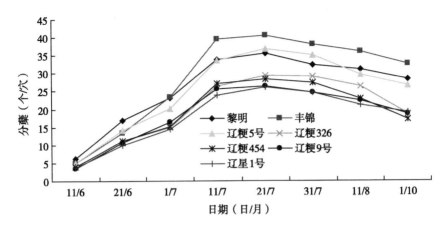

图 1-45　稀植条件下品种分蘖动态

表 1-65　不同密度条件下品种间叶面积指数及光合势比较

肥力水平	品种	叶面积指数		光合势
		始穗期	成熟期	$(10^4 m^2 \cdot d)$
高肥区	黎明	6.65	3.21	221.77
	丰锦	6.08	2.36	189.93
	辽粳 5 号	5.44	4.77	229.74
	辽粳 326	5.64	4.15	220.15
	辽粳 454	5.88	4.11	224.87
	辽粳 9 号	6.84	5.40	275.42
	辽星 1 号	5.87	4.86	241.28
低肥区	黎明	7.86	4.73	283.24
	丰锦	6.97	3.61	238.05
	辽粳 5 号	5.49	4.90	233.72
	辽粳 326	6.98	4.39	255.83
	辽粳 454	7.51	4.96	280.66
	辽粳 9 号	6.94	5.02	269.10
	辽星 1 号	7.65	5.67	299.70

参考文献

陈温福，徐正进，张龙步，等 . 1995. 水稻不同穗型对冠层特征及群
　　体光分布和物质生产的影响（英文）［J］. 作物学报 .
环爱华 . 2001. 浅谈稻米品质及其影响因素［J］. 中国稻米 .

李义珍，黄育民，杨慧杰，等．水稻库源遗传生理学研究－Ⅰ水稻不同时期主栽品种的库源特征研究［J］．福建稻麦科技，1996.

梁建生，曹显祖，张海燕，等．1994．水稻籽粒灌浆期间茎鞘贮存物质含量及其影响因素研究［J］．中国水稻科学，8（3）：153-156.

唐湘如，郭海明，何红军．1991．中低产田水稻高产综合技术［J］．作物研究．

王延颐，陆景淮，陈玉泉．1982．水稻群叶光照度的测定和计算方法研究［J］．作物学报．

王志琴，杨建昌，郎有忠，等．1997．水分胁迫下栽插密度与穗粒肥施用对水稻产量的影响［J］．耕作与栽培．

杨建昌，王志琴，朱庆森，等．1999．ABA 与 GA 对水稻籽粒灌浆的调控［J］．作物学报．

杨守仁，张龙步，陈温福，等．1997．水稻超高产育种要在协调矛盾中求发展［J］．中国稻米．

张宪政．1992．作物生理研究法［M］．农业出版社．

张祖建，朱庆森，王志琴，等．1998．水稻品种源库特性与胚乳细胞增殖和充实的关系［J］．作物学报．

朱军，赖鸣冈，许馥华．1993．作物品种区域试验非平衡资料的分析方法：综性状的分析［J］．浙江农业大学学报，19（3）：241-247.

朱军，许馥华，赖鸣冈．1993．作物品种区域试验非平衡资料的分析方法：单一性状的分析［J］．浙江农业大学学报，19（1）：7-13.

第二章　水稻根系生理研究

第一节　水稻根系概述

根系是吸收水分和养分的重要器官，具有合成运输的功能，又具有固定和支持植株的作用。根系的生长代谢活性与地上部密切相关，因此是影响稻株生长发育和产量形成的重要因素。随着人们对根系重要性认识的加深，对根系的研究日益增多，研究方法和手段不断得到改进，关于根系及其与地上部关系的研究取得很大进展。

一、根系的形态建成

1. 根的种类

水稻的根系属于须根系，根据发生的部位不同，可以分为种根、芽鞘节根和冠根。

由种子的胚根直接发育而成的是种根，仅有一条。它在幼苗期起着吸收的作用。浸种催芽时培育强壮的种根，有利于扎根，育成壮秧。

从芽鞘节上长出的根叫芽鞘节根，一般有 5 条，这些根短而粗壮，也称"鸡爪根"。播种后芽鞘节根长得快，扎到土中，对于防止烂秧有好处。

从茎节上长出的根叫作冠根。在芽鞘节根长出以后，随着生育的进展，在每个节上发生大量的根，其根系空间配置似冠状，故称冠根。冠根是水稻最主要的根系，能吸水吸肥供稻株需要。川田（1982）、山崎（1984）、森田（1987）等对水稻根系的研究表明，水稻从基部密集的每一个节位都萌发出两种冠根——上位根和下位根。从节上部生出的根叫上位根，细而短；从节的下部生出的根叫下位根，粗而长。每条冠根又萌发出许多分枝根，分枝根又长出次分枝根，最多达 5~6 次分枝。由主茎和分蘖节上发生的所有根构成根群。一般情况下地上茎各节是不会生根的，但当稻秆倒伏在水中或土中后，地上茎也会长出不定根。此外，灌水太深或种植密度过大，田间透光不良、湿度大，地上茎也会长出根来，这是气根，气根向上生长而不入土，纯粹消耗养分，应防止气根的产生。

2. 根的发生与生长

随着秧苗生育的进展，发根节位的发根能力增强。同时由于分蘖的发生，发根节位增多，单株每天的发根数逐渐增加。分蘖只有在 3 片叶时才开始发根。同一株各蘖位的发根数，主茎为最多，随蘖位的升高和蘖次的增加，发根数减少。由主茎和各蘖位发出的根统一形成根群。从根在节上发生的位置来看，同一节上根出现的顺序是由下而上的。不同节的发根力不同，下位节发根少且细，上位节发根多而粗。稻株的生长状况直接影响每个节的发根力，生长旺盛时所形成的节发根多而粗。

在水稻的生长过程中，根的生长也是按照新陈代谢的规律，即老根不断衰老死亡，新根不断发生生长。每个节上的冠根存活期是有限的。一般为 1~2 个月，其中下位节所产生的冠根存活期较短，上位节的较长。随生育的进展，在一定时间内，现存的活根节数一般为 4~6 个。

在水稻全生育期中，根系随着分蘖的旺盛而增加，在穗分化前后增加最快，至抽穗期达到高峰。因此从分蘖至抽穗是根系生长的重要阶段，绝大部分的根是在这一时期形成的。根群的形成过程与地上部生育过程之间在一定时期内呈现一定的同伸关系。如主茎第 5 叶以后的出叶与各节间单位出根之间有很明显的相关。当第 N 节位叶片露出时，第 N–3 节位冠根伸长，第 N–4 节位冠根萌发二次分枝（川田，1984）。李义珍（1986）认为每隔 1 个出叶周期，冠根萌发上升一个节位，分枝更进一级。因此从地上部的生育进程可以判断根系的生长发育的基本状况。过去认为，抽穗期后根群的发展基本结束，靠抽穗以前形成的根群吸收养分和水分，用于水稻结实。然而抽穗期后虽然一次冠根的伸长基本结束，而根数、根体积、根系吸收面积则逐渐减少，但从高节位发生的冠根仍在进行旺盛的分枝并伸长，甚至最高可达 6 次分枝，维持到籽粒成熟（潘瑞炽，1979；川田，1984）。

3. 根的分布

关于水稻根的分布和伸展方向，川田（1984）认为上位根均分布于土壤的上层，横向或斜向伸展；下位根则因节间不同，伸展方向和分布区域不同：生育初期发生的下部节位的下位根直径较小，大部分（67%）横向扩展，与相邻稻株的根交织在一起，分布于土壤的上层；分蘖期发生的中部节位的下位根粗而长，斜下方向伸长，分布于土壤中层或斜下层；幼穗形成前后长出的下位根，最粗最长，有 40% 向直下或接近直下方向伸长，分布于土壤的直下层；从剑叶开始抽出至抽穗前后长出的上部 3 个节位的下位根细短、但分枝多，均横向或斜上方向伸长，形成上层根，分布于 0~5cm 土层。不同层次的根形成时期不同，对地上部的作用也必然不一样。森田等（1986，1987）研究还指出，冠的伸展方向在很大程度上受冠根直径的决定。在田间条件下，稻株间根系是相互交错的，一般根群横向可达 40cm，深度可达 50~60cm。据黄育民（1988）、田中（1996）等观测到，稻根干重和体积都随分布土层的加深而递减，70%~90% 的根量分布于 0~10cm 土层。代贵金等（2008）的研究表明，根系的 75% 分布于 0~10cm 土层，21% 分布于 10~20cm 土层，20cm 以下仅占 4.3%；有 74.6% 的根系分布于直下层，侧面仅有 25.4%（表 2-1）。于贵瑞等（1993）建立了群体根系空间分布的数学模型，根系参数在水平和垂直方向的分布分别符合 $y=A+BSIN180/L$、$y=A+Benz$ $y=Ae^{B.Z}$、$y=AZ^B$ 等拟合模型（Y-根系参数、X-水平距离、L-行距、Z-深度、A B 为参数）。

表 2-1　不同土层水稻根干重比较（代贵金等，2008）

土层（cm）	直下根重		侧根重		总计	
	平均值（单位）	百分比（%）	平均值（单位）	百分比（%）	平均值（单位）	百分比（%）
0~5	0.583	24.6	0.233	9.8	0.816	34.4
5~10	0.767	32.3	0.198	8.3	0.964	40.6
10~15	0.191	8.0	0.127	5.4	0.318	13.4
15~20	0.101	4.3	0.081	3.4	0.183	7.7
20~25	0.056	2.4	0.046	1.9	0.101	4.3
总计	1.771	74.6	0.602	25.4	2.373	100.0

总之，由冠根及分枝的长度，数目、直径、伸展方向和分布构成根群的形态特征，水稻根群的形态建成具有一定的规律性，但根群的形态在品种间存在很大差异。Yoshiba（1982）、Singh（1981）的研究表明，不同类型的品种，根数、根长、根直径、根干重以及根的分布均不相同。

二、根系的功能和活力

1. 吸收功能

根系的功能以吸收为主。一条生长着的稻根包括根冠、分生区、伸长区、根毛区和分枝区等五大部分。从根尖向后的部位，由于其组织分化的情况和老化程度不同，吸收功能也不一样。分生区和伸长区的开始部分养分吸收旺盛，其后则渐减；根毛区是吸收水分最旺盛的部分，其后亦渐减；到分枝根发生的部位吸水作用大减。内皮层细胞凯氏带出现的部位，吸水效率最高。分枝根不同部位的吸收情况与一次根一样。可见根的吸收部位主要是先端部分，增大吸收面积主要靠分枝根和根毛。

根系除吸收水分和 N、P、K 等无机养分外，横山（1984）、山川（1984）等认为，根系还能吸收 CO_2 和部分有机酸。根系的吸收功能随生育期而变化，李木英（1996）研究表明，水稻根系对 N、P、K 的吸收强度随生育进程逐渐加大，在穗分化至抽穗期达到高峰，以后逐渐降低；并且对 N、P、K 的吸收比例也不同，以 P 的比例最小，后期增加了对 K 的吸收。一些研究认为对 P 的吸收与根系表面积大小呈正相关，而对 N 的吸收则与根表面积无明显的相关性。关于根面积与吸收功能间的关系还有待于进一步研究。

2. 合成功能

根系除了是重要的吸收器官外，还具有合成功能。首先对伤流液的分析表明：无机 N 在根系中的转化率为 50%~70%，缺 N 条件下甚至达到100%。陆定志（1987）从水稻伤流液中分离出 30 多种氨基酸，马跃芳（1989）发现不同时期氨基酸含量不同，生育后期总氨基酸含量下降。以上的研究表明根系能合成多种氨基酸和蛋白质，将无机态 N 转化成有机态，并且合成的量随生育时期而不同。由于去冠植株比不去冠植株伤流液中氨基酸含量低，可见根系合成氨基酸的能力受地上部控制。关于根系氨基酸合成与地上部的关系有待深入研究。

此外，目前普遍认为根系是一些植物激素的重要合成场所，不仅能全部合成细胞分裂素（CTK），而且还能部分合成生长素（IAA）和脱落酸（ABA），而大量研究表明 CTK、IAA 和 ABA 对植株的生长发育、衰老脱落具有重要的调控作用。由此推断根系对地上部生长具有重要的调控作用，特别与衰老密切相关。

3. 根系活力

根系活力反映根系的吸收和合成能力，通常有两种表示方法。一是伤流强度。根系的吸收和合成能力越强，向地上部输送的量愈多，因此伤流强度以及伤流液的成分可以反应根系功能的强弱。目前伤流强度被人们用作测定根系活力的常用指标。而通过伤流液的成分分析来衡量根系吸收和合成能力的研究未见报道。二是氧化力。即对 α-萘乙酸（α-NA）的氧化力和对氯化三苯基四氮唑（TTC）的还原力，二者都反映根系氧化力的大小，与根系的呼吸作用密切相关。关于根系活力的不同指标，梁建生等（1993）认为根系表面吸附大量微生物，测定过程中很难将微生物所造成的呼吸部分排除掉，因此对 α- NA 氧化力和 TTC 还原力的测定结果往往偏高，而对伤流速度的测定结果比较准确。至于不同根系活力指标间的关系还有待研究。

根系活力随生育进程而不断变化。何芳禄（1980）、梁建生（1993）等认为：水稻伤流速度从分蘖期到抽穗期逐渐升高，抽穗期后出现不断下降的趋势，升高和降低的幅度因品种而异。

三、环境条件对根系的影响

根系生长在土壤中，其生长、分布、功能和活力除了是品种本身的特性以外，还受耕层、水分、温度和肥料等条件的影响。

1. 耕层

耕层是水稻根系活动的场所，耕层的深度对根系的大小和分布产生直接影响。川田等（1984）认为，耕层深度增加有利于根系生长，土壤下层根系分布增多，直下根系比例增大。代贵金等（2008）的研究表明，随着耕作深度的增加，深层根系分布比例增大，但直下根的比例减小，侧根比例增大（表 2-2），这可能是耕层深度增大，有利于根系向斜下方向伸展。直下层根系与籽粒灌浆结实有密切关系。

表 2-2　春耕深度对水稻根系生长分布的影响（代贵金等，2008）

土层（cm）		直下根重（g）		侧根重（g）		总和（g）	
		5cm	15cm	5cm	15cm	5cm	15cm
0~5		0.725	0.44	0.201	0.265	0.926	0.705
5~10		0.766	0.768	0.14	0.255	0.906	1.023
10~15		0.189	0.195	0.116	0.138	0.304	0.333
15~20		0.096	0.108	0.068	0.093	0.165	0.2
20~25		0.033	0.06	0.04	0.058	0.066	0.118
总和	根重	1.81	1.57	0.558	0.808	2.368	2.378
	百分比	76.4%	66.0%	23.6%	34.0%	100%	100%

2. 水分

水稻是半水生性作物，水分对水稻的生长发育来说是必不可少的。土壤水分的多少直接影响根系的生长、发育、分布和功能，据吴志强（1982）研究，在淹水田中，水稻根系主要分布于土壤上层，密集成网；而在湿润灌溉和旱田栽培的稻田中则上层根较少，根系主要分布于中下层。因此，可以通过适当控制土壤水分，调节土壤上下层根系的比例，使根系分布趋于合理。凌启鸿等（1990）发现，不同生育时期根系对缺水的敏感程度不同，从叶龄余数 2.0 到抽穗期是水稻根系对缺水反应最敏感的时期，此时缺水，上、下层根重都显著减轻。川田（1984）对不同灌溉方式下根生长的研究表明，中期烤田和间歇灌溉使土壤上层根的冠根数增多、增粗、分枝和活力增强。另外，土壤水分含量直接影响土壤的通气性。在水分较少的情况下，土壤通气性强，白根数多，根系吸收能力强，合成和代谢旺盛。以上这些研究进一步证实了生产上所推行的浅—干—湿交替灌溉方式的科学合理性，合理的灌溉有利于根系的生长发育和后期根系活力的保持。

3. 温度

众所周知，适宜的温度有利于水稻地上部的生长发育，同样，土壤温度的变化对水稻根系也具有明显的影响。水稻根系大部分集中于 0~20cm 土层，土壤温度的变化也以此土层最明显。Neilsen（1974）、吴岳轩等（1995）指出，高温有利于水稻根系的发生、分枝和伸长，使根数和根长增加，但后期高温会加速根系的衰老进程。Sasaki（1992）认为，温度对水稻根系的影响与根系的生长发育阶段及根系着生的位置有关。在水稻发根期遇高温减少根数，但在根原基分化期遇高温则增加根数；在根原基分化到发根期间，高温降低下位根直径，但增加上位根直径。梁涣起（1989）则发现，分蘖期低温严重影响水稻根系的生长发育，总根数、总根长、平均根长及根干重随温度下降而显著减少，且上位根减少幅度大于下位根。

4. 肥料

施肥量、施肥方法及肥料种类对根系生长均有影响。川田（1982）、P. Songmuang（1997）报道，施用有机肥使冠根多、粗长，根群布满整个耕层，单纯施用化肥则根数较少，且主要分布于土壤上层。各类无机肥对根系生长发育起的作用不同，施用 N 肥主要促进冠根分枝，P 肥则主要促进发根，K 肥增加根数和根重、促进白根的产生，以及微量元素 B、Co、Mn、Cu、Al、Ca、Mo、Zn 等都在一定程度上影响根的生长和活力。

施肥量和施肥方法主要影响根的分布。施肥量多使根的分布范围缩小，基肥促使根的分布较深，特别是全层施肥使根系分布于整个耕层；追肥且追肥次数多，表层根和冠根数增多，二次根变多变粗。林文等（1999）的研究认为，水稻全部根及具各层次根的干重和体积与施 N 量呈抛物线关系，随着施 N 量增加出现浅根化趋势，肥料深施可促进下层根的发育。另外，不同时期施肥对根系的影响也不同，王余龙等（1997）研究不同生育期 N 素处理对根的影响，结果是前期影响最大，中期次之，后期最小。凌启鸿等（1990）研究表明，上层根的冠根萌发期需要较高的养分水平，分枝萌发期则需要较低的养分水平。

此外，光照、土壤耕层结构、酸碱度、通气状况和化学物质等对根系的生长发育和活力都有一定的影响，特别是植物生长调节剂类物质能强烈影响根系的生长。据 Kangchungkil 等（1993）报道，IBA 在一定浓度范围内增加冠根的长度、数量和干重。施天生等（1995）研究了高效唑（S-3307）和多效唑（PP333）对水稻幼苗根系生长影响，结果是两种调节剂在一定浓度范围内具有抑冠促根的作用，并能提高根系活力和营养吸收速率。石岩等（1999）证明植物动力能显著提高小麦根系 SOD、POD 活性和根系活力，抑制 MDA 含量的增加，延缓根系衰老。

第二节　根系与地上部性状的关系

作者以杂交稻辽优 3225 及其亲本保持系辽粳 326 和恢复系 C253、常规稻沈农 265 和辽粳 294、旱稻旱 72、恢复系材料 C9083 和籼稻材料 Axair 等为材料，采用盆栽的方式，对水稻根系与地上部性状的关系开展研究（王彦荣，2001）。

一、水稻根系的品种特性

1. 发根力

发根力是水稻发生新根的能力，取决于秧苗茎节上根原基的数目和植株的营养状况，具有明显的品种特性。发根力的大小是决定秧苗能否迅速返青和分蘖的关键，是衡量秧苗强壮程度的一个重要指标。

杂交稻与亲本及常规稻相比，其发根数具有明显的杂种优势，达 50% 以上。且发根较快，处理后 5d 占处理后 10d 总发根数的 89.5%；但杂交稻的发根长度较小，杂交稻发根比较粗壮。旱稻品种发根数较大，虽然前期不太明显，但处理后 10d 发根数达 10.6 条，与杂交稻非常接近，并且所发根长极短，处理后 10d 仅为 0.9cm，与杂交稻也比较相似。由于杂交稻和旱稻的抗旱性都较强，推测发根数量大和发根长度小是抗旱性强的品种特征。籼稻品种发根的数量和长度都较大，即籼稻品种的发根力强。特别是 Axair，处理后 10d 所发出的根长达到 7.92 cm，这可能与籼稻较强的吸肥性有关。

表 2-3　不同品种苗期发根力

品种		处理后 5d		处理后 10d	
		根数（条）	根长（cm）	根数（条）	根长（cm）
保持系	辽粳 326	4.6	1.35	5.5	2.65
杂交稻	辽优 3225	9.4	1.23	10.5	2.64
恢复系	C253	6.2	1.48	8.1	3.8
常规稻	沈农 265	4.2	1.89	7.2	2.83
	辽粳 294	5.1	1.95	7.1	3.13
旱稻	旱 72	7.5	0.52	10.6	0.9
恢复系	C9083	8.9	4.56	9.3	6.1
籼稻	Axair	7.3	3.37	8.7	7.92

2. 根数、根长、根体积

根数、根长、根体积是衡量根系形态性状的三个重要指标，表示根系的发达程度。大量研究表明，三者受外界环境的影响较大，同时存在明显的品种间差异。

表 2-4　在全生育期中不同品种根系性状最大值

品种		根数		根长		根体积	
		均值	排序	均值	排序	均值	排序
保持系	辽粳 326	732	4	37	6	131	6
杂交稻	辽优 3225	718	5	46	1	165	1
恢复系	C253	687	8	41	4	143	3
常规稻	沈农 265	745	3	36	7	135	5
	辽粳 294	758	2	35	8	123	7
旱稻	旱 72	776	1	44	3	124	8
恢复系	C9083	691	6	40	5	151	2
籼稻	Axair	683	7	45	2	141	4

（1）根数。从最大根数来看（表 2-4），旱稻最大，其次是常规稻、杂交稻，恢复系和籼稻较小。从全生育期来看（图 2-1），杂交稻根系前期早生快发，孕穗期根数占最大根数的 94.8%，杂种优势明显；但后期衰减较早，从抽穗期到乳熟期减少幅度较大。常规稻抽穗后根数仍有所增加，乳熟期根数最大，乳熟期后大幅度减少。据川田、凌启鸿等研究认为，抽穗前后所发生的根主要用于形成上层根。常规品种抽穗后根数继续增加，有利于上层根的形成。旱稻前期根系发展较快，抽穗期即达到高峰，与杂

交稻比较相似，但后期衰减较慢。籼稻根数变化与杂交稻相似。

（2）根长。这里指最长根长度。据川田等（1984）的研究，幼穗形成前后发生的根最长，并直下伸展，因此最大根长亦反映根系的分布深度。从最长根长来看（表2-4），以杂交稻根最长，其次是籼稻、旱稻和恢复系，常规稻最短。从全生育期变化来看（图2-1），各品种在抽穗期根长度达到最大，与川田的结果一致。杂交稻和旱稻前期根系伸长较快，孕穗期即达到最大根长的90%以上，暗示前期根系伸长快，根系下扎深是抗旱性强品种的根系特征之一。杂交稻、恢复系和籼稻抽穗后根长减小较快，常规稻则较慢。

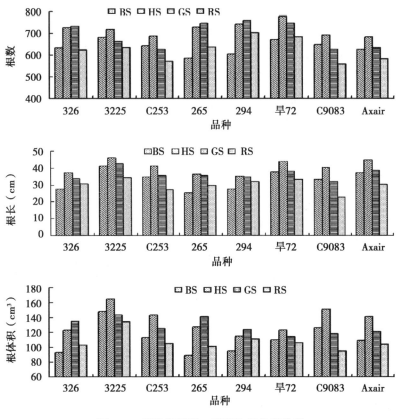

图 2-1 品种间根数、根长和根体积比较

（BS-孕穗期、HS-抽穗期、GS-乳熟期、RS-黄熟期，以下同）

（3）根体积。根体积是根系的数量、长度、粗度以及分枝多少的综合体现。从最大根体积来看（表2-4），杂交稻的根体积具有明显优势，其次是恢复系和籼稻材料，常规稻和旱稻较小。从全生育期的变化来看（图2-1），杂交稻、恢复系、旱稻和籼稻抽穗期根体积最大，之后逐渐减小，杂交稻从抽穗期到乳熟期下降幅度较大，从乳熟期到黄熟期下降较少；而恢复系和籼稻则以较大幅度持续下降；旱稻根系衰退较慢。而常规稻抽穗后根体积继续增大，乳熟期才达到最大值，根系衰退较晚。

3. 根干重和根冠比

根重的变化直接表示根系的生长发育状况、根系干物质积累情况以及根系的发达程度。根冠比则表示根系相对于地上部的发达程度。

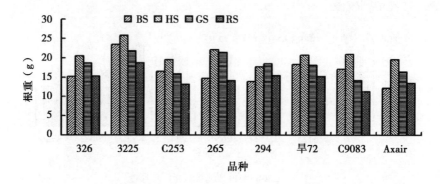

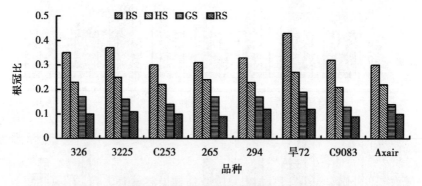

图 2-2　品种间根重和根冠比比较

从图 2-2 可见，绝大多数品种在抽穗期根重达到最大值，之后随着生育的进展，根系干物质积累减少，并且部分老根死亡、腐烂脱落，根重逐渐变小。只有辽粳 294 直到灌浆期根重才达最大，表明辽粳 294 抽穗后根系仍然在积累干物质，这可能与其穗子比较小，源相对过剩，营养比较充足有关。杂交稻具有明显的根重优势，特别是在抽穗期以前表现更为明显。杂交稻、恢复系和籼稻抽穗后根重下降较快。旱稻前期根重较大，抽穗后下降较慢。

各品种根冠比都随着生育期的进展逐渐减小，由于后期地上部干物质迅速积累，根系生长相对较为缓慢，使根冠比减小。以旱稻根冠比最大，其他依次是杂交稻、常规稻、恢复系和籼稻。

4. 根系吸收面积和比表面积

广义地说根系吸收面积是根系活力的指标，根系吸收面积越大，根系活性越强、吸收能力越大。根系比表面积又叫根表面积密度，即单位体积的根系吸收面积。根系比表面积在一定程度上反映根系的粗细和分枝的多少，根系越粗分枝越少则比表面积越小。同时由于根毛是根系的主要吸收部位，根毛的多少直接影响根系吸收面积，但根毛的体积几乎为零，因此比表面积在很大程度上体现着根毛的多少。

表2-5 不同品种根系吸收面积和比表面积

品种		总吸收面积（m²）				比表面积（cm²/cm³）			
		孕穗期	抽穗期	乳熟期	黄熟期	孕穗期	抽穗期	乳熟期	黄熟期
保持系	辽粳326	26.2	37.9	43.3	30.5	2 817	3 081	3 305	2 961
杂交稻	辽优3225	39.3	50.2	45.1	38.7	2 655	3 042	3 221	2 888
恢复系	C253	29.2	41.3	37.8	29.2	2 584	2 888	3 024	2 781
常规稻	沈农265	25.3	38.4	45.6	31.2	2 843	3 024	3 378	3 089
常规稻	辽粳294	27.8	37.5	42.5	36.5	2 926	3 261	3 427	3 288
旱稻	旱72	33.7	43.9	41.7	33.8	3 064	3 569	3 658	3 189
恢复系	C9083	31.9	44.3	33.6	24.2	2 532	2 934	2 847	2 547
籼稻	Axair	28.7	40.2	36.1	28.6	2 633	2 851	2 983	2 750

表2-5的分析结果表明，多数品种的根系吸收面积在抽穗期达到最大值，而常规稻在乳熟期达到最大。在各个时期杂交稻的根系吸收面积都大于其他品种，比最小的品种高15%甚至20%以上，但从抽穗期到乳熟期出现较大幅度下降。表明杂交稻根系吸收面积虽然具有优势，但其自身衰退较早且较快。常规品种抽穗以前根系吸收面积较小，但抽穗后继续增大，乳熟期根系吸收面积达到最大值。旱72前期根系吸收面积增加较快，明显大于其他品种，仅次于杂交稻，并且抽穗后下降幅度较小，后期仍然保持较高水平。籼稻和恢复系前期根系吸收面积较大，抽穗后根系吸收面积持续快速下降，其中C9083下降幅度最大。根系吸收面积下降是根系功能衰退的重要标志。

除C9083以外，多数品种根系比表面积都在乳熟期达到最大。乳熟期后根比表面积减小可能是由于根毛大量退化造成的，C9083退化比较严重。品种间比较，旱稻的比表面积最大，其次是常规稻，籼稻和恢复系较小，杂交稻处于中等水平。比表面积越大说明根系较细，分枝和根毛越多，单位体积根系吸收能力越强。

5. 根系活力

狭义上 α-萘胺（α-NA）氧化力和伤流速度通常是用来表示根系活力的两个指标。Sakai 和 Yoshida（1957）把根对 α-NA 的氧化力作为根系活力的指标，表示根系氧化力的大小。后经研究认为 α-NA 氧化力是由稻根乙醇酸代谢途径产生的 H_2O_2 引起的，该途径是根系的有机酸代谢途径，与根中蛋白质和核酸的合成有关，α-NA 氧化力的强弱反映根系代谢的强弱。另外有人认为 α-NA 氧化力与根系呼吸作用相关，根系呼吸旺盛，则根系吸收养分能力增强。同时 α-NA 氧化力越强，根系将土壤中的 Fe^{2+} 氧化成 Fe^{3+}，对自身产生的保护作用越大（白农书，1986；角田重三郎，1989）。伤流速度表示根系向地上部输送水分和养分的强度，与根系的吸收能力密切相关。根系活力除受土壤水分、温度、通气状况等外部因素影响外，主要决定于根系的发达程度和生命活动的强弱等内部因素。

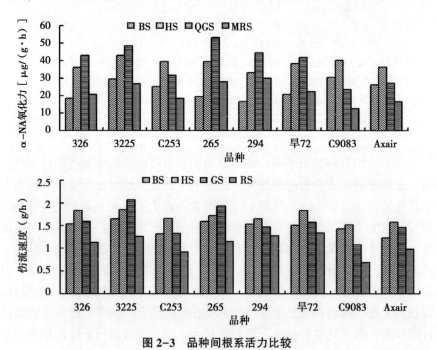

图 2-3　品种间根系活力比较

从图 2-3 可见，α-NA 氧化力和伤流速度的表现不完全一致，二者达到高峰值的时期不太一致，且因品种而表现不同。对于多数品种而言，

α-NA氧化力在乳熟期达到高峰，伤流速度在抽穗期达高峰。而恢复系和籼稻的 α-NA 氧化力在抽穗期达到高峰，辽优 3225 和沈农 265 的伤流速度在乳熟期达到高峰。说明 α-NA 氧化力和伤流速度之间存在一定的区别和联系，二者从不同的角度反映根系活力。

　　品种间比较，辽优 3225 和沈农 265 的 α-NA 氧化力和伤流速度均在乳熟期达到最高，并且明显高于其他品种。推测乳熟期较强的根系氧化力和伤流速度是超高产品种的特征。籼稻和恢复系的 α-NA 氧化力和伤流速度总体上均较低，抽穗后就开始大幅度降低，说明籼型或偏籼型品种的根系活力低，后期下降快。孕穗期杂交稻、恢复系和籼稻的 α-NA 氧化力明显高于其他品种。

　　6. 伤流液成分分析

　　根系吸收的养分以及合成的物质主要运往地上部，供应地上部生长，因此通过伤流液成分分析可以评价根系的吸收与合成能力。氨基酸和无机磷是伤流液的重要组成成分，其含量的多少可表示根系合成氨基酸和吸收无机磷的能力。

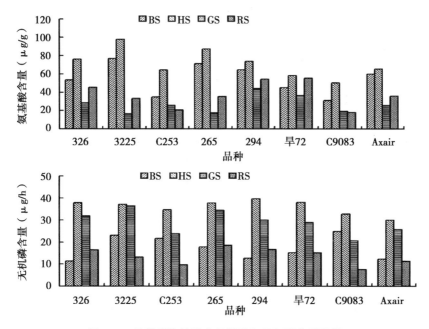

图 2-4　品种间伤流液中氨基酸和无机磷含量比较

　　从全生育期的变化趋势来看（图 2-4），伤流液中氨基酸含量在孕穗期和抽穗期较高，抽穗后大幅度下降，乳熟期大部分品种下降到原来的

50%以下，但在成熟期又有所回升。一般地，抽穗以前为营养生长期，此时植株以氮代谢为主；抽穗后由营养生长转变为生殖生长，此时植株以碳代谢为主。以上分析表明，根系合成氨基酸能力的变化与地上部营养生长和生殖生长的转变相一致。抽穗以前根系合成氨基酸的能力较强，有利于地上部生长发育；抽穗后根系合成氨基酸的能力减弱，将更有利于营养生长向生殖生长的彻底转变，从而形成高产。至于成熟期伤流液中氨基酸含量又有所升高，可能与后期引起植株衰老与抗衰老的激素和酶的合成有关。关于根系合成氨基酸能力的变化与地上部生长的关系还需进一步研究。

各品种间比较发现，在孕穗期和抽穗期杂交稻辽优 3225 的氨基酸含量明显高于其他品种，这与他人关于杂交稻具有较强的氨基酸合成能力的研究结果一致。沈农 265 氨基酸含量也较高，仅次于辽优 3225，并且二者乳熟期氨基酸含量最低，从抽穗期到乳熟期二者均下降 75%以上。以上证明抽穗之前较高的氨基酸合成能力和乳熟期较低的氨基酸合成能力是高产品种的特性。辽粳 294 和旱 72 在乳熟期和黄熟期伤流液中氨基酸含量相对较高，后期仍根系仍保持较强合成氨基酸的能力。恢复系和籼稻的氨基酸含量较低，且没有明显的回升。

根系吸收无机磷的能力对植株的生长和代谢具有非常重要的作用。从全生育期变化看，在抽穗期根系吸收无机磷的能力最强，抽穗后逐渐降低。品种间比较，孕穗期杂交稻和恢复系吸收无机磷的能力相对较高。无机磷具有促进花原基分化的生理作用（周佩珍，1985），孕穗期根系较强的吸收无机磷的能力在一定程度上促进穗颖花数的增加。籼稻和恢复系抽穗后伤流液中无机磷含量明显低于其他品种，说明偏籼型品种抽穗后根系吸收无机磷的能力较低。乳熟期辽优 3225 和沈农 265 的无机磷含量明显高于其他品种，尤其以辽优 3225 最高，推测灌浆期较强的根系吸收无机磷的能力是高产品种所应具备的特征之一。黄熟期常规稻伤流液中的无机磷含量较高，恢复系的较低且抽穗后持续大幅度下降，由此推测后期根系吸收无机磷的能力低以及抽穗后的大幅度下降，可能是植株后期早衰的原因之一。

综合上述分析可以看出，不同类型品种间和不同生育时期间根系合成氨基酸和吸收无机磷的能力存在明显差异，并具有一定的规律性。高产品种根系合成氨基酸的能力在抽穗期以前较强，乳熟期较弱；并且乳熟期根系吸收无机磷的能力强。籼型或偏籼型品种根系合成氨基酸和吸收无机磷的能力都较弱，黄熟期合成氨基酸和吸收无机磷能力低，容易引起地上部早衰。孕穗期根系吸收无机磷的能力强可能是形成大穗的基础之一。

7. 根系保护酶活性和膜脂过氧化作用

植物在衰老和逆境条件下，细胞内自由基代谢平衡被破坏，产生自由基的能力大于清除能力，从而引发或加剧膜脂过氧化作用，导致细胞结构和功能破坏而引发衰老。丙二醛（MDA）是膜脂过氧化的产物，含量越多表明活性氧对膜系统的破坏越严重。超氧化物歧化酶（SOD）和过氧化物酶（POD）是膜系统的重要防御性保护酶，能有效清除自由基，活性越大细胞的功能越稳定，植物的抗衰老性越强。因此根系 MDA 含量和 SOD、POD 活性是衡量其衰老和抗衰老性的重要指标。根系的衰老和抗衰老性强弱直接影响根系的功能和活力，但目前关于作物根系衰老的研究较少，水稻根系衰老的研究则更少。

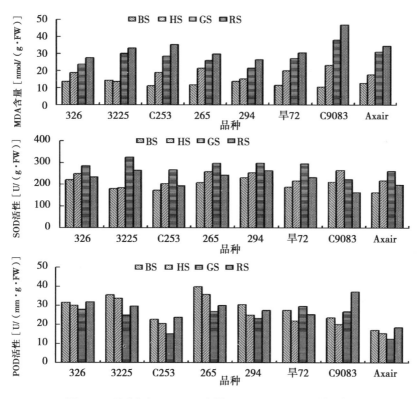

图2-5　品种间根系 MDA 含量、SOD 和 POD 活性比较

随着生育的进展，各品种根系 MDA 含量逐渐增加，但增加的幅度不同（图2-5）。表明随着生育期的进展，根系不断衰老，各品种衰老程度不同。C9083 的 MDA 含量最高，特别是在乳熟期和黄熟期与其他品种差异更明显，比其他品种高 50%以上，表明 C9083 后期根系衰老比较严重。辽粳 294 的 MDA 含量最低，黄熟期只相当于 C9083 的 56%，根系衰老较轻，这可能与其后期活秆成熟密切相关。杂交稻辽优 3225 在孕穗期和抽穗期 MDA 含量非常低，且比较接近，乳熟期则迅速升高，而乳熟期到黄熟期变化又比较小，可见杂交稻从抽穗期到乳熟期根系衰老较快。恢复系 C253 和籼稻 Axair 后期 MDA 含量较高，明显高于常规粳稻品种，表明籼型或偏籼型品种生育后期根系较易衰老。

多数品种根系 SOD 活性在从孕穗期开始持续上升，乳熟期活性最强，乳熟期之后迅速下降，孕穗期到抽穗期上升幅度相对较小（图 2-5）。即从孕穗期到乳熟期植株清除自由基的能力不断增强。C9083 则从抽穗期后根系 SOD 活性就开始下降，清除自由基的能力减弱。各品种间比较，杂交稻辽优 3225 的 SOD 活性在孕穗期和抽穗期较低，乳熟期急剧升高，乳熟期和黄熟期都明显高于其他品种，平均优势达到 20%以上，此时对衰老的抵抗能力较强。常规稻品种各时期 SOD 活性均较高，而恢复系和籼稻的 SOD 活性相对较低，其中 C9083 最低。说明粳型常规品种根系抗衰老能力较强，偏籼型品种较弱。

从全生育期根系 POD 活性的变化看，多数品种表现为在孕穗期和抽穗期 POD 活性相对较高、变化较小，乳熟期大幅度下降，黄熟期又有所回升（图 2-5）。POD 活性的这种变化可能是其作用多重性的表现，它不仅是防御性保护酶之一，具有清除自由基的作用，而且与光合作用和呼吸作用都有关，并参与 IAA 的氧化和木质素的形成。后期 POD 活性的上升可能与根系的衰老关系更密切。C9083 抽穗期后就开始升高，到黄熟期上升幅度最大，比抽穗期上升 85%，该品种后期容易早衰。常规稻品种沈农 265、辽粳 326 和 294 后期 POD 活性则上升较少。表明后期 POD 活性的上升对衰老具有促进作用。辽优 3225 和沈农 265 前期 POD 活性强，推测前期 POD 活性强能促进代谢。籼稻 Axair 和恢复系前期 POD 活性低，但后期上升幅度较大。

综上所述，各品种根系的衰老和抗衰老性明显不同，常规稻品种根系衰老较弱，抗衰老性较强。杂交稻从抽穗期到灌浆期根系衰老较快，但其对衰老的抗性也较强。籼稻和恢复系后期根系衰老严重。

8. 品种的根系特征小结

（1）粳型杂交稻。粳型杂交稻具有明显的根系优势，尤其是生育前期根系优势更为明显，主要表现在苗期发根力强，根系粗壮、下扎深，根体积、根系吸收面积、根重和根冠比比较大；根系活力强，特别是在抽穗期和灌浆期表现尤为突出；并且具有较强的合成氨基酸和吸收无机磷的能力。但杂交稻没有表现出明显的根数优势，与前人研究不同（何芳禄，1980）。从全生育期的变化看，杂交稻的根系早生快发，前期根系生长优势强，多数根系性状的高峰期都早于常规品种，杂交稻前期的根系优势与地上部的生物优势相一致；但抽穗灌浆期多数根系参数出现大幅度下降，特别是根数、根长、根体积和根重等，此时根系衰退较快，但成熟后期却变化较小。杂交稻根系性状的变化与恢复系比较接近，与常规品种恰好相反，这可能与其结实率低密切相关。

（2）超高产品种。辽优 3225 和沈农 265 是目前公认的超高产品种。分析发现它们的根系具有许多相同之处，抽穗期以前具有较强的合成氨基酸的能力和 POD 活性；抽穗、灌浆期二者根重和根系吸收面积较大；乳熟期根系活力强，α-NA 氧化力和伤流速度以及吸收无机磷的能力都较高。这些可视为超高产品种的共同特征。

（3）粳型常规稻。辽粳 326、294 和沈农 265 具有后期活秆成熟、结实率高、高产稳产等特性，其根系也具有许多共同特征。主要表现为：尽管前期发根较慢，但总根数多，根系较细，比表面积大。从抽穗到乳熟期根系衰退慢，根长、根重、根系吸收面积和比表面积等的下降幅度较小；甚至抽穗后根数和根体积有所增加，乳熟期大于抽穗期，证明抽穗后仍有少量新根发出，并且根系在不断分枝和伸长。由于抽穗前后发生的根主要形成上层根，因而这些品种上层根比较发达。灌浆期根系吸收面积大、根系氧化力和合成氨基酸的能力都较强，并且黄熟期仍具有较强的吸收无机磷的能力，后期根系抗衰老能力强，衰老程度较轻。这些根系特性是北方粳型优良常规品种所特有的。

（4）旱稻品种。旱 72 和辽优 3225 是抗旱性较强的两个品种，与其他品种相比二者共同的根系特征主要在于苗期发根数量多，但发根长度较小；前期早生快发，根冠比较大，根长较长，根系分布深，根系吸收面积大。

（5）偏籼性品种。籼稻 Axair 和含籼性成分较多的恢复系 C253 和 C9083 与其他品种相比根系差异很大，主要表现为根数量少，根体积大，根粗长，苗期所发根长明显较长，α-NA 氧化力和伤流速度以及合成氨基酸和吸收无机磷的能力也较低，后期根系衰退快，抗衰老能力弱，根系衰老严重。特别是早衰材料 C9083 根系衰退更早，多数性状指标抽穗后开始持续大幅度下降，根系衰老更重。杂交稻的某些根系特性倾向于偏籼型恢复系。

二、根系性状间的相关关系

对不同时期水稻根系性状间的相关分析（表 2-3 和表 2-4）表明，不同时期根系性状间的相关关系不同，灌浆期和成熟期性状间的关系更为密切。

孕穗期根数、根长、根体积、根重和根系吸收面积等彼此间呈显著正相关关系。α-NA 氧化力、伤流液中无机磷含量以及根体积间也呈显著正相关关系，α-NA 氧化力与比表面积呈显著负相关，伤流速度与 POD 活性显著正相关；MDA 含量与伤流液中氨基酸含量呈显著正相关，SOD 活性与根长呈显著负相关。其他性状间相关性不显著。孕穗期根体积与其他性状相关最密切，这种性状定义为核心性状。

抽穗期根数、根冠比和比表面积三者间呈显著正相关。根系吸收面积与 α-NA 氧化力显著相关，并且二者都与根体积和根重呈显著正相关，即根体积或根重越大，则根系总吸收面积和氧化力越高。根系吸收面积还与根长相关显著。另外根数与伤流液中无机磷含量、根冠比与伤流速度以及伤流液中氨基酸含量与 POD 活性都呈显著正相关关系，根长与 SOD 活性呈显著负相关关系。抽穗期的核心性状是根系吸收面积。

乳熟期多数性状间密切相关，其中根数、根冠比、根系吸收面积、比表面积和 MDA 含量彼此间相关显著。根系吸收面积、α-NA 氧化力与 SOD 活性相关显著，且都与根冠比、比表面积、根重、伤流速度、伤流液无机磷含量显著相关。根体积、根重、伤流速度和伤流液中无机磷含量间呈显著相关。除 MDA 含量外其他各性状间均呈正相关关系。乳熟期的核心性状是根系吸收面积、α-NA 氧化力和 SOD 活性。

黄熟期性状间相关最密切，除根体积、根冠比和 POD 活性外，其他性状至少都与 8 个性状显著相关。根数、根长、根重、根系吸收面积、比表面积、α-NA 氧化力、伤流速度、伤流液中氨基酸和无机磷含量、MDA含量和 SOD 活性中，只有根重和根系吸收面积与 MDA、伤流液中氨基酸和无机磷含量以及 α-NA 氧化力、SOD 活性和根长与伤流液中氨基酸含量、根长与伤流液中无机磷含量、根数与根重相关不显著，其余性状间彼此都相关显著，并且除 MDA 含量外，均呈正相关关系。

总之，各根系性状间密切相关，某一性状的变化必然引起与之相关性状的改变。由于不同性状间相关关系不同且在不同生育时期表现不同，应针对具体性状具体时期进行具体分析。同时各时期根系性状间的密切程度不同，并且每一时期都存在核心性状，因此在对根系性状选择和调控时，可以抓住相关密切的关键时期，通过对少数核心性状的选择和调控，实现对其他多个性状选择和调控的目的。

表 2-6　孕穗期▼和抽穗期▲根系性状间的相关系数

相关系数	根数	根长	根体积	根重	根冠比	根系吸收面积	比表面积	α-NA氧化力	伤流速度	伤流液氨基酸含量	伤流液无机磷含量	MDA含量	SOD活性	POD活性
根数	1	0.863**	0.804*	0.788*	0.640	0.879**	-0.138	0.567	0.073	-0.247	0.402	0.031	-0.452	-0.210
根长	-0.192	1	0.835**	0.606	0.384	0.852**	-0.289	0.705	-0.219	-0.034	0.372	0.008	-0.777*	-0.412
根体积	-0.599	0.691	1	0.806*	0.224	0.924**	-0.523	0.858**	0.071	-0.038	0.719*	0.064	-0.476	-0.139
根重	0.016	0.488	0.676	1	0.564	0.886**	-0.096	0.478	0.555	0.139	0.640	0.167	-0.197	0.360
根冠比	0.843**	0.269	-0.198	0.408	1	0.554	0.650	-0.157	0.504	0.049	-0.108	0.167	0.036	0.255
根系吸收面积	-0.041	0.776*	0.814*	0.766*	0.331	1	-0.159	0.636	0.267	0.071	0.552	0.160	-0.403	0.009
比表面积	0.963**	-0.069	-0.555	-0.093	0.800*	0.030	1	-0.808*	0.457	0.277	-0.612	0.206	0.384	0.421
α-NA氧化力	-0.213	0.556	0.806*	0.849**	0.199	0.813*	-0.235	1	-0.289	-0.259	0.759*	-0.262	-0.568	-0.396
伤流速度	0.650	0.140	-0.119	0.512	0.807*	0.252	0.536	0.214	1	0.533	0.108	0.448	0.542	0.927**
伤流液氨基酸含量	0.138	-0.035	0.159	0.620	0.341	0.158	-0.081	0.244	0.585	1	-0.284	0.766*	0.065	0.627
伤流液无机磷含量	0.804*	-0.496	-0.517	0.084	0.600	-0.132	0.680	-0.168	0.673	0.460	1	-0.415	-0.216	0.054
MDA含量	-0.109	-0.247	-0.143	-0.190	-0.242	-0.233	-0.082	0.127	-0.386	-0.613	-0.283	1	0.182	0.386
SOD活性	0.077	-0.814*	-0.541	-0.450	-0.383	-0.639	0.016	-0.463	-0.414	-0.294	0.132	0.582	1	0.496
POD活性	0.353	-0.327	-0.026	0.611	0.399	0.074	0.111	0.301	0.639	0.840**	0.681	-0.204	0.069	1

表 2-7 乳熟期▼和黄熟期▲根系性状间的相关系数

相关系数	根数	根长	根体积	根重	根冠比	根系吸收面积	比表面积	α-NA氧化力	伤流速度	伤流液氨基酸含量	伤流液无机磷含量	MDA含量	SOD活性	POD活性
根数	1	0.770*	0.347	0.598	0.791*	0.785*	0.958**	0.825*	0.871**	0.900**	0.779*	-0.767*	0.833*	-0.078
根长	-0.088	1	0.679	0.873**	0.702	0.892**	0.742*	0.763*	0.923**	0.752**	0.696	-0.804**	0.884**	-0.402
根体积	0.177	0.310	1	0.903**	0.514	0.842**	0.218	0.537	0.556	0.166	0.139	-0.291	0.673	-0.120
根重	0.596	0.503	0.819*	1	0.657	0.927**	0.506	0.705	0.821*	0.490	0.500	-0.605	0.875**	-0.089
根冠比	0.906**	0.243	0.154	0.657	1	0.757*	0.682	0.503	0.687	0.756**	0.311	-0.536	0.598	-0.343
根系吸收面积	0.734*	0.387	0.723*	0.964**	0.780*	1	0.709*	0.855**	0.862**	0.604	0.571	-0.679	0.931**	-0.171
比表面积	0.902**	0.230	0.085	0.605	0.990**	0.748*	1	0.848**	0.844**	0.874**	0.867**	-0.867**	0.811*	-0.175
α-NA氧化力	0.764*	0.325	0.695	0.946**	0.781*	0.989**	0.759*	1	0.807*	0.598	0.821*	-0.780*	0.943**	-0.047
伤流速度	0.444	0.641	0.806*	0.969**	0.580	0.908**	0.537	0.892**	1	0.789**	0.790*	-0.793*	0.898**	-0.122
伤流液氨基酸含量	0.537	-0.173	-0.527	-0.144	0.475	0.052	0.539	0.053	-0.275	1	0.753**	-0.806**	0.688	-0.244
伤流液无机磷含量	0.597	0.545	0.792*	0.996**	0.669	0.960**	0.619	0.934**	0.962**	-0.092	1	-0.885**	0.811*	-0.024
MDA含量	-0.797*	-0.046	-0.287	-0.565	-0.727*	-0.716*	-0.737*	-0.696	-0.417	-0.613	-0.580	1	-0.827**	0.342
SOD活性	0.585	0.657	0.600	0.900**	0.733*	0.922**	0.722*	0.893**	0.895**	0.147	0.923**	-0.668	1	-0.057
POD活性	0.625	-0.176	0.174	0.415	0.616	0.481	0.563	0.512	0.343	0.023	0.396	-0.138	0.273	1

三、根系性状与地上部性状的关系

1. 根系性状与地上部农艺性状

根系作为重要的吸收与合成器官，与地上部生长密切相关。贺德先等（1994）研究小麦根系与地上部的关系，表明根系性状与株高、分蘖、绿叶数及地上部鲜重和干重都有一定的相关性。Yoshida（1982）调查了1081个水稻品种的株高、分蘖与根系生长的关系，认为根系分布较深的品种植株较高。分蘖较少，主茎及早分蘖节上的根较长而多。李钟薰等（1976）研究穗型与根系的关系，明确穗数型品种的根纤细并多分布于土壤表层，抽穗期上位根占总根量的比率高且活性强，穗重型品种的根系较粗，直下根比例大，抽穗期下位根占根重的比率高且活性强。吴志强（1977）认为多穗型品种比大穗型品种的根干重大。丁昌龄（1981）在研究秧苗发根力时，发现矮秆多穗型品种发根较少而短；而高秆大穗型品种发根多而长。根系分布和活力与叶角密切相关，太田保夫等（1970）证明根系的氧化活力与叶角呈正相关；凌启鸿等（1989）研究表明水稻的根系分布与叶角呈几何学相关关系，叶角在很大程度上受根系分布的调控，即根系分布较深且多纵向时，叶角较小，叶片趋向于直立；而根系分布较浅且少纵向时，叶角较大，叶片趋向于披垂。梁焕起（1989）认为分蘖期根系与地上部诸性状间相关密切，相关性最大的是株高与平均根长、茎数与总根数、生长量与总根长、茎叶干重与根干重。石庆华（1997）研究发现，不定根数与分蘖数和穗数、不定根长度与穗长显著正相关，不定根直径与叶片宽度、茎宽、每穗一、二次枝穗数、穗粒数呈显著正相关关系，与每株穗数显著负相关。孙传清等（1995）研究根系性状与叶片水势的遗传相关时发现，根长和根粗与穗数和分蘖数无关。此外单茎伤流强度与茎数极显著负相关（陈健，1991），与单茎干重极显著正相关（石庆华，1984）。

在王彦荣（2001）的研究中（表 2-8），株高与多数根系性状相关不显著，只有在孕穗期与 SOD 活性、在乳熟期和黄熟期与 POD 活性显著负相关。穗长与根性性状相关较密切，且多数呈负相关关系。在抽穗期、乳熟期和黄熟期与根数、乳熟期与根冠比和根系吸收面积、从孕穗期到黄熟期与根比表面积、乳熟期和黄熟期与 α-NA 氧化力、孕穗期和黄熟期与伤流速度和 SOD 活性、黄熟期与伤流液中氨基酸含量和无机磷含量以及抽穗期与无机磷含量、孕穗期和乳熟期与 POD 活性等相关显著或极显著。可见长穗型品种的根系较弱，特别是生育后期。

表 2-8　根系性状与株高、穗长相关系数

性　状	株　高				穗　长			
	孕穗期	抽穗期	乳熟期	黄熟期	孕穗期	抽穗期	乳熟期	黄熟期
根　数	0.029	−0.45	−0.412	−0.258	0.083	−0.868 **	−0.898 **	−0.844 **
根　长	0.376	0.457	0.622	0.299	0.384	0.44	−0.013	−0.545
根体积	0.174	0.35	0.316	0.414	0.274	0.521	−0.261	−0.221
根　重	0.015	0.156	0.164	0.268	−0.209	−0.146	−0.641	−0.524
根冠比	−0.352	−0.059	−0.249	−0.027	−0.616	−0.625	−0.844 **	−0.47
吸收面积	0.063	0.09	0.067	0.198	−0.021	0.089	−0.739 *	−0.594
比表面积	−0.343	−0.477	−0.235	−0.149	−0.792 *	−0.749 *	−0.818 *	−0.774 *
α-NA 氧化力	0.207	0.148	0.006	0.067	0.625	0.202	−0.763 *	−0.705 *
伤流速度	−0.382	0.076	0.276	−0.007	−0.858 **	−0.598	−0.513	−0.772 *
伤流液氨基酸含量	0.339	0.402	−0.24	−0.214	−0.427	−0.368	−0.368	−0.728 *
伤流液无机磷含量	−0.046	−0.341	0.177	−0.101	0.303	−0.883 **	−0.649	−0.776 *
MDA 含量	0.26	−0.508	−0.091	−0.19	−0.416	0.152	0.573	0.581
SOD 活性	−0.755 *	−0.718 *	0.276	0.096	−0.708 *	−0.326	−0.605	−0.742 *
POD 活性	−0.2	−0.066	−0.782 *	−0.741 *	−0.754 *	−0.636	−0.842 **	−0.424

　　总之，根系性状与地上部性状间存在明显的相关关系，但一些性状间的具体关系如何目前还存在争议。根系与地上部性状间的关系还有待进一步证实。

　　2. 根系性状与产量性状的关系

　　（1）根数、根长和根体积。从表 2-9 可见，各生育时期根数与产量均呈正相关关系，但相关性不显著。这说明根数增加对产量虽然有一定的促进作用，但直接作用并不大。抽穗后根数与穗数显著正相关，与穗颖花数显著负相关。这一方面表明根数越多，穗数越多，穗颖花数越小。另一方面表明穗数型品种根数多，后期根系衰退较慢，仍保持较大的根数。大穗型品种根数少，根系衰退较快。孕穗期根数与穗数负相关，与穗颖花数正相关，虽然相关性不显著，但预示着穗数型品种前期发根较慢，大穗型品种根系早生快发。抽穗后根数与结实率呈正相关关系，尤其在乳熟期黄熟期达到显著水平。表明根数多、特别是灌浆成熟期保持较大的根数能有效提高结实率。抽穗后根数与收获指数也呈较显著正相关关系。

表 2-9　根系性状与产量性状相关系数 I

性状	时期	产量	穗数	穗颖花数	结实率	千粒重	生物产量	收获指数
根数	孕穗期	0.127	-0.154	0.378	-0.393	0.307	0.095	-0.183
	抽穗期	0.517	0.878 **	-0.684	0.687	-0.047	0.206	0.643
	乳熟期	0.508	0.921 **	-0.823 *	0.841 **	-0.163	0.248	0.666
	黄熟期	0.531	0.953 **	-0.776 *	0.768 *	-0.211	0.367	0.502
根长	孕穗期	-0.123	-0.315	0.372	-0.430	0.003	0.094	-0.560
	抽穗期	-0.183	-0.363	0.333	-0.401	-0.093	0.096	-0.665
	乳熟期	0.307	0.140	-0.128	0.127	-0.276	0.643	-0.521
	黄熟期	0.575	0.758 *	-0.697	0.707 *	-0.420	0.722 *	-0.010
根体积	孕穗期	0.037	-0.480	0.698	-0.708 *	0.475	0.122	-0.425
	抽穗期	-0.082	-0.749	0.835 **	-0.814 *	0.449	0.105	-0.588
	乳熟期	0.662	0.070	0.008	0.152	0.226	0.756 *	-0.037
	黄熟期	0.595	0.229	0.009	0.049	0.091	0.780 *	-0.248

　　根长与产量相关性不显著，但从孕穗期和抽穗期呈负相关，乳熟期和黄熟期呈正相关关系看出，前期根长过长对产量并不一定有利，关键是后期根长的保持。抽穗期以前根长与穗数和结实率呈负相关关系，与穗颖花数呈负相关，乳熟期以后正好相反，并且在黄熟期相关比较显著。这说明穗数型品种虽然前期根长度较短，但后期根长度仍保持较长；大穗型品种，虽然前期根长度较长，但后期尤其是黄熟期根长度下降明显较快。后期根长的保持有利于提高结实率。乳熟期和黄熟期根长与生物产量呈较显著正相关关系，证明后期根长保持有利于干物质的积累。根长与收获指数呈负相关，但不显著。

　　根体积与产量的相关性也不显著。但比较而言，乳熟期和黄熟期相关系数较大，并且为正。说明乳熟期后较大的根体积对产量形成有利。抽穗以前根体积与穗数和结实率负相关，与穗颖花数呈正相关关系，并在抽穗期相关性显著。证明抽穗前穗数型品种根体积较小；穗重型品种根体积较大。前期强大的根系促进了穗颖花数的增大，但结实率较低。另外乳熟期后根体积与生物产量显著正相关，表明保持后期较大的根体积将有助于生物产量的提高。根体积与其他性状相关性不显著。

　　（2）根重和根冠比。根重是根系生长状况的集中体现，反映根系的发达程度。表 2-10 表明，根重与谷产量和生物产量均呈正相关关系，尤其是灌浆期期和黄熟期相关性显著。表明强大的根系能有效保证对地上部水分和养分的供应，促进地上部生长，尤其是保持乳熟期以后较大的根重对产量形成具有更大的促进作用。根重与穗数呈负相关，而与穗颖花数呈正相关关系，但相关都不显著。说明穗数型和穗重型品种根重存在差异，但差异不大。根重与其他性状相关也不显著，根重的大小对其他性状并不起决定性作用。

表 2-10　根系性状与产量性状相关系数 Ⅱ

性状	时期	产量	穗数	穗颖花数	结实率	千粒重	生物产量	收获指数
根重	孕穗期	0.562	−0.073	0.429	−0.326	0.635	0.425	0.059
	抽穗期	0.457	−0.197	0.369	−0.295	0.484	0.478	−0.211
	乳熟期	0.779*	0.555	−0.441	0.545	0.000	0.801*	0.148
	黄熟期	0.740*	0.558	−0.338	0.396	−0.034	0.839**	−0.029
根冠比	孕穗期	0.405	0.568	−0.327	0.295	0.108	0.158	0.343
	抽穗期	0.582	0.650	−0.500	0.541	−0.069	0.453	0.299
	乳熟期	0.612	0.916**	−0.792*	0.828*	−0.186	0.401	0.556
	黄熟期	0.340	0.737*	−0.540	0.498	−0.287	0.315	0.203

表 2-10 表明，根冠比与产量和生物产量均正相关，但相关都不显著。根冠比与穗数正相关，与穗颖花数负相关，并且乳熟期相关显著。说明穗数型品种的根系相对于地上部比较发达，穗重型品种则地上部较为繁茂，乳熟期二者差别最大。根冠比与结实率正相关，在乳熟期相关显著，可见乳熟期根冠比的大小对结实率提高具有重要作用。

（3）根系吸收面积和比表面积。表 2-11 表明，根系吸收面积与产量和生物产量呈正相关关系，且乳熟期和黄熟期相关性显著，对产量的影响较大。根系吸收面积与其他多数性状相关不显著，与穗数、穗颖花数和结实率的关系和与根重的关系相似。

比表面积与产量和生物产量也呈正相关关系，但相关不显著。比表面积与穗数、结实率和收获指数呈显著正相关关系，与穗颖花数、千粒重呈显著负相关，且除抽穗期外均相关显著。表明穗数型品种根系表面积密度明显较大，大穗型品种比表面积较小。比表面积大是根系较细，根系分枝和根毛较多的象征。后期比表面积大表示根毛退化减少，吸收效率高，有利于提高结实率。

总之，根系吸收面积和比表面积越大对产量越有利，尤其是灌浆成熟期作用更明显。穗数型和穗重型品种间存在明显差异，决定了品种间结实率和产量的不同。

表 2-11　根系性状与产量性状相关系数Ⅲ

性状	时期	产量	穗数	穗颖花数	结实率	千粒重	生物产量	收获指数
吸收面积	孕穗期	0.211	-0.143	0.417	-0.436	0.394	0.218	-0.243
	抽穗期	0.177	-0.330	0.574	-0.566	0.499	0.183	-0.284
	乳熟期	0.864**	0.698	-0.546	0.681	0.000	0.793*	0.366
	黄熟期	0.730*	0.693	-0.460	0.522	-0.099	0.780*	0.132
比表面积	孕穗期	0.396	0.931**	-0.864**	0.850**	-0.309	0.173	0.585
	抽穗期	0.366	0.806*	-0.607	0.577	-0.066	0.054	0.598
	乳熟期	0.593	0.923**	-0.799*	0.841**	-0.211	0.382	0.580
	黄熟期	0.556	0.954**	-0.857**	0.899**	-0.318	0.417	0.551

（4）根系活力。α-NA 氧化力和伤流速度是表示根系活力的两个指标，以往的研究多以伤流速度作为根系活力进行研究，并认为伤流速度与产量呈显著正相关关系。从表 2-12 可见，α-NA 氧化力与产量和生物产量在孕穗期负相关，抽穗后呈正相关，灌浆期期和黄熟期相关显著。各个生育时期伤流速度与产量都呈显著正相关关系，与生物产量虽也呈正相关关系，但只有抽穗期和乳熟期相关显著。以上分析表明根系活力的大小直接关系产量的形成。灌浆成熟期根系氧化力的增强和伤流速度的普遍提高对于增产具有显著作用。

表 2-12　根系性状与产量性状相关系数Ⅳ

性状	时期	产量	穗数	穗颖花数	结实率	千粒重	生物产量	收获指数
α-NA氧化力	孕穗期	-0.359	-0.843**	0.875**	-0.918**	0.408	-0.210	-0.598
	抽穗期	0.253	-0.546	0.692	-0.570	0.630	0.210	-0.163
	乳熟期	0.845**	0.692	-0.538	0.675	0.037	0.737*	0.425
	黄熟期	0.738*	0.747*	-0.591	0.692	-0.100	0.701	0.365
伤流速度	孕穗期	0.800*	0.523	-0.188	0.283	0.498	0.497	0.529
	抽穗期	0.810*	0.598	-0.414	0.532	0.036	0.720*	0.282
	乳熟期	0.767*	0.419	-0.308	0.429	0.042	0.829*	0.045
	黄熟期	0.733*	0.853**	-0.688	0.744*	-0.167	0.651	0.347

抽穗期以前 α-NA 氧化力与穗数和结实率呈负相关关系，与穗颖花数呈正相关关系，尤其是孕穗期相关性极显著。表明前期穗数型品种根系氧化力低，而穗重型品种较高。进而推断抽穗前特别是孕穗期根系氧化力强不利于有效分蘖的发生，但能促进大穗的形成。由于穗子过大，造成结实

率偏低。乳熟期和黄熟期 α-NA 氧化力与穗数和结实率呈较显著正相关关系，与穗颖花数呈较显著负相关关系。因此穗数型品种灌浆成熟期保持较强的根系氧化力。大穗型品种后期根系氧化力低，这可能是其结实率低的重要原因。

各个时期伤流速度与穗数和结实率都呈正相关关系，与穗颖花数和穗长均呈负相关关系，但只有黄熟期相关比较显著。说明穗数型品种吸收水分养分并向地上部运输的能力较强，大穗型品种较弱，尤其是黄熟期差异更明显。黄熟期伤流速度大对保证有效灌浆结实具有重要作用。

总体而言，根系氧化力和伤流速度都能显著影响产量的形成，但二者与产量性状的关系表现并不完全一致。孕穗期根系氧化力强是大穗形成的基础，穗重型品种后期根系活力低可能是导致其结实率低的重要原因。

（5）伤流液中氨基酸和无机磷含量。关于伤流液中氨基酸和无机磷含量的研究较少，二者与产量性状的关系则未见报道。从表 2-13 可见，各个生育时期伤流液中氨基酸含量与产量和生物产量呈正相关关系，但只在抽穗期相关关系显著。与穗数、结实率呈正相关关系，与穗颖花数呈负相关关系，并都在黄熟期相关性极显著。由此推测穗数型品种合成氨基酸的能力较强，大穗型品种合成氨基酸的能力较弱，特别在黄熟期表现更突出。灌浆后期保持较强的氨基酸合成能力有助于提高结实率。

表 2-13　根系性状与产量性状相关系数 V

性状	时期	产量	穗数	穗颖花数	结实率	千粒重	生物产量	收获指数
伤流液氨基酸含量	孕穗期	0.446	0.443	-0.442	0.440	-0.256	0.683	-0.218
	抽穗期	0.711 *	0.293	-0.196	0.319	0.037	0.875 **	-0.094
	乳熟期	0.004	0.718 *	-0.672	0.598	-0.457	-0.095	0.391
	黄熟期	0.286	0.960 **	-0.918 **	0.831 *	-0.489	0.216	0.329
伤流液无机磷含量	孕穗期	0.089	-0.682	0.897 **	-0.777 *	0.804 *	-0.054	-0.013
	抽穗期	0.839 **	0.815 *	-0.520	0.655	0.200	0.514	0.773 *
	乳熟期	0.770 *	0.588	-0.468	0.556	-0.037	0.812 *	0.116
	黄熟期	0.571	0.841 **	-0.833 *	0.883 **	-0.290	0.483	0.438

伤流液中无机磷含量与产量呈正相关关系，在抽穗期和灌浆期相关性显著。因此抽穗期和灌浆期增强根系对无机磷的吸收可有效提高产量。孕穗期伤流液无机磷含量与穗颖花数和千粒重呈极显著正相关关系，与穗数和结实率呈显著负相关关系。由此说明，穗重型品种根系吸收无机磷的能力强，穗数型品种较弱。孕穗期根系对无机磷的吸收能促进大穗大粒的形

成，这与磷对花芽分化的促进作用相符。而结实率低正是这种促进作用的副作用。抽穗后伤流液中无机磷含量与穗数、结实率、生物产量和收获指数呈正相关关系，与穗颖花数呈负相关关系，在抽穗期或黄熟期相关性较显著。穗重型品种抽穗后根系吸收无机磷的能力较穗数型品种弱，黄熟期表现更明显。抽穗后根系吸收无机磷的能力强能明显提高结实率，有利于生物产量和收获指数的提高。

　　总之，根系合成氨基酸和吸收无机磷的能力均与产量密切相关。穗数型品种和穗重型品种在合成氨基酸和吸收无机磷能力方面存在差异，且黄熟期差异显著。孕穗期较强的吸收无机磷的能力是大穗大粒形成的基础。

　　(6) MDA 含量、SOD 和 POD 活性。根系 MDA 含量、SOD 和 POD 活性是衡量根系衰老和抗衰老性的重要指标。三者与产量性状的相关分析结果见表 2-14。根系 MDA 含量与产量和生物产量在孕穗期呈正相关关系，抽穗后呈负相关关系，但多不显著，只在抽穗期与生物产量相关显著。说明抽穗后根系衰老对产量和生物产量具有一定影响。乳熟期和黄熟期根系 MDA 含量与穗数和结实率呈极显著负相关关系，与穗颖花数呈极显著正相关关系。证明穗数型品种后期根系衰老较重，穗重型品种较轻，后期根系衰老对结实率提高不利。

表 2-14　根系性状与产量性状相关系数—Ⅵ

性状	时期	产量	穗数	穗颖花数	结实率	千粒重	生物产量	收获指数
MDA 含量	孕穗期	0.443	0.515	-0.405	0.369	-0.235	0.661	-0.209
	抽穗期	-0.419	-0.384	0.255	-0.263	0.277	-0.721 *	0.311
	乳熟期	-0.577	-0.856 **	0.838 **	-0.933 **	0.432	-0.558	-0.443
	黄熟期	-0.571	-0.874 **	0.888 **	-0.951 **	0.522	-0.634	-0.280
SOD 活性	孕穗期	0.246	0.463	-0.259	0.250	0.338	-0.153	0.704
	抽穗期	-0.271	0.105	-0.143	0.064	0.161	-0.581	0.472
	乳熟期	0.821 *	0.689	-0.529	0.638	-0.136	0.879 **	0.157
	黄熟期	0.768 *	0.799 *	-0.620	0.687	-0.136	0.773 *	0.254
POD 活性	孕穗期	0.815 *	0.471	-0.251	0.400	0.375	0.587	0.505
	抽穗期	0.811 *	0.350	-0.157	0.317	0.376	0.661	0.360
	乳熟期	0.468	0.446	-0.152	0.167	0.556	-0.022	0.695
	黄熟期	0.227	-0.121	0.417	-0.383	0.872 **	-0.217	0.501

　　根系 SOD 活性在灌浆成熟期与产量和生物产量呈显著正相关关系。也就是说后期根系清除自由基和抗衰老能力强，有利于产量和生物产量的

提高。根系 SOD 活性后期与穗数和结实率呈较显著正相关关系，与穗颖花数和穗长呈较显著负相关关系。上述分析表明，穗数型品种后期根系抗衰老能力比较强，大穗型品种根系 SOD 活性前期和后期都比较弱。灌浆浆成熟期根系 SOD 活性强，有利于提高结实率。

根系 POD 活性与产量呈正相关关系，孕穗期和抽穗期相关显著。说明前期较强的 POD 活性促进产量的形成。

总之，根系的衰老和抗衰老性与产量性状直接相关。穗数型品种和穗重型品种根系抗衰老能力不同，衰老程度也不一样。根系衰老会严重影响结实率和产量。

（7）结论与讨论。根系与地上部性状密切相关，以往的研究证明根系的形状和分布与株高、分蘖叶片长宽和伸展角度以及穗部形态等相关显著，上层根的数量与产量密切相关。关于根系分布与产量的关系，川田（1984）认为，当糙米产量在 $9t/hm^2$ 以下时，产量与表层根形成量之间呈显著正相关关系；而当糙米产量在 $9t/hm^2$ 以上时，产量与表层根形成量之间的关系不明显，此时表层根以外的根的作用可能会更大。关于上下层根与产量间的关系，凌启鸿等（1984）进行了深入研究，把上下层根进行了明确划分，即穗分化开始及以后发生的上部 3 个发根节位的根称为上层根，其下所有节位的根为下层根，认为上层根与穗分化同步发生，是生育中后期的主要功能根系，对于巩固穗数，增加每穗颖花数，延长后期叶片功能，提高光合生产力，提高结实率和粒重的作用较大。而下层根系主要在生育前期起作用，到中后期则居次要地位，但对产量的形成仍有一定作用。

关于根系生理参数与产量间的关系，陈春焕（1993）认为，对产量影响最大的是短根数，长根重，最小的是伤流量。凌启鸿等（1984）、赵言文等（2000）、石庆华等（1997）等的研究证明，根数、根体积、根重、根系吸收面积、根系活力等都与产量密切相关。并且认为根重与谷重和穗数，根数与穗数、穗重、穗粒数、干粒重关系密切，根系对 N、P、K 的日吸收强度和速率与干物质生产显著相关，其中 P 的吸收与产量相关性最大，N 的吸收与单株穗数相关性大。陆卫平等（1999）研究了玉米群体根系活力与物质积累及产量的关系，认为玉米群体根数、伤流强度与干物质积累和产量呈正相关关系。

研究结果表明，各根系性状均与产量呈正相关，尤以根重、根系吸收面积、α-NA 氧化力、伤流速度、吸收无机磷的能力、SOD 和 POD 活性等与产量相关性显著，并且多在乳熟期和黄熟期相关性显著，其中 POD

活性主要在孕穗期和抽穗期、伤流液中无机磷含量主要在抽穗期和乳熟期、伤流速度在各个时期对产量具有显著影响。另外抽穗期合成氨基酸的能力也与产量显著相关。而各个时期根数、根长和根体积与产量相关都不显著。换言之，根系的生理活性对产量的直接影响更大。根系对产量的形成具有决定性作用，通过对根系性状的定向调控，可以实现产量的进一步提高。

根系性状除了直接影响产量外，更多的是通过影响各产量构成因素而对产量产生间接作用。各根系性状与穗数和穗颖花数的相关性基本相反，暗示着穗数型和穗重型品种的根系性状存在明显差异。孕穗期根数、根长、根体积、根系吸收面积、根系氧化力和伤流液中无机磷含量与穗数呈负相关关系，与穗颖花数呈正相关关系。这一方面表明，前期强壮的根系有利于穗颖花数的增加，特别是孕穗期 α-NA 氧化力和伤流液中无机磷含量与穗颖花数极显著正相关，推断前期较强的根系氧化力和吸收无机磷的能力是形成大穗的基础。另一方面说明，穗重型品种前期根系发达，而穗数型品种前期根系发展较为缓慢。乳熟期以后除 MDA 含量外其他根系性状与穗数呈正相关关系，与穗颖花数呈负相关关系。证明穗重型品种后期根系衰退较快，即穗颖花数过多容易促进灌浆后期根系的衰退，造成后期根系参数下降。

根系性状对结实率具有明显的决定性作用。灌浆成熟期多数根系参数的增加能有效提高结实率，MDA 和 POD 除外。尤其是根数、活跃吸收面积百分比、比表面积、根系活力、合成氨基酸和吸收无机磷的能力等对结实率的提高具有显著促进作用。因此穗重型品种后期根系的衰退是其结实率低的重要原因。多数根系参数与粒重的关系不明显，只有孕穗期活跃吸收面积百分比和吸收无机磷的能力对粒重的影响较大。

根系参数增加促进生物产量的形成，并且以乳熟期和黄熟期的作用更为明显，而抽穗期氨基酸的合成对生物产量的影响也比较大。根系性状与收获指数相关不显著。根长与株高和穗长呈正相关关系，但相关性也不显著。根数与株高和穗长呈负相关关系，其中只与穗长相关显著。

（8）α-NA 氧化力和伤流速度的关系。α-NA 氧化力和伤流速度是表示根系活力的两个指标。关于二者的关系，梁建生（1993）认为，α-NA 氧化力由于受根系表面微生物呼吸作用的影响，测定结果往往偏高，而伤流速度的准确性相对较高。以往的研究多采用伤流速度。研究表明，二者相关性比较显著，相关系数为 0.749。但二者随生育期的变化不完全一致，多数品种 α-NA 氧化力在乳熟期最高，但伤流速度却在抽穗期最高。并且二者与产量等性状的关系不同，各时期伤流速度均与产量呈显著正相关关系，而 α-NA 氧化力孕穗期却与产量呈一定的负相关关系，且只在乳熟期和黄熟期与产量相关显著。另外 α-NA 氧化力和伤流速度在穗数型和穗重型品种的表现也明显不同，穗数型品种前期 α-NA 氧化力较低，伤流速度却较高，穗重型品种恰好相反。由此可见，α-NA 氧化力和伤流速度虽然都反映根系活力，存在显著的相关关系，但又是两个不同的概念，从不同侧面反映根系活力。α-NA 氧化力表示根系氧化力的大小，直接反映根系代谢的强弱，与呼吸作用密切相关，伤流速度表示根系向地上部输送水分和养分的强度，与根系的吸收能力密切相关，二者不能互相替代。

第三节　根系与叶片衰老的关系

叶片是光合作用的主要场所，作物干重的 90% 来自于光合作用。生育后期叶片早衰是影响产量进一步提高的重要因素，据理论推算，如能在作物成熟期没法延长功能叶片的寿命 1d，则产量可增加 2%。根系不仅提供了叶片生长和光合作用所需的全部无机养分，而且它所合成的 CTK 等生理活性物质对叶片的生长和光合性能具有重要的调控作用，因此根系与叶片衰老密切相关。作者以早衰程度不同的材料 C9083、辽优 3225 和辽粳 294，以大田网袋栽培形式开展研究，确定根系和叶片衰老的关系。

一、叶片衰老假说

目前关于叶片衰老机理主要形成了四种假说（魏道志等，1998），包括基因调控假说、光碳失衡说，营养胁迫假说和激素平衡说，这些假说都在一定程度上对叶片衰老的启动和进程做了比较合理的解释，但在很多方面还存在争议，有待于进一步证实。

第一基因调控假说，认为核基因在叶片发育的时间和空间上对衰老进行调控，通过控制与衰老启动有关的物质的合成与表达，而引发和诱导叶片衰老，因此叶片衰老主要受品种特性决定。第二光碳失衡假说，是由张荣铣（1996、1997）提出的，重点解释衰老过程中光合机构的衰退变化。认为在衰老过程中各种光合参数下降，由于 RUBP 羧化酶含量和活性的降低，从而打破能量的供求平衡，光合碳循环遭到破坏，引发多种自由基产生。开始 SOD、CAT 和 POD 等保护酶系统能清除自由基，但随着 SOD 等酶活性下降，清除能力降低，自由基使膜脂过氧化加剧，MDA 积累增加，叶片衰老加快。肖凯（1998）、王根轩等（1989）、王建林（1996）、喻树迅（1994）等分别对小麦、蚕豆、裸大麦、棉花的叶片衰老进行了研究，结果发现在叶片衰老过程中叶绿素含量和光合速率下降，SOD 和 CAT 活性下降、MDA 含量增加。光碳平衡说不能解释衰老的起因。第三是营养胁迫假说，最早是 Molisch（1978）研究认为叶片衰老是由于个体进入生殖生长阶段后，生殖器官对营养物质需求量和强度加大，造成同化源叶片的营养胁迫，功能降低而衰老，因此器官间的关系在一定程度上影响叶片衰老。段俊等（1997）研究认为在开花期间降低库源比能明显延缓叶片衰老。而潘晓华等（1998）却得出不同的结果，认为从叶绿素和可溶性蛋白质含量的变化看，库源比与叶片衰老进程无关；从 MDA 含量和光合速率的变化看，提高库/源比可在一定程度上延缓叶片衰老。第四激素半衡假说，认为植物衰老取决于植物体内激素的平衡状况，尤其是细胞分裂素/脱落酸之间的平衡。生育后期由于 CTK 合成减少和 ABA 浓度上升，诱发和加速了叶片衰老。岳寿松等（1996）在对小麦旗叶衰老的研究中证实，叶片衰老期间 ZRS 含量快速下降，ABA 含量快速上升。汤日圣等（1997）进行了 4PU-30（细胞分裂素类物质）对叶片衰老与内源激素的调控研究，结果表明 4PU-30 可延缓叶片衰老，减缓内源 ABA 含量的增加和 ZRs 含量的减少。另外伍泽堂等（1990）、蔡永萍等（1996）、吴金贤等（1992）、宋纯鹏等（1991）和王熹等（1995）都发现了外源生长调节剂对延缓叶片衰老起作用，并且外源生长调节剂是通过改变内源激素水平而起作用。

综上所述，尽管叶片衰老的启动和展开主要受遗传因素决定，但基因的表达和调控最终通过生理变化实现，外在环境条件能在一定程度上对生理过程产生影响，这就为在水稻高产研究中采取合理的措施延长功能叶片的寿命提供了可能性。

二、叶片衰老过程中的生理生化变化

1. 叶绿素含量与叶片衰老指数

叶绿素含量下降是衡量叶片衰老的重要生理指标（陈彩虹，1989；肖凯等，1994）。张荣铣等（1986）的研究表明，叶片衰老期间叶绿素含量的下降分为缓降期和速降期，缓降期的长短用以衡量叶片的功能期的长短，并可作为鉴定品种早衰的重要标志。而叶片衰老指数正是以叶绿素含量的比值来定义。陆定志（1987）在研究中规定为倒 3、4、5 叶和倒 2、3、4 叶叶绿素含量的平均值与剑叶叶绿素含量的比值，主要意义在于衡量下部叶片相对于剑叶的衰老程度。本文的叶片衰老指数是指剑叶叶绿素含量与倒 2、3 叶叶绿素含量平均值的比值。

从图 2-6 可以看出，三个品种均在抽穗后 12d 剑叶叶绿素含量开始下降，但各品种下降速度明显不同。C9083 叶绿素含量下降较早而且较快，抽穗 12d 后就进入速降期，辽优 3225 到抽穗 24d 后才进入速降期，辽粳 294 前期叶绿素含量一直变化比较缓慢，直到抽穗 36d 后叶绿素含量才出现大幅度下降，并且成熟期叶绿素含量仍然很高。据刘婉[119] 的研究，一般条件下正常成熟的品种剑叶叶绿素含量的缓降期为 42d 左右，即抽穗后 36d 左右。由此可见，C9083 和辽优 3225 均属于早衰品种，尤其 C9083 严重早衰，而辽粳 294 则属于活秆成熟品种。

从叶片衰老指数来看，抽穗后各品种在剑叶衰老的同时，倒 2、3 叶以更大的速度衰老。三个品种中以 C9083 各期的衰老指数最大，衰老速度最快；辽优 3225 和辽粳 294 相比，前期比较接近，抽穗 24d 后辽优 3225 衰老加快，辽粳 294 抽穗 36d 后衰老指数才明显增大。

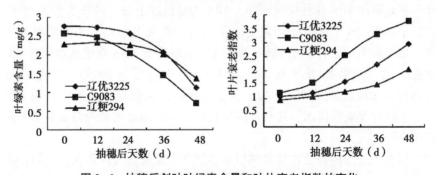

图 2-6 抽穗后剑叶叶绿素含量和叶片衰老指数的变化

2. 膜脂过氧化作用及保护酶活性

大量研究（王根轩等，1989；李柏林等，1989；喻树迅等，1994；关军锋等，1996；段俊等，1997）表明，随着器官的不断衰老，细胞内膜脂过氧化作用加剧。丙二醛（MDA）是膜脂过氧化作用的产物，因此通常把 MDA 含量的迅速上升作为器官衰老的重要标志。测定结果（图 2-7）表明，抽穗后叶片 MDA 含量持续上升，但各品种上升的快慢不同。以 C9083 的 MDA 含量最高，而且积累最快，几乎呈直线上升。辽优 3225 在抽穗 12d 后 MDA 含量才明显增加，在抽穗 24d 后上升速度明显加快。而辽粳 294 在抽穗 36d 后才快速上升。说明 C9083 的叶片膜脂过氧化作用最强，衰老最重，而辽粳 294 衰老最轻。

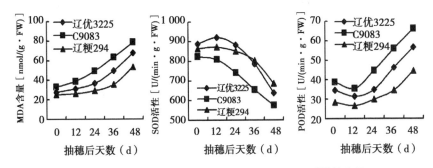

图 2-7　抽穗后剑叶 MDA 含量、SOD 和 POD 活性的变化

SOD 是生物防御活性氧毒害的关键性保护酶之一，具有清除自由基的作用，对于维持生物膜的结构和功能具有重要的作用。抽穗后各品种剑叶 SOD 活性变化趋势不同。抽穗后 12d 之内，辽粳 294 的剑叶 SOD 活性基本保持不变，C9083 虽然有所下降，但下降幅度较小，而辽优 3225 则出现明显上升趋势。这种抽穗后短期内剑叶 SOD 活性的下降较少，甚至呈现上升的趋势，可能是由于一方面抽穗后植株进入一生中最旺盛的代谢期，此时剑叶刚刚进入主要功能期，其生理活性增强，SOD 活性也必然相应升高；另一方面由于旺盛代谢产生的自由基增加，自由基增加的初期由于植株本身的适应性反应，可能诱发 SOD 活性增强来清除多余的自由基。在三个品种中，以辽优 3225 的代谢最为旺盛，因此 SOD 的上升趋势明显。但抽穗后剑叶 SOD 活性短暂上升的趋势与段俊等（1997）的研究结果不同。抽穗 12d 后，各品种 SOD 活性均呈现持续下降的趋势。其中 C9083 从开始就快速下降，辽优 3225 在抽穗 24d 后下降幅度加大，辽粳 294 抽穗 36d 后才大幅度下降。由于叶片 SOD 活性持续下降，清除自由基的能力不断减弱，引起自由基的积累。这可能是膜脂过氧化作用加剧的重要原因。

POD 也被认为是防御性保护酶之一，但目前关于 POD 活性随衰老的变化趋势的研究结果不一致（梁建生，1993；岳寿松，1996；林文雄等，1996；郭天财，1998）。各品种叶片 POD 活性抽穗后 12d 内普遍出现下降，其中辽粳 294 下降较少，C9083 的下降幅度最大。抽穗 12d 后 POD 活性持续上升，C9083 的上升最快，辽粳 294 的上升比较缓慢。可见，随着衰老的加剧 POD 活性升高，与岳寿松（1996）的结论一致。但这种变化与它的防御性保护酶的作用相悖，可能更大程度上是由它能促进叶绿素降解、参与木质素的形成，增加木质化程度的生理作用所决定。至于抽穗后 POD 活性首先出现的下降趋势，可能与其作为防御性保护酶的作用有关，同时也不能排除与呼吸作用、光合作用及生长素的氧化间关系的影响。对于 POD 活性的下降的具体原因有待进一步研究。

综上所述，抽穗后随着生育的进展，剑叶叶绿素含量逐渐下降，但衰老程度不同的品种下降早晚和快慢不同，叶绿素含量下降是区分品种叶片早衰与否的重要标志。叶绿素含量下降过程中，伴随叶片 MDA 含量上升，SOD 活性下降，POD 活性上升，衰老程度不同的品种变化趋势不同。

三、抽穗后根系的生理生化变化

1. 膜脂过氧化作用及保护酶活性

从图 2-8 可见，抽穗后根系 MDA 含量呈持续上升趋势，但不同品种上升速度不同。C9083 抽穗后 MDA 含量迅速上升，抽穗 36d 后则出现下降，这可能是由生长后期大量老根死亡脱落造成的。辽优 3225 和辽粳 294 在抽穗后 12d 内 MDA 含量没有明显变化，抽穗 12d 后辽优 3225 出现大幅度上升，辽粳 294 的 MDA 含量变化一直比较平缓，直到抽穗 36d 后上升幅度才明显加大。

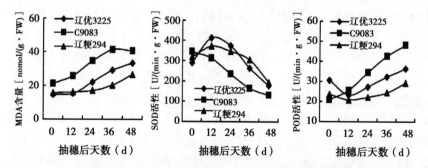

图 2-8　根系 MDA 含量、SOD 和 POD 活性的变化

对于根系 SOD 活性，在抽穗后 12d 内，辽优 3225 和辽粳 294 上升，且辽优 3225 上升幅度较大，抽穗 12d 后二者开始下降，辽优 3225 下降较快，而辽粳 294 在抽穗 36d 后下降速度加快。C9083 则抽穗后一直持续下降，但抽穗后 12d 内下降较慢，之后加快。与叶片相似，抽穗后辽优 3225 和辽粳 294 根系 SOD 活性也出现短暂上升，但比叶片上升幅度大，C9083 虽呈现下降趋势，但下降幅度也较小，这种抽穗后根系 SOD 活性的上升与吴岳轩等（1992）的结果一致。推测其原因除了包括引起叶片 SOD 上升的类似因素外，还由于抽穗后上层根成为水稻的主要功能根系，而上层根的发生盛期一般在抽穗至抽穗后 15d，上层根的大量发生带来根系的一个代谢活跃期（凌启鸿，1984），因此出现抽穗后根系 SOD 活性的上升。

该结论与白书农等（1988）认为根系的呼吸强度在此期出现峰值的观点相符。

抽穗后 12d 内，辽优 3225 和辽粳 294 的根系 POD 活性下降，与叶片相似，但下降幅度较大；C9083 的根系 POD 活性则上升，与叶片变化不同。抽穗 12d 后，各品种 POD 活性持续上升，C9083 上升最快，辽粳 294 则上升比较缓慢。

2. 抽穗后根系活力的变化

α-NA 氧化力和伤流速度是衡量根系活力的两个指标，从不同侧面反映根系活力。从图 2-9 可见，辽优 3225 和辽粳 294 的 α-NA 氧化力在抽穗后 12d 出现高峰，然后逐渐下降，其中辽优 3225 的变化幅度较大，辽粳 294 的变化幅度相对较小。C9083 抽穗后则呈现持续下降的趋势，抽穗 12d 后下降幅度加大。伤流速度的变化趋势与 α-NA 氧化力基本相同，但辽粳 294 抽穗后伤流速度的上升幅度比 α-NA 氧化力小，并且各品种伤流速度的下降速度普遍比 α-NA 氧化力均衡。总之，抽穗 12d 后，根系活力不断下降，根系功能在不断衰退。

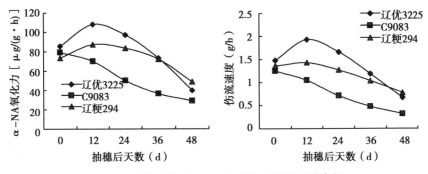

图 2-9 抽穗后根系 α-NA 氧化和伤流速度的变化

以上分析表明，抽穗后根系 MDA 含量不断增加，抽穗 12d 后根系 SOD 活性持续下降，POD 活性上升，与此同时根系活力大幅度下降，根系功能衰退，可见抽穗后根系在不断衰老，各品种衰老程度不同。其中仍以 C9083 衰老最重，辽粳 294 衰老较晚较轻。

综上所述，抽穗后或抽穗后不久剑叶叶绿素含量和根系活力都持续下降，叶片和根系衰老不断加重。同时伴随着 MDA 含量和 POD 活性的上升以及 SOD 活性的下降，衰老程度不同品种上升或下降的早晚和快慢不同，表明 MDA、SOD 和 POD 与衰老密切相关。抽穗后 MDA 含量、SOD 和 POD 活性的上升或下降并不同步。MDA 含量持续上升；SOD 活性先出现短暂上升或基本保持不变，然后持续下降；POD 活性先下降，再持续上升。

四、内源激素对衰老的调控作用

植物激素是植物自身代谢产生的具有高度生理活性的物质，直接影响基因的表达，调节植物的生长发育。

1. 抽穗后叶片和根系 ZRs 和 ABA 含量的变化

从表 2-15 可见，抽穗后叶片 ZRs 和 ABA 含量表现出相反的变化趋势，ZRs 持续降低，ABA 则持续升高，并且不同品种 ZRs 与 ABA 含量的变化快慢不同。C9083 的 ZRs 含量一直最低，ABA 含量却一直最高；辽粳 294 的 ABA 含量一直最低，ZRs 含量后期最高，前期低于辽优 3225。各品种 ZRs 和 ABA 含量的变化以 C9083 的最快，抽穗后 12d 分别降低或升高 76.8 和 61.5 单位。辽优 3225 前期变化幅度较小，抽穗 12d 后变化明显加快，抽穗后 12~24d 其 ZRs 含量降低 84.3 单位，ABA 增加 70.5 单位。辽粳 294 在抽穗 36d 后变化明显加快，前期变化一直比较轻微。可见叶片衰老越严重的品种 ABA 含量越高且上升越快，ZRs 含量则相应较低而下降较快。

表 2-15 抽穗后叶片 ZRs 和 ABA 含量的变化

[单位：fmol/（g·FW）]

性 状	品 种	抽穗后天数				
		0	12	24	36	48
ZRs	辽优 3225	645.8	606.7	522.4	323.9	147.7
		0.0	−39.1	−84.3	−198.5	−176.2
	C9083	439.9	363.1	245.3	149.0	75.0
		0.0	−76.8	−117.8	−96.3	−74.1
	辽粳 294	566.7	542.5	495.2	397.6	175.1
		0.0	−24.3	−47.3	−97.6	−222.5
ABA	辽优 3225	190.8	225.6	296.1	442.8	554.3
		0.0	34.8	70.5	146.7	111.5
	C9083	275.3	336.8	433.8	537.2	623.9
		0.0	61.5	97.0	103.4	86.7
	辽粳 294	173.8	187.2	226.9	312.7	465.8
		0.0	13.4	39.7	85.8	153.1

表 2-16 是抽穗后根系 ZRs 和 ABA 的变化情况。各品种根系 ZRs 含量

不同，辽优 3225 前期最高，辽粳 294 后期最高，C9083 一直最低。各品种根系 ZRs 含量抽穗后 12d 内出现上升的趋势，辽优 3225、C9083 和辽粳 294 分别提高 118.3 单位、79.1 单位和 43.2 单位，以辽粳 294 上升幅度最小。抽穗 12d 后开始下降，C9083 从开始下降幅度就较大，抽穗 12~24d 下降 189.8 单位；辽优 3225 和辽粳 294 则下降较少，分别为 98 单位和 43 单位。抽穗 36d 后辽优 3225 和辽粳 294 的下降进一步加快。抽穗后根系 ZRs 含量的上升决定了根系抽穗后出现一个代谢活跃期。由于根系 ZRs 除供自身和叶片外，还供给籽粒。因此抽穗后根系 ZRs 含量的上升还可能与籽粒在灌浆初期出现的 ZRs 含量的高峰有关，籽粒中 ZRs 含量的剧增，与胚乳细胞的分化一致（王瑞英等，1997）。其中辽优 3225 和 C9083 上升幅度大，可能是穗大粒多的缘故。根系 ABA 含量抽穗后持续升高，C9083 含量最高，且上升最快，抽穗后 12d 上升 15.8 单位；辽优 3225 始穗期含量较低，抽穗 12d 后大幅度上升，抽穗 24d 上升 14.7 单位；辽粳 294 前期一直上升缓慢，抽穗 24d 后上升加快，抽穗 36d 上升 17.1 单位。根系 ZRs 和 ABA 含量和变化快慢也因品种衰老程度明显不同。

表 2-16　抽穗后根系 ZRs 和 ABA 含量的变化

[单位：fmol/（g·FW）]

性　状	品　种	抽穗后天数				
		0	12	24	36	48
ZRs	辽优 3225	731.6	849.9	751.9	546.9	254.6
			118.3	-98.0	-204.9	-292.3
	C9083	542.8	611.9	432.1	234.4	117.9
			79.2	-189.8	-197.7	-116.5
	辽粳 294	665.2	708.2	676.2	587.0	329.8
			43.1	-43.0	-89.2	-257.2
ABA	辽优 3225	66.9	75.5	90.2	122.6	157.7
			8.6	14.7	32.4	34.9
	C9083	96.6	112.4	144.7	167.2	182.3
			15.8	32.3	22.5	15.1
	辽粳 294	76.4	78.3	84.6	101.7	134.3
			2.0	6.3	17.1	32.6

叶片与根系相比，二者 ZRs 含量根系高于叶片，但 ABA 含量则叶片高于根系。这可能与 ZRs 和 ABA 的合成部位有关。已有研究证明 ZRS 的主要在根系中合成，而 ABA 主要在叶片中合成。

2. 激素对衰老的调控作用

抽穗后随着根系和叶片衰老的加重 ZRs 含量降低，ABA 含量升高。并且衰老越重的品种 ZRs 含量越低、下降越快；ABA 含量越高、上升越快。进一步相关分析（表 2-17）表明，叶片和根系 ZRs 和 ABA 含量与 MDA、SOD、POD、叶绿素含量、α-NA 氧化力和伤流速度相关性极显著。推断 ZRs 和 ABA 对根系和叶片的衰老具有重要的调控作用。这就进一步证实了激素平衡假说—CTK 和 ABA 的平衡关系调控衰老的可靠性。另外，由于根系和叶片 ZRs 和 ABA 的含量水平不同，可能决定着根系和叶片衰老的 ZRS 和 ABA 的平衡关系也不同。叶片打破平衡所需的 ABA 含量较高，而根系较低，所需的 ZRs 则相反。

表 2-17　激素与衰老指标性状的相关系数

性	状	MDA	SOD	POD	叶绿素含量	α-NA 氧化力	伤流速度
叶片	ZRs	-0.939 **	0.973 **	-0.898 **	0.905 **	—	—
	ABA	0.988 **	-0.952 **	0.962 **	-0.884 **	—	—
根系	ZRs	-0.913 **	0.951 **	-0.821 **	—	0.973 **	0.960 **
	ABA	0.984 **	-0.905 **	0.868 **	—	-0.925 **	-0.923 **

五、根系与叶片衰老间的关系

通过根系和叶片 MDA、SOD、POD、ZRs、ABA 及叶绿素含量与 α-NA 氧化力和伤流速度等变化的对比（图 2-10），分析了根系与叶片衰老的关系。根系与叶片的 MDA 含量、SOD 活性、POD 活性、ZRs 和 ABA 含量间相关系数均在 0.9 以上，呈极显著正相关关系。叶绿素含量与根系 α-NA 氧化力和伤流速度间呈负相关关系，相关系数较小，在 0.7 左右，但也达到显著水平，这说明根系与叶片衰老和抗衰老性密切相关。但具体是叶片衰老引起了根系衰老，还是根系衰老引起了叶片衰老尚有待证实。

由于 MDA 含量的剧增可作为器官衰老的重要标志。因此以 MDA 含量为主进一步分析根系和叶片衰老的因果关系。由于叶片和根系间 MDA 的含量水平不同，变化程度也不一致。为了便于比较，将叶片和根系 MDA 含量极值化处理（表 2-18）。各品种根系和叶片 MDA 含量变化趋势的对比关系不同。C9083 始穗期根系标准化 MDA 含量高于叶片，且抽穗后根系 MDA 含量上升幅度明显大于叶片，抽穗后 12d 根系上升 0.18，而叶片只上升 0.11，抽穗后 12~24d 根系上升 0.57，叶片上升 0.28。可见 C9083 根系衰老早于叶片，并且前期根系衰老重于叶片。抽穗 36d 后根系 MDA

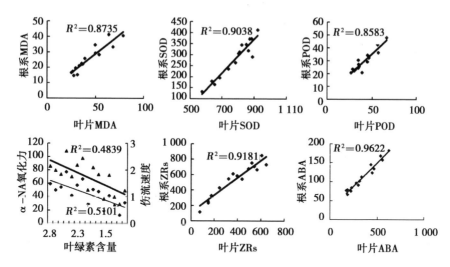

图 2-10　根系与叶片衰老相关性状间的关系

含量下降可能是由于根系过度衰老、老根死亡脱落造成的。辽优 3225 抽穗后 12d 内叶片 MDA 含量大于根系，且叶片的上升幅度较大；但无论是含量还是变化幅度，根系和叶片都较小。抽穗 12d 后根系和叶片 MDA 含量都上升加快，但根系的上升幅度大于叶片，抽穗后 24d 根系的 MDA 含量为 0.4，比前一期上升 0.37；而叶片 MDA 含量为 0.28，仅上升 0.17。抽穗 24d 后叶片和根系的上升速度比较接近，抽穗 36d 后根系有所减慢。辽优 3225 抽穗后短时间内叶片的 MDA 含量和上升幅度都较大，但都还没有达到衰老的标准。抽穗 12d 后根系大幅度衰老引发和加剧了叶片的衰老。辽粳 294 根系和叶片的 MDA 含量和上升幅度基本一致，前期根系和叶片的 MDA 含量较低，上升幅度较小。抽穗 36d 后上升幅度增大。说明辽粳 294 根系和叶片同步衰老，二者协调统一。

表 2-18　MDA 含量规格化数值

品　　种	性状	抽穗后天数				
		0	12	24	36	42
辽优 3225	叶	0.05	0.11	0.28	0.61	1.06
			0.07	0.17	0.32	0.45
	根	0.00	0.02	0.40	0.78	1.00
			0.02	0.37	0.38	0.22
C9083	叶	0.15	0.26	0.53	0.84	1.17
			0.11	0.28	0.30	0.34
	根	0.24	0.42	0.99	1.32	1.28
			0.18	0.57	0.33	-0.04

（续表）

品　　种	性状	抽穗后天数				
		0	12	24	36	42
辽粳294	叶	0.00	0.02	0.15	0.36	1.00
			0.02	0.13	0.21	0.64
	根	0.04	0.06	0.21	0.48	1.04
			0.02	0.15	0.27	0.56

综上所述，不同品种根系和叶片衰老的先后和快慢不同。早衰品种主要表现为根系的衰老引发和加剧了叶片的衰老，非早衰品种根系和叶片的衰老则比较一致。

六、讨论

1. 根系与叶片衰老的生理生化机制

目前关于衰老的研究较多（王根轩等，1989；肖凯等，1994；喻树迅等，1994；王建林，1996；段俊等，1997；肖凯，1998），普遍认为由于SOD活性下降，防御性保护系统遭到破坏，清除自由基的能力减弱，过量的自由基引发和加剧膜脂过氧化作用，从而引起衰老。本研究发现MDA含量上升和SOD活性下降并不完全一致。抽穗后根系和叶片MDA含量持续上升，而SOD活性却先上升或基本保持不变，然后才逐渐下降。因此认为SOD活性下降虽然可以加剧膜脂过氧化作用，但膜脂过氧化作用最初并不是由SOD活性下降引起的。并推断根系和叶片衰老是由于抽穗后植株进入旺盛代谢期（籽粒快速灌浆期），营养物质主要运往籽粒，叶片和根系受到营养胁迫。由于旺盛代谢和营养胁迫的矛盾使产生的自由基增加，超出防御性保护酶系统的清除能力，过量的自由基使膜脂过氧化作用加剧，MDA含量增加。由于膜脂过氧化作用对细胞的破坏及其产物MDA的毒害作用，防御性保护酶系统遭到破坏，SOD和POD活性下降，清除自由基的能力减弱，膜脂过氧化作用大幅度增强，MDA含量急剧升高，细胞的结构和功能遭到严重破坏，引发了叶片和根系的衰老。即由于能量代谢不平衡的矛盾引起自由基增加，使膜脂过氧化作用首先增强，才进一步造成防御性保护酶系统的破坏，SOD活性下降。如果一定要认为是保护酶系统首先遭到破坏才使自由基增加，那么也是由其他防御保护性酶，如过氧化氢酶、过氧化物酶和抗坏血酸过氧化物酶等活性首先下降引起的，而不是由SOD引起的。但MDA含量的迅速增加是器官进入衰老的标志，SOD活性下降是引起衰老的重要原因之一。

关于过氧化物酶活性的变化是否能作为衰老的指标一直存在争议。王永锐等（1989）认为过氧化物酶可作为叶片衰老的可靠指标之一。研究结果表明，随着根系和叶片衰老，POD 活性上升，且衰老越重的品种上升幅度越大。因此后期 POD 活性的上升可作为器官衰老的标志。至于抽穗初期 POD 活性的下降是否可作为其防御性保护作用减弱的标志有待深入研究。

衰老的激素平衡假说认为，CTK 和 ABA 与衰老密切相关，二者间的平衡对衰老起调节控制作用。研究中发现，在根系和叶片衰老过程中，伴随着 ZRs 含量下降和 ABA 含量的上升，并且衰老越重的品种下降和上升的幅度越大。因此推断 ZRs 和 ABA 对根系和叶片的衰老具有重要的调控作用。这就进一步证实了激素平衡假说的正确性。岳寿松等对小麦的研究也认为旗叶衰老过程中伴随 ZRs 含量的上升和 ABA 含量的下降。同时沈波的研究认为，水稻根源细胞分裂素的浓度随生育进程而下降，并且下降的主导因素是 ZRs。因此可以确切地说 CTK 中对衰老起主要调控作用的成分是 ZRs，ZRs 与 ABA 的平衡调控根系和叶片的衰老。由于本研究中还发现根系和叶片 ZRs 和 ABA 的含量水平不同，推测调节根系和叶片衰老的 ZRS 和 ABA 的平衡关系可能不同。叶片打破平衡需要 ABA 含量较高，而根系较低，所需 ZRs 的量则相反。

总之，根系和叶片衰老是由自由基的积累，膜脂过氧化作用的加剧引起的，并表现为根系活力和叶绿素含量的下降，但最终受 ZRS 和 ABA 的平衡关系调控。

2. 根系与叶片衰老的关系

关于根系与叶片衰老间关系的研究，梁建生等（1993）、沈波等（2000）在水稻根系伤流强度与叶片生理状况的关系的报道中，首先明确了生育后期根系活力的下降趋势与叶片光合速率、叶绿素含量、叶片 SOD 和 CAT 活性的变化趋势相一致。吉田（1962）认为作为器官而言，根比茎叶老化得快。陆定志（1987）也认为伤流强度的下降与叶片衰老指数呈正相关关系。吴岳轩等（1992）在根系代谢活性与叶片衰老进程的相关研究中指出，根系和叶片的代谢活性在整个生育期中是不同步的，根代谢活性的衰退早于叶片。岳寿松（1996）对小麦的研究认为，叶片与根系 SOD、CAT 活性和 MDA 含量等的变化趋势一致。郭天财等（1998）在研究高温引起小麦衰老时发现，受温度的影响，叶片衰老早于根系，且衰老强度较大。以上研究表明根系与叶片衰老存在一定的联系。但具体是根系衰老诱发叶片衰老还是叶片衰老引起根系衰老，目前尚无统一的认识。

尽管根据激素平衡假说，衰老受内源激素特别是 CTK 和 ABA 平衡的调控，并且根系又是全部 CTK 和部分 ABA 的合成场所，但由于测定激素的难度较大，关于根系的激素合成以及激素对根系与叶片衰老调控的报道还较少。目前初步明确在番茄、大豆、棉花、水稻等多种作物的伤流液中存在 CTK、ABA、IAA 等，并以 CTK 为主，且 CTK 的种类主要是玉米素（ZRs）和双氢玉米素（DHZRs）。细胞分裂素类物质在开花期和灌浆早期含量最高，叶片衰老慢的品种 CTK 含量高于易衰老品种（田晓莉等，1999；肖凯等，1993）。潘庆民等（1999）在研究小麦根系衰老过程中激素的变化时指出，小麦根系衰老过程中也伴随着 CTK 含量的下降和 ABA 含量的上升，外源生长调节物质可影响根系衰老。目前关于根系与叶片衰老过程中内源激素含量的动态变化及其相关关系，特别是在水稻方面的研究未见报道。这方面的研究深入开展将有助于从根本上揭示根系与叶片衰老机制的内在关系。

本研究表明根系与叶片衰老密切相关、相互影响。叶片衰老较重的品种，其根系也衰老较重。即根系与地上部在衰老方面是互动的。关于根系和叶片衰老的因果关系，本文从根系和叶片 MDA 含量变化的对比看，活秆成熟品种根系和叶片衰老基本同步，而早衰品种是由根系的衰老引发和加剧了叶片的衰老。这与吉田（1962）和吴岳轩（1992）的结果比较一致。但从抽穗后根系和叶片的代谢活性变化看，如叶绿素含量与根系活力的变化以及根系和叶片 SOD 活性的变化对比，根系代谢活性的下降并不一定早于叶片，甚至偏晚。这与吴岳轩（1992）的结论又有所不同。因此，关于根系和叶片代谢及衰老间的关系有待于进一步研究。

第四节　根系与叶片衰老对籽粒灌浆结实的影响

功能叶片早衰是穗重型品种结实率低和充实度差的重要原因。根系与叶片衰老密切相关，同时籽粒的灌浆特性是影响结实率的最直接因素。因此深入研究根系和叶片衰老对籽粒灌浆特性的影响，将有助于从根本上解决穗重型品种结实率低和充实度差的问题。作者以衰老程度不同的品种开展研究，材料与方法同第三节。

一、不同品种籽粒灌浆特性比较

从图 2-11 可见，三个品种强势粒增重动态比较相近，抽穗后迅速增

重，抽穗20d后籽粒增重明显减慢，28d左右达到最大粒重。其中辽优
3225增重最快，最大粒重最高；其次是辽粳294，但其最终粒重最小。三
个品种弱势粒增重动态差异较大，辽粳294的弱势粒抽穗后籽粒增重的停
滞期较短，抽穗5d后即开始快速增重，最终粒重与强势粒比较接近；而
辽优3225和C9083的停滞期相对较长，辽优3225抽穗10d后粒重才出现
明显增加，并且增重比较缓慢，C9083的停滞期更长，15~20d。三个品种
强弱势粒间粒重差异不同，辽粳294差异较小，辽优3225和C9083则较
大，弱势粒粒重分别仅为强势粒粒重的70.8%和50.9%。

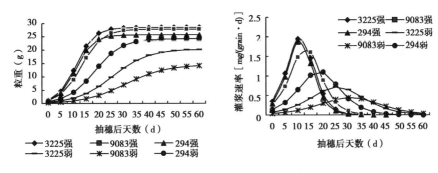

图2-11　不同品种籽粒增重动态和灌浆速率

　　从灌浆速率来看（图2-11和表2-19），辽粳294强弱势粒间的差异
最小，起始灌浆量W_0相差0.247mg/grain；强势粒约提前7d达到最大灌
浆速率，并且最大灌浆速率比弱势粒高0.767mg/（grain·d）；强势粒的
有效灌浆时间为29d，比弱势粒短18d；二者平均灌浆速率相差0.357
mg/（grain·d）。辽优3225和C9083的强、弱势粒灌浆进程差异较大，弱
势粒的起始灌浆量比强势粒低0.76mg·grain以上；达到最大灌浆速率的
时间分别比强势粒长14d和18d；且最大灌浆速率比强势粒低1.23
mg/（grain·d）以上；有效灌浆时间比强势粒长32~38d，C9083的有效灌
浆时间长达73d。辽优3225和C9083强弱势粒灌浆差异大的主要原因可能
是二者穗颖花数多，对养分的竞争强度大，并且强势粒灌浆强度大对弱势
粒造成更大的竞争压力，使穗下部弱势粒灌浆延迟，灌浆速率降低，强弱
势粒间差异加大。

　　三个品种的强势粒中以辽优3225起始灌浆量、最大灌浆速率和平均
灌浆速率均最大，辽粳294的起始灌浆量最小，而C9083的最大灌浆速率
和平均灌浆速率最小。辽优3225和辽粳294灌浆较快，抽穗后10d左右
就达到最大灌浆速率，并且28~30d粒重就趋于稳定，而C9083较慢，达

到最大灌浆速率约需要 13d，35d 才达到最大粒重。总体来看三个品种间强势粒灌浆比较接近，辽优 3225 和辽粳 294 略强于 C9083。

与强势粒相比，各品种间弱势粒灌浆特性差异较大。辽粳 294 的起始灌浆量、最大灌浆速率、平均灌浆速率都远大于辽优 3225 和 C9083，在抽穗后 18d 就达到最大灌浆速率，有效灌浆时间仅为 47d。辽优 3225 和 C9083 的起始灌浆量和灌浆速率平均比辽粳 294 低 46.5%，二者分别在 25d 和 28d 左右才达到最大灌浆速率，有效灌浆时间长达 62d 和 73d。由于北方晚秋寒流来临较早，此时夜温一般在 12.3℃ 以下，明显阻碍弱势粒灌浆。

综合上述分析可以初步得出结论，品种间籽粒灌浆的差异主要在于弱势粒以及强弱势粒之差。通过改善灌浆中后期的条件，提高弱势粒的灌浆速率，减小强弱势粒间的差异，完全可以提高籽粒的整体灌浆水平。

表 2-19　不同品种籽粒灌浆参数

品　种	粒级	起始灌浆量 W_0 (mg/grain)	最大灌浆速率 V_{max} [mg/(grain·d)]	达到最大灌浆速率的时间 $t-V_{max}$ (d)	有效灌浆时间 T (d)	平均灌浆速率 C [mg/(grain·d)]
辽优 3225	强	1.304	1.983	10.9	30.0	0.908
	弱	0.540	0.752	24.9	61.5	0.328
	差	0.764	1.231	14.0	31.5	0.580
C9083	强	1.119	1.693	13.1	34.9	0.767
	弱	0.313	0.454	30.5	72.9	0.195
	差	0.806	1.239	17.5	38.0	0.572
辽粳 294	强	1.019	1.895	10.8	28.8	0.858
	弱	0.772	1.128	18.4	46.9	0.501
	差	0.247	0.767	7.6	18.1	0.357

二、根系活力和叶绿素含量及其变化与籽粒灌浆的关系

根系活力和叶绿素含量的大小很大程度上决定根系和叶片功能的强弱，根系和叶片衰老的外在表现主要是根系活力叶绿素含量的下降。因此根系活力和叶绿素含量及其变化与籽粒灌浆结实的关系能在很大程度上反映根系和叶片衰老对籽粒灌浆结实的影响。

1. 根系活力

α-NA 氧化力的大小与强势粒灌浆关系比较密切（表 2-20）。始穗期主要影响起始灌浆量；抽穗后 12~24d，根系氧化力高能显著提高灌浆速

率；抽穗后 36d，增强根系氧化力不仅能提高灌浆速率，而且能有效缩短灌浆时间；抽穗后 48d 则主要影响灌浆时间。α-NA 氧化力的变化量与强势粒灌浆相关也比较显著：尤其是抽穗后 0~12d，根系氧化力的增强明显加快灌浆，缩短达到最大灌浆速率的时间；抽穗后 12~24d、24~36d 和 36~48d 根系氧化力的减弱分别主要影响有效灌浆时间起始灌浆量和灌浆速率，使起始灌浆量和灌浆速率降低，延长了有效灌浆时间。可见从抽穗一直到成熟，α-NA 氧化力的大小及其变化对强势粒的灌浆均有显著影响。

根系 α-NA 氧化力大小对弱势粒灌浆的主要影响时期是后期，特别是抽穗后 48d 影响极为显著，此时较强的根系氧化力有助于增加起始灌浆量和灌浆速率，缩短灌浆时间。抽穗后 12~24d α-NA 氧化力的降低对弱势粒灌浆影响最大，使起始灌浆量和灌浆速率减小，灌浆时间普遍延长。以上表明，减小抽穗后 12~24d 根系氧化力的下降，并且后期仍保持较高的氧化力，对弱势粒的灌浆具有明显的促进作用。

表 2-20　α-NA 氧化力与灌浆参数间的相关系数

粒级	灌浆参数	抽穗后天数								
		0	12	24	36	48	0~12	12~24	24~36	36~48
强势粒	W_0	0.989*	0.678	0.441	0.193	-0.293	0.421	-0.270	-0.983*	-0.534
	V_{max}	0.317	0.963*	1.000	0.962*	0.719	0.999**	0.735	-0.609	-0.996*
	$t-V_{max}$	0.029	-0.811	-0.944	-0.997**	-0.914	-0.951*	-0.924	0.299	0.903
	T	0.169	-0.721	-0.888	-0.977*	-0.962*	-0.898	-0.968*	0.162	0.834
	C	0.371	0.977	0.997**	0.944	0.678	0.996**	0.695	-0.653	-0.999**
弱势粒	W_0	-0.488	0.450	0.684	0.851	0.998**	0.700	0.996**	0.176	-0.603
	V_{max}	-0.539	0.395	0.639	0.818	0.992**	0.656	0.989*	0.235	-0.554
	$t-V_{max}$	0.522	-0.414	-0.655	-0.829	-0.995**	-0.672	-0.992**	-0.214	0.572
	T	0.544	-0.390	-0.635	-0.814	-0.992**	-0.652	-0.988*	-0.240	0.549
	C	-0.546	0.387	0.633	0.813	0.991**	0.650	0.988*	0.243	-0.547

抽穗后伤流速度与强势粒灌浆参数的相关分析（表 2-21）表明，抽穗后伤流速度主要影响强势粒的最大灌浆速率和平均灌浆速率，伤流速度对灌浆速率的提高具有显著的促进作用。同时对达到最大灌浆速率的时间影响也较大，特别是抽穗后 36~48d，伤流速度大能有效缩短达到最大灌浆速率的时间。抽穗后伤流速度的大小对弱势粒的灌浆影响较小。

抽穗后伤流速度的变化对强势粒灌浆的影响主要表现为抽穗后 0~12d 伤流速度升高能显著提高灌浆速率；抽穗后 12~24d 伤流速度下降使有效灌浆时间延长；抽穗后 24~36d 对平均灌浆速率的影响较大；抽穗后 36~

48d 伤流速度下降使灌浆速率明显降低。伤流速度的变化对弱势粒灌浆的影响主要在抽穗后 12~24d，与各灌浆参数都相关极显著。此时伤流速度下降使弱势粒的起始灌浆量和灌浆速率较小，使灌浆时间延长。

表 2-21 伤流速度与灌浆参数相关系数

粒级	灌浆参数	抽穗后天数								
		0	12	24	36	48	0~12	12~24	24~36	36~48
强势粒	W_0	0.659	0.693	0.597	0.501	0.520	0.704	-0.387	-0.828	-0.483
	V_{max}	0.970*	0.957*	0.986*	0.999**	0.997**	0.952*	0.645	-0.876	-0.999**
	$t-V_{max}$	-0.826	-0.799	-0.868	-0.919	-0.910	-0.789	-0.869	0.656	0.927
	T	-0.739	-0.707	-0.790	-0.855	-0.843	-0.695	-0.930	0.544	0.866
	C	0.982*	0.972*	0.994**	1.000**	1.000**	0.968*	0.601	-0.902	-1.000
弱势粒	W_0	0.472	0.431	0.541	0.633	0.617	0.417	0.999**	-0.234	-0.650
	V_{max}	0.418	0.376	0.489	0.586	0.568	0.361	1.000**	-0.175	-0.603
	$t-V_{max}$	-0.437	-0.395	-0.507	-0.603	-0.585	-0.380	-1.000**	0.195	0.619
	T	-0.413	-0.371	-0.484	-0.581	-0.563	-0.356	-1.000**	0.169	0.598
	C	0.411	0.368	0.482	0.579	0.561	0.353	1.000**	-0.166	-0.596

总之，抽穗后各个时期根系活力的大小及其对强势粒灌浆具有普遍影响，抽穗后 12~24d 根系活力的下降对弱势粒灌浆起决定性作用，灌浆后期仍然保持较强的根系活力，有利于弱势粒的灌浆充实。

2. 叶绿素含量

抽穗后各时期叶绿素含量对强势粒灌浆均具有较大影响（表 2-22）。抽穗后 12d 内，叶绿素含量越大起始灌浆量越高；抽穗后 24~36d 叶绿素含量高能有效提高灌浆速率，同时抽穗后 36~48d 保持较高的叶绿素含量对缩短灌浆时间均具有显著作用。叶绿素含量对弱势粒灌浆的影响主要集中在抽穗后 36~48d，特别是抽穗后 48d 影响极为显著。此时保持较高的叶绿素含量对提高弱势粒的灌浆速率、缩短灌浆时间具有决定性作用。

抽穗后叶绿素含量的下降使强势粒的灌浆时间延长，抽穗后 12~24d 表现更明显；抽穗 36~48d 叶绿素含量的变化与强势粒的起始灌浆量显著相关。抽穗后 0~36d 内叶绿素含量的下降对弱势粒灌浆具有显著影响，特别是 0~12d 影响达到极显著，使弱势粒的起始灌浆量减小，灌浆速率降低，灌浆时间延长。可见叶绿素含量及其变化与强弱势粒的灌浆密切相关，抽穗后叶绿素含量下降对弱势粒的灌浆的影响极为严重。

表 2-22　叶绿素含量与灌浆参数相关系数

粒级	灌浆参数	抽穗后天数					抽穗后天数			
		0	14	28	42	56	0~14	14~28	28~42	42~56
强势粒	W_0	0.950*	0.995**	0.714	0.086	-0.179	-0.394	-0.115	-0.663	-0.970*
	V_{max}	0.154	0.544	0.948*	0.926	0.795	0.639	0.832	0.366	-0.657
	$t-V_{max}$	0.195	-0.222	-0.780	-0.999**	-0.955*	-0.865	-0.972	-0.664	0.357
	T	0.331	-0.083	-0.685	-0.994**	-0.987*	-0.927	-0.995**	-0.762	0.223
	C	0.211	0.591	0.965*	0.903	0.759	0.594	0.799	0.312	-0.699
弱势粒	W_0	-0.626	-0.253	0.404	0.902	0.984*	0.999**	0.970*	0.934	0.114
	V_{max}	-0.672	-0.311	0.348	0.875	0.971*	1.000**	0.954*	0.954*	0.174
	$t-V_{max}$	0.656	0.291	-0.367	-0.885	-0.976*	-1.000**	-0.960*	-0.948*	-0.153
	T	0.676	0.317	-0.342	-0.872	-0.970*	-1.000**	-0.952*	-0.956*	-0.180
	C	-0.678	-0.319	0.340	0.871	0.969*	1.000**	0.951*	0.957*	0.182

　　总之，抽穗后根系活力和叶绿素含量的大小及其变化与籽粒灌浆密切相关。总体上对强势粒的影响较大，在各个时期具有普遍影响；而对弱势粒的影响主要表现在后期。抽穗后 12~24d 根系活力和抽穗后 0~36d 内叶绿素含量的下降对弱势粒灌浆具有决定性作用。延缓抽穗后叶绿素含量和抽穗后 12~24d 根系活力的下降，使二者在后期仍保持较高的水平，有助于改善弱势粒的灌浆。

三、籽粒灌浆参数与结实率的关系

表 2-23　籽粒灌浆参数与结实率间的相关系数

粒级	W_0	V_{max}	$t-V_{max}$	T	C
强势粒	-0.415	0.622	-0.853	-0.918	0.576
弱势粒	0.998**	1.000**	-1.000**	-1.000**	1.000**
强弱差	-0.928	-0.907	-0.995**	-0.992*	-0.887

　　从相关分析（表 2-23）来看，强势粒的灌浆参数与结实率的相关系数普遍较小，说明强势粒的灌浆特性对结实率的影响不大。弱势粒的灌浆参数与结实率相关都达到显著水平，其中起始灌浆量和灌浆速率与结实率呈正相关关系，其他参数与结实率呈负相关关系。强弱势粒灌浆参数之差与结实率均呈负相关关系，即强弱势粒间差异越大越不利于结实率的提高，尤其是在达到最大灌浆速率的时间和有效灌浆时间上的差异对结实率具有显著影响。由此表明，弱势粒灌浆以及强弱势粒间的差异是决定结实

率高低的关键因素。

四、讨论

1. 籽粒灌浆结实及其影响因素

许多研究表明水稻籽粒灌浆特性在不同类型品种间表现不同。朱床森等（1979、1988）根据强弱势粒灌浆在时间上的同步性强弱，将水稻品种分为同步灌浆型和异步灌浆型。马国辉（1996）认为两段灌浆是水稻的共性，而强弱势粒同步灌浆及弱势粒异步灌浆能力的差异决定该特性的表达。

籽粒的灌浆特性是影响结实率和充实度的直接因素，一般认为谷粒受精后灌浆启动的早晚、灌浆速率大小和完成灌浆时间的长短，直接影响籽粒的结实率和充实度（杨建昌1998、王志琴1998、徐秋生1992）。关于灌浆方式与结实率和籽粒充实度的关系，马国辉（1996）认为水稻同步灌浆性强，表现灌浆起动早、速度快，物质撤退迅速，有利于提高结实率和籽粒充实度。而异步灌浆型品种弱势粒启动晚，易受后期不利条件的影响，结实率和充实度较差。朱庆森等（1988）却认为，水稻同步灌浆型品种，强弱势粒同时灌浆，对灌浆物质竞争激烈，导致灌浆中后期强弱势粒的生长速率低，影响籽粒的充实度，但不影响结实；而异步灌浆型品种，强弱势粒渐次进入灌浆盛期，对灌浆物质的竞争缓和，弱势粒在灌浆中后期生长速率高，若能延长灌浆期，改善灌浆中后期的条件，有助于提高结实率。同时发现同步灌浆型品种穗小，而异步灌浆型品种穗大，由此暗示着大穗型品种结实率低的原因主要是灌浆后期弱势粒灌浆受到影响所致。周嘉槐等（1979）对杂交稻的空壳率的研究表明，依开花的先后顺序空壳率依次增大，谷粒充实度依次减小。柯建国等（1998）也得到类似的结果。这进一步证实了籽粒灌浆的异步性是导致结实率低的重要因素。

灌浆物质的供应状况是影响结实率和籽粒充实度的决定因素。研究证明籽粒灌浆物质的60%~80%来自于抽穗后的光合产物，因此抽穗后功能叶片的光合性能是影响籽粒灌浆结实的主要因素。延长功能叶的寿命，防止早衰是提高水稻结实率的有效途径。此外籽粒灌浆物质的20%~40%来自于抽穗前贮存在茎鞘中的非结构性碳水化合物，因此籽粒灌浆尤其是弱势粒灌浆与抽穗期茎鞘贮存物质的量相关密切（柯建国，1998；梁建生，1994）。不同源库类型的品种，茎鞘中贮存物质积累高峰出现和开始输出的早晚以及单位库容占有的物质积累量比例不同，从而决定了弱势粒的启动早晚和积累速率。大穗型品种由于库/源较大，单位库容占有的物质积累量小，茎鞘物质积累高峰出现晚，籽粒发育早期茎鞘不能为籽粒灌浆提供物质，相反还要与籽粒争夺一部分光合产物，弱势粒因得不到足够的灌浆物质而推迟发育或发育不佳，因此增加抽穗前茎鞘贮存物质可以有效缓解结实期的不良条件，提高结实率和充实度。

2. 根系和叶片衰老对籽粒灌浆结实的影响

籽粒灌浆所需要的水分和养分主要来自于根系和叶片，因此根系和叶片与籽粒的灌浆结实密切相关。根系对籽粒灌浆结实具有直接影响，同时通过影响叶片的光合性能、灌浆物质的供应状况和物质分配状况，对籽粒灌浆产生间接影响（王志芬，1997）。王余龙等（1992）研究了根量活力对籽粒灌浆的影响，认为抽穗后根系活力与籽粒灌浆速率、结实率和粒重呈正相关关系，特别是与弱势粒灌浆相关更密切。石庆华（1984）、郑相穆（1981）等的结论与之类似，暗示根系与籽粒灌浆间存在密切的关系。

在研究中，发现根系和叶片衰老程度不同的品种籽粒灌浆特性存在明显差异，特别是在弱势粒上表现更为明显。同时衰老程度不同的品种强弱势粒灌浆特性间的差异大小也不同，衰老越严重差异越大，即籽粒灌浆的两段性越强。籽粒灌浆的两段性，特别是弱势粒的灌浆特性是影响结实率的主要因素。由此可见根系和叶片衰老主要降低弱势粒的灌浆，增强了籽粒灌浆的两段性，进而影响结实率。相关分析表明，叶绿素含量和根系活力的下降对强弱势粒灌浆具有明显影响，尤其是对弱势粒的影响更为显著。抽穗后 12~24d 是根系活力的变化对弱势粒灌浆影响的关键时期。抽穗后 0~36d 叶绿素含量的下降对弱势粒的影响都较大。因此延缓抽穗后根系和叶片的衰老进程，保持后期较高的根系活力和叶绿素含量，特别是增强抽穗后 12~24d 的根系活力，对于改善弱势粒的灌浆，减小强弱势粒间的差异，提高结实率具有重要作用。总之根系和叶片衰老对籽粒灌浆结实具有显著影响。

第五节　外源植物生长调节剂对根系的影响

外源植物生长调节剂的应用在作物增产中发挥了重要作用，其增产幅度可稳定在 10%左右，主要表现在改善株型、提高叶片光合速率、防止叶片早衰、调节同化物的运输和分配，增强根系功能和提高抗逆力等，因此对生长调节剂的应用及增产机理的研究是作物超高产研究的重要内容。由于根系是主要的吸收与合成器官，与地上部生长密切相关。多数栽培调控措施都是通过对根系的调控达到对地上部调控的目的。因此深入研究外源生长调节剂对根系的作用机理和调控技术，将有利于实现有效调控。作者以辽优 3225 为材料，采用盆栽的方式，研究不同时期施用 NAA 和烯效唑对水稻根系生长及生理活性的调控作用。

一、对根系生长发育的影响

1. 根数、根长和根体积

从表 2-24 可见，NAA 移栽前浸根使 8 月 15 日以前根数、根长和根体积都高于对照，特别是在根体积上表现更明显，表明用 NAA 浸根明显促进前期根系的发生和伸长。但 9 月 13 日根数、根长和根体积则都比对照低，可见 NAA 移栽前浸根同时加重了后期根系的衰退。烯效唑移栽前浸根处理除了 7 月 26 日根数、根长和根体积低于对照外，其他时期均明显高于对照，特别是 7 月 11 日根长比对照高 46%。烯效唑浸根对根系生长具有促进作用，但总体上延缓了根系的发展，促进了中后期根系的发生和伸长，使根数、根长和根体积的高峰期延迟，并且缓解成熟期根系的衰退，使后期根系生长参数保持较高水平。NAA 和烯效唑相比，NAA 对根系前期生长作用大，而烯效唑对根系后期生长作用大；NAA 有利于促进发根，使根数增加，而烯效唑有利于促进根系伸长。

表 2-24　不同处理根系性状值比较

性状	处理		7 月 11 日	7 月 26 日	8 月 15 日	9 月 13 日
根数		CK	481	694	635	572
	移栽前浸根	NAA	566	728	698	559
		烯效唑	498	665	701	625
	抽穗期喷施	NAA	—	—	736	606
		烯效唑			719	664
根长		CK	21	41.5	39	33.6
	移栽前浸根	NAA	27	43.7	40.6	31.4
		烯效唑	30.7	40.3	45.8	38.7
	抽穗期喷施	NAA	—	—	44.7	35.3
		烯效唑			46.2	41.5
根体积		CK	90.3	152.7	116.2	98.5
	移栽前浸根	NAA	115.2	173.3	138.2	92.2
		烯效唑	103.3	141.8	151.6	121.8
	抽穗期喷施	NAA	—	—	164.3	115.5
		烯效唑			155.8	125

抽穗前喷施 NAA 和烯效唑使抽穗后根系继续生长，8 月 15 日根数、

根长和根体积平均比 7 月 26 日增加 5%以上，比对照高 13%以上，根体积甚至高 30%~40%。9 月 13 日虽然有所下降，但仍明显高于对照。可见抽穗期喷施 NAA 和烯效唑有利于促进上层根的形成，使后期根系生长增强。NAA 和烯效唑相比，NAA 的促进作用较大，但后期根数、根长和根体积下降相对较快，烯效唑处理促进作用较小，但后期根系衰退较慢。

2. 根重

图 2-12 表明，移栽前 NAA 浸根明显促进根系的生长，7 月 11 日、7 月 26 日和 8 月 15 日分别比对照高 29.6%、11.8%和 14.7%。但后期根重下降较快，9 月 13 日比对照低 7.6%。但根重的发展变化趋势与对照基本一致。

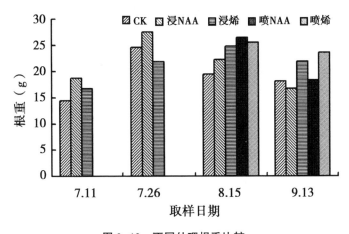

图 2-12 不同处理根重比较

移栽前用烯效唑浸根对根系的生长也有明显的促进作用，除 7 月 26 日外，根重普遍比对照高。且与对照相比处理的根系生长更为平缓，8 月 15 日左右根重达到最大，比对照的根重高峰期晚 15d 左右，而且后期根重下降较少。

抽穗前喷施 NAA 和烯效唑使抽穗后根重继续增加，8 月 15 日根重分别比前一期高 7.6%和 4%，分别比对照高 36.4%和 31.6%，NAA 的作用更大些。但喷烯效唑的处理 9 月 13 日根重下降较少，仍比对照高 30.3%，而喷 NAA 的处理根重大幅度下降，甚至比对照略低。

总之，NAA 的两种处理前期使根重增加明显，后期下降幅度较大，而烯效唑处理使根重的增加和下降都减缓。

综上所述，用 NAA 和烯效唑处理对根系生长具有明显的影响。用 NAA 处理对前期根系生长促进作用更明显，但同时也加速了后期根系的衰退；用烯效唑处理使根系生长趋于平缓，根数、根长、根体积和根重的高峰期延迟，加强了抽穗后根系的生长，有利于上层根的形成，并延缓后期根系的衰退。NAA 对根系的发生和伸长具有同等的促进作用；烯效唑更有利于促进根的伸长。移栽前浸根可以调控整个生育期根系的生长，抽穗期喷施对后期根系的改善更有效。

二、对根系生理活性的影响

1. 根系吸收面积和比表面积

移栽前用 NAA 和烯效唑浸根对根系总吸收面积的影响（表 2-25）与对根重的影响相似。NAA 浸根处理使前期根系总吸收面积明显增加，7 月 11 日至 8 月 15 日测定比对照高 20%甚至 30%以上；但后期根系总吸收面积下降较快，9 月 13 日比对照低 11.5%。烯效唑浸根处理初期根系总吸收面积增加较快，7 月 11 日比对照高 14.6%；中期增加较慢，7 月 26 日却比对照低 13.7%，根系总吸收面积的高峰期延迟，并且后期根系总吸收面积下降较少，8 月 15 日和 9 月 13 日分别比对照高 36.7%和 24.8%。抽穗前喷施 NAA 和烯效唑根系总吸收面积显著增加，8 月 15 日分别比对照高 49.2%和 44.6%，后期根系总吸收面积下降，喷 NAA 的处理下降幅度较大，但二者仍高于对照。

表 2-25　不同处理根系性状值比较

性状	处理		7 月 11 日	7 月 26 日	8 月 15 日	9 月 13 日
总吸收面积		CK	22.9	50.3	39.2	28.6
	移栽前浸根	NAA	30.1	60.7	49.5	25.3
		烯效唑	26.3	43.4	53.6	35.7
	抽穗期喷施	NAA	—	—	58.5	34.9
		烯效唑	—	—	56.7	39.6
活跃吸收面积		CK	9.4	22.9	19.6	8.6
	移栽前浸根	NAA	13.4	28.9	25.3	10.2
		烯效唑	10.9	20.6	27.7	14.3
	抽穗期喷施	NAA	—	—	29.8	13.8
		烯效唑	—	—	28.7	15.6
比表面积		CK	2 536	3 294	3 373	2 904
	移栽前浸根	NAA	2 613	3 503	3 582	2 959
		烯效唑	2 546	3 220	3 585	2 931
	抽穗期喷施	NAA	—	—	3 561	3 022
		烯效唑	—	—	3 639	3 018

移栽前用 NAA 和烯效唑浸根对根系活跃吸收面积的影响前期与对根

系总吸收面积的影响基本相似，只是比对照增加幅度稍大些。后期有所不同，9 月 13 日 NAA 和烯效唑浸根处理的活跃吸收面积都明显比 CK 高，分别高 18.6%和 66.3%。抽穗前喷施 NAA 和烯效唑使根系活跃吸收面积大幅度增加，8 月 15 日分别增加 52%和 31.7%，9 月 13 日分别增加 60.5%和 81.4%。

用 NAA 和烯效唑浸根使比表面积也有所增加，前期仍以 NAA 浸根的作用明显，而烯效唑浸根的作用比较缓和。两种处理与对照的比表面积均在 8 月 15 日达到高峰，分别比对照高 6.3%和 6.3%，并且后期一直比对照高。抽穗前喷施 NAA 和烯效唑也使根系比表面积显著提高，高于对照，8 月 15 日分别为高 5.5%和 7.9%，9 月 13 日分别高 4.1%和 4.0%。可见 NAA 和烯效唑处理普遍使根系比表面积增加，比表面积增加主要是根系分枝和根毛增加的结果，从而使单位体积根系的吸收能力增强。

2. 根系活力

α-NA 氧化力　从图 2-13 可以看出，用 NAA 和烯效唑移栽前浸根处理初期对 α-NA 氧化力具有明显抑制作用，7 月 11 日分别比对照低 37.3%和 49%。对这种短期内的抑制作用的原因还不清。一段时间后 NAA 和烯效唑浸根处理的 α-NA 氧化力迅速升高，7 月 26 日分别比 7 月 11 日增高近一倍，比对照高 50.6%和 29.6%，此时 NAA 的作用更明显。但 NAA 浸根处理的 α-NA 氧化力在 7 月 26 日达到高峰后就开始大幅度下降，而 CK 和烯效唑浸根处理仍以较大幅度上升，直到 8 月 15 日才出现下降，并且烯效唑浸根处理的 α-NA 氧化力后期下降幅度较小。后期两种浸根处理的 α-NA 氧化力仍一直高于对照，8 月 15 日分别高 15.6%和 34.0%，9 月 13 日分别高 48.4%和 94.7%。以上表明，用 NAA 和烯效唑浸根处理能明显增强使根系氧化力，前期 NAA 的作用较大，后期烯效唑的作用较大。抽穗前喷施 NAA 和烯效唑对 α-NA 氧化力的促进作用虽然没有移栽前浸根处理明显，但仍比对照高，尤其是 9 月 13 日分别比对照高 59.3%和 55.4%。因此抽穗前喷施有助于后期根系活力的增强。

伤流速度　各处理伤流速度的变化趋势与对照基本相同（图 2-13），但处理在各个时期都比对照明显增强。前期 NAA 和烯效唑浸根处理的作用效果比较接近，7 月 11 日和 7 月 26 日平均比对照高 27.1%。后期 NAA 的两种处理的促进作用比烯效唑处理大。可见，NAA 处理更有利于伤流速度的提高。

3. 根系吸收与合成能力

氨基酸　从图 2-14 发现，前期浸根处理使氨基酸合成能力减弱，尤

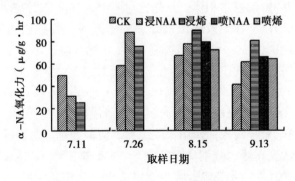

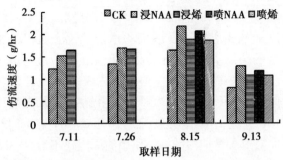

图 2-13　不同处理根系 α-NA 氧化力和伤流速度比较

其是 7 月 26 日分别比对照低 37.8% 和 31.3%；浸根和抽穗前喷施处理则使后期氨基酸合成能力明显增强，8 月 15 日 NAA 和烯效唑浸根处理分别比对照高 20.7% 和 15.8%，抽穗前喷施分别高 28.5% 和 57%；9 月 15 日 NAA 和烯效唑浸根分别比对照高 47.3% 和 56.6%，抽穗前喷施分别高 56.6% 和 23.7%。但各处理氨基酸含量的变化趋势与 CK 一致。以上表明，用 NAA 处理短期内作用较小，但一段时间后作用效果逐渐增大，前期的抑制作用和后期的促进作用都如此。而烯效唑的作用却恰好相反。

　　无机磷　图 2-14 表明，移栽前用 NAA 和烯效唑浸根处理前期对无机磷的吸收具有一定的抑制作用，尤其是 7 月 11 日分别比对照降低 11% 和 20.9%，其中烯效唑的抑制作用较明显。后期对无机磷的吸收具有明显的促进作用，9 月 13 日表现最明显，分别比对照高 47.4% 和 49.5%。抽穗期喷施 NAA 和烯效唑，处理初期对无机磷的吸收也有一定的抑制作用，但作用不明显。但后期对无机磷的吸收明显增强，9 月 13 日分别比对照高 37.9% 和 78.7%。由此可以得出，NAA 和烯效唑处理对前期无机磷的吸收影响不大，甚至有一定的抑制作用，但能明显促进后期无机磷的吸收。后期较强的无机磷的吸收能力有利于防止早衰。

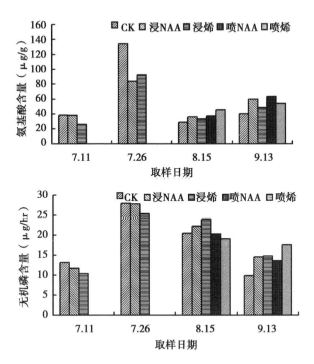

图 2-14 不同处理伤流液中氨基酸和无机磷含量比较

综合上述分析，用 NAA 和烯效唑处理使根系的总吸收面积、活跃吸收面积和比表面积都明显增加，即根系的分枝和根毛的数量增多，单位吸收能力增强。其中 NAA 前期的作用较大，而烯效唑后期的作用更明显。NAA 和烯效唑处理虽然对前期 α-NA 氧化力、合成氨基酸以及吸收无机磷的能力有所减弱，但能有效提高后期根系活力。

三、对根系衰老和抗衰老性的影响

1. MDA 含量

各处理 MDA 含量水平都明显低于对照（图 2-15），说明各处理对根系衰老具有明显的抑制作用，并且后期随着衰老的加重抑制作用表现更明显，如 NAA 和烯效唑浸根处理的 MDA 含量 7 月 11 日比 CK 低约12%，7 月 26 日以后却低 20% ~ 30%。抽穗前喷施比移栽前浸根对根系衰老的抑制作用更强，8 月 15 日抽穗前喷施处理的 MDA 含量比对照低50% 以上，比移栽前浸根处理约低 30%。说明抽穗前喷施 NAA 和烯效唑能更有效地延缓后期根系的衰老。而 NAA 和烯效唑的作用效果比较接近。

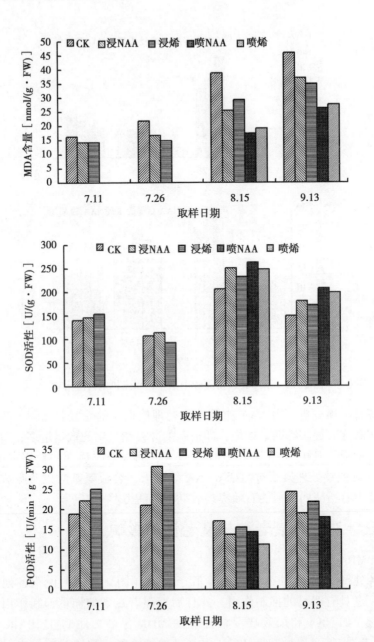

图 2-15　不同处理根系 MDA、SOD 和 POD 比较

2. SOD 活性

从图 2-15 可知，各处理使根系 SOD 活性普遍提高，但前期作用不明显，主要表现在后期，NAA 和烯效唑浸根处理 8 月 15 日分别比 CK 高

21.7%和12.7%，9月13日分别高21%和15%，抽穗前喷施NAA和烯效唑处理8月15日比对照高27.5%和20.4%，9月13日分别高39.3%和33.4%。表明NAA和烯效唑处理有效增强后期根系的抗衰老性，其中NAA的作用更大一些，并且抽穗前喷施比移栽前浸根效果明显。

3. POD活性

图2-15表明，各处理对根系POD活性的影响表现为前期增强后期减弱的趋势。NAA和烯效唑浸根使POD活性7月11日分别比对照提高18%和33.2%，7月26日分别提高45.9%和36.8%，而8月15日分别比对照降低19.5%和8.9%，9月13日分别降低22.2%和10.3%。从对后期POD的降低作用而言，NAA浸根和抽穗期喷施烯效唑作用较大。由于POD随生育期的变化表现先高后低再高的趋势，是由POD作用的多重性决定的，前期POD活性与代谢正相关，后期POD活性与衰老正相关，因此用NAA和烯效唑移栽前浸根和抽穗前喷施能有效促进前期根系生长代谢，延缓后期根系衰老。

总体而言，移栽前NAA和烯效唑浸根或抽穗前喷施都能有效降低根系MDA含量，增强SOD活性，使POD活性前期升高后期降低。从而稳固了防御性保护酶系统，增强了清除自由基的能力，使膜脂过氧化作用减弱，抗衰老性加强，根系衰老延缓。并且抽穗前喷施对于后期根系的延衰作用更大，用NAA的处理效果好于烯效唑。

四、对产量及其构成因素的影响

表2-26 不同处理产量及其构成因素的比较

处理		穗数	穗颖花数	结实率（%）	千粒重（g）	单株谷重（g）
CK		18.2	187	72.3	26.7	66.5
移栽前浸根	NAA	19.7	174	82.5	27	75.1
	烯效唑	21.1	166	80.7	26.8	73.9
抽穗期喷施	NAA	17.9	190	81.3	26.8	72.8
	烯效唑	18.3	192	80.9	26.6	71.4

由表2-26可见，各处理使产量及其构成因素发生明显的改变。NAA烯效唑浸处理根使穗数有所增加，分别平均增加了1.5穗和2.9穗；使穗颖花数降低，分别降低13粒和21粒，结实率和单株谷重明显提高，结实率分别提高10.2%和8.4%，单株产量分别提高8.6g和7.4g。但对千粒重的影响不明显。以上数据表明烯效唑浸根处理对穗数的增加和穗颖花数的

降低都比 NAA 浸根处理明显，但 NAA 浸根处理使结实率和产量提高较大。

抽穗前喷施 NAA 和烯效唑处理对穗数的影响不大，使穗颖花数有所增加，但增加不明显。这可能减少颖花退化的结果。抽穗前喷施 NAA 和烯效唑使结实率有了显著提高，分别比对照高 9% 和 8.6%，进而产量分别比对照提高 9.5% 和 7.4%，其中 NAA 的作用较明显。两种处理对千粒重的影响不大。

总之，用 NAA 和烯效唑移栽前浸根或抽穗前喷施，对根系产生影响的同时，使产量结构发生改变，结实率和产量明显提高。

五、讨论

在作物生产力不断发展的过程中，栽培技术的进步发挥了重要作用。以往的栽培技术主要以常规技术为主，基本着眼于改变作物生长的外部环境，为品种的优良遗传特性表达创造条件，但对自然逆境的应变弹性较小。随着超高产研究的进展，必须寻找相适应的超高产栽培技术，从根本促进产量的提高。化学调控技术以应用植物生长调节剂为手段，通过改变植物生长的内环境—植物内源激素系统直接影响基因的表达，达到直接调控的目的，能有效提高作物的抗逆性，实现高产稳产。

本文通过研究发现，用 NAA 和烯效唑移栽前浸根和抽穗前喷施处理对水稻根系的生长发育和代谢活性具有明显的影响。

移栽前用 NAA 和烯效唑浸根前期能明显促进根系生长，使根数、根长、根体积和根重等比对照明显增加，其中以 NAA 的作用更明显，加快了根系的发生和生长。而烯效唑浸根使根系生长趋于缓和，使前期根系生长有所减弱，但促进中期根系的发生和生长，使上层根增加。上层根对产量形成具有更重要的作用。后期 NAA 浸根处理的根系生长参数下降幅度较大，根系衰退较重；而烯效唑浸根处理减弱了后期根系的衰退。移栽前用 NAA 和烯效唑浸根能有效改善根系的生理活性，使根系的吸收面积和活跃吸收面积显著增加，单位吸收能力增强。虽然对前期根系氧化力、合成氨基酸和吸收无机磷的能力具有一定的削弱作用，但使后期根系活力、根系的吸收与合成功能普遍较对照增强，减缓了根系生理活性的下降。同时还能有效降低 MDA 含量，增加 SOD 活性，抑制后期 POD 活性的提高，使抗衰老性加强，对根系衰老具有重要的延缓作用。可见移栽前浸根处理不仅促进前期根系的生长，而且有利于保持后期根系的活力和功能。

抽穗前喷施 NAA 和烯效唑能促进抽穗后根系的进一步生长，使根数、根长、根体积和根重继续增加，并使后期根系活力、吸收与合成功能都明显强于对照，并且能有效降低 MDA 含量和 POD 活性、增强 SOD 活性，延缓根系的衰老。抽穗前喷施对后期根系的改善作用明显大于移栽前浸根处理。总之，NAA 和烯效唑浸根处理和抽穗前喷施对根系的生长和生理活性的提高都有明显的促进作用。

NAA 和烯效唑处理对根系产生影响的同时，使产量结构具有明显的改变，产量显著提高。移栽前浸根处理，使穗数增加、穗颖花数减少。由于前面研究已经表明前期较强的 α-NA 氧化力和吸收无机磷的能力有利于大穗的形成，从而推断浸根处理对穗数和穗颖花数的影响是纠正前期根系氧化力和吸收无机磷能力降低的结果。另外抽穗前喷施使穗颖花数也有所增加，这可能是根系活力和功能的提高减少颖花退化的结果。至于各处理结实率和产量显著提高则是对根系生长和生理活性改善的综合体现。

总之，生长调节剂的应用对水稻根系的生长和活性的提高具有重要作用，并因此使结实率和产量得到显著提高。进一步证明对根系的化学调控在水稻增产中的地位和作用。根系化学调控技术的研究和应用将有效推动作物超高产研究的进程，具有广阔的研究前景。

参考文献

白农书.1986. 近年来水稻根系生理研究的几个特点 [J]. 植物生理学通讯 (4)：18-22.

白书农，肖翊华.1988. 杂交稻根系生长与呼吸强度的研究 [J]. 作物学报，14 (1)：53-59.

北條良夫，星川清親.1983. 作物的形态与机能 [M]. 郑丕尧，等译.农业出版社.

蔡永萍.1996. 水稻抽穗期喷施 6-BA、ABA 对旗叶衰老及同化物运输的影响 [J]. 安徽农业科学，24 (2)：113-115.

蔡永萍.2000. 水稻水作与旱作对抽穗后剑叶光合特性、衰老及根系活性的影响 [J]. 中国水科学，14 (4)：219-224.

陈彩虹.1989. 栽培因子和作物根系 [J]. 耕作与栽培 (1)：54-56.

陈春涣.1993. 水稻根系与产量构成关系的研究 [J]. 华南农业大学学报，14 (2)：18-23.

陈温福，徐正进，张龙步.1995. 水稻高产育种生理基础 [M]. 辽宁科技出版社.

程式华, 等.1998.中国超级稻研究：背景、目标和有关问题的思考 [J].中国稻米 (1)：3-5.

川田信一郎.1984.水稻的根系 [M].农业出版社.

代贵金, 华泽田, 陈温福, 等.2008.杂交粳稻、常规粳稻、旱稻及 籼稻根系特征比较 [J].沈阳农业大学学报, 39 (5)：515-519.

代贵金, 岩石真嗣, 三木孝昭, 等.2008.不同耕作施肥方法对水稻 根系生长分布和活性的影响 [J].沈阳农业大学学报, 39 (3), 274-278.

东正昭.1989.日本水稻超高产育种现状下今后的设想 [J].徐正 进, 译.水稻文摘, 8 (3)：6-10.

段俊, 梁承邺, 黄毓文.1997.杂交水稻开花结实期间叶片衰老[J]. 植物生理学报, 23 (2)：139-144.

高亮之.1984.中国水稻的光温资源与生产力 [J].中国农业科学, 17 (1)：17-22.

耿文良, 等.1995.中国北方粳稻品种志 [M].河北科学技术 出版社.

关军锋, 徐坤.1996.菠菜叶片衰老与膜脂过氧化作用 [J].河北农 业技术师范学院学报, 10 (4)：41-45.

郭天财.1998.后期高温对冬小麦根系及地上部衰老的影响 [J].作 物学报, 24 (6)：957-962.

韩碧文.1984.植物衰老的激素调节 [J].植物生理生化进展 (3)：122.

何芳禄.1980.早籼杂交水稻根系生理特性的研究 [J].植物生理学 通讯 (5)：17-20.

何光华, 郑家奎, 阴国大, 等.1994.水稻籽粒灌浆特性及相关性研 究 [J].西南农业大学学报, 16 (4)：380-382.

贺德先.1994.冬小麦植株地上部与地下部有关性状间的相关性研究 Ⅰ.生育前期和中期性状间的相关性分析 [J].河南农业大学学 报, 28 (1)：19-24.

黄耀祥.1990.水稻超高产育种研究 [J].作物杂志 (4)：1-2.

角田重三郎.1989.稻的生物学 [M].闵绍楷, 等译, 农业出版社.

柯建国, 江海东, 陆建飞, 等.1998.水稻不同库源类型品种灌浆特 点及库源协调关系的研究 [J].南京农业大学学报, 21 (3)：

15-20.

李柏林，梅慧生 . 1989. 燕麦叶片衰老与活性氧代谢的关系 ［J］. 植物生理学报，15（1）：6-12.

李木英 . 1996. 水稻根系营养吸收特性及其与干物质生产和稻米品质关系的研究 ［J］. 江西农业大学学报，18（4）：376-382.

李荣田 . 1999. 不同粳稻品种结实率差异的机理分析 ［D］. 东北农业大学 .

李义珍 . 1986. 水稻根系的生理生态研究 ［J］. 福建稻麦科技，4（3）：1-4.

李泽炳，肖翊华 . 1982. 杂交稻的研究与实践 ［M］. 上海科学技术出版社 .

梁建生，曹显祖，张海燕，等 . 1994. 水稻籽粒灌浆期间茎鞘贮存物质含量变化及其影响因素研究 ［J］. 中国水稻科学，8（3）：151-156.

梁建生 . 1993. 杂交水稻叶片的若干生理指标与根系伤流强度关系 ［J］. 江苏农学院学报，14（4）：25-30.

林文 . 1999. 施氮量和施肥方法对水稻根系形态发育和地上部生长的影响 ［J］. 福建稻麦科技，17（3）：21-23.

林文雄，柯庆明，王松良，等 . 1996. 不同生态条件下杂交水稻生育后期的保护酶系统 ［J］. 福建农业大学学报，25（1）：1-6.

林植芳，李双顺，孙谷畴，等 . 1984. 水稻叶片的衰老与超氧化物歧化酶及膜脂过氧化作用的关系 ［J］. 植物学报，26（6）：605-610.

凌启鸿 . 1984. 水稻不同层次根系的功能及对产量形成作用的研究 ［J］. 中国农业科学（4）：3-11.

凌启鸿 . 1989. 水稻根系分布与叶角关系的研究初报 ［J］. 作物学报，15（2）：123-131.

凌启鸿 . 1990. 水稻根系对水分和养分的反应 ［J］. 江苏农学院学报，11（1）：23-27.

刘道宏 . 1983. 植物叶片的衰老 ［J］. 植物生理学通讯（2）：14-19.

刘道宏 . 1984. 水稻叶片衰老研究 ［J］. 华中农学院学报，3（1）：7.

刘婉 . 1999. 水稻不同穗型品种的若干形态及生理特性的比较研究 ［D］. 沈阳农业大学 .

刘兆菊.1993. 水稻根系建成对高产形成的模拟模型与调控决策研究 [J].江西农业大学学报（3）.

刘祖祺，张石诚.1995. 植物抗性生理学 [M].中国农业出版社.

陆定志.1983. 叶片的衰老及其调节控制 [J].植物生理生化进展，20-52.

陆定志.1987. 杂交水稻根系生理优势及其与地上部性状的关联研究 [J].中国水稻科学，1（2）：81-94.

陆卫平，张其龙，卢家栋，等.玉米群体根系活力与物质积累及产量的关系 [J].作物学报，1999，25（6）：718-722.

马国辉.1996. 水稻的两段灌浆理论的研究 [J].中国水稻科学，10（3）：153-158.

马跃芳.1989. 杂交水稻抽穗后伤流液中游离氨基酸含量的变化[J].植物生理学通讯（6）：41-43.

莫海玲，朱汝才，石瑜敏.1998. 不同类型杂交稻组合灌浆特性的研究 [J].广西农业科学（3）：112-116.

潘庆民.1999. 小麦开花后不同土层根系的两种衰老指标与 iPAs 及 ABA 含量的变化 [J].植物生理学通讯，35（6）：449-451.

潘晓华，王永锐.1998. 水稻库/源比对叶片光合作用、同化物运输和分配及叶片衰老的影响 [J].作物学报，24（6）：821-827.

沈波.2000. 籼粳亚种间杂交稻根系伤流强度的变化规律及其与叶片生理状况的相互关系 [J].中国水稻科学，14（2）：122-124.

施天生，陆定志.1995.S-3307 和 PP333 对水稻幼苗根系生长和若干生理活性的影响 [J].浙江农业学报，7（1）：1-6.

石庆华.1984. 杂交稻与大穗型品种根系生长特性影响产量形成的研究初报 [J].江西农业大学学报（2）：71-80.

石庆华.1997. 水稻根系性状与地上部的相关及根系性状的遗传研究 [J].中国农业科学，30（4）：61-67.

石岩，位东斌，于振文，等.1999. 植物动力 2003 对旱地小麦花后根系衰老的影响 [J].植物生理学通讯，35（2）：118-119.

宋纯鹏，梅慧生.1991. 衰老叶片叶绿素荧光动力学变化及 6-BA 延缓衰老的机理研究 [J].北京大学学报（自然科学版），27（6）：700-706.

孙传清.1995. 水稻根系性状和叶片水势的遗传及其相关研究 [J].中国农业科学，28（1）：42-48.

汤日圣，梅传生，陈以峰，等.1997.4PU-30 对水稻叶片衰老与内源
　激素的调控［J］.植物生理学报，23（2）：169-174.

唐启义，冯明光.1997.实用统计分析及其计算机处理平台［M］.中
　国农业出版社.

田晓莉.1999.棉花根-冠关系的研究—根系伤流液及叶片中内源激素
　的变化［J］.中国农业大学学报，4（5）：92-97.

童建华，揭雨成，赵介仁.1995.杂交水稻与常规水稻秧苗根系比较
　研究［J］.杂交水稻（2）：20-22.

王根轩，杨成德，梁厚果.1989.蚕豆叶片发育与衰老过程中超氧化
　物歧化酶活性与丙二醛含量变化［J］.植物生理学报，15（1）：
　13-17.

王建林.1996.西藏裸大麦叶片旱促衰老与活性氧代谢的关系［J］.
　西北农业学报，5（1）：9-12.

王俊忠.1999.21 世纪中国粮食学术初探.中国青年农业科学学术年
　报［M］.中国农业出版社.

王瑞英，于振文.1997.稻麦及豆科作物籽粒发育过程中内源激素水
　平的变化［J］.麦类作物，17（3）：44-47.

王文明.1998.水稻超高产育种的现状及展望［J］.西南农业学报
　（5）：7-12.

王熹，俞美玉，陶龙兴，等.1995.烯效唑延缓小麦成熟期间叶片衰
　老的效应［J］.华北农学报，10（4）：71-75.

王彦荣.2001.水稻根系与超高产的若干研究［D］.沈阳农业大学.

王永锐，陈林，何杰升，等.1989.水稻免耕栽培生理基础 V 免耕水
　稻叶片衰老与根系活力［J］.中山大学学报，8（5）：170-174.

王余龙.1992.水稻颖花根活量与籽粒灌浆结实的关系［J］.作物学
　报，18（2）：81-88.

王余龙.1997.不同生育时期氮素供应水平对杂交稻根系生长及其活
　力的影响［J］.作物学报，23（6）：699-705.

王志芬，陈学留，余美炎，等.1997.不同穗型的两个冬小麦品种根
　系活力、光合特性及物质分配变化的比较研究［J］.作物学报，
　23（5）：607-614.

王志琴，杨建昌，朱庆森，等.1998.亚种间杂交稻籽粒充实不良的
　原因探讨［J］.作物学报，24（6）：782-787.

魏道智.1998.植物叶片衰老机理的几种假说［J］.广西植物，18

（1）：89-96.

吴金贤.1992.6BA 对水稻叶片衰老过程中活性氧代谢的调节［J］. 南京农业大学学报，15（3）：20-23.

吴岳轩.1992. 杂交稻根系代谢活性与叶片衰老进程相关研究［J］. 杂交水稻（3）：23-29.

吴岳轩.1995. 土壤温度对亚种间杂交稻根系生长发育和代谢活性的 影响［J］. 湖南农学院学报，21（3）：218-223.

吴志强.1982. 杂交水稻根系发育研究［J］. 福建农学院学报（2）： 19-26.

伍泽堂，张刚元.1990. 脱落酸细胞分裂素和丙二醛对超氧化物歧化 酶活性的影响［J］. 植物生理学通讯（4）：30-32.

肖凯，王殿武，张荣铣，等.1994. 小麦叶片衰老生理变化的研究 ［J］. 国外农学—麦类作物（1）：46-48.

肖凯，张荣铣. 小麦叶片老化过程中光合功能衰退的可能机制［J］. 作物学报，1998，24（6）：805-809.

肖凯.1993. 植物不同器官和植物激素对叶片衰老的影响［J］. 国外 农学农学—杂粮作物（6）：46-47.

熊振民.1990. 中国水稻［M］. 中国农业出版社.

徐秋生，李卓吾.1992. 亚种间杂交稻籽粒灌浆特性与籽粒充实度的 研究［J］. 杂交稻（4）：26-29.

徐正进.1990. 日本水稻超高产难度育种现状及展望［J］. 水稻文 摘，9（15）：1-6.

杨建昌，苏宝林，王志琴，等.1998. 亚种间杂交稻籽粒灌浆特性及 其生理的研究［J］. 中国农业科学，31（1）：7-14.

杨仁崔.1996. 国际水稻研究所的超级稻育种［J］. 世界农业（2）： 25-26.

杨守仁.1990. 水稻高产育种紧张［J］. 作物杂志（2）：1-2.

杨守仁.1996. 水稻高产育种的理论和方法［J］. 中国水稻科学，10 （2）：115-120.

杨肖娥，孙羲.1985. 连晚杂交稻根系生理特性的研究［J］. 杂交水 稻（3）：159-163.

于贵瑞.1993. 高产水稻群体根系空间分布数学模型的研究［J］. 辽 宁农业科学（1）：19-24.

喻树迅，黄祯茂，姜瑞云，等.1994. 不同短季棉品种衰老过程生化机理的研究［J］．作物学报，20（5）：629-635.

袁隆平．1997．杂交水稻超高产育种［J］．杂交水稻，12（6）：1-3.

袁隆平．1999．杂交稻选育的回顾、现状与展望［J］．中国稻米
　　（4）：3-6.

岳寿松．1996．小麦旗叶衰老过程中氧自由基与激素含量的变化［J］.
　　植物生理学通讯，32（5）：349-351.

岳寿松．1996．小麦旗叶与根系衰老的研究［J］．作物学报，22
　　（1）：55-58.

曾浙荣，台建祥，赵双宁．1988．小麦品种衰老类型的比较研究［J］.
　　作物学报，14（3）：237-240.

张俊国，曹炳晨，张龙步等．1991．不同粳稻品种灌浆速率的研究
　　［J］．辽宁农业科学（1）：21-26.

张龙步，董克．1992．水稻田间试验方法和测定技术［M］．辽宁科学
　　技术出版社．

张荣铣．1986．三个小麦品种光合特性的差异［J］．植物生理学报，
　　12（3）：259-262.

张宪政，陈凤玉．1994．植物生理学实验技术［M］．辽宁科学技术出
　　版社．

张宪政．1990．作物生理研究法［M］．农业出版社．

张志良．1990．植物生理学实验指导［M］．高等教育出版社．

赵言文．2000．旱秧苗本田期根系建成特征及其对产量形成作用的研
　　究［J］．江苏农业科学（1）：4-7.

郑景生．1998．水稻根系生长发育与基因型及地上部的关系［J］．福
　　建稻麦科技，16（5）：11-12.

郑景生．1998．水稻根系形态发育研究进展［J］．福建稻麦科技，16
　　（3）：40-43.

郑相穆．1981．杂交稻根系活力的动态变化及调节［J］．安徽农业科
　　学（3）：68-71.

中国农业科学院食物发展研究组．1993．论中国食物发展战略［J］.
　　中国农业科学，26（2）：1-24.

周嘉槐，张智勇，孙昌璜，等．1979．杂交稻的空壳率和营养状况的
　　关系［J］．植物生理学报，5（3）：205-213.

周佩珍．1985．植物生理［M］．安徽科学技术出版社．

朱庆森．1979．水稻结实率的研究［J］．中国水稻科学（6）：38-41.

朱庆森. 1988. 水稻籽粒灌浆的生长分析 [J]. 作物学报, 14 (3): 182-186.

Davey J E, Van Staden J. 1976. Cytokinin translocation: Changes in zeatin and zeatinriboside levels in the root wxudate of tomato plants during their development [J]. Planta, 130: 69-72.

Molisch H, Der Lebensdawer der pfeamze. 1978. In the Longevity of plants [J]. Translated and Published by H. Fulling Newyork.

Morris F. 1985. Niteongen and Phosphorus Mobilization in Maturing/senescing Wheat Flag Leaves [J]. Field Crop Res. (12): 71-75.

Neilsen K F. 1974. Roots and root temperature. In Carson, E. N (ed), The plant root and enviorment [J]. The University Press of Virginia Charlottesvill, 293-234.

Nooden L D, Letham D S. 1993. Cytokinin metabolism and signaling in the soybean plant [J]. Australian Journal of Plant Physiology, 20: 639-653.

Patternson T G. 1979. Senescence in Field - grown Wheat. Crop Sci., (19): 635-639.

Singh S P, et al. 1981. Studies on the root distribution pattern in paddy cultivars, India J. Agricul. Chem, 14 (1/2): 155-161.

Thimann K V. 1977. Hormon Action in the Whole Life of Plants, Univ. Of Massachusetts Press, Amberst, MA, 448.

Yoshiba S, et al. 1982. Soil Sci. Plant Nutri., 28 (4): 473-482.

第三章　水稻氮、磷、钾肥料高效利用研究

第一节　稻田土壤养分释放特性及调控技术研究

一、稻田土壤氮的释放特性及调控技术

1. 稻田土壤氮素的供应状况

土壤供氮水平是影响水稻产量的一个直接因素，而且在一定范围内几乎不能以肥料氮代替。一般来说，水稻所吸收的氮素，只有三分之一是来自所施用的化肥肥料，其余三分之二是来自地力产生的氮素。特别是丰产水稻所吸收的多量氮素大部分来自地力产生的氮素（朱鹤健，1985）。由于地力氮素是通过全耕作层有机质的分解而逐渐释放出氨，提高稻株缓慢、安全的吸收，而不致发生氮素中断供应或过量吸收。所以增加来自地力氮素的供应，对于高产水稻栽培是十分重要的。随着水稻产量的提高，必然对水稻养分提出更高的要求（表3-1）。

表3-1　不同产量稻田土壤养分含量（朱鹤健，1985）

产量 （kg/亩）	有机质 （%）	全氮 （%）	全磷 （%）	全钾 （%）	pH	水解性氮 （mg/kg）	速效磷 （mg/kg）	代换性钾 （mg/kg）
600~700	3.64	0.193	0.161	1.6~2.6	5.68	70	67	111
500~592	3.23	0.161	0.127	0.5~3.7	6.03	69	40	105
400~490	3.05	0.141	0.103	2.2	6.27	52	23	83
200~300	1.53	0.084	0.099	2.18	6.03	43	12	55

土壤圈中的氮素循环非常复杂，它受到温度、水分、土壤条件等各种因素的影响，氮素形态及其转化过程可用图3-1表示。

土壤中的氮素主要以有机氮的形式存在，其主要包括有机残体中的氮，即存在于未分解或半分解的动植物残体中的部分和土壤有机质或腐殖

质中的氮两大类，其中大部分有机氮通过矿化作用成为无机态氮供植物吸收利用，是交换性铵和硝态氮的源和汇，小部分有机氮可直接为植物所吸收（莫良玉等，2002）。土壤中有机态氮素能够矿化成 $NO_3^- - N$ 和 $NH_4^+ - N$ 的那部分有机态氮素，被称为可矿化氮。

土壤氮素转化包括很多过程，主要有有机氮的矿化、氮素固定、硝化与反硝化、铵离子吸附释放等。土壤氮素是作物吸取氮素的主要来源，而土壤有机氮的矿化是土壤矿质氮的重要源泉，因此有机氮的矿化一直是研究重点。土壤氮素矿化是微生物参与的生物化学过程，矿化的强度和数量不仅取决于土壤中的有机质含量的多少，而且受温度、水分条件的影响。土壤耕层全氮或有机质与可矿化氮有很好的相关性，不同土层的矿化氮量虽与全氮、有机质，特别是与底土层的全氮和有机质有密切联系，但矿化量与有机质之比却相差甚大，这说明可矿氮的数量主要受有机质的组成而非数量决定。氮素矿化作用是决定水稻土氮素供应过程的主要因素。可矿化的有机态氮占有机态氮总量的比例称为土壤的供氮容量，有机态氮的矿化速度的快慢称为供氮强度，二者是指导水稻合理施肥的重要参数。

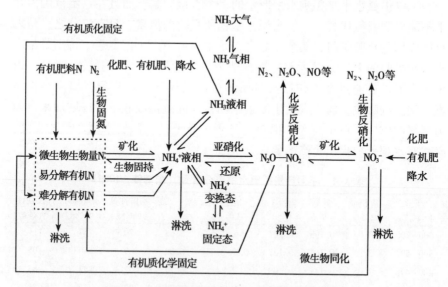

图 3-1　土壤中氮素转化及转移示意（朱兆良）

氮的固定作用包括土壤黏土矿物的晶格固定和生物固持两种机制，前者可暂时或长时间储存部分氮以补充和丰富土壤氮库，后者和有机质的矿化是两个同时进行但方向相反的过程，也同样受微生物活动的影响，氮的生物固定对于减少土壤中氮的损失起着重要的作用。土壤微生物不但分解土壤有机氮而且自身更新周转，其矿化氮对植物高度有效，现代农业土壤微生物氮量的季节变化主要受施肥影响。

硝化作用是微生物获得所需能量的作用过程，铵先被亚硝酸细菌氧化成 NO_2^-，再由硝酸细菌氧化成 NO_3^-。反硝化作用有两个机制：一是微生物的反硝化，即在缺氧条件下，由兼性好氧异养微生物利用同一呼吸电子传递系统，NO_3^- 为电子受体，将其逐步还原成 N_2 的硝酸盐异化过程；二是化学反硝化，即 NO_3^- 与 NH_4^+ 作用而脱氮的过程。

固定态铵是土壤氮素的重要组成部分，在近代农业耕作中土壤的固定态铵主要来源于氮肥和有机肥的大量施用以及生物活动的一些影响。影响土壤固定态铵的主要因素是黏土矿物组成，高岭石、埃洛石等 1:1 型黏土矿物几乎不固定铵；2:1 型黏土矿物才固定铵且其固铵能力随黏土矿物种类不同而异。固定态铵在晶层间的位置不同，被层间电荷吸持的牢固程度亦不同，在一定的条件下作物只能吸收利用某一程度以下的固定态铵。铵的固定使一部分氮素不能立刻被作物利用，有不利影响，但由于有效性远高于生物固持氮，在保肥（降低溶液中铵浓度、防止氨挥发）、稳肥方面有重要意义。同时，固定态铵是土壤氮素内循环的重要环节之一，与其他氮素转化过程密切相关。

2. 稻田中氮肥的损失机制和途径

稻田中氮肥损失途径主要有氨挥发、硝化、反硝化、淋洗和径流。

氨挥发损失在稻田氮肥损失中被认为是水稻土壤氮肥损失的主要途径。在稻田生产中，通过氨挥发损失的氮可达施入量的 9%~42%（蔡贵信和朱兆良，1995；沈善敏，2002）。氨的挥发本质上是一个物理过程，是在"水—气"两相之间氨气的动态平衡被打破而产生的。因此，凡是能影响氨气在"水—气"两相之间的平衡的因素都能影响氨挥发的速率和强度，主要包括气象因素（温度、光照、风速、降水等）、土壤环境（pH值，阳离子交换量等）以及施肥、灌溉等管理措施（宋勇生和范晓辉，2003）。

硝化—反硝化损失在稻田土壤中进行的硝化和反硝化作用，其中间产物可被水溶解，形成的 N_2O 和 N_2 自土壤内逸出，成为土壤氮素损失的基本途径之一。通过 ^{15}N 平衡的方法，发现氮素通过硝化—反硝化作用的损失率为 10%~46%，平均为 27%（Ni et al.，2007）。土壤硝化—反硝化损失受土壤水分、通气状况、温度、pH 值、有机质和含氮量等诸多因素的影响（刘义等，2006）。朱兆良（2000）总结了水稻田中硝化—反硝化作用 5 种可能的发生部位和机制：①土表氧化层及其下的还原层中分别进行的硝化和反硝化作用；②水稻根际的氧化层及根外还原层中分别进行的硝化和反硝化作用；③无论氧化层或还原层中都可单独进行的硝化和反硝化作用；④田面水中藻类的生长对硝化和反硝化作用的促进；⑤土壤中化学机制的硝化和反硝化作用。

氮素的淋失是指土壤中的氮随水向下移动至根系活动层以下，从而不能被作物根系吸收所造成的氮素损失。我国典型地区农业生态系统养分支出参数表明，南方和北方稻田都有一定数量的淋失（尹娟等，2005）。农田土壤中，氮素的淋溶形态以硝态氮为主，其淋溶主要取决于土壤中的硝态氮含量和水分含量，过量使用氮肥引起土壤中硝态氮的累积，如果浇水时进行大水漫灌或者碰上降水量较大的年份，势必导致硝态氮的淋失。最近的研究表明水稻土中也存在铵态氮的淋溶，甚至其淋溶量高于硝态氮（吴建富等，2001）。当肥料中的铵态氮的数量超过了土壤吸附容量，或者大气沉降的铵态氮数量很大时，铵态氮的淋溶就有可能发生（Chen 和 Zu，2007）。

通过径流损失的氮是造成地表水氮素富集的重要原因之一。苏南太湖流域稻麦轮作区 5 个点的观测结果表明，稻田泡田弃水和地表径流所损失的氮分别相当于氮肥（尿素）施用量（345kg/hm^2/年）的 2.7% 和 5.7%（朱兆良，2000）。曹志洪等（2006）指出稻麦轮作田土壤氮的径流损失量，约占施肥量的 1.4% ~ 6.3%，平均小于当年施氮量的 5%。王小治等（2004）的研究指出施肥与径流发生的时间间隔是决定径流氮损失的关键因素，如能避免在暴雨前 5d 内施肥，可大大降低氮素径流损失。

3. 提高氮素有效性的途径

（1）氮肥深施。水田土壤中无机氮的形态变化，受土壤的氧化还原状态的支配。在淹水条件下的水田耕层大部分为还原层，作为专性好气性菌的消化细菌不能活动。因此，氨不能氧化而稳定存在。但是由田面水供给氧的氧化层，使氨经消化作用而变成亚硝酸和硝酸。在还原层，如局部有氧化部位，在那里便有可能发生硝化作用，生成的硝酸、亚硝酸一部分随渗透水淋溶，而大部分由于扩散和水的移动，向还原层或氧化层内某一局部的还原部位移动，在那里受反硝化作用，变成 N$_2$或 N$_2$O 向空气中散失，见图 3-2。由此，稻田土壤氮肥深施有利于避免因硝化、流失和挥发等作用造成的氮素损失。此外，由于作物根系具有向肥性，氮肥深施可促使水稻根系向深广范围发育，增强吸肥能力。

（2）节水灌溉。水分和氮肥既是影响水稻生长的主要限制因子，也是一对互相联系、互相作用的因子。只有水分、氮肥的合理投入、协调供应

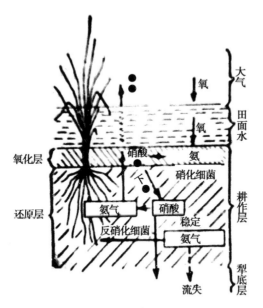

图3-2　稻田土壤无机态氮的形态变化（川口桂三郎，1985）

才能产生明显的协调和互补作用，达到"以水调肥，以肥调水，肥水相济"的效果（李亚娟，2012）。节水灌溉技术给稻田的生态环境带来重大的变革，大大改善了土壤的水、肥、气、热条件，促进了水稻的光合作用，提高了稻田土壤氧化还原电位，增强了好氧微生物的活性，有利于有机质的分解和土壤肥力的维持，同时也提高了农田氮肥的利用率。

　　（3）合理运筹。水稻要求氮素能持续的供应，不宜过多或不足。氮素不足将阻碍水稻正常生长，然而氮素过多有会引起病害、倒伏、空壳增多等不利症状。因此，掌握氮肥适当用量，并根据土壤养分供应特征和气候条件以及品种特性，进行合理运筹是施用氮肥的重要原则。近年发展起来的测土配方施肥、实地、实时施肥管理模式、精确定量施肥技术等根据土壤的供肥能力和水稻的实际需氮量制定氮肥的运筹方式，确定高产群体指标，实现了氮肥的高产高效。

二、稻田土壤磷的释放特性及调控技术

1. 稻田土壤磷素的供应状况

　　水稻土中磷的含量因水稻土的成土母质和土壤有机质含量以及耕作施肥的不同而不同，水稻土全磷含量一般为 0.04%~0.15%（朱鹤健，1985）。土壤全磷量和土壤供磷水平没有直接关系，而土壤有效性磷在

一定程度上能较好地反映土让磷素水平，一般多用 Olsen-P 来表示。一般来说，土壤速效磷随施磷量增加而升高。土壤中磷素状况在很大程度上受人类生产活动的影响。灌溉可以促进土壤总磷素的释放，增施有机肥可以调高土壤有机磷的含量。因此，在不同熟化程度的水稻土上，磷的含量，特别是有效磷以及有机磷的含量，都表现为高肥田高于低肥田的趋势。

土壤中磷素可分为有机磷和无机磷两大类。前者包括卵磷脂、核酸和磷脂等，后者多为与钙、镁、铁、铝相结合的磷酸盐及部分代换性磷。有机磷含量约在 0.013%~0.075%。有机磷可以矿化为有效态的磷酸盐，同时水稻可以直接吸收土壤中的糖类磷酸脂、核酸和简单的有机磷化合物。所以有机磷是水稻的一种磷素营养来源，但其不如无机磷重要。无机磷一般可分为非闭蓄态和闭蓄态两部分。非闭蓄态磷包括磷酸铁、磷酸铝和磷酸钙，一般占土壤无机磷总量的 30%~60%，其中以磷酸铁为主，一般水稻土磷酸铁含量占非闭蓄态磷的 50%~80%。闭蓄态磷主要是还原溶性磷酸铁，一般要占土壤无机磷总量的 40%~70%（朱鹤健，1985）。土壤中主要且有重要意义的无机磷形态包括磷酸二钙（Ca2-P）、磷酸八钙（Ca8-P）、磷酸十钙（Cal0-P）、磷酸铁铝（Fe-P、Al-P）和闭蓄态磷（Oc-P）等，其中，在石灰性土壤中以 Cal0-P 为主体，其次为 Oc-P；在中性和酸性土壤中以 Oc-P 为主体，其次是 Fe-P。无机磷形态有效性方面的研究结果表明，Ca2-P 和 A1-P 是高度有效的，Fe-P 和 Ca8-P 也具有相当高的有效性，Cal0-P 和 Oc-P 的有效性很低，是植物的潜在磷源，但是水稻土中的 Oc-P 在淹水条件下可显著提高其有效性。

2. 提高磷肥有效性的途径

（1）与有机肥混合使用。磷肥和有机肥混合后，可使磷肥粒紧密的吸附在有机质的团块上，减少了和土壤接触的机会，而有机肥分解所产生的酸类物质能增加磷酸盐的溶解度，同时通过络合作用，使土壤中的铁、铝、钙等离子形成稳定的络离子或难溶的沉淀物，减少了这些多价离子的有效浓度，也就减弱了它们对磷的固定作用，从而提高磷肥的有效性。

有机物质一般能提高磷素的扩散。有机物能提高磷扩散的原因，从化学因素来讲可能主要有两个方面：一是当有机物质与无机颗粒通过铁、铝（酸性土）和钙、镁（石灰性土）桥键复合时，能相应降低土壤中铁铝和钙镁对磷的固定，增加了磷在土壤液相中的浓度。二是当土壤中有较多腐殖质物质时，土壤复合体上可保留相当数量的 H^+，从而抑制氢铝的转化速度，同时降低代换性铝的数量，减少活性铝对磷的固定。

（2）用作基肥。研究表明，水稻吸收磷只有一个分部效用峰，时间是在移栽后2周。水稻孕穗前需要的磷素占全生育期吸磷量的2/3左右，水稻生育早期的分蘖和根系发育都需要丰富的磷素，并且吸入体内的磷可多次再利用。而在生长后期，水稻根系已充分扩展，其吸磷能力明显大于前期。另外，淹水时间越长，土壤磷的有效性也相应增加，因此，磷肥基本用于基肥施用。

三、稻田土壤钾的释放特性及调控技术

1. 稻田土壤钾素的供应状况

我国水稻土壤中的全钾含量一般较高，绝大部分是继承其前身土壤而来的。土壤中钾存在多种形态，不同形态的钾对作物的有效性不同。土壤钾形态分级研究始于20世纪50年代，经历了几十年的发展后，金继运等（1993）提出一套较为完整的土壤钾素分级方法。在该体系中，根据活性大小的不同将土壤钾素分为：水溶性钾、非特殊吸附态钾、特殊吸附态钾、非交换性钾、矿物钾五级。把交换性钾区分为活性不同的特殊吸附态钾（2∶1型黏土矿物楔形位上特殊吸附，不能被Ca^{2+}、Mg^{2+}等所交换，但能被NH_4^+所交换或通过水分子之间形成的氢键进行的电子传递过程而释放的钾，用1mol/L中性醋酸铵浸提，其含量为醋酸铵浸提钾减去醋酸镁浸提钾）和非特殊吸附态钾（土壤胶体表面上吸附且能被Ca^{2+}、Mg^{2+}等所交换的钾，用1mol/L醋酸镁浸提，其含量为醋酸镁浸提钾减去水溶性钾），客观反映了交换性钾的特征并给交换性钾下了一个较准确的定义，从而更能充分反映土壤钾素逐步释放的过程和不同形态钾对作物的有效性大小。土壤中的钾绝大部分是以含钾矿物的形态存在，占总钾量的90%~98%。这种形态的钾不易被植物所利用；其余1%~10%为非代换性钾，这种形态的钾虽不能直接被植物利用，但因其被土壤胶体所固定，不易流失。除此之外，还有水溶性钾和代换性钾，这部分能为植物所利用，属有效钾，在土壤中约占土壤总钾量的1%~2%（朱鹤健，1985）。

水稻土中不同形态的钾处于动态平衡之中：矿物态钾→非交换态钾↔可交换态钾↔水溶态钾（表3-2）。土壤交换性钾和水溶性钾可以迅速达到平衡，而缓效性钾和交换性钾与水溶性钾之间的平衡则非常缓慢。矿物态钾（即结构态钾）向其余形态钾之间的转化在水稻土中极为缓慢，以至于在水稻的一个生育期内基本无效。

表 3-2 水稻土土壤中钾素的形态分布和含量

根据化学活性划分	结构钾	非交换态	可交换态	水溶态
根据水稻营养划分	矿物态	固定态和缓和态	速效态	
存在位置	矿物结构组成	矿物结构表面以及晶层内部	土壤胶体表面	土壤溶液
保持作用	配位作用	配位作用和层间吸附	静电引力	呈例子态
平衡关系	矿物 → 风化 ↔ 缓慢 ↔ 迅速 ↔ 离子			
扩散系数	$\approx 10^{-23} \sim 10^{-15}$		$\approx 10^{-8} \sim 10^{-5}$	
测定方法	全钾-HNO_3-K	HNO_3-K-NH_4OAc-K	NH_4OAc-K	树脂-K
绝对含量	5 000~25 000ppm	50~750ppm	15~80ppm	0.1~15ppm
相对含量	90%~98%	2%~8%	0.1%~2.5%	

注：表中数据来源于冯玉科（2002）

土壤各形态钾处在一个动态平衡的变化之中。当土壤溶液中的钾被作物吸收利用或随水淋溶后，土壤中的交换性钾便得以释放；随着土壤交换性钾含量的减少，土壤缓效钾也会不断释放；当速效钾的含量减少，土壤缓效钾也会不断释放；同样，当土壤缓效钾减少后，土壤矿物态钾也会向缓效钾方向转化以补充缓效钾的消耗。在现有的土壤供钾能力的预测方法中，往往只考虑钾的提取量，而忽略了这种动态变化。实际上，土壤的含钾量相同并不代表土壤具有相同的供钾能力，这是由于缓效钾和矿物钾释放速率不同所致。

朱永官等（1994）研究了不同土壤的非交换性钾在 0.01mol/L 草酸或柠檬酸中的释放动力学，并用一级反应方程、抛物线方程、Elovich 方程和零级反应方程求出各土壤中钾的释放速度，结果表明非交换性钾与土壤钾的释放速率呈显著相关。用连续流动交换仪及 0.5mol/L NH_4Cl 溶解研究不同土壤非交换性钾的释放动力学的结果表明，不同土壤钾的释放总量、释放持续时间、平均释放速率及最大释放速率等均存在很大差异，这些差异与土壤含钾矿物种类有直接关系。在研究中他们用一级动力学来描述钾的释放，并认为钾素释放动力学研究的结果与盆栽供钾试验中供试土壤表现出来的供钾能力相一致。程明芳等（1999）用连续流动交换技术对我国北方 25 个供试土壤非交换性钾的释放速率进行研究，结果表明，土壤非交换性钾释放持续时间均在 10h 以上；土壤非交换性钾的释放初始速率较高，释放速率随着试验过程的进行表现出逐渐下降趋势；土壤非交换性钾的最大释放速率一般出现在释放的 0~10min，变幅为 0.195~2.30mg/kg/min，10h 平均释放速率变幅为 0.066~1.121mg/kg/min；研究认为，用土壤非交换性钾释放参数（土壤非交换性钾 600min 总释放量、平均释放速率、最大释放速率）来评价土壤供钾能力的可靠性大大提高；在评价土壤供钾能力时用非交换性钾平均释放速率优于用最大释放速率，非交换性钾平均释放速率大，土壤长期供钾能力就强，反之亦然。魏朝富等（1998）在紫色土壤上对土壤矿物钾释放能力进行研究，结果表明，紫色水稻土壤矿物钾对缓效钾具有很强的补偿能力，连续 8 次提取的矿物钾的累积释放量为土壤缓效钾的 1.5~2.0 倍，最初一次浸提土壤矿物钾的释放量就可达缓效钾的 27%~44%，即使在第 8 次浸提时释放速率仍高达 0.8~8.8mg/kg/min；三类紫色水稻土壤矿物钾的供钾能力大小顺序为红棕紫泥田>灰棕紫泥田>红紫泥田。吕晓男等（1998）在前人基础上，从理论上求得土壤钾释放的速率方程：$V = dd/dt = Dt1/2/（t+t1/2）2$，式中：D 为土壤钾的最大释放量（mg/kg）；t1/2 为钾解吸半时间；d 为时间 t 时土壤钾释放的累积量（mg/kg）。该方程为人们探索土壤供钾能力提供了理论支持（和林涛，2008）。

2. 提高钾肥有效性的途径

（1）钾肥与氮肥配施。土壤固钾作用是影响土壤供钾能力和钾素化肥肥效的主要因素。土壤的固钾作用将使施入的大部分有效钾素转为非交换性钾，其中，只有小部分可被当季作物吸收利用，这种现象将随农业集约化程度的提高和土壤钾素耗竭程度的加强而加重，并直接影响钾肥利用率。另外，由于钾的固定避免了钾肥的流失，防止了作物对钾的奢侈吸收，同时也是土壤速效钾的潜在来源。对钾素高度耗竭土壤的研究表明，施入的钾会被大量固定。因而必须施用更多的肥料以首先满足土壤矿物层间的"空穴"，才能达到增产的目的。研究认为，钾素耗竭土壤对铵的固定作用强于对钾的固定作用，先施铵后施钾时，氮进入晶格孔穴，成为固定态铵离子，影响了土壤对外源钾的固定，使钾的固定量减少。因此，钾与氮肥的合理配施是提高钾肥效用的最重要的条件之一。

（2）提倡施用有机肥。有机肥单施或无机肥配施均可提高土壤速效钾的含量。分析其原因可是能由于随着有机肥本身所含的钾不断施入，以及有机胶体在其交换表面具有保持养分的巨大能力的缘故。稻草本身含有丰富的钾素，稻草还田对补充土壤钾素亏损和维持土壤钾素平衡是有效的。一般在氮、磷化肥的基础上，稻秸还田可增加土壤有效钾 8.3~44mg/kg。稻草还田可显著提高土壤中钾的含量，稻草还田携入的钾与化学钾肥具有相同的营养功效，稻草可替代部分化学钾肥。并且稻草还田后，秸秆中的钾很快便会释放出来。稻草还田，能显著增加农田系统 K 的输入量，减少化肥 K 的投入量，提高稻田系统生产力。

第二节　水稻养分吸收变化规律及营养特性研究

一、水稻对氮的吸收规律及营养特性

1. 水稻对氮的吸收规律

氮通常以有机态氮和无机态氮存在。有机态氮是土壤氮的主要形态，其组成复杂，难以被水稻直接利用，但在作物生长发育过程中，通过微生物的矿化作用，有机氮可以转化为铵被作物利用。作物吸收利用无机态氮主要是 NH_4^+-N 和 NO_3^--N。由于水稻长期处于淹水条件，土壤中 NO_3^--N 容易受到淋失与反硝化损失，所以水稻以吸收 NH_4^+-N 为主，通常认为水稻属于喜 NH_4^+-N 的作物（王巧兰，2010）。NH_4^+-N 被吸收后很快在植株根部被同化为氨基酸或蛋白质，或者以氨基酸的形式向地上部运输，优先分配至水稻生长中心或次生长中心；NO_3^--N 被根系吸收后，可以在根内进一步同化为氨基酸、蛋白质，或以氨基酸的形式向地上部转移，也可以 NO_3^- 形式直接通过木质部运送到地上部后进一步同化。NO_2^--N 也可转化为铵，再参与植物体内氮代谢。

水稻在不同生育时期，各器官的氮素含量是不同的。一般茎叶中的含量为 1%~4%，穗中含量为 1%~2%。茎、叶器官的含氮量随着生育期的推进而下降，到成熟期最少。而谷粒含氮量则随之增加，谷粒中氮累积量与谷粒产量呈正相关关系。不同的水稻品种在氮的吸收上存在明显差异，早稻表现在分蘖-拔节期出现一个吸氮高峰，约占总吸氮量的 60%；晚稻在分蘖期和孕穗-抽穗期出现两个吸氮高峰，分别占总吸氮量的 40% 和 24% 左右（邹长明，2002），如果孕穗期氮素供应不足会引起颖花退化，不利于高产（陈温福，2010）。如果环境中氮供应水平高，水稻在抽穗后还能利用根系吸收氮素（权太勇等，2000）。虽然水稻在整个生育期都具有不同程度的吸收氮的能力，但水稻对氮的最大吸收阶段是在幼穗分化期，最高的吸氮速率达 $6kgN/hm^2/d$ 左右，甚至可以达到 $12kgN/hm^2/d$（黄见良等，1998）。同时，水稻对肥料氮的吸收，随生育期的推迟逐渐减少，而对土壤氮吸收随生育期的推迟而逐渐增加。

2. 氮素的营养特性

氮是组成植物细胞原生质-蛋白质的主要成分，占蛋白质含量的

16%~18%。在作物生长发育过程中，细胞的生长和分裂以及新细胞的形成都必须有蛋白质参与。缺氮时因新细胞形成受阻而导致植物生长发育缓慢，甚至出现生长停滞。蛋白质的重要性还在于它是生物体生命存在的形式。一切动植物的生命都处于蛋白质不断合成和分解的过程之中，正是在这不断合成和分解的动态变化中才有生命存在。如果没有氮素，就没有蛋白质，也就没有了生命。氮素是一切有机体不可缺少的元素，被称为生命元素。

氮是核酸和核蛋白的成分。核酸也是植物生长发育和生命活动的基础物质，核酸中含氮15%~16%，无论是在核糖核酸（RNA）或是在脱氧核糖核酸（DNA）中都含有氮素，核酸态氮约占植株全氮的10%。核酸在细胞内通常与蛋白质结合，以核蛋白的形式存在。核酸和核蛋白大量存在于细胞核中，DNA和RNA是基本的遗传物质，是遗传信息的传递者。核酸和核蛋白在植物生活和遗传变异过程中有特殊作用。

氮是叶绿素的组分元素。叶绿体占叶片干重的20%~30%，而叶绿体中含蛋白质45%~60%。叶绿素是植物进行光合作用的场所，叶绿素的含量直接影响着光合作用的速率和光合产物的形成。当植物缺氮时，首先表现为叶绿素含量下降，叶片黄化，光合作用强度减弱，光合产物减少，从而使作物产量明显降低。

氮是酶的重要组分。酶本身就是蛋白质，是体内生化作用和代谢过程中的生物催化剂。植物体内许多生物化学反应的方向和速度都是由酶系统进行控制的。通常，各代谢过程中的生物化学反应都必须有一个或几个相应的酶进行催化，缺少相应的酶，代谢过程就很难顺利进行。氮素通过酶间接影响着植物的生长和发育，氮素供应状况关系到作物体内各种物质及能量的转化过程。

此外，氮素还是一些植物激素（如细胞分裂素、赤霉素等）的组分，而生物碱（如烟碱、茶碱、胆碱等）和维生素（如维生素 B_1、维生素 B_2、维生素 B_6、维生素 PP 等）也都含有氮。这些含氮化合物在植物体内含量虽不多，但对于某些生理过程却起着很重要的调节作用。如细胞分裂素，它是一种含氮的环状化合物，可促进植株侧芽发生和增加禾本科作物的分蘖，并能调节胚乳细胞的形成，有明显增加粒重的作用；而增施氮肥则可促进细胞分裂素的合成，因为细胞分裂素的形成需要氨基酸。

大量研究表明（潘瑞炽，1979），供氮水平的高低对水稻根系的生长与活性、叶片的伸长与寿命、叶绿素含量、植株的生长、分蘖能力、颖花的分化与退化和籽粒灌浆等都具有明显的影响，且不同生长时期氮素的生理功能不同，对于水稻而言，在营养生长期所吸收的氮素促进生长和分蘖，从而决定潜在的穗数；在穗分化初期氮素有利于小穗的形成；而在穗分化后期，则通过减少小穗的退化、增加谷壳大小而增加库容。氮素在抽穗前增加茎和鞘中碳水化合物的积累，而在籽粒灌浆期则有助于增加籽粒中碳水化合物的积累（刘德林，2002）。总之，氮对植物生命活动以及作物产量和品质的形成均具有极其重要的作用。

综上，氮素在维持和调节水稻生理功能上具有多方面的作用，在各种营养元素中，氮素对水稻生长发育和产量的影响最大。氮素供应适宜时，植株根部生长快，根数增多；但氮素过量反而会抑制稻根生长。氮素能明显促进茎、叶生长和分蘖原基的发育，所以植株体内含氮量越高，叶面积增长越快，分蘖数越多。氮素还与颖花分化及退化有密切关系，一般适量施用氮肥能提高光合作用和形成较多的同化产物，促进颖花的分化并使颖壳体积加大，从而增大颖果的内容量，有利于提高谷重。缺氮症状通常表现为叶色失绿、变黄。一般先从下部叶片开始。缺氮会阻碍叶绿素和蛋白质的合成，从而减弱光合作用，影响干物质生产。严重缺氮时细胞分化停止，表现为叶片短小，植株瘦弱，分蘖能力下降，根系机能减弱。氮素过多时，叶片拉长下披，叶色浓绿，茎徒长，无效分蘖增加，群体容易过度繁茂，致使透光不良，结实率下降，成熟延迟，加重后期倒伏和病虫害的发生。

二、水稻对磷的吸收规律及营养特性

1. 水稻对磷的吸收规律

水稻整个生育期植株体内磷含量一般为 0.4%~1%，变化幅度较小，含量的最大值出现在拔节期。茎叶含磷量与稻株差异不大，穗的含磷量较高，一般在 0.5%~1.4%。这是因为磷在植物体内能自由转运，流动性大于其他元素，早期多量吸磷仍可转移到新生组织中（朱鹤健，1985）。水稻对磷的吸收量远比氮肥低，平均约为氮量的一半，但是在生育后期仍需要较多吸收。水稻各生育期均需磷素，其吸收规律与氮素营养的吸收相似。以幼苗期和分蘖期吸收的最多，插秧后 3 周前后为吸收高峰。此时在水稻体内的积累量占全生育期总磷量的 54% 左右，分蘖盛期每 1g 干物质中含 P_2O_5 最高，约为 2.4mg，此时磷素营养不足，对水稻分蘖数及地上与地下部分干物质的积累均有影响。水稻苗期吸入的磷，在生育过程中可反复多次从衰老器官向新生器官转移，至稻谷黄熟时，60%~80% 磷素转移集中于籽粒中，而出穗后吸收的磷多数残留于根部（陈温福，2010）。

2. 磷素的营养特性

磷是核酸的组成成分，核酸与蛋白质构成核蛋白。在对细胞分裂中起较大作用的细胞核中含磷特别多，因此，在细胞增殖的分蘖期，磷对于增加分蘖是必需的。磷脂是植物体内含磷有机化合物，是细胞质和生物膜的重要成分，而核蛋白也是细胞质和细胞核的重要成分，直接参与糖、蛋白质和脂肪的代谢。磷还是三磷酸腺苷（ATP）、辅酶 A（CoA）、辅酶 I（Co I）、辅酶 II（Co II）、黄素单核苷酸（FNLT）等的组成成分，它们都参与水稻植株体内的生理调节作用。因此，磷对水稻的意义在于它是原生质和细胞核的组成成分，又是植株体内物质代谢、生长发育和遗传变异等生命活动过程中不可缺少的物质，这些物质既能促使细胞生长，也调节植物体内各个代谢过程。因此，磷对稻株的生长发育和各生理过程均具有促进作用。

植物生长旺盛时期吸收的氮迅速合成蛋白质，在蛋白质大量合成时期，细胞质中的 RNA 含量也显著增加。这时如果缺乏核酸的组成部分——磷，则 RNA 合成受阻，蛋白质数量减少。水稻缺磷常引起蛋白氮减少，非蛋白氮增加，新的细胞和细胞核形成减少，影响细胞分裂，植株矮小，叶细长，叶片暗绿色、基部叶片为棕红色，水稻生长发育受到阻碍。而当水稻植株吸收磷素营养以后，形成各种含磷有机化合物，其时，叶片核酸磷和蛋白氮之间存在比例为：128：172，叶鞘中的比例为80：129。由此可见，磷影响核酸形成，从而促进蛋白质合成和稻株生长，这种作用在水稻生长初期最为显著。如果增加磷肥，则可促进稻株体内蛋白质合成，也促进钾的吸收，对水稻分蘖及植株生长都有良好作用，使水稻抽穗早，抗病性提高，抗旱和抗高温能力增强。研究认为，施磷能促进杂交水稻根系活力的提高，适量施磷杂交水稻的根系活力能够保持较长时间的较强的活性（郭朝晖等，2002）。刘运武等（1996）认为，随着施磷量的增加，稻谷产量相应提高，水稻植株体内含磷量提高，氮、钾含量也相应增加，说明磷可以促进稻株对氮、钾的吸收。

三、水稻对钾的吸收规律及营养特性

1. 水稻对钾的吸收规律

钾是植物营养三要素之一，但与氮和磷不同，钾以离子状态由根吸收进入植物体内，不参加植物体内有机物的组成成分。它在植物体内也几乎呈离子状态或原生质吸附。

水稻吸钾量远大于氮和磷，吸钾量是氮量的 1.5~2 倍，是磷量的

1.5~4 倍（朱鹤健，1985）。水稻抽穗开花以前对钾的吸收已基本完成。钾的吸收高峰是在分蘖盛期到拔节期，此时茎、叶钾含量保持在 2% 以上。另一个较弱的吸收峰在水稻生殖生长阶段。孕穗期茎、叶含钾量不足1.2%，颖花数会显著减少，出穗期至收获期茎、叶中的钾不像氮、磷那样向籽粒集中，含量维持在 1.2%~2%（陈温福，2010）。

从 K⁺ 通道被人们发现以来，对于植物吸收 K⁺ 的机理就成为了人们研究的热门课题，以便搞清楚高等植物体内存在的 K⁺ 吸收的反馈调节系统（system of feedback regulation）。从动力学来讲，植物本身对 K⁺ 吸收率降低主要是由于 I_{max} 值显著降低，而不是由于降低了植物对 K⁺ 的亲和性。I_{max} 值的降低，表明外流速率的增加，从而净吸收率下降。有关植株对 K⁺ 吸收调节的观点有两种（和林涛，2008）：第一，认为是根系的含钾量直接控制 K⁺ 吸收。根据示踪动力学的研究表明，根系对含钾量的调节作用是通过对 K⁺ 透过质膜和液泡膜的内流和外流的影响来实现的。具体的，当 K⁺ 进入质膜的内流（Φ_{oc}）下降时，或渗出质膜和外渗（Φ_{oc}）增加时，K⁺ 吸收即趋于稳定，由于高等植物根系的细胞主要由细胞质和液泡两大部分组成，因此，含钾量对 K⁺ 吸收的负反馈调来自细胞质和液泡含钾量的变化。如谢少平和倪晋山（1987）研究表明，水稻威优49 幼苗根系 K⁺（86Rb+）吸收率的改变主要受根部液泡含钾量的调节。第二，认为是地上部含钾量对根吸收钾的调节，而一些研究者认为这种调节只是间接的。谢少平（1989）认为，植物地上部对 K⁺ 吸收的调节取决于其含钾量。他分析可能每种植物存在一个钾胁迫临界值（critical concentration）。如果地上部分含钾量小于钾胁迫值，则地上部总参与对根吸收 K⁺ 的调节。

2. 钾素的营养特性

水稻是对钾需求量比较大的作物，高产水稻对钾的吸收量可达到 $250\sim300kg/hm^2$，而氮为 $160\sim220kg/hm^2$，表明在水稻养分的吸收中钾占有重要地位。钾与氮磷不同，它不参与水稻体内重要有机物质的组成，主要以溶解的无机盐形式，以离子状态存在，或呈游离状态，或被胶体不稳定地吸附。但钾仍是水稻生长所必需的营养元素，在水稻生理活动中发挥着重要的作用。

在糖酵解代谢过程中，由烯醇式磷酸丙酮酸脱磷酸变成烯醇式磷酸丙酮酸的过程是由丙酮酸磷酸激酶和 Mg^{2+} 及 K⁺ 起活化剂的作用，其结果便成为糖酵解过程第二次生成高能磷酸化合物，给其他代谢活动提供能量，这一过程是糖酵解代谢的一个重要环节。由糖酵解产生的丙酮酸进入三羧酸循环（也称为有氧呼吸）便产生各种有机酸，这些有机酸的出现与蛋白质合成和脂肪合成密切联系。因此，钾不但直接影响糖酵解过程，也间接地影响到其他物质的代谢。

　　钾与水稻体中碳水化合物的合成与运输关系密切。蔗糖、淀粉、纤维素和木质素的合成多需要先由单糖经过己糖磷酸化作用，钾可以参与这个磷酸化过程的反应。所以，钾肥充足会使植物体内各个器官，尤其是茎秆和叶鞘的蔗糖、淀粉及纤维素等含量增加，机械组织增强。张存銮等（2000）研究指出，施用钾肥可以使水稻基部节间的充实度增加，茎秆是光合产物向穗部运输的通道，茎变粗后必然能使营养物质向穗部运输变通畅，为籽粒的饱满创建良好条件。

　　RNA 和 DNA 的组成成分包括腺嘌呤，而钾作为某些酶的活化剂参与到腺嘌呤和鸟嘌呤的生物合成过程中。腺苷酸及鸟苷酸是由肌苷酸形成的，而肌苷酸的合成过程中有两个步骤需要钾离子参与作为酶的激活剂，即：①由甲酰甘氨基咪核糖-5-磷酸。这个过程除需要谷氨酰胺、ATP 和酶的作用，还需要 Mg^{2+} 和 K^+ 的存在和参与。②由 5-氨基-4-甲酰胺咪唑核甘酸生成肌苷酸时也需要钾离子的参与。

　　钾还有助于氮素代谢和和蛋白质的合成。蛋白质合成依赖着核酸，核酸对蛋白质合成起着决定性的作用，钾又影响核甘酸和核酸的合成，因此，钾直接或间接地在蛋白质合成中起着重要的作用。所以施氮量多，对钾的需要量也就相应增加。钾对植物体内多种重要的酶有活化剂的作用。杨建等（2008）研究认为，钾素能促进和协调水稻对氮、磷的吸收和利用，并能很快将之转化为蛋白质，使之叶色青绿，光合作用增强，同时还能够提高根系活力，活化过氧化氢酶，释放新生态氧，在根际周围形成氧化圈，提高植株抗病力。钾肥通过影响水稻生长的不同生理指标而调节水稻的正常生长发育，施用钾肥对水稻基部叶片的过氧化氢酶的形成表现出明显的促进作用，对根系活力、株高、剑叶的光合速率、基部叶片的叶绿素含量也有促进作用（李卫国等，2001）。研究表明，施钾后水稻叶绿素含量都比对照提高，而且施钾越早，叶绿素含量越高。在杂交水稻灌浆期施不同数量的钾后，剑叶中叶绿素 a、b 含量及总量都比对照增加，而且降解速率也较小。据砂培试验测定，幼穗分化期、抽穗期和灌浆期对照处理的过氧化物酶活性，分别为 0.32μm/g、61.76μm/g 和 78.50μm/g 鲜重，而施钾水稻分别只有 27.67μm/g、52.40μm/g 和 55.53μm/g 鲜重。这三个主要生育期施钾水稻 POD 活性多比对照降低，灌浆到成熟阶段，对照的活性上升了 27.01%，而施钾处理上升了 5.91%，说明施钾后水稻的抗衰老作用增强（沈伟其，1988）。

钾素供应充分，能提高光合作用，增加稻体碳水化合物含量，有利于籽粒饱满，并使细胞壁变厚，机械组织发育增强，从而使茎秆坚韧，抗病、抗倒伏能力强。缺钾会引起蛋白质含量的减少和氨基氮、酰胺氮含量的增加以及原生质的破坏，根系发育停滞，容易产生根腐病。严重缺钾时，叶片尖端产生黄褐色斑点，逐渐扩展至全叶，茎部变软，株高伸长受到抑制。钾在植物体内移动性大，能从老叶向新叶转移，缺钾症先从下部叶片出现。钾不足时植株/叶片淀粉、纤维素、碳水化合物含量减少，在繁茂遮阳或光照不足的条件下，增施钾肥后水稻生育状况大多数可以得到改善。

钾肥对有效穗数的影响一般不大，但对增加实粒数、提高结实率和千粒重等有良好影响。张国平（2002）研究表明，水稻施钾不同处理对每亩（667m^2）穗数和千粒重均有影响，但对穗粒数的影响不显著，认为施肥增产的实质是提高千粒重和有效穗数，而赵孔南（1983）指出施钾能显著提高有效穗数、穗粒数、千粒重，对结实率的影响只是间接效应，增加粒数才是直接效应。

钾肥除增产作用外，对提高产品质量也有良好作用。周瑞庆（1988）认为，在保证水稻对氮素需要的前提下配合施钾，可减小垩白和垩白粒率，改善外观品质，显著提高整精米率。对早籼稻来说，钾肥施用量与整精米率、垩白大小的线性回归系数分别为 0.44* 和 −0.39*，均达显著水平；而杂交晚稻有所不同，钾肥施用量与整精米率、垩白大小的线性回归系数分别为 −1.30* 和 −0.95*，均达显著水平。盛宏达等（1997）认为，在水稻抽穗期叶面喷施磷酸二氢钾，可明显提高整精米率，降低垩白度。

第三节　氮磷钾高效利用研究概况

一、氮磷钾吸收利用的生理机制

1. 水稻高效吸收氮素的生理机制

水稻高效利用氮素有两种机制：一是在较低有效养分条件下吸收较多的氮素；二是用较少的氮素生产较多的干物质。前者常用氮素吸收效率表示，后者常用氮素利用效率表示。氮素利用效率与氮肥利用率是两个不相同的概念。氮肥利用率的研究对象仅指氮肥，不包括土壤中的氮素。而氮素利用效率是指水稻吸收单位重量的氮素所生产的稻谷或干物质，其研究对象为土壤可以供应的总氮素，包括土壤固有氮素和施入稻田中的氮素。

（1）氮素高效吸收的生理机制。土壤中氮素和施入稻田中的氮素经根系吸收才能进入稻株体内。因此，根系的形态、分布和生理生化特性对氮素吸收产生明显影响（江立庚和曹卫星，2002）。吸氮能力强的水稻在形态上表现为根系长度、体积、分布密度和有效吸收面积较大；在生理生化特性上表现为根系氧化能力强，脱氢酶活力、细胞色素氧化酶活力强及 ATP 含量高，伤流液中氨基酸含量高、种类多；在吸氮的动力学方面表现为吸氮米氏常数较小，即对 NH_4^+ 的亲和力较大。水稻根系的纵向分布特点与其氮素吸收的关系十分密切；密集在不到 1cm 表土层的根系主要吸收撒施于表土层的养分，表土层以下根系主要吸收土壤中下部养分。因此，这两部分根系在数量和活性上的变化对水稻植株从土壤或肥料中吸收氮素的比率产生重要影响。

水稻根系不仅直接影响其氮素吸收，而且还可影响土壤氮素状况。这主要表现在以下两个方面：一是根系在吸收 NH_4^+ 和分泌氧气时，根际 pH 值的变化会影响土壤中氮素的矿质化作用。当根系快速吸收 NH_4^+ 时，根际 pH 值可下降 1~2 个单位，反过来对 NH_4^+ 吸收产生抑制作用。二是水稻根系具有刺激土壤微生物固氮的能力，其固氮量约为 $50\sim100kg/hm^2/a$。不同水稻品种刺激土壤生物固氮的能力不同，其氮素吸收效率也不同。水稻根系吸收 NH_4^+ 的速率可用 Michaelis-Menten 动力学方程表示，其吸氮的动力学参数（Vmax 和 Km）在品种间存在差异。据杨肖娥研究，吸氮能力不同的水稻品种，其 Vmax 相差较小，而 Km 差异达极显著水平，表明水稻根系对 NH_4^+ 的亲和力在氮素高效吸收中发挥重要作用。

水稻地上部物质生产与根系对氮素吸收密切相关，这可能存在两方面的原因：一是根系吸收的氮素极大部分运输至地上部还原和同化，叶片中氮素还原和同化作用的酶活力越高，其根系吸收氮素的能力越强。二是 RuBP 羧化酶在碳氮代谢中具有双重功能。因为，RuBP 羧化酶是水稻体内重要的含氮化合物，占叶片总氮量的 25% 以上，叶片可溶性蛋白质的 50% 以上；RuBP 羧化酶又是二氧化碳同化的重要调节酶，在光照充足条件下往往成为二氧化碳同化的限制因子。根系吸氮能力强有利于提高叶片中 RuBP 羧化酶的含量，从而促进二氧化碳同化作用和地上部干物质生产。地上部的旺盛生长又通过反馈作用促进根系对氮素的吸收。植物根系吸收的矿质养分在植物体内可以不断循环和再循环。对氮而言，以氨基酸的形式在地上部和根系间进行循环和再循环，即经过韧皮部从地上部进入根系，又经木质部回到地上部。当植株受到低氮胁迫时，再循环加快。水稻地上部的旺盛生长增加了植株对氮的生理需求量，相对地减少了再循环的物质量，从而促进根系对氮素的吸收。

（2）氮高效利用的生理机制。氮素的利用效率仍是一个复杂的代谢过程，其利用效率的高低不仅取决于基因型，而且与生物体的生理代谢过程有密切的关系。作物氮素利用效率往往与其体内的氮素营养水平呈负相关关系，即体内含氮率高时，氮素利用效率下降。与大豆和小麦等其他 C_3 作物相比，水稻的氮素利用效率较高，原因之一就是水稻体内的含氮率低。对于收获指数相近的水稻品种，茎秆含氮率低时，其氮素利用效率往往较高，稻谷中含氮量下降 0.1%，氮素利用效率可以提高 10（g 稻谷/g 氮）。但是，由于环境对稻谷含氮率的影响，通过传统育种手段降低稻谷含氮率以提高水稻氮素利用效率可能行不通。

水稻叶片含氮量与其叶片光合生产能力密切相关，因而是影响氮素利用效率的活跃因素。在一定含氮量水平下，水稻叶片含氮量高有利于提高其单叶光合速率。据 Sinclair 等报道，水稻叶片光合速率与叶片含氮量的关系可用 Logistic 方程表示：$C = 1.5 \{2/[1 + \exp(1.4 \times (NA - 0.3))] -1\}$，（C 为叶片光合速率，NA 为叶片含氮量）。当叶片含氮量在 $0.3\sim1.6g/m^2$ 时，叶片光合速率随叶片含氮量增加呈直线增加，当叶片含氮量达 $1.6g/m^2$ 时，叶片光合速率达到最大值 $CO_2 1.5g/m^2/s$。尽管如此，叶片含氮量与氮素利用效率的关系却不能一概而论。在抽穗期，叶片可溶性蛋白质和叶绿素含量高的品种具有较高的氮素利用效率，特别是在低氮条件下，达极显著正相关关系。而在分蘖期，氮素干物质生产效率高的水稻品种其单叶光合速率和叶绿素含量反而较低。这一现象的产生与氮的再分配特性有关。据测定，水稻幼叶中 64% 的氮素来源于成熟衰老的叶片；对于穗部，64% 的氮来源于叶片，16% 来源于叶鞘，20% 来源于茎秆。可见，氮在水稻体内的移动性很大，再利用能力强，叶片中的氮又明显比茎秆和叶鞘中氮的再利用能力强。叶片氮的再分配特性不可避免地带来叶内氮素竞争。因为，叶片本身需要较高的氮素水平以维持高的二氧化碳同化速率，同时又必须大量输出氮素以满足新生器官生长对氮素的需求。分蘖期叶片氮输出比率增加时，叶内氮含量会相对下降，但有利于幼叶扩展和群体叶面积增加，当叶面积增加对群体光合速率的影响比单叶光合速率影响更大时，氮素利用效率提高。但是，后期叶片氮若输出太早太快，则对产量贡献最大的顶 3 叶早衰，产量下降，氮素利用效率降低。这表明，培育高效基因型应注意提高单位氮素的二氧化碳同化速率（或称氮素的瞬时利用效率）。

在氮的生理代谢过程中，需要一系列酶的参与，其中硝酸还原酶（NR）和谷氨酰胺合成酶（GS）是两个关键酶，对氮素高效利用具有重要影响（王艳朋等，2007）。硝酸还原酶是 NO_3^- 同化步骤的第一个酶，也是整个同化过程，有时还是蛋白质合成的限速酶，在玉米氮代谢中处于关键地位，因此，硝酸还原酶活性（NRA）的变化可能反映植株吸收还原氮素量的变化，NRA 越强、越持久，氮素代谢可能就越旺盛。谷氨酰胺合成酶（GS）同样也是影响氮代谢的关键酶，并可作为铵态氮利用效率选择指标。

不同水稻品种的分蘖及分蘖成穗能力差异很大，过多的无效分蘖势必会降低氮素利用效率。根据群体质量理论，水稻分蘖成穗率与群体质量各指标均存在密切相关，是诊断水稻群体质量好坏的综合指标。近年来，国内外培育的超级稻多为分蘖少的大穗型品种，这也充分说明减少无效分蘖是提高水稻产量和氮素利用效率的重要途径（江立庚和曹卫星，2002）。

（3）水稻氮高效遗传机制。不同的水稻品种其氮素利用率存在一定的差异（黄元财，2006）。国际水稻所和韩国对水稻品种高氮素吸收和利用率的育种方法和遗传规律进行了研究。结果表明，水稻品种的氮肥需求量和利用率在籼稻和粳稻之间存在较大差异，即使是同型品种，也存在较大的氮素利用率差异。单玉华等（2001）在盆栽条件下比较了 19 个常规籼稻品种与 16 个杂交籼稻组合在氮素吸收与利用上的差异，结果表明，杂交稻的氮素的干物质生产效率在抽穗期高于常规籼稻，成熟期则低于常规籼稻。朴钟泽等（2003）在施氮和未施氮两种条件下，探讨了 9 个不同生态类型水稻品种的氮素利用效率差异，发现孕穗期至黄熟期氮素吸收量在水稻不同基因型间有着显著差异，而在生育前期和中期氮素未见显著差异。随库容量的增大，氮素的物质生产效率、籽粒生产效率及氮素收获指数均显著提高。与常规水稻品种相比，杂交稻一般对氮肥反应比较敏感。同样生产 500kg 稻谷，杂交水稻较常规水稻需氮少。据黄见良等（1998）报道，三系杂交稻（汕优 63）的籽粒产量高于两系杂交稻（PE037/02428），但前者的吸氮量明显低于后者；氮素在稻谷中的分配比例，两系杂交稻低于三系杂交稻。李祖章等（1998）比较了两系法杂交早稻（1356/早 25）与两系法杂交晚稻（培矮 64S/特青）在吸氮量上的差异，认为在产量水平相近的情况下，前者的吸氮量大于后者；两系法杂交早稻的吸氮量高于三系杂交早稻，而两系法杂交晚稻吸氮量则明显低于三系杂交晚稻。

即使同型品种（均为粳稻或籼稻）间对水稻氮肥的反应也存在差异。

张传胜等（2004）两年来以国内外不同年代育成的 88 个、122 个具代表性的籼稻品种（品系）为供试材料得出：抽穗期植株含氮率高，抽穗前、后的氮素吸收量大，抽穗后吸收的氮素比例大，成熟期运转到穗部的氮素比例高，氮素籽粒生产效率及氮素收获指数高是高产品种氮素吸收利用的基本特征。张云桥等（1989）对 90 个水稻品种在分蘖末期测定结果表明，水稻品种间的氮素利用率有明显的差异，最大差异达 77.4%；总趋势为古老地方品种>现代育成品种，高秆品种>矮秆品种、但也有例外；株高、叶色和叶绿素含量可作为预测水稻品种氮利用率的指标。方萍等（2001）对水稻氮素利用率的 QTL 分析，结果在第 12 条染色体上检出 1 个 QTL 与氮素利用率关联，且表现出显著的加性和显性效应。Inthapanya 等（2000）报道了 16 个水稻品种（系）在氮素利用效率上的差异，品种（系）间吸收单位氮素生产的干物质量相差 13.4%，而吸收单位氮素形成的籽粒产量则相差 34.2%。Broadbent 等（1987）对 24 个水稻基因型的氮素利用率进行了比较，发现存在着显著的基因型差异，而且在不同年份间表现出相当稳定的大小排序。由此推论，对水稻氮素利用率进行遗传改良是切实可行的。

由于不同水稻品种对氮素反应的差异很大，所以江立庚和曹卫星（2002）将水稻品种分为优势种（superior germplasm）和劣势种（inferior germplasm），优势种又可细分为高效种（efficient）和低效种（inefficient）。优势种与劣势种的主要差异在于其经济系数，而高效种与低效种的主要差异在于其低氮水平下的氮素利用效率即单位氮素生产的生物学产量（Ladha et al，1998）。因此，我们可以通过选择氮高效吸收利用率的水稻新品种来提高水稻氮素的利用率和减少氮肥的污染（戴先福，2005）。

2. 水稻高效吸收磷素的生理机制

植物的磷效率是通过如下两方面的生理功能而实现的：一是植物根系的吸收利用能力，即吸收效率；二是植物对该养分同化利用的能力，即代谢效率。作物对土壤潜在磷资源利用能力的差异主要表现在作物磷效率的不同，吸收效率表现在土壤有效磷较低的情况下仍能维持自身的生长所需并获得较高的产量。当土壤供磷量增加时，作物吸收利用磷的能力较强，即单位磷量所发挥的增产效应最大。作物对这两方面的表现可以相同也可以不同，前者表现为作物的耐瘠性较强，而后者主要是能高效利用土壤养分的高产作物。

（1）根际形态和构型。磷容易被土壤固定，且在土壤溶液中的移动性很差，它主要以扩散方式迁移到根表，其扩散距离只有 1 ~ 2mm，扩散速率也很慢，在高肥力土壤中为 30μm/h，在缺磷土壤上仅有 10μm/h。因此，在植物生长过程中，很容易造成根际土壤磷的亏缺（Gregory 和 Hinsinger，1999；Trolove et al，2003）。在这种情况下，植物根系形态（主要包括根的长度和表面，根轴直径的大小，根毛和侧根的数量等）和根构型对植物吸收土壤中磷素养分的吸收具有非常显著的影响。研究表明，在低磷条件下，根系形态构型特征的适应性变化，可能是植物有效吸收和利用土壤磷的特异性机理。李海波研究表明，在低磷条件下，水稻侧根总长度和侧根数量都与植株磷含量存在显著的正相关，根系总表面积与磷含量存在极显著的正相关（李海波等，2001）。李永夫利用沙培试验研究不同磷处理下，不同水稻基因型根系形态特征。结果表明，A1-P 处理条件下，水稻的吸磷量与根表面积、根体积、侧根数量均呈显著正相关（$P <$ 0.05）；Fe-P 处理条件下，水稻的吸磷量与根表面积、根体积均呈极显著正相关（$P < 0.01$），与侧根数量呈显著正相关（$P < 0.05$）这说明水稻吸收难溶性磷酸盐的能力与其根系形态有非常密切的关系。较强吸收难溶性磷酸盐能力的水稻基因型具有较大根表面积和根体积，以及较多侧根的特点（李永夫，2006）。

植物根构型是指植物的根系在生长介质中的空间造型和分布。植物根系的构型在很大程度上决定了植物根系在土壤中的空间分布和所接触到的土壤体积的大小。植物对土壤中磷素养分的吸收主要是依靠根系吸收其周围所接触到的土壤中的有效磷。一般来讲，如果植物根系在土壤中有效磷含量较高的区域分布越多、根系接触到的土壤体积越大，越有利于根系对土壤中磷素养分的吸收（严小龙等，2000）。研究发现，旱种水稻磷高效吸收的其理想根构型为不定根及次生侧根适当分散、均匀分布、形成多数根留在表层吸磷、少数根扎到深处吸水的"须状"构型（曹爱琴，2002）。

（2）磷吸收动力学参数。植物根系磷素吸收动力学参数是评价植物对磷素的吸收能力和亲和能力的重要指标。研究证实，水稻不同基因型的根系磷酸吸收动力学（包括 Imax——最大吸收速率、Km——吸收速率、Cmin——根系净吸收速率）均存在显著的基因型差异。低磷处理显著增加 8 个水稻基因型的 Imax（$P < 0.05$），显著降低 Km（$P < 0.05$）（李永夫，2006）。理论上来讲，Imax 的增加和 Km 的降低会有利于植物对磷素养分的吸收。因此，Imax 和 Km 对磷缺乏的反应可能是水稻适应低磷胁迫的机理之一。

（3）根系分泌物。根系分泌物是植物根系释放到周围环境中各种物质的总称。当植物受到环境胁迫时，根系分泌物的组成和含量会发生非常显著的变化（Rengd，2002）。它是不同植物基因型对其生存环境长期适应的结果。许多研究表明，根系分泌物是保持根际微生态系统活力的关键因素，也是根际微生态系统中物质迁移和调控的重要组分（Ryall 等，2001）。Kirk 等（1999）报道其根系分泌的有机酸对土壤磷素的活化具有非常重要的作用。章永松等（2000）通过模拟试验研究了水稻根系泌氧作用对水稻土磷素化学行为以及水稻吸磷的影响。结果表明，模拟的水稻泌氧作用可明显降低土壤对磷的吸附，增加根际土壤的磷解吸和离子交换树脂对磷的吸收量。因此，水稻根系的泌氧作用应该是水稻在淹水明显降低土壤磷有效性的情况下能正常从土壤获取磷的重要机制之一。李锋等（2004）发现低磷胁迫能引起水稻根系酸性磷酸酶的升高，而低磷敏感的品种升高的幅度更大。在低磷环境中，植物首先在根系感应受缺磷胁迫，通过韧皮部汁液磷浓度的改变对植物从整体水平上进行调节，其中，生长素（IAA）、细胞分裂素（CTK）和乙烯等内源激素平衡的改变，通过调控植株体内磷的运输及再分配，以及诱导同化物向根系运输等促进根系生长等方式，在植物适应缺磷胁迫的反应中起着重要的调节作用。

3. 水稻高效吸收利用钾素生理机制

一般意义上的钾效率是指作物从生长介质中获取钾素并将其转运到经济产品中的能力（Blair，1993），包括两方面的内容：一是指钾素吸收效率，即植物根系从缺钾或低钾生长介质中吸收钾素并向地上部转运钾素的能力，其大小主要与植物根土界面上的物质转化、转运过程以及钾向地上部的运输过程有关；吸收效率侧重于植物对环境中养分的吸收能力，强调植物对环境中养分的吸收利用本领，吸收效率还可根据需要用其他方法表示，如吸收速率或累积量等；二是钾素利用效率，即单位养分吸收量（积累量）所获得的作物经济产量（或生物量），利用效率侧重于植物对体内养分利用、转化能力。此时，钾素利用效率也被称之为体内钾利用效率（internal K use efficiency，IKUE）（Witt et al，1999；刘建祥等，2000），其大小主要与植物体内钾离子参与的物质合成及由"源"向"库"转运的过程有关。

Graham（1984）初步总结了钾高效基因型所具有的主要形态学和生理学特征：良好的根系形态和根系分布，高根/冠比，根系纵向、侧向分布广，根多且细；理想的根系吸收动力学参数，即吸钾速率高（Vmax 大），K+ 亲和力强（低 Km，Cmin 值）；钾向地上部的逆运转速率快，再利用、再运转的效率高；细胞质功能对 K⁺ 的要求低，即钾的利用效率高；钾可部分的被其他元素（如 Na、Ca）替代；遭受营养胁迫时根际有强烈的适应性反应。因此，钾效率的高低归结于 2 个方面，即根系对土壤钾的活化和吸收能力；植物体内钾的运输、同化等利用能力。

（1）耐低钾水稻根系特征。根系是植物从土壤中获取钾的主要途径，因此根系的发育状况及其获取钾的能力在一定程度上影响着植物的钾营养状况。根系发达、表面积大的植物有可能获得更多的养分。Graham（1984），Gerloff 和 Gabelman（1983）研究耐低钾水稻基因型根系形态主要特征有：根/冠比高，根系纵向侧向分布广泛，根数多而纤细；刘国栋和刘更另（1994）认为水稻在营养液中的吸钾速率与其根系表面积大小有关。在缺钾条件下，具有不同耐低钾能力的水稻基因型的根、茎、叶生长和籽粒产量等方面都具有明显的差异，耐低钾的水稻基因型具有根量大、根数多、表面积大等特点（刘亨官等，1987）。耐低钾能力强的水稻基因型对低钾环境表现出很好的适应性，优良的根系是其耐低钾特性的关键所在，因此这些水稻表现为根量大、根数多、根长及根比容大的特点。刘国栋等认为水稻在营养液中的吸钾速率与其根系表面积大小有关。陈际型的试验表明，在低钾土壤上相同的氮、磷水平下吸钾能力强的基因型根长、根重和根表面积都较大，施钾后稻根的增量也较不耐低钾的基因型为大。根系是作物吸收养分的主要器官，也是养分进入作物体内的第一道障碍。综合现有研究结果表明，具有较高钾吸收和利用效率的作物品种一般具有根系发达、根冠比大、根系吸收面积大等特点（Graham，1984；安林升和倪晋山，1991；刘建祥和杨肖娥，2000；Yang 等，2003）。

（2）根系的吸收特性。根系钾素吸收动力学参数表示植物对钾素养分离子的吸收能力和亲和力。主要包括 Imax（最大吸收速率），Km（吸收速率=1/2Imax 时介质中该离子的浓度）和 Cmin（根系净吸收速率为零时介质中该离子的浓度）。Cmin 的大小对植物吸收钾素具有非常重要的意义。因为 Cmin 越小，根际土壤中溶液和原土体土壤溶液中的钾浓度梯度就越大，有利于钾通过扩散作用达到植物根表，从而有利于植物对钾素养分的吸收。在低钾胁迫条件下，Km 越小表示植物根系和钾离子的亲和力越大，有利于植物对钾素养分的吸收利用。而 Imax 只有在部分根系获得高钾供应时才有可能成为植物吸钾量的限制因素之一。研究表明，从钾贫瘠土壤生长的水稻中，选育到的耐低钾品种，在钾吸收能力和利用效率上与不耐低钾品种有明显的差异。吸收溶液钾离子的 Cmin 系数耐低钾品种为 1.5μmol/L，不耐低钾的品种为 5.2μmol/L（安林升，1986）。李共福

（1991）等研究表明：耐低钾能力强的水稻基因型，表现出根系 K^+ 吸收 Cmin 低的特点。

　　植物从外界环境中获取养分的能力除了受根系形态和活力的影响外，还受到根分泌物、根际微生物对养分的活化或钝化及植物吸收和运输能力等因素的综合影响。在低钾条件下，作物对钾的吸收以主动吸收为主，与根系的能量代谢关系密切。李共福和谢少平（1991）研究发现耐低钾的水稻基因型除表现为根系 K^+ 吸收的 Cmin 小的特点外，各基因型吸钾总量与根系碳水化合物总量、根系 ATP 含量、根系质膜 ATPase 活性呈显著或极显著正相关。较强的能量代谢往往使钾高效作物品种具有较大的吸钾速率和 Vmax，以及较小的 Km 和 Cmin。刘国栋和刘更另（2000）发现不同籼稻基因型的吸钾速率可相差 1 倍以上。利用 $^{86}Rb^+$ 标记的通道分析表明，钾在高效水稻基因型根系细胞质膜的内流速率大，外流速率小，净转运速率可达低效基因型的 5.6 倍（谢少平等，1989）。高产水稻基因型的钾含量低于中低产基因型，但其根系吸钾量、根系碳水化合物含量和 ATP 酶含量都高于后者，根系质膜 ATP 酶活性和根系活力也较高（林咸永和孙羲，1992；谢少平，1989），说明水稻基因型的吸钾能力与其根系呼吸能量代谢活性密切相关（杨肖娥和孙羲，1988）。高产水稻基因型的钾含量低于中低产基因型，但其根系吸钾量、地上部吸钾量及总量均高于后者，前者比后者具有较高的根系碳水化合物含量和 ATP 含量，且具有较高的根系质膜 ATP 酶活性和根系活力。此外，杨肖娥等（1988）认为，水稻基因型的吸钾能力与其根系呼吸能量代谢活性密切相关。

　　除了对钾离子的吸收特性外，耐低钾基因型水稻还表现出对其他离子的吸收有特异性。^{32}P 示踪表明，耐低钾水稻品种在缺钾培养液中培养，其地上部的 ^{32}P 总脉冲数都比在完全液中培养处理的高，而不耐低钾的水稻品种在缺钾培养中 ^{32}P 的吸收却比在完全液中低；对其他离子如铜、锰、镁、锌、钠、铁、钙的吸收也有类似趋势，特别是对钠、镁、铁的吸收。耐低钾基因型在低钾条件下，可通过大量吸收钠、镁等其他离子予以调节和补偿（王永锐等，1989）。Na^+ 在一定程度上可以部分替代 K^+ 调节气孔开闭和植物的向性运动的非专性功能。因此，在缺钾条件下，补加 Na^+ 可以促进水稻生长。如：水稻供应 25mol/L K+43mmol/L Na 时，稻谷产量比只供应 25mol/L K 的处理高 20%（Mengeland Kirkby，1982）。刘国栋等试验证明，在不同钾水平下，添加钙或钠盐与不加钙或钠盐时籼稻不同基因型对钾、钙、钠养分利用效率或含量具有一定的影响，表现为钾含量越低，钾素利用效率越高，反之亦然。稻株体内钾和钠的含量水平有一种互为消长的关系（刘国栋等，1996）。水稻的钾素利用效率与其植株体内 Na/K 比呈极显著相关，相关系数为 0.987，在低钾下补充 Na 或 Ca 后，水稻钾素利用效率显著提高，钾素利用效率与钠及钙的利用效率呈显著的互为消长的关系（刘国栋和刘更另，1996）。但 Liu 等（2001）的研究发现，低钾补钠可以提高钾低效水稻基因型的钾体内利用效率，而对钾高效基因型起到降低的作用。钠钾替代作用还因生育期不同而异：在分蘖期，低钾补钠使所有基因型体内的 K、Na 含量增大，而 K/Na 比降低；收获期，低钾补钠提高所有基因型体内 K、Na 含量及钾高效基因型的 K/Na 比，降低钾低效基因型的 K/Na 比。

（3）水稻钾营养遗传学特性。Epstein 等早在 20 世纪 60 年代就指出，植物钾效率是可遗传的（沈伟其，1990）。倪晋山和安林升对杂交水稻（F_1）及亲本幼苗钾离子的吸收动力学参数分析发现，杂交水稻吸收钾的 Imax 值均大于亲本，而 Km 值则低于亲本，这说明杂交水稻吸钾效率表现出杂交优势（倪晋山，1984）。研究还表明，耐低钾能力具有可变性的仅为 10%，大多数品种的耐低钾能力在其一生中都有相对稳定性，对于前期耐低钾能力弱，而后期耐低钾能力强的品种，由于前期受到低钾逆境的胁迫限制了营养生长，其生物产量和经济产量往往较低，很少体现耐低钾的潜力（林咸永等，1995）。

刘国栋等（1991）在中国水稻所富阳科研基地试验农场调查发现，大约 90% 的水稻都有不同程度的缺钾症状。1995 年研究表明，同样是籼稻，IR45138-115-1-1-2 苗期的吸钾速率为每株 0.669μmol/h，而 IR47761-27-1-3-6 则仅为每株 0.232μmol/h，前者较后者高 1.8542%，钾素利用效率和生物产量的基因型差异也表现出同样的趋势（刘国栋，1995）。

1985—1986 年，李共福等发现广陆矮 4 号、竹系 26 能耐低钾，湘矮早 10 号和湘辐稻则不耐低钾；他们的遗传测定表明水稻 F_2 苗期相对干重的分布属正态分布，其平均数略偏向不耐低钾品种一边，表现为数量遗传特征。用方差分析法和回交一代，F_2 测得其广义遗传力（broad-sense heritability）为 16.2~46.5，狭义遗传力（narrow-sense heritability）为 18.0~47.8。约 5/6 的品种耐低钾能力在其一生中具有相对稳定性，其余品种的耐低钾能力在其一生中具有可变性，表现为前期耐低钾能力强后期弱，或后期强前期弱，其中后者约占 10%（李共福，1985）。因此，水稻耐低钾具有数量遗传特征，由多个基因控制，受环境影响很大（李共福，1991）。近来，进行了关于水稻植株体内 K^+ 浓度多样性的数量性状位点（QTL）分析研究（Wu 等，1998；Koyama 等，2001；Lin 等，2004；Ren 等，

2005）。这些研究已经证实了 K⁺浓度的染色体位点，虽然确定了一些基因，但还有大量的基因未知。在水稻中，SKCl 是一个在盐害条件下影响 K⁺浓度的 QTL，与 OsHKT8 一致，是一个 Na⁺转运子（Ren 等，2005）。以籼稻 IR64 与粳稻 Azucena 杂交的双单倍体（DH）群体共 123 个系为试材，研究了水稻在低钾胁迫下有关株高、分蘖数、茎干重、根干重、植株含钾量、钾吸收量及钾利用效率等性状的 QTL，共检测到 4 个影响株高的 QTL 和 3 个影响分蘖数的 QTL，还检出 3 个同时影响茎和根干重的低钾胁迫诱导 QTL，其中一个 QTL 还影响植株的含钾量、钾吸收量和钾利用效率，和另外两个影响钾含量的 QTL 解释 8%~15%的遗传变异性（吴平等，1997；Wu 等，1998）。

二、氮磷钾利用率的影响因素

1. 概念

肥料利用率是衡量肥料施用是否合理的一项重要指标。传统的肥料利用率是指肥料中某种养分被当季作物吸收利用的数量占所施肥料中该种养分含量的百分数，也成为肥料回收利用率或吸收利用率（recovery efficiency，RE）。这个利用率一般情况下指的是某种养分的当季利用率，而不包括其对后季的叠加效益（刘巽浩，1991）。此外，国际上还常用以下三个参数来表示农田氮肥的利用效率：氮肥生理利用率（physiclogical effieiency，PE）、氮肥农学利用率（agronomy effleieney，AE）和氮肥偏生产力（partial factor produetivity of applied N，PFP），这些指标从不同的侧面描述了作物对氮肥的利用率。氮肥的生理利用率（PE）定义为施用氮肥引起的籽粒产量的增加值与施肥导致的植株总吸收氮量的增加值的比值（用 N0 处理的空白区作对照），说明的是植物体内养分的利用效率，而不是肥料的增产效应，因此，其应用范围相对有限。氮肥的农学利用率（AE）表示为单位施氮量增加的水稻籽粒产量，是评价肥料增产效应较为准确的指标，但由于必须测无肥区产量，应用起来较为不便。而氮肥偏生产力（PFP）是一个经济学领域的概念，表示为单位施氮量的籽粒产量，它将土壤氮的矿化、土壤微生物固氮、灌溉水和降水以及施肥等各种途径所提供的氮素对稻谷生产的贡献合并在一起进行计算，来评价氮肥施用的投资效益（贺帆，2006；彭少兵等，2002）。

肥料利用率概括起来可分为两类：吸收效率和利用效率（或生产效率）（孙传范等，2001；李世清等，2004）。氮吸收效率是指供应单位有效氮植物所能吸收的氮量，氮利用效率是指单位植株地上部吸氮量所产生的生物学产量或经济产量（Moinuddin S 等，1996）。前者如氮肥吸收利用率 RE，后者注意到了氮肥吸收后的物质生产效率及向经济器官（如籽粒）的分配情况，如氮肥偏生产力 PEP、氮肥生理效率 PE、氮肥农学效率 AE。我国常用描述氮肥利用率的是氮肥回收效率 RE，一方面是由于过去我国化肥资源紧缺，节约化肥非常重要，另一方面由于我国土壤肥力普遍低下，土壤和环境来源养分少，化肥的增产效应很显著，RE 能很好地反映作物对化肥养分的吸收状况。若从提高生物产量，减少肥料损失，防止环境污染的角度来考虑，这一指标无疑具有实际意义（符建荣，2001）。但对于水稻这种收获部分是籽粒产量的作物，除了考虑氮肥回收效率外，还需要考虑氮肥农学效率或氮肥生理效率，只有采用 2 个以上的氮肥利用效率指标，才能较准确地反映出氮肥在作物体内吸收、利用状况（李方敏等，2005）。国际农学界常用偏生产力 PFP，原因是它不需要空白区产量和养分吸收量的测定，简单明了、易为农民所掌握。张福锁等（2008）认为这是比较适合我国目前土壤和环境养分供应量大、化肥增产效益下降的现实，是评价肥料效应的适宜指标。

2. 测定方法

通常测定肥料利用率的方法有两种：同位素示踪法及非同位素示踪差值法（刘巽浩和陈阜，1991；鲁如坤，1998），在此基础上又派生出区间差值法和导数法。同位素示踪法被认为是直接测定水稻氮肥利用率的方法。许多研究证明，^{15}N 示踪法更多的优势是能定量估计施入稻田中的氮肥在作物、土壤、水系统中的分配，即所施用的氮肥的平衡状况。^{15}N 示踪法的另一个优势是，可以定量地测定前季作物施用的肥料残留于土壤中能被后季作物吸收利用的百分数。但是由于同位素示踪肥料和样品测定的价格昂贵，因此，研究者们总是尽量想办法减少示踪试验的规模，试验研究的规模还仅限于盆栽或微区试验。

差减法是采用施肥区植株吸收的总氮量减去无氮区植株吸收的总氮量来估算肥料氮素的吸收百分数。由于氮肥施入土壤的激发效应，差值法测得的值往往大于示踪法。但是由于差减法测定肥料氮素的吸收利用率不需要特殊的条件就可以实施的优势而得到广泛的应用。在研究肥料氮施入土壤后的转化和去向时，以示踪法较可靠；而当评价氮肥的效果时，应采用差值法计算氮素利用率，因为它反映施用氮肥后植株体内营养水平的实际提高程度；导数法从吸氮量与施氮量的函数关系求导获得，故求出的肥料利用率比较符合实际，能更好地反映报酬递减率（党萍莉，1992）。一般所说的氮素利用率是用差值法计算出来的，因为它比较容易获得，只进行施肥区和不施肥区的对比试验即可。

3. 中国水稻氮、磷、钾肥料利用率现状

灌溉稻田施用氮肥后，在土壤-水系统中由于氨的挥发、反硝化作用、表面径流以及渗漏作用等造成氮肥损失，因此氮肥利用率相对偏低。据统计，我国水稻氮肥农学利用率 1958—1963 年为 15 ~ 20kg/kg，1981—1983 年下降至 9.1kg/kg，氮肥吸收利用率介于 30% ~ 35%。1992 年朱兆良等总结了 782 个田间试验数据，结果表明当时主要粮食作物的氮肥利用率在 28% ~ 41%，平均为 35%。1998 年朱兆良进一步指出当时的主要粮食作物氮肥利用率为 30% ~ 35%，磷肥利用率为 15% ~ 20%，钾肥利用率为 35% ~ 50%。虽然磷肥的当季利用率低，但累积利用率却相当高。有试验表明，8 年试验磷肥的累积利用率可达到 78% ~ 96%（闫湘，2008），钾肥当季利用率高于磷、钾肥。张福锁等（2008）总结了取自黑龙江、四川、江苏等 6 个省、市的 396 个样本，研究结果表明，2001—2005 年，我国水稻氮、磷、钾肥偏生产力分别为：54.2kg/kg、98.9kg/kg 和 98.5 kg/kg；农学利用率分别为 10.4kg/kg、9.0kg/kg 和 6.3kg/kg；吸收利用率分别为 28.3%、13.1% 和 32.4%；生理利用率分别为 36.7kg/kg、68.8 kg/kg 和 19.4kg/kg。可见无论是氮肥、磷肥，还是钾肥，从历史变化来看，我国主要粮食作物的肥料利用率均呈逐渐下降趋势。

表 3-3　2011—2015 年水稻肥料利用效率（张福锁等，2008）

肥料	样本数	施肥量（kg/hm²）	产量（t/hm²）	偏生产力（kg/kg）	农学利用率（kg/kg）	肥料利用率（%）	生理利用率（kg/kg）
N	179	150	6.84	54.2	10.4	28.3	36.7
P_2O_5	109	90	6.78	98.9	9.0	13.1	68.8
K_2O	108	80	6.82	98.5	6.3	32.4	19.4

Dobermann（2005）曾就粮食作物的养分利用效率做过详尽的综述，认为粮食作物氮肥效率目标值在下述范围内比较适宜，即氮肥偏生产力为 40 ~ 70kg/kg，氮肥农学效率为 10 ~ 30kg/kg，氮肥利用率为 30% ~ 50%，氮肥生理利用率为 30 ~ 60kg/kg。从我国试验条件下的水稻氮肥利用率数据来看，目前水稻氮肥利用率尚在比较适宜范围内，但却远远低于其他一些国家和地区在试验条件下所得到的 20 ~ 25kg/kg 的氮肥农学效率和 40% ~ 60% 的氮肥利用率。而且，不同环境下水稻氮肥利用率的变异很大，最低值为 0.3%，最高值达到 82.7%，以利用率为 20% ~ 30% 的样本数最多，占 29%，低于 30% 的样本数在 60% 以上（张福锁等，2008）。因此，

如何提高水稻肥料利用率仍是农业工作者面临的重要课题。

4. 影响氮磷钾利用率的因素

水稻对氮、磷、钾元素的吸收利用是在其生存过程中形成的对土壤营养元素条件的一种适应能力，是一个非常复杂的由多种因素综合作用的数量性状，受土壤条件，如：土壤类型、酸碱度、质地、土壤结构等，肥料用量和品种、施肥时期及施肥方法、水肥综合管理技术等诸多因素的影响。

（1）土壤环境。土壤肥力水平是决定肥料利用效率高低的基本因素，即在土壤肥力水平较低时，得到高的肥料利用率和农学效率的几率较大，反之在高肥力土壤上得到高的肥料利用率和农学效率的概率较小（Eagle 等，2000）。从已有的资料和文献中可以发现，中国稻田土壤无氮区水稻产量通常能达到 $5 \sim 6t/hm^2$，甚至更高，而其他产稻国通常为 $3 \sim 4t/hm^2$（李虎和唐启源，2006）。可见中国稻田背景氮高于其他国家的稻田。与第二次土壤普查结果相比，当前我国华北、华东、华中和西北地区耕地土壤有机质和全氮含量稳中上升，西南地区有升有降，东北地区有所下降（张福锁等，2008）。土壤背景氮高是农民习惯施肥条件下造成氮素损失量大和氮肥利用率降低的原因。20 多年来，我国各区耕地土壤速效磷含量呈显著增加趋势，部分耕层土壤速效磷含量表现为过量累积。针对长期定位试验结果分析表明，土壤磷盈余是我国土壤有效磷变化的主要特征，根据土壤收支平衡和有效磷消长关系预测，从 1980 年至 2003 年我国农田土壤有效磷增长约为 19mg/kg（曹宁，2006）。土壤有效磷含量的增加不仅影响磷肥的利用率，还给我们提出了如何协调资源利用与环境保护关系的新问题。

随着我国经济快速增长、畜牧业的发展以及化学肥料施用量的增加，通过大气干湿沉降、灌溉水等途径进入农田生态系统的环境养分数量越来越大。全国稻田生态系统 7 个试验点的测定结果表明，大气湿沉降输入氮量为 $12 \sim 42kg/hm^2$。同样灌溉水中蕴藏着大量的氮、磷、钾和微量元素，成为粮食作物农田生态系统的重要补充部分。全国稻田生态系统 7 个试验点的测定结果表明，灌溉水输入的氮量为 $7 \sim 32kg/hm^2$（张福锁等，2008），而长江三角洲地区在水稻季通过河水灌溉带入稻田的氮量约为 $56kg/hm^2$，相当于当季施氮量（$300kg/hm^2$）的 1/5 左右（谢迎新，2006）。这些环境来源的养分是影响我国肥料利用效率的重要方面，必须引起足够的重视。

（2）施肥过量。施肥过量尤其是氮肥用量过大是我国肥料利用效率低的最主要原因。受"高投入高产出""施肥越多，产量就越高""要高产就必须多施肥"等传统观念的影响，农民为了获得作物高产，大量施用化肥，不合理甚至盲目过量施肥现象相当普遍，在经济发达地区尤为突出。2000—2002 年中国农业大学与农业部全国农业技术推广服务中心对全国 2 万多个农户进行调查发现，水稻的氮肥平均施用量为 215kg/hm² （王激清，2007），已大大高于朱兆良等（1998）总结大量田间试验数据提出的主要粮食作物最佳氮肥用量 150～180kg/hm² 的水平。随着氮肥用量的增加，氮肥利用率显著下降。研究表明，当氮肥用量低于 60kg/hm² 时，水稻氮肥利用率平均可达到 49.0%，产量平均为 6.24t/hm²；当氮肥用量大于 240kg/hm² 时，水稻氮肥利用率降至 15.0%，产量平均为 6.90t/hm²。肥料用量增加了 3 倍，而产量仅增加约 11%，同时肥料利用率降低 69%。同时，当肥料用量超过 240kg/hm² 时，已经开始出现负效应，水稻产量比施肥量为 180～240kg/hm² 时减产 0.21t/hm²（张福锁等，2008）。随着我国耕地的日益减少、人口的不断增加，未来我国粮食的需求还会继续增长，因而只有持续增产才能满足国家粮食安全的需求。因此。化肥用量的增减必须以同时大幅度增加作物产量和提高养分效率为目标。

表 3-4　不同氮肥水平下水稻氮肥利用率及产量（张福锁等，2008）

氮肥用量（kg/hm²）	氮肥利用率 RE（%）	产量（t/hm²）
<60	49.0	6.24
60～120	37.3	6.49
120～180	27.4	6.84
180～240	23.0	7.11
>240	15.0	6.90

（3）肥料运筹方式。平衡施肥是根据李比希最小养分率而发展起来的一项比较先进的施肥方法。由于 N 肥施用后直观效果更明显，因此稻农往往比较重视 N 肥的施用，而 P、K 肥的施用量则相对较少，这直接导致了土壤中 P、K 以及某些中微量元素养分的缺乏，从而影响到水稻的产量。根据我国第二次土壤普查资料，全国缺乏各种微量元素的面积合计为 23.6 亿亩，缺乏中量元素的面积合计为 9 亿亩（金继运，2005）。对农田生态系统养分循环和平衡特征的研究表明，农田生态系统中氮磷多表现为盈余，而钾多为亏缺（闫湘，2008），其中以东北地区有效钾含量下降最为明显。如辽宁省 20 年间土壤有效钾含量年递减率约为 1.27%，平均下降 20.6mg/kg（陈洪斌等，2003）。但由于我国北方各区土壤钾素含量较为

丰富，并没有出现大面积土壤缺钾现象。东北地区土壤有效钾平均含量仍保持在100mg/kg以上（韩秉进等，2007）。磷、钾和中微量营养元素的供应水平对氮素的有效利用至关重要。研究认为，中国水稻生产氮肥农学利用率从15~20kg/kg下降到9.1kg/kg的主要原因是偏施氮肥，没有合理施用适量磷、钾肥所致（Jin等，1999）。在缺P或缺K的土壤上，配施P肥或P、K肥，可以明显地降低化肥N的损失，同时不同养分之间存在着正交互作用，可以促进植株对养分的吸收利用，从而提高水稻N肥利用率。在N、P、K肥的平衡施用的基础上，水稻产量得到进一步提高，稻米品质得到改善。因此，稻田施肥中重N肥，轻P、K肥以及中微量元素的现象应当引起我们的重视。

在土壤 作物 环境系统中，作物是氮素吸收利用的主体，土壤和环境因素为作物氮素吸收利用提供条件，因此作物对氮素的吸收利用特性直接决定着氮素利用率。通常认为水稻依从前期需氮量较多、后期需氮量较少的规律，因此，在水稻施肥体系中一般基肥、分蘖肥所占的比例较大，而穗肥所占的比例较小。如在江苏、浙江、湖南和广东的调查结果表明，农民作为基肥和在移栽后前10d内追施的氮肥通常占氮肥总量的55%~85%。水稻前期施氮量高有利于返青和分蘖。尤其对于分蘖力偏低的超级杂交稻等及大穗型品种效果更明显。然而，前期施入大量氮肥，在水稻庞大的根系尚未形成、水稻对氮素需要的绝对量不很大的情况下，肥料氮在土壤和灌溉水中浓度高、停留时间长将加剧氮素的损失。背景氮高的土壤前期施用大量氮肥，其氮素损失量更大。在背景氮高的土壤和氮肥施用量高的情况下，水稻对氮素会产生奢侈吸收现象。过量的氮素往往伴随着高呼吸消耗、病虫危害加剧、倒伏、降低收获指数，最终降低氮肥利用率。因此，彭少兵等（2002）认为，在中国大部分稻区，在水稻生长前期少施30%的氮肥不会导致水稻产量明显降低。

（4）产量偏低。提高作物产量是提高肥料利用效率的重要途径（张福锁等，2008）。我国水稻产量居世界前列。以2005年为例，我国水稻平均产量分别为6.3t/hm²，为世界平均水平的1.62倍。在高产栽培试验中，水稻单产可达13t/hm²，甚至更高，可见实际产量仅发挥了高产潜力的50%左右，所以中国目前水稻产量潜力仍未充分挖掘。大量的研究证明，养分高效作物品种在同样的投入下可以较常规品种增产10%~20%。因此，为实现我国粮食作物肥料利用效率的提高，仍需要加强这方面的研究。

三、提高氮磷钾肥料利用率的途径

氮素利用率受土壤环境和作物因素共同作用，因此提高氮素利用率是一个系统工程。一方面，通过采取适宜的栽培管理措施，改善土壤环境因素，使之向适合提高氮素利用率的方向发展；另一方面，通过品种改良的方法，提高作物的氮素利用率，挖掘作物本身对氮素高效吸收利用的潜力。

1. 提高耕地质量，充分利用土壤自身养分

土壤养分作为作物生长重要的营养来源，是养分管理的重点之一。辽宁省稻田现有中低产田 17.3 万 hm^2，占全省水稻种植面积的 26%。通过中低产田改造，增加有机肥投入，加强水利设施建设等措施，使耕地质量普遍上升一个等级，全省水稻单产将平均提高 6%（侯守贵等，2010）。环境中的一些养分能通过大气干湿沉降、灌溉水、生物固氮等途径进入作物生产系统，它们也是作物生长需要的养分资源的重要组成部分。相对产量（无肥区作物养分吸收量/施肥区作物养分吸收量×100%）这个指标很好地反映了作物对来自土壤和环境养分的依存程度，试验数据分析表明，水稻氮的相对产量均达到了 70% 以上，磷和钾的相对产量也达到了 70%～80%（张福锁等，2008）。因此必须在充分利用土壤养分和环境养分基础上，合理施用化肥，减少化肥的损失和向环境的排放，这才是提高肥料利用效率的长远目标。在当前的生产条件下，肥料用量的选择也必须在综合考虑土壤肥力和环境养分来源的基础上，重新制定推荐指标。

2. 合理的氮肥施用量

随着施氮量的增加，氮素利用率降低。很显然减少氮肥用量，可以提高氮素利用率。为了满足不断增加的人口对食物的需求，我国未来对氮肥的消费量还可能增加。最根本的问题将是更有效地利用肥料氮。随施氮量的增加，氮肥通过各种途径损失的量也增加，特别是当施氮量超过经济最佳施肥量时。因此，从经济上考虑，施氮量应控制在最佳经济施氮量以内，如果超过，边际产量将小于边际成本，不但经济上不合算，氮素利用率也不高，不利于环境保护。因此，氮肥管理措施应同时考虑经济收益和环境问题。

3. 平衡施肥，发挥有机肥作用

平衡施用氮、磷、钾肥和中、微量元素，保证作物生长期间所需的各种营养成分，避免因缺乏某种养分而限制其他养分作用的发挥。平衡施肥技术要点在于不同营养元素的种类和比例的调节及作物不同生长时期肥料

供应的强度与作物需求的平衡。有机肥的有机质含量高，养分全面，肥力持久稳定，具有改善土壤理化性状的良好作用，与 N 素化肥配合施用，具有独特的优点，有利于 N 素利用率的提高和产量的增加。近几年，用有机物料代替有机肥与化学 N 肥混合施用引起人们的兴趣，研究者们将有机碳源（木质素、纤维素、淀粉、葡萄糖等）与化学 N 肥配施，有效地减少了 N 素的损失。研究表明，有机无机结合施肥制度可以大大增强土壤供 N 能力，改善水稻生长的土壤环境，促进水稻对 N 的吸收，提高稻田系统的生产力，以无肥（CK）为对照，有机物循环处理可增产 56.5%，氮磷钾配合增产 62.5%，有机无机肥配合增产 80.7%，施肥实现的水稻产量中由化肥应用所占的贡献份额为 38.5%，有机无机肥配合施用所占的贡献份额为 44.7%。这为近年来新兴的有机无机复混肥的发展提供了依据。已有的实践和研究表明，有机无机配合施用是我国农业现代化进程中一条节能、低耗、高产、稳产的发展途径。

4. 肥水调控

由于肥水是土壤中氮运转及作物氮吸收过程中的关键因子，肥水的调控至关重要。生产上应把握适宜的施氮量和供水量，并根据不同作物不同生长阶段的需求特点进行综合运筹。在水稻田中"无水层混施法"和"以水带氮法"等基肥、追肥施用法，可使利用率平均提高 12%。

5. 分次施肥及氮肥深施

不同时期分次进行施肥的氮利用效率要高于一次性地施用基肥（胡剑，1996；卢树昌等，2002；刘立军，2003）。在不同土壤上水稻基施尿素的吸收率为 22%~40%，而穗分化期追施的吸收率为 55%~65%。

氮肥深施是目前提出的各项提高氮肥利用率技术中效果最好且较稳定的一种措施（朱兆良，1992）。氮肥面施后，稻田表面水中铵态氮浓度增加、pH 值上升，从而导致氨的挥发损失，而将铵态氮肥施用于处于还原态的土壤中能显著地降低氨的挥发损失。林葆、金继运（1991）、张绍林（1988）试验结果表明，碳铵或尿素深施增产效果比表施高 1 倍左右，氮肥利用率也可提高 12%~18%。朱兆良认为，综合考虑氮素的损失，作物对氮的吸收以及劳力消耗等诸因素，氮肥深施的深度以 6~10cm 比较适宜（Zhu，1997）。

6. 抑制剂及新型肥料的应用

NH_4^+-N 肥施入土壤后，在土壤微生物的作用下发生硝化反应，NH_4^+ 在氨氧化细菌的作用下先氧化为 NO_2^-，进而在亚硝化细菌的作用下氧化为 NO_3^-。硝化抑制剂可以抑制 NH_4^+ 向 NO_2^- 和 NO_3^- 的转化，减少 NO_3^- 的淋溶损失，也可抑制反硝化作用所产生的 N_2O 气体，减少 N 的淋溶和挥发损失，提高 N 肥利用率。研究者们将硝化抑制剂双氰胺（DCD）加入碳铵制成长效碳铵，在水稻的田间试验中，其利用率达到 35%，比普通碳铵高出 8 个百分点。尿素施入土壤后，经土壤脲酶的作用被水解，造成 NH_3 的挥发。脲酶抑制剂通过延缓尿素的水解，延长施肥点处尿素的扩散时间，从而降低了土壤溶液中 NH_4^+ 和 NH_3 的浓度，能够减少 NH_3 的挥发损失。目前研究较多脲酶抑制剂包括：N-丁基硫代磷酰三胺（NBPT）、苯基磷酰二胺（PPD）和氢醌（HQ）。NBPT 在碱性土壤、通气性较好的条件下对 NH_3 的挥发损失抑制较好。HQ 不仅能够延缓尿素的水解进而减少 NH_3 的挥发，更重要的是影响了尿素水解产物的进一步转化，由于 HQ 与其他脲酶抑制剂相比具有比较低廉的价格优势而受到广泛的关注。单独的脲酶抑制剂或硝化抑制剂只能对尿素氮转化的某一过程起到抑制作用，它们协同作用则可以对全过程进行控制，从而更加有效地减少 NH_3 的挥发和 NO_3^--N 的淋溶损失，提高肥料利用率（闫湘等，2008）。理想的脲酶抑制剂或硝化抑制剂，不仅要有效地抑制 NH_3 的挥发和 NO_3^--N 的淋溶损失，还应对作物的生长发育无不良影响，才能保证作物充分吸收养分并获得最大的增产效应，这也应是筛选脲酶抑制剂或硝化抑制剂的重要原则。目前脲酶抑制剂和硝化抑制剂的推广应用多数还处于试验研究阶段。由于它们的施用效果受到抑制剂量、肥料用量、环境温度、pH 值和土壤性质等影响，增产效果不稳定，加之绝大多数抑制剂成本较高，有些对作物还具有一定的毒性，容易造成一定的环境污染，在农业上难以大面积推广使用。因此，筛选高效、稳定、廉价、无毒的新型脲酶抑制剂是农业科技工作者今后致力的方向。

肥料释放养分的时间和强度与作物需求之间的不平衡是导致化肥利用率低的重要原因之一。缓/控释肥料是采用各种机制对常规肥料水溶性进行控制，通过对肥料本身进行改性，有效地延缓或控制肥料养分的释放，使肥料养分释放时间和强度与作物养分吸收规律相吻合（或基本吻合），在一定程度上协调植物养分需求、保障养分供给和提高作物产量，被认为是最为快捷方便的减少肥料损失、提高肥料利用率的有效措施。水稻生产中应用缓/控释肥料，不仅省工省时，而且有效减少稻田 N 素的损失，促进水稻植株的吸收，提高 N 素的利用率。但我国目前生产的缓释肥料还不能很好地解决释放与作物需求相吻合的难题，达不到自控缓释的指标，技术含量较低，加之缓/控释肥料生产成本远远高于常规肥料，限制了在水稻生产中的应用和推广。

7. 培育和利用氮高效品种

氮素利用率的基因型差异是普遍存在的，利用氮高效基因型是提高氮素利用率的最理想途径。目前，氮素利用率的基因型差异已在水稻上得到普遍证实（朴钟泽，2003；单玉华，2001；张耀鸿，2006；黄明辉，2002；单玉华，2004；程建峰，2006；S. D. Koutroubas and D. A. Ntanos. 2003；P. Inthapanya，2000 ；S. K. De Datta and F. E. Broadbent，1990）。不同水稻品种间氮素利用率的差异高达 79.6%；58 个供试品种每生产 100kg 籽粒的需氮量变动在 2.15～4.09kg，氮收获指数变幅为 59.4%～82.9%（范仲学，2001）。基因型间氮素利用率的差异往往是由氮素吸收利用、氮素积累动态和氮素的分配和转移特性方面的差异引起的，具体体现为氮素吸收效率、氮素生理利用效率和氮素利用效率等方面。利用高效基因型不仅经济有效，而且不对环境构成任何威胁，也不依赖其他自然资源（江立庚和曹卫星，2002）。育种的突破在于种质资源的发现和利用，因此筛选和创制氮高效的种质资源是氮高效育种的前提。在拥有资源的条件下，明确氮素利用的生理遗传调控机制，确定适宜的选择方法，建立氮高效育种选择的综合指标体系，是进行氮高效育种的基础，采用常规的育种与生物技术、分子技术相结合的方法，是氮高效育种的有效途径。

第四节　氮素高效利用研究

一、施用量与氮肥利用率的关系

氮肥作为水稻生产中最重要的营养元素之一，施用不足或过量都会影响水稻的生长，并最终影响水稻的产量构成因子和稻谷产量。我国氮肥用量持续增长，就水稻生产来说，1980—1995 年的 15 年间，我国早籼稻和粳稻化肥（主要是氮肥）施用量平均年增长率分别为 7.0% 和 8.8%，而同期水稻单产的年平均增长率低于 6%（江立庚和曹卫星，2002）。2000—2002 年中国农业大学与农业部全国农业技术推广服务中心对全国 2 万多个农户进行的调查发现，水稻氮肥平均施用量为 215kg/hm²，已大大高于朱兆良等（1998）总结大量田间试验数据提出的主要粮食作物最佳氮肥用量 150～180kg/hm² 的水平。随着高产品种的推广应用，水稻氮肥适宜用量已有所改变，在目前的栽培技术和产量水平下，150～200kg/hm² 是专家们推荐的总量，即使在高产条件下推荐量也不会超过 250kg/hm²。全国农业技术推广服务中心对全国 20 多个省 15 000 多个农户开展了肥料使用和利用率状况调查，如果以大于 250kg/hm² 为过量，低于 150kg/hm² 为不足计算，氮肥投入量总体表现不足、适中和超量各占 1/3。其中，以上海农户氮肥过量施用的比例最高，达到 83.1%，其次是河北、山东、广东和江苏，均超过 50%；河南、湖南和陕西 3 个省份中有 50% 左右的受调查农户氮肥用量在 150~250kg/hm²，施肥量不足 150kg/hm² 的农户在湖北和贵州分布比例在 60% 以上（杜森等，2004）。

　　随着氮肥用量的增加，氮肥利用率降低已是不争的事实。中国是发展中国家，人多地少，粮食生产的压力大，不可能采取以降低产量为代价的减少氮肥施用量以获得高的氮肥利用率的对策，必须从协调作物高产与环境保护的关系出发，寻找二者的最佳结合点。最佳的经济施肥量应根据具体的土壤肥力状况和品种的产量水平而确定。不同地区对水稻的研究表明，在安徽（陈周前，2005），一般稻谷产量 7.5t/hm² 左右，施纯氮 150~180kg/hm²；稻谷产量 9t/hm² 以上，施纯氮 225~250kg/hm²；崔玉亭等（2000）通过应用环境经济学的 Coaes 原理和农业技术经济学的边际收益原理分析，认为 221.5~261.4kg/hm² 是苏南太湖流域目前生产条件下，兼顾生产、生态和经济效益比较合理的水稻施 N 量；在甘肃（朱彦博，1997）的淡灰钙土上，经济最佳施氮量为 357.6kg/hm²，最高产量施氮量为 381.9kg/hm²；在辽宁最佳施肥量为 225kg/hm²，产量为 9.6t/hm²（陈盈等，2010）；在南京，在 8.5t/hm² 以上的高产条件下，每生产 100kg 稻谷需氮量约为 2.1kg，氮肥利用率在 42% 左右；在江苏，在 10.5t/hm² 产量条件下，每 100kg 稻谷吸氮量约为 2.11kg，氮肥利用率为 42%。晏娟等（2010）对近年来水稻的几个新品种的氮肥试验（如 4007）中显示：在太湖地区氮肥施用量在 150~200kg/hm² 下，水稻可保持最佳产量、氮素分配比例的氮肥利用率，也可以减少因过量施用氮肥带来的大量氮素损失。针对水稻氮素利用率低的问题，浙江大学和 IRRI 联合推出 SSNM 施肥技术（王光火，2003），主要是基于当地的气候条件下品种的潜在产量，确定合理的目标产量，进而估算养分需求量，测定土壤固有养分供应能力，最后计算施肥量。凌启鸿等人提出了水稻精确定量施 N 技术，其核心内容是以斯坦福（Stanford）方程（施 N 总量 =［目标产量的需 N 量－土壤供 N 量］/N 肥的当季利用率）来指导 N 肥的精确定量施用，该技术在江苏、黑龙江等多地示范应用取得了节 N 高产的效果。实际上，由于影响作物产量的因素很多，对于农业生产来说，确定一个 N 肥适宜施用量范围，基本满足大面积生产的需要。

二、施肥时期与氮肥利用率的关系

水稻氮肥施用的适宜时期因土壤、季节等因素而不同。总的原则是：当土温较低，秧苗幼小，根系不发达，对养分的吸收能力较弱时，氮肥宜推迟施用，如早稻和冷浸田；反之，则应早施氮肥，如晚稻和红泥田、紫泥田。在湘南地区，冷浸田的适宜施氮时期为：早稻插秧后 50d 左右，晚稻插秧后 35d 左右；红泥田和紫泥田的适宜施氮时期为：早稻插秧后 20d 左右，晚稻插秧后 10~5d 内（邹长明等，2000）。许仁良等（2005）研究认为，不同叶龄期追施氮肥的利用率为二次曲线，即随叶龄的增加追施氮肥的利用率提高，至 15 叶龄追肥时达到最大，之后随着叶龄的增加氮肥利用率下降。也就是说，追施氮肥既不宜过早也不宜过迟。凌启鸿等（1994）认为倒 4、2 叶期追肥切合水稻穗分化时期的苞分化期和颖花分化期，倒 4 叶期追肥肥效在一次枝梗分化期发挥，并在二次枝梗分化期最大发挥，倒 2 叶期追肥在雌雄蕊分化形成期发挥作用并在花粉母细胞形成期最大发挥。而二次枝梗数对穗粒数决定系数最大，因而该两个叶龄期追肥有利于主攻大穗，是超高产实现的关键所在。万靓军等（2007）对重穗型杂交粳稻常优 1 号高产栽培模式的研究表明，在施氮量为 225kg/hm² 条件下，不同穗肥追施叶龄期中，以叶龄余数 4、2 施氮处理平均产量最高，极显著高于其他时期追肥处理，而叶龄余数 3、1 施氮产量相对较低。陈守勇等（2001）以迟熟中粳 9516 为试材，进行不同叶龄期施用穗肥处理，结果表明，穗肥施用时期对水稻产量和群体质量有较大影响。穗肥施用太早，造成高峰苗过多，群体质量恶化，成穗率降低，导致产量显著下降；穗肥施用过迟，穗型和高效叶面积明显变小，难以获得高产。穗肥施用时间恰当，抽穗期群体干物质量适宜，高效叶面积大，总颖花量多，粒叶比高，抽穗至成熟期光合生产力高，干物质积累量大，可以取得产量突破。

三、施肥比例与氮肥利用率的关系

水稻的氮肥运筹是在确定适宜施氮量的基础上，合理分配各生育期施氮配比的一项栽培措施，它左右水稻产量、影响水稻的品质。由于作物在不同生育时期对氮素的需求量不同，因此应该根据作物的需肥规律，在不同生育时期进行适期适量施肥，有利于提高氮素利用率。根据水稻前期需氮量较多，后期需氮量较少的规律，水稻施肥一般基、蘖肥所占的比例较大，而穗肥所占的比例较小。在我国南方双季稻区比较多地采用"重施基肥、早施攻蘖肥"的氮肥运筹方式,这种施氮法注重增加穗数来提高产量。江苏省农科院土肥所、苏州地区农科所经过试验表明,早稻的氮肥一般以基肥为主,中层深施。这种施氮法强调"前促"。孙继祥等(2007)在黑龙江省的研究认为基:蘖:穗比为 5:3:2 最佳。而研究表明,在相同的总施氮量的情况下,增加中后期氮肥的比例,能提高水稻群体库源质量,提高水稻群体成穗率,改善抽穗期叶面积指数,提高颖花量和粒叶比,因此,在水稻抽穗后提高群体光合势和净同化率,使结实率和千粒重也得到提高(赵荣广,1997)。由于前期水稻田间未封行,且根系不发达,吸收能力较低,氮肥施用量应降低,避免过多的氨挥发。万靓军(2006)研究发现,缩小前中期施氮比例的差异,使前氮适当中移,在此基础上,中期适当推迟追肥叶龄期,可以缩小水稻前、中、后期吸氮比例及相对吸氮速率的差异,平稳吸氮,从而可进一步提高氮素利用率和产量。研究结果表明,超级杂交粳稻的基蘖肥与穗肥的比例为 6:4 比较适合于高产、优质、高效的协调统一(万靓军等,2007)。郑志广等(2003)的研究指出,水稻在总施氮肥量相同的情况下,适当减少前期施氮比例,增加中后期施氮比例有利于增产。增产原因主要是无效分蘖减少,中后期水稻群体适中,个体生育健壮,退化颖花数减少,叶片中叶绿素含量提高,功能期延长,最终达到稳穗、增粒、增重的目的。丁艳锋等(2004)提出,氮素基、蘖肥用量适宜,相对吸氮速率平稳减小,各生育阶段吸氮比例协调,氮素利用率和产谷效率协调提高。王宇等(2007)对超级稻盐丰 47 的氮肥运筹结果是,基、蘖、穗肥的比例为 2:3:5 比较适宜,产量达到 11 t/hm^2,而且氮素利用率较高。张满利等(2011)研究表明,减少前期的氮肥用量(基蘖肥用量为 70%)能够使两个供试品种(辽星 1 号和辽优 5218)的有效穗数有所增加,证明前氮适量后移对于减少无效分蘖的发生,提高分蘖成穗率具有一定的作用,尤其是对于根系比较发达的杂交稻组合来说,减少前期(特别是基肥)的氮肥用量,对于优化群体结构具有重要的作用。范仲学等(2001)强调应该重视追肥,认为追肥的氮素利用率高,特别是对于水田而言。刘宏斌等(2001)提出了氮素营养诊断的追肥技术,可以有效减少氮肥用量,提高氮素利用率。刘建等(2006)的研究发现,分次施用分蘖肥,并提高穗肥比例将有助于植株对氮肥的吸收作用,提高氮肥吸收利用率。

随着计算机的普及和应用,水稻精准施肥模式逐渐建立并得到广泛应用。如国际水稻研究所应用计算机决策支持系统和叶绿素快速测定仪(SPAD)或叶色卡(ICC)发展了实地、实时施肥管理模式(site specific

nutrient management，SSNM，and real time N management，RTNM），凌启鸿
先生也提出了精确定量栽培模式。实地、实时施肥管理模式氮肥的运筹原
则是控制前期氮肥用量，适当增加中后期氮肥比例。依据叶片含氮量与光
合速率及干物质增长的相关关系，确定水稻叶片含氮量的施肥阈值，利用
快速叶绿素测定仪（SPAD）或叶色卡观测叶片氮素情况并依此指导施肥，
获得施肥时间和氮肥施用量与作物对氮素吸收的协调一致（Dobermann
等，1996；Peng 等，1993）。在 SSNM 技术（王光火，2003）中，对于中
后期氮肥的施用量也采用由叶片氮素状况（SPAD 值）而确定。精确定量
栽培模式（或叶龄栽培模式）是以叶龄跟踪为基础，通过对水稻生育进程
及主茎叶片的长势长相的判断，采取有效的调控措施，进行科学施肥和合
理灌水，实现水稻以安全抽穗期为中心的计划生长，从而提高水稻产量和
品质的一种方法。其理论和实践基础包括：水稻叶龄模式、水稻群体质量
和栽培技术定量三个部分。水稻精确定量栽培是世界水稻栽培科学理论与
技术的新体系（凌启鸿，2007）。

四、氮肥深施与氮肥利用率的关系

氮肥施入土壤后有三个去向，一部分氮素被当季作物吸收利用，一部
分残留于土壤中，另一部分则离开土壤—作物系统而损失。概括地说，作
物当季吸收利用一般为 30%～50%，氮素损失可达 20%～60%，土壤中残
留约 25%～35%。氨的挥发损失是灌溉稻田肥料 N 素损失的主要途径，N
肥深施有利于减少氨挥发和径流损失。研究表明，N 肥深施尤其是颗粒肥
深施，在减少 N 肥损失、提高 N 肥利用率的各种方法中，是效果最好且
最稳定的一种（2，12）。至于适宜的施用深度，则既要考虑到尽量减少 N
肥损失，又要考虑到能及时被作物根系吸收，且要省工省时。Zhu 等
（1997）研究表明，综合考虑 N 素的损失和作物对 N 素的吸收以及劳动力
消耗等诸多因素，N 肥深施的深度以 6～10cm 比较适宜。舒时富等
（2013）采用大田试验，研究了机械定位深施超级稻专用肥对双季稻收获
后稻田土壤养分、理化性质和超级稻产量的影响。结果表明，与人工撒施
肥比较，2 个机械定位深施超级稻专用肥处理均显著提高了土壤中的养分
和大团聚体的含量，并使土壤中酶活性和超级稻实际产量显著增加。吴敬
民等（1999）研究结果表明，氮肥机深施较氮肥基肥面施增产 12%～
17%，每千克标准氮肥的稻谷增产量从 2.7kg 提高到 3.1～3.9kg，每千克
氮素的稻谷增产量自 13.7kg 增加到 15.5～19.5kg，水稻对氮肥的当季吸
收利用率提高 7%～14%。全层深施是将一定量化学氮肥于耙地过程中施

用，使肥料均匀分布于全耕层中。李殿平（2004）研究结果表明，全层深施肥方法能够提高水稻的产量、穗数和每穗粒数，氮肥利用率显著提高，达60.63%。由于氮肥深施只能作基肥才具有生产适用性，若用缓/控释肥深施，可利用减少施肥次数的人工费弥补缓释肥价格过高之不足。

五、氮肥种类与氮肥利用率的关系

氮肥大致可分为铵态氮肥、硝态氮肥、酰胺态氮肥和长效氮肥四种类型。铵态氮肥包括碳酸氢铵、硫酸铵氯化铵等；硝态氮肥包括：硝酸铵、硝酸钠、硝酸钙；酰胺态氮肥为尿素；长效氮肥又称缓效或缓释氮肥、控释氮肥，难溶于水或难以被微生物分解，在土壤中缓慢释放养分的肥料。缓/控释肥料有多种，大体可分为以下三大类：一是包膜缓/控释肥料，二是包裹材料缓/控释肥料，三是具有限水溶性的合成型微溶态缓/控释肥料。

水稻生产最常见的氮肥种类包括尿素、碳铵、硫铵和磷铵。水稻对碳酸氢铵的吸收利用率平均为37.4%，尿素为29.0%~44.9%，硫酸铵为22.5%~50.1%。研究发现，在大田条件下，水稻不仅能够吸收利用NH_4^+-N，而且能吸收相当数量的NO_3^--N（张亚丽等，2004）。谈建康等（2002）用不同形态和比例的氮营养液（总氮浓度相同）培养水稻至分蘖期，结果表明：全NH_4^+-N或全NO_3^--N营养均引起水稻有机物合成和生物量积累的减少，当NH_4^+-N/NO_3^--N比例为50/50和25/75时，水稻表现出最佳的生物效应。其中杂交稻的变化显著，而常规稻的变化较小。同一水稻品种在不同生育期吸收NH_4^+-N与NO_3^--N的数量及比例不同。何文寿等（1998）的研究表明，水稻从移栽到分蘖吸收的NH_4^+-N多于NO_3^--N，累积吸收的NH_4^+-N占同期吸氮总量的53.5%；分蘖期吸收的NH_4^+-N著高于NO_3^--N，前者占同期总吸氮量的71.8%，是整个生育期对NH_4^+-N相对吸收量最多的时期；拔节到乳熟期基本上等量吸收NH_4^+-N和NO_3^--N；蜡熟期吸收的NH_4^+-N占同期吸收总量的57.6%，多于NO_3^--N。杨肖娥等（1991）的研究结果表明，抽穗前、后期追施或喷施NO_3^--N可有效提高稻谷产量，杂交稻对后期追施NO_3^--N的生理反应比常规稻更为敏感，特别是浮根的生长量，杂交稻比常规稻高1倍之多；相应地，NO_3^--N对提高杂交稻结实率的效应也大于常规稻。这些特性很可能与NO_3^--N和NH_4^+-N对水稻生育后期光合作用、蛋白质合成、激素平衡和谷粒灌浆等生理功能的影响不同有关。

控释缓效氮肥的利用也是提高氮素利用率的有效途径，水稻控释氮肥

可以有效减少 NH_3 挥发、氮肥淋溶以及硝化-反硝化损失量，氮肥利用率高达 73.8%，比尿素高 34.9%（刘德林，2002）。李友宏等（2001）研究表明，涂层尿素在水稻上施用，吸收利用率可以提高 7%~14%。尿素包膜后，降低了 N 素的损失率，N 素利用率提高 35%，N 素回收率得到明显的改善（符建荣，2001；戴平安和聂军，2003）。中国缓/控释肥料的研究和开发还处在刚刚起步的阶段，虽然部分技术已经达到国际先进水平，但整体水平远没有达到国外的同等水平。目前生产的缓释肥料还不能很好地解决释放与作物需求相吻合的难题，达不到自控缓释的指标，技术含量较低，加之缓/控释肥料价格远远高于常规肥料，难以为农民接受，所以很难在生产中推广。

　　有机肥的有机质含量高，养分全面，肥力持久稳定，具有改善土壤理化性状的良好作用，增强土壤的保肥和供肥能力，有利于 N 素利用率的提高和产量的增加。一般有机肥要占 20%~30%，化肥占 70%~80%。目前，农民为了省工省力，有机肥的施用很少，甚至完全依靠化肥。据统计，我国近几年仅来自农业内部的基本资源（主要包括粪尿类、秸秆类、绿肥类、饼肥类）每年就高达 40 亿 t，而实际用于农业的有机肥料数量折合养分为 1 800 万 t 左右，仅占资源总量的 34%，约占农田养分投入总量中的 30%。未被利用的部分成为环境的重要污染源，例如中国农业科学院土壤肥料研究所对江苏、浙江、山东、北京、上海、天津等省直辖市调查结果表明：秸秆中约 30% 被焚烧，10% 左右丢弃于沟渠；畜禽粪便中有 25%~30% 进入水体；城市生活垃圾和污泥通过填埋焚烧和堆积直接进入环境（金继运，2005）。因此，研究建立有机肥料商品化生产和施用质量标准、规模化养殖场畜禽粪便无害化、资源化与产业化技术、农作物秸秆有机养分再循环及其综合利用产业化技术，对提高稻田氮肥利用率具有长远的战略意义。

第五节　磷高效利用研究

一、土壤肥力与磷肥施用

　　植物体所需的磷一部分从土壤中获得，另一部分需从施肥中获得。为了维持农业高产，每年势必向土壤中投入大量的磷肥。然而磷肥施入土壤后容易被固定形成难以被植物利用的形态，当季利用率低。长期施肥造成磷素在土壤中大量流失,容易随水流入地下或河流,造成农业面源污染,从而给环境带来一系列问题。在酸性土壤上磷主要被铁、铝及其氧化物固定或吸附;在石灰性土壤上主要与钙结合,致使其活性降低。红壤、砖红壤和红壤性水稻土在我国南方地区广泛分布,红壤和砖红壤富含针铁矿和三水铝石等结晶度较高的铁、铝氧化物,对磷有很高的吸附容量,易吸附和固定可溶性磷肥,从而可降低磷对植物的有效性,而红壤性水稻土中氧化物含量较低,有机质含量较高,土壤磷的有效性较高。因此,过量施肥可导致稻田生态系统中磷素盈余,使得农田土壤磷素流入江河湖泊,造成水体富营养化。马良和徐仁扣(2010)研究了 pH 值和添加有机物料对 3 种酸性土壤中磷吸附-解吸的影响。结果表明,水稻土中磷的吸附量和解吸量随 pH 值的升高而降低,pH 值对红壤中磷吸附和解吸的影响很小。添加稻草并进行恒温培养可使水稻土对磷的吸附量显著减少,从而增加了土壤中吸附性磷的活性。

施用磷肥可以使土壤中活性有机磷得到较大的增加。邓久胜等(2011)通过田间试验,研究水稻磷肥施用量与土壤有效磷的关系。结果表明,磷肥施用可有效提高土壤有效磷,施磷量在 $0 \sim 112.5 kg/hm^2$,有效磷随施磷量增加而增加,施磷过量后有效磷不再提高。施磷量与水稻产量呈一元二次回归关系,回归方程为 $y = -0.150lx^2 + 34.716x + 7125.6$。本试验条件下,当土壤有效磷超过 21.3mg/kg 时,水稻增产效果不明显。土壤连续施用磷肥和磷肥与稻草配合施用能够提高土壤有效磷含量,且磷肥与稻草配合施用效果最佳。中度缺磷土壤磷肥与稻草配合施用处理连续两年试验后,土壤有效磷平均上升 50.4%;严重缺磷土壤连续两年磷肥与稻草配合施用处理试验后,土壤有效磷平均上升 91.4%。在中度和严重缺磷土壤上施用磷肥或磷肥与稻草配合施用有利于提高水稻产量和土壤的供磷能力(谢坚等,2009)。

我国土壤缺磷面积较大,近几年施磷耕地面积约占全国耕地的 2/3,磷肥的施用量仅次于氮肥,如 1997 年全国施用 689.4 万 t P_2O_5,占当年化肥施用量的 17.3%(奚振邦,2003)。磷肥肥效表现的一个重要特点是当季作物利用率低,后效明显,叠加效应大。有研究认为,重施一次磷肥,其后效至少可持续十年以上。因此,考虑磷肥合理施用时,必须把磷肥的后效充分估计在内,从系统和平衡施肥要求出发,通过合理施用磷肥,建立一个有一定容量和缓冲能力的土壤磷库,促进作物的持续增产。

二、磷肥与氮肥的配合施用

现代农业可持续发展的重要基础就是维持和不断提高土壤养分和有机质水平，即土壤养分可持续性。土壤养分可持续性与作物营养和土壤管理关系密切，而合理施肥作为后两者的重要环节在其中起着重要的作用。肥料的合理施用能提高肥料利用率、培肥地力、改善农田生态环境、不断提高农作物产量。许多研究表明，大量元素肥料之间、大量元素与微量元素肥料之间，无机肥与有机肥之间以及肥料形态之间的科学组配施用，已成为土壤持续利用、调控作物品质、发展高产优质高效农业的重要施肥方式。磷是水稻生长发育不可缺少的营养元素之一。目前，对单独磷肥施用在水稻上的效果研究较少，一般都集中在与其他肥料的配合施用效应上。磷肥和氮肥、钾肥配合施用是提高施肥效果的重要措施之一，特别是在中、下等肥力的土壤上进行氮、磷肥配施，其增产幅度更大。研究表明，磷肥可提早抽穗期，增加叶片叶绿素含量，提高分蘖成穗率。NPK 配施比 NK 配施增产 42.25%，NP 配施比单一施氮增产 15.13%，NPK 配施增产效果最明显（张蕾，2011）。李玉鹏（2007）研究也发现，在没有 N 配合的情况下施 P，产量增加也不明显，而 NPK、NP 处理产量明显高于其他处理和 CK。此外，不同形态的氮素也对水稻吸收磷产生影响。研究认为，充足的 NH_4^+-N 营养抑制根系的生长，而 NO_3^--N 营养促进根系和根毛的生长。亦有研究表明，充足的 N 素供应能够增加植物对 P 素的吸收和利用，可能主要是由于植物本身的一种生理反应。李宝珍等（2008）采用水培方法，研究了缺磷条件下不同形态氮（NH_4^+-N、NO_3^--N 和 $NH_4^+-N+NO_3^--N$）下的水稻根系形态性状，以及它们产生的后效应对磷吸收的影响。结果表明，在氮素供应充足但磷饥饿胁迫的状况下，氮素形态对根系的影响仍然十分显著。与单一的铵营养相比，铵硝混合营养增加了根长和根系的表面积、根系的密度以及磷的总吸收量；与单一的铵或硝营养相比，铵硝混合营养可增加吸收的磷从根系向地上部的运输。因此，铵硝混合营养改善低磷胁迫下水稻对磷的吸收和转运，其部分原因与氮素形态与根系形态发生有关。

三、水稻耐低磷研究

培育磷高效水稻品种是提高水稻磷利用率的有效措施之一。作物耐低磷胁迫既受遗传控制，具有明显的品种内和品种间的差异，也受环境影响，磷营养状况就是一个很重要的因素。杨建峰等（2009）通过盆栽试验，研究了不同磷效率水稻在不同 pH 值土壤和不同磷处理水平下的磷营养特性。结果表明，不同 pH 值土壤上，分蘖期各水稻品种在碱性土壤上磷吸收量和利用效率最低，相对磷吸收量和相对磷利用效率却最高；耐低磷基因型 850、1574 和 1079 的磷吸收量高于鄂晚 13 和敏感基因型 99012。在孕穗期，各水稻品种在碱性土壤上的磷吸收量高于其他两种土壤，但相对磷利用效率却最低，耐低磷基因型 850 和 1574 在 3 种土壤上磷吸收量均最高。说明不同基因型耐低磷植物活化吸收难溶性磷的能力不同。李永夫等（2005）研究了不同供磷水平对水稻磷素吸收利用和稻谷产量的影响。结果表明，浙农大 454 在磷素缺乏的土壤上具有较高的稻谷产量，和正常供磷水平下的产量差异非常小，这说明低磷胁迫对该水稻品种的产量并没有造成很大影响，因此可以认为该品种具有较强的耐低磷胁迫能力，这样的材料可以作为筛选与培育抗低磷胁迫水稻基因型之亲本，也可以直接将之用在磷素缺乏的地区；而水稻品种连珍 11 施加磷肥后的增产效果非常明显，施磷以后的产量高于浙农大 454，因此这样的材料比较符合高产集约栽培的需要。两种供磷水平下，水稻的稻谷产量、磷利用效率和各生育期地上部磷积累都存在显著的基因型差异。因此，筛选和培育具有较高磷利用效率和在生育前期具有较强磷素积累特性的水稻基因型可能是缓解南方水稻土磷素严重缺乏的有效途径之一。

第六节　钾高效利用研究

一、土壤肥力与钾高效利用

我国缺钾土壤总面积达 4.5 亿亩，严重缺钾（土壤速效钾含量<50mg/kg）和一般缺钾（土壤速效钾含量 50~70mg/kg）的土壤面积占总耕地之 23%（中国化肥区划，1986），主要分布在华南地区、长江中下游、长江以南及黄淮海平原部分地区等农业较发达的地区，并占有相当大的面积。随着我国农业生产水平的不断提高和高产新品种的推广，土壤中的钾因作物吸收而消耗，农田土壤钾的输出呈上升趋势，因此，钾肥在农业生产中的作用日益突出。多数研究认为，长期使用钾肥，或与氮、磷、有机肥等配施能够提高土壤中速效钾和缓效钾含量，提高土壤供钾能力（廖育林等，2009）。但陈防等（2000）通过长期施钾定位田间试验发现，施 K 处理土壤钾亏损 1 957.5 kg/hm²，而未施钾处理下土壤钾亏损 1 345kg/hm²，因此认为，每季 75kg/hm² 的施钾量仅仅维持了一个较高产量

水平，对土壤钾素肥力的影响不如对作物产量的影响那么明显。

长期定位试验的结果表明，厩肥提高土壤肥力的作用比化肥为优。由于有机肥料中含有较多的钾素，且有效性高，因此，施用有机肥被认为是土壤钾的主要补充方式之一。如，江西农业大学长期定位试验表明，紫云英、沼肥、稻草或猪粪与化肥配施处理有效钾含量高于单施化肥处理，有机无机长期配施更有利于保持和提高土壤肥力（彭耀林，2003）连续秸秆还田能够显著增加土壤中全钾和速效钾含量，且秸秆还田量越大钾含量越高。在红壤水稻土上的长期定位试验发现，NP+RS（氮磷肥+稻草还田）处理土壤速效钾和缓效钾的消耗速度较快，其耗钾的速度大于稻草钾素补充的速度，说明每年施入 4.2t/hm² 的稻草不能维持土壤的钾量平衡（廖育林等，2009）。张会民等（2009）研究了长期施肥对水稻土和紫色土供钾状况的影响。结果表明，长期单施 N 和施 NP 条件下，土壤钾离子平衡活度比（AR0K）、土壤活性钾（KL）、非专性吸附钾（−ΔK0）和专性吸附钾（Kx）值降低，而钾缓冲容量（PBCK）和交换自由能（−ΔG）值升高，土壤（尤其是紫色土）钾素耗竭程度加剧，施 NPK 和 NPKM 减缓了土壤钾素的耗竭。在长期不同施肥下，紫色土钾素的耗竭程度均高于水稻土，前者年均钾肥或有机肥的施用量不足。在红壤性水稻土上进行的长期肥料定位试验表明，缺钾已成为限制红壤稻田高产的主要肥力因子，绿肥与化肥长期配合施用有利于水稻稳产增产，减少化肥的使用量，提高化肥氮、磷、钾养分的农学利用效率达 60% 以上（李继明等，2011）。有机肥提高土壤速效钾含量的原因可是能由于随着有机肥本身所含的钾不断施入，以及有机胶体在其交换表面具有保持养分的巨大能力的缘故。因而利用有机肥、稻草还田措施补充土壤钾素亏损和维持土壤钾素平衡是有效的。综上所述，充分利用厩肥、绿肥、秸秆等有机物料资源，尤其是对缺钾的土壤实施"沃土工程"，对减少化肥施用量，提高化肥利用率，维持和提高水稻产量和土壤肥力具有重要的作用。

二、钾与其他养分互作

钾素与作物多种必需养分间存在交互作用，钾素与氮磷养分间一般存在协同性交互作用，即随着氮磷施用量和作物产量的增加，钾素肥效随之提高，相应需施用更多钾肥。由于 NH_4^+ 与 K^+ 离子半径相似，化合价相同，因而曾被认为在作物吸收上可能会产生拮抗作用，但另有研究表明，K^+ 的存在与否及浓度高低对水培条件下水稻 NH_4^+-N 的吸收无明显影响，甚至还有人认为 NH_4^+ 与 K^+ 在被水稻吸收时具有相互促进的作用。而 NO_3^- 与 K^+

由于具有相反的电荷，从离子补偿的角度来看，这两种离子的吸收应该是相互促进的，但有研究表明，植物吸收的 NO_3^- 与 K^+ 的离子比例并不相等，可以在 1~80 之间变动，然而在不存在 K^+ 的情况下，硝酸盐的吸收也微乎其微了。陈小琴等（2007）利用温室盆栽试验研究了不同氮（NH_4^+-N 和 NO_3^--N）源下施钾水平及氮钾施用次序对水稻生长和养分吸收的影响。结果表明：在水稻生长早期（20d 左右），以 NO_3^--N 作为 N 源时水稻的生物产量和氮钾养分吸收量均显著高于 NH_4^+-N 作 N 源的处理，但随着生长时期的延长，NH_4^+-N 更能促进水稻的生长和养分吸收。因此，从整个营养生长时期来讲，铵态氮肥作为水稻 N 源更具有优越性。

三、钾肥的施用技术

根据水稻对钾素的需求以及对钾素的吸收特点，我国土壤肥料工作者对水稻的施钾技术与理论进行了长期试验与探讨。20 世纪 70 年代着重于施钾肥效方面的试验，结果表明施钾使株高、穗长、剑叶长度增加，茎秆粗壮和抗病能力增强，同时也发现了在不同时期施入钾肥效果的差异，既前期施钾促进分蘖总数而后期对成穗率有显著效果，并且将基肥、分蘖肥和穗肥肥效对水稻生理作用进行比较，提出分施理论。20 世纪 80 年代开始，施钾对水稻增产的作用以及杂交水稻对钾素的吸收特点引起人们注意，研究认为要提高钾肥的肥效，必须注意与氮磷的配合施用，单施钾肥效果不明显。在施用时期上，以基肥和早期追肥的效果好。王家玉（1980）认为杂交水稻的吸钾旺盛时期是在生育中期，杂交水稻生育前期主要吸收土壤交换性钾和肥料钾，而生育中期主要依靠土壤非交换性钾，因此施钾应以早为主，即增加基肥用量。但也有学者认为，水稻生育的中期施钾仍有一定的必要性，杂交水稻生育前期需钾量少，根系吸钾能力强，土壤供钾充分，常表现为土壤供钾过剩，而到生育中期（稻株吸钾高峰期），土壤钾素处于最低值，钾素供不应求，经常造成中期缺钾。李泽远等（1998）通过盆栽和田间试验，研究了在低钾土壤中水稻不同生育期供钾状况对生长及产量的效应，结果表明，施钾效应的高低顺序为：孕穗期>分蘖期>抽穗、移栽前，并以孕穗期重施钾处理的效应最高，因为移栽前水稻吸钾量很少，基肥与分蘖肥之间的效果不会有什么差别，移栽前施钾的意义不大。说明水稻孕穗期需要保持较高的钾素营养水平，这样既能巩固生长前期的有效分蘖，又能促进穗大粒多，增加粒重。

参考文献

曹爱琴，廖红，严小龙.2002.低磷土壤条件下菜豆根构型的适应性变化与磷效率 [J].土壤学报，39（2）：276-282.

曹宁.基于农田土壤磷肥力预测的我国磷养分资源管理研究 [D].西北农林科技大学，2006.

陈防，鲁剑巍，万运帆，等.2000.长期施钾对作物增产及土壤钾素含量及形态的影响 [J].土壤学报，37（2）：233-241.

陈洪斌，郎家庆，祝旭东，等.2003.1979—1999 年辽宁省耕地土壤养分肥力 [J].沈阳农业大学学报，34（2），106-109.

陈温福.2010.北方水稻生产技术问答 [M].北京：中国农业出版社.

陈小琴，周健民，王火焰，等.2007.氮肥形态及氮钾施用措施对水稻生长和养分吸收的影响 [J].中国农学通报，23（6）：376-382.

陈盈，隋国民，张满利，等.2010.不同氮肥水平对辽星 1 号和辽优5238 产量的影响 [J].辽宁农业科学（1）：10-13.

川口桂三郎.1985.水田土壤学 [M].农业出版社.

邓九胜，张炜，朱荣松，等.2011.基于土壤有效磷水稻磷肥施用推荐体系的探讨 [M].西北农业学报，20（2）：81-84.

邓九胜.2009.氮磷钾肥施用量对水稻产量及土壤养分供应特性的影响 [D].扬州大学.

杜森，马常宝，高祥照，等.2004.我国水稻施肥现状和特征（一）&（二）.中国农技推广（3）：50-53.

冯玉科.2002.不同施肥条件下土壤有效态磷、钾的动态变化及其对水稻养分吸收及产量的影响 [D].浙江大学.

郭朝晖，李合松，张杨珠，等.2002.磷素水平对杂交水稻生长发育和磷素运移的影响 [J].中国水稻科学，16（2）：151-156.

韩秉进，张旭东，隋跃宇，等.2007.东北黑土农田养分时空演变分析 [J].土壤通报，38，238-241.

韩胜芳.2009.水稻磷素吸收的生理和分子基础研究 [D].河北农业大学.

和林涛.2008.长期施肥土壤-作物体系钾素动态变化研究 [J].西南大学.

侯守贵, 隋国民, 马兴全, 等.2012.辽宁省水稻产业发展现状及展望 [J].北方水稻, 42 (5): 70-73.

黄元财.氮素和水分对水稻产量、品质及氮素吸收利用的影响 [D].沈阳农业大学.

贾彦博.2006.水稻 (ORYZA SATIVA L.) 钾高效营养的生理机制研究 [D].浙江大学, 2008.

江立庚, 曹卫星.2002.水稻高效利用氮素的生理机制及有效途径 [J].中国水稻科学, 16 (3): 261-264.

江立庚.2003.水稻品种氮素吸收利用效率的生理生态特征及调控研究 [D].南京农业大学.

金继运.2005.我国肥料资源利用中存在的问题及对策建议 [J].中国农技推广 (11): 4-6.

李宝珍, 王松伟, 冯慧敏, 等.2008.氮素供应形态对水稻根系形态和磷吸收的影响 [J].中国水稻科学, 22 (6): 665-668.

李殿平.2004.全程深施肥对水稻产量及品质影响的研究 [D].东北农业大学.

李锋, 李木英, 潘晓华, 等.2004.不同水稻品种幼苗适应低磷胁迫的根系生理生化特性 [J].中国水稻科学, 18 (1): 48-52.

李海波, 夏铭, 吴平.2001.低磷胁迫对水稻苗期侧根生长及养分吸收的影响 [J].植物学报, 3: 1154-1160.

李虎, 唐启源.2006.我国水稻氮肥利用率及研究进展 [J].作物研究, 20 (5): 401-404, 408.

李华.2001.水稻钾高效营养机制研究 [D].浙江大学.

李继明, 黄庆海, 袁天佑, 等.2011.长期施用绿肥对红壤稻田水稻产量和土壤养分的影响 [J].植物营养与肥料学报, 17 (3): 563-570.

李亚娟.2012.水分状况与供氮水平对水稻氮素利用效率的影响及其机制研究 [D].浙江大学.

李永夫, 罗安程, 王为木, 等.2005.不同供磷水平下水稻磷素吸收利用和产量的基因型差异 [J].土壤通报, 36 (3): 365-370.

李永夫.2006.水稻适应低磷胁迫的营养生理机理研究 [D].浙江大学.

李玉鹏.2007.氮磷钾肥施用时对水稻产量形成与养分吸收的影响 [D].中国农业科学院.

良玉, 吴良欢, 陶勤南.2002.高等植物对有机氮吸收与利用研究进展

［J］.生态学报，22（1）：118-124.

廖育林，郑圣先，鲁艳红，等.2009.长期施钾对红壤水稻土水稻产量及土壤钾素状况的影响［J］.植物营养与肥料学报，15（6）：1372-1379.

凌启鸿，张洪程，苏祖芳，等.1994.稻作新理论：水稻叶龄模式［M］.北京：科学出版社.

凌启鸿.2007.水稻精确定量栽培理论与技术［M］.北京：中国农业出版社.

刘建，魏亚凤，徐少安.2006.蘗穗肥氮素配比对水稻产量、品质及氮肥利用率的影响［J］.华中农业大学学报，25（3）：223-227.

刘顺国，韩晓日，赵斌，等.2008.辽宁省水稻土壤养分丰缺指标建立初探［J］.土壤通报，39（4）：871-873.

刘运武.1996.磷对杂交水稻生长发育及其生理效应影响的研究［J］.土壤学报，33（3）：308-316.

莫钊文，潘圣刚，王在满，等.2013.机械同步深施肥对水稻品质和养分吸收利用的影响［J］.华中农业大学学报，32（5）：34-39.

彭耀林.2003.有机肥和无机肥配合施用对水稻生物学特性和土壤肥力的影响［J］.江西农业大学硕士学位论文.

盛宏达.1997.水稻抽穗期根外追肥对稻米品质的影响［J］.中国农学通报（5）：29-32.

舒时富，唐湘如，罗锡文，等.2013.机械定位深施超级稻专用肥提高土壤肥力和稻产量［J］.农业工程学报（23）：9-14.

孙兵.2010.水稻超高产土壤养分调控技术的研究［D］.贵州大学.

孙继祥，魏建强，暴勇，等.2007.水稻氮肥运筹方式试验研究［J］.北方水稻（3）：98-99.

万靓军.2006.水稻氮肥运筹效应及技术改进的研究［D］.扬州大学.

王激清.2007.我国主要粮食作物施肥增产效应和养分利用效率的分析与评价［D］.中国农业大学.

王巧兰.2010.氮磷钾营养对水稻植株体氮素损失的影响［J］.华中农业大学.

王艳朋，靳静晨，汤继华，等.2007.作物氮素高效利用研究与现代农业［J］.中国农学通报，23（10）：179-183.

伍泽康.1999.水稻氮肥深施比较试验［J］.贵州农业科学，27（3）：52-53.

谢迎新.2006.人为影响下稻田生态系统环境来源氮解析 [D].中国科学院研究生院（南京土壤研究所）.

许仁良，戴其根，王秀芹，等.2005.氮肥施用量、施用时期及运筹对水稻氮素利用率影响研究 [J].江苏农业科学 （2）：19-22.

闫湘.2008.我国化肥利用现状与养分资源高效利用研究 [D].中国农业科学院.

晏娟，尹斌，张绍林，等.2008.太湖地区稻麦轮作系统中氮肥效应的研究 [J].植物营养与肥料学报，14 （5）：835-839.

杨建，魏春燕，武威.2008.钾对水稻生长发育及生理功能影响分析 [J].吉林农业科学，33 （6）：46-47，58.

杨建峰，贺立源，左雪冬，等.2009.不同 pH 低磷土壤上水稻磷营养特性研究 [J].植物营养与肥料学报，15 （1）：62-68.

张存銮，徐小兰.2000.水稻倒伏原因及防倒对策 [J].作物杂志 （5）：19-20.

张福锁，王激清，张卫峰，等.2008.中国主要粮食作物肥料利用率现状与提高途径 [J].土壤学报，45 （5）：915-924.

张国平.2002.水稻钾肥用量与产量效应研究 [J].贵州农业科学，30 （4）：18-21.

张会民，徐明岗，吕家珑，等.2009.长期施肥对水稻土和紫色土钾素容量和强度关系的影响 [J].土壤学报，46 （4）：640-645.

张蕾.2011.长期定位施肥条件下土壤磷库变化及对水稻产量、品质形成的影响研究 [D].扬州大学.

张亚丽，沈其荣，段英华.2004.不同氮素营养对水稻的生理效应 [J].南京农业大学学报，27 （2）：130-135.

章永松，林咸永，罗安程.2000.水稻根系泌氧对水稻土磷素化学行为的影响 [J].中国水稻科学，14 （4）：208-212.

赵孔南.1983.水稻产量构成因素和产量的变化与钾素营养 [J].浙江农业大学学报，9 （3）：36-41.

浙江农业大学.1991.植物营养与肥料 [M].北京：农业出版社.

周瑞庆.1988.肥料种类及营养元素对稻米产量与品质影响的初步研究 [J].作物研究，2 （1）：14-17.

朱鹤健.1985.水稻土 [M].北京：农业出版社.

朱兆良.1998.我国氮肥的使用现状、问题和对策 [M].南京：江苏科学技术出版社.

邹长明, 秦道珠, 陈福兴, 等.2000.水稻氮肥施用技术 I.氮肥施用的
适宜时期与用量 [J].湖南农业大学学报 (自然科学版), 26 (6):
467-470.

邹长明, 秦道珠, 徐明岗, 等.2002.水稻的氮磷钾养分吸收特性及其
与产量的关系 [J].南京农业大学学报, 25 (4): 6-10.

Eagle A J, Bird J A, Horwath W R, et a1.2000.Rice yield and nitrogen
utilization efficiency under a hemative straw management practices [J].
Agronomy Journal, 92: 1096-1103.

Grerory P J, Hinsinger P.1999.New approaches to studying chemical and
physical changes in the rhizosphere: an overview [J].Plant and Soil,
211: 1-9.

Jin J, LinB, Zhang W. 1999. Improving nutrient management for
sustainable development of agriculture in China.In: Smaling E M A,
Oenema Q and Fresco L Q ed.Nutrient Disequilibria in Agroecosystems
[J].CAB Internationa1.157-174.

Trolove S N, Hedley M J, Kirk G J D, et al.2003.Progress in selected ar-
eas of rhizosphere research on P acquisition [J].Australian Journa1 of
Soil Research, 41: 471-799.

Zhu Z L. 1997. Fate and management of fertilizer nitrogen in agro -
ecosystems In: Zhu Z.Wen Q, and Freney J R.ed.Nitrogen in Soils of
China [J].Kluwer Academic Publishers, Dordrecht, The Netherlands.
239-279.

第四章　水稻抗旱性研究

　　1991 年 Robin Clark 出版了一本具有重大影响的著作《Water：The International Crisis》，认为水资源短缺已成为全球面临的危机；1998 年 7 月联合国环境规划署报告，21 世纪威胁人类的十大环境祸患中，淡水资源缺乏位居第三；2000 年 3 月在荷兰举行的"第二届世界水资源论坛"的主题是：使水对每个人都成为商品（make water everybody's business）（周启星，2002）；另据国际水资源管理委员会（IWMI）最近研究表明，2025 年以前，约占全世界人口 1/3 即 27 亿人居住的地区将面临严重缺水。可见水资源缺乏是一个全球性的问题。目前，世界上干旱地区约占土地面积的 36%，占总耕地面积的 42.9%，其他地区也常遭遇季节性干旱或难以预测的不定期的干旱。据统计，世界性干旱导致的减产可超过其他因素所造成减产的总和，干旱对农业生产造成的损失最大、威胁最重，已成为 21 世纪威胁农业生产、制约农业可持续发展战略的全球性焦点问题（汤章成，1983）。

　　我国是一个人均淡水资源严重短缺的国家，水资源总量约 2.8 万亿 m^3，人均占有水量为 2 340 m^3，排在世界 109 位，被世界水资源与环境发展联合会列为 13 个贫水国家之一。近 40 年来，我国每年受干旱影响的面积达 2 000 万 hm^2，每年因干旱缺水少产粮食 1 000 亿 kg 左右，因缺水造成的经济损失约 1 200 亿元（康绍忠，1998）。1998 年美国学者莱斯特·布朗指出"中国水资源短缺将震撼世界的食物安全"。据气象专家预测，到 2050 年，我国将处于一个大范围干旱频数显著增多的时期。干旱缺水将是 21 世纪我国面临的最严重问题之一（章基嘉和周曙光，1990）。农业用水占人类总淡水用量的 80%，而水稻用水占农业用水的 70% 左右（罗利军和张启发，2001），是耗水量最大的作物。在目前世界范围内淡水资源普遍缺乏的情况下，减少农业用水，特别是减少水稻用水已开始成为各国农业专家的共识（Brown L R 和 Halweil B，1998）。我国是水稻种植大国，每年有大量的水资源用于水稻生产，因此发展抗旱节水型稻作，减少水稻对水的消耗已经成为当务之急（Wang HQ，2002）。

第一节　水稻抗旱研究概况

一、抗旱性的概念及分类

农作物的旱害是个复杂的问题，主要由土壤缺水损害引起，同时也受气候干热、温度高等因子的影响。水稻受旱害，其根、叶片的活力及植株的代谢功能，包括光合作用、呼吸作用及茎秆器官的水分、营养物质和光合产物的运输功能等均将受到影响或损害。

作物的抗旱性是植物对水分缺乏环境的耐受能力。Levitt（1966）等把植物的抗旱性定义为在供水量很低的情况下，植物可以生存的能力。Turner（1979）则认为，抗旱性是作物受周期性缺水仍能正常生长、结实的能力。由于作物生产的最终目的是产量，Turner（1997）进一步明确指出，在缺水条件下，作物能获得足够产量的能力谓之为抗旱性。作物抗旱性即是指作物在干旱条件下，维持较好功能，进行良好生长，并获得较高经济产量的能力。

May 和 Milthorpe（1962）等把抗旱性分为三种类型，其抗旱机理各不相同：①逃旱性（drought escape）：在土壤及植物发生严重水分亏缺之前，植物完成其生活史的能力；②组织带有高水分势的耐旱性即御旱性（drought avoidance）：指植物在干旱环境下，保持良好的水分状况，忍受长时期干旱的能力；③组织带有低水分势的耐旱性（drought tolerance）：指植物在较低组织含水量下度过干旱的能力。王永锐（1995）将抗旱性（drought resistance）的内涵界定为逃旱性（drought escape）、避旱性（dehydration avoidance）、耐旱性（drought tolerance）和复原抗旱性（drought recovery）。胡颂平、周清明（2001）则将陆稻对干旱的适应性表述为：避旱性，抗旱性（包括御旱性和耐旱性），复原抗旱性。山仑等（1981）把作物对干旱的适应能力划分为：逃旱性、御旱性和耐旱性。

综合分析，一般认为作物的抗旱性应包含以下几方面的含义：①避旱性：包括逃旱和避旱。指陆稻逃避干旱时期的能力。生产上将水稻水分敏感期（抽穗扬花期）与当地易受旱时期错开安排就是利用了水稻的避旱性。②御旱性：是指作物在干旱条件下减少水分损失、保持高水势（water potential）的能力，其抗性机理是通过发展强大的根系来吸收水分并运转至地上部分和通过关闭气孔或不渗透的角质层来减少水分消耗。③耐旱性：指作物忍受和适应低水势并通过细胞的生物化学变化、酶活性变化等来维持生长、发育及生产的能力。④复原抗旱性：指陆稻植株熬过一段时期干旱后恢复生长的能力。

二、抗旱性的作用机制

1. 渗透调节

植物细胞只有在含有一定量的水分和维持一定的压力势时才能发挥正常的生理功能。植物细胞的压力势（膨压）是通过渗透调节作用来保持的。Morgan（1984）认为渗透调节是植物抗旱性的一种主要机制。李秧秧等（1993）和关义新等（1996）认为在干旱条件下，渗透调节的关键是细胞内溶质的主动积累。王永锐（1995）试验证明，渗透调节的物质基础主要是细胞溶质如可溶性糖、游离氨基酸和甜菜碱等浓度的提高。郑丕尧（1990）、王秀珍（1991）、吕凤山等（1994）研究指出，当陆稻遭遇干旱逆境时，可溶性糖和游离氨基酸等渗透调节物质含量上升。众多研究表明，脯氨酸的积累是比较敏感的耐旱指标。脯氨酸有较好的水合作用，其溶解度比其他常见氨基酸都大，可提高原生质水溶液的渗透压，防止水分散失，对原生质起到保护作用。高吉寅等（1984）研究了 26 个陆稻品种的游离脯氨酸相对含量与耐旱性的关系，认为耐旱品种的脯氨酸含量高，与生产实际耐旱性基本一致。耐旱品种河大 77-42、河大 82-43、喜峰的脯氨酸含量比对照品种分别增加 25.5 倍、31.0 倍和 31.4 倍，吕凤山等（1994）在陆稻抗旱性主要指标研究中也证实叶片游离脯氨酸含量可作为陆稻品种抗旱性综合评价的优良指标。但是脯氨酸在陆稻体内的抗旱作用机理、代谢途径、代谢关键酶等问题均有待深入研究。弄清这些问题有助于通过生物工程技术来提高陆稻的抗旱性。例如，可用细胞工程方法筛选高脯氨酸突变体或通过基因工程技术获取脯氨酸合成关键酶的转基因植株以改良抗旱性，这为陆稻抗旱育种提供了新途径。

2. 抗氧化防御系统

植物细胞膜系统稳定性是细胞发挥正常功能的基础，细胞膜系统的损伤是植物干旱胁迫伤害的一个重要原因。植物的抗旱性与其细胞膜的稳定性有关，抗旱性较强的品种在干旱胁迫下细胞膜系统的稳定性强。SOD、CAT 和 POD 是生物体内的保护性酶，在清除生物自由基上担负着重要的功能，SOD 能将 O^{2-} 转化为 H_2O_2，而 CAT 和 POD 可将 H_2O_2 进一步清除产生 H_2O，三者协同作用可使自由基维持在一个较低水平，从而避免膜伤害。相关的研究（彭永康，1989；吕凤山等，1994；潘晓云，1997）结果表明，耐旱性强的陆稻品种在相同干旱胁迫下其细胞膜透性较小，同时，POD 等保护酶活性亦较大。因此认为在干旱胁迫下，植物体内 POD 等酶活性的变化可以作为植物的耐旱指标。因此，深入研究陆稻在干旱胁迫下细胞膜系统的稳定性的品种间差异及其机理，不但可筛选出陆稻抗旱性的有效生理生化指标，还可望通过保护酶基因工程来改良陆稻的抗旱性。例如，将其他较耐旱植物的 SOD、POD 基因转入陆稻或将陆稻的 SOD、POD 基因转入水稻而使其抗旱性增强等。

3. 气孔调节

环境缺水时植物因吸水不足或不能弥补蒸腾失水常发生组织脱水，植物可通过气孔调节减少蒸腾从而减少或避免旱害损伤。通常气孔蒸腾可占植株总蒸腾量的 80%~90%，因此，减少气孔蒸腾是植物控制失水和抗旱的一个关键。Hall（1976）研究指出，当叶片水势低于某一临界值时，气孔导度随叶片水势的降低而降低。气孔开度小、扩散阻力大可减少蒸腾失水，有避旱作用（郑成本等，2000）。在玉米研究中发现，不同玉米杂交种在水分胁迫时，气孔阻力明显增大，以此减少体内水分散失，不同品种之间其气孔阻力增加幅度不同，抗旱性强的增加幅度较大，而抗旱性差的增加幅度较小（顾慰连等，1990；潘晓云，1997）。但是气孔关闭会影响光合作用的效率，进而影响作物的生长（王忠华等，2002）。因此，必须协调好两者之间的关系，使作物既具有一定的抗旱性，同时又有较好的生长势。

4. 激素调节

内源激素是植物体生命活动的调节者，在植物遭受逆境胁迫时，激素起着重要的调节作用。目前研究较多的内源激素主要是脱落酸（ABA），脱落酸与植物抗逆机制有密切的联系，很受植物生理学家的重视。在干旱胁迫下，植物通过内源激素的变化如 IAA（Davenport 等，1980）浓度的减少和 ABA（Liang 等，1997）浓度的升高来调节某些生理过程以达到适应干旱的效果。张殿忠（1990）研究表明，水分胁迫能诱导 ABA 的积累。ABA 的作用是作为一种根冠间交流的信号，使植物感知土壤水分状况的变化，并通过对气孔运动及叶片生长速率的调节有效地减少干旱胁迫下的水分消耗。

5. 干旱诱导蛋白的保护功能

近年来，关于逆境条件下作物基因表达的研究表明，环境胁迫可改变作物的基因表达，最终合成新的蛋白质，这些新产生的蛋白质与作物忍耐相应的环境胁迫之间存在明显的相关性。目前研究比较清楚的是 LEA（后胚发生丰富蛋白）（倪郁和李唯，2001）。Dure（1993）报道了 LEA 蛋白的氨基酸序列及部分性质，他认为，这些蛋白定位于细胞质，有渗透调节功能，对细胞结构起保护作用，包括使离子分离、保护膜和蛋白、使非折叠蛋白复性等。LEA 蛋白被认为是在干旱过程中对植物起保护作用的重要物质，使植物细胞免受伤害，特别是在极端干旱条件下，被诱导出的 LEA 蛋白对植物的保护作用更加重要。目前推测（王洪春，1990；Jeanne et al，1991；王忠华等，2002）干旱诱导蛋白可能有以下几个方面的作用：增强耐脱水能力；作为一种调节蛋白而参与渗透调节；保护细胞结构；分子伴侣的作用；制约离子吸收。

三、抗旱性鉴定

1. 抗旱性鉴定时期

金忠男（1990）概述了不同生育时期水稻抗旱性的鉴定方法。发芽期的抗旱性鉴定主要是利用水稻不同品种的种子在一定浓度蔗糖溶液中吸水力和发芽势不一致的特性而进行。营养生长期的抗旱性以在干旱条件下幼苗生育受抑程度及生存力为标准进行衡量。生殖生长期的抗旱性则利用室内特制抗旱性鉴定床进行鉴定，根据干旱引起的卷叶、凋萎、抽穗期变化、产量的降低等指标进行评价，以干旱区产量及干旱区与非干旱区产量比为综合评价指标。全生育期的抗旱性鉴定则是以鉴定床进行全生育期控制灌水量栽培，评价从发芽特性到产量性状等诸多项目，但仍以干旱区产量及干旱区与非干旱区产量比等指标进行综合评价。

作者研究得出：①在发芽期测定 15%PEG 溶液胁迫下的发芽率和根长，考察品种在水分胁迫下的发芽能力；②苗期测定水分胁迫下的根干重和根冠干重比，考察苗期品种在水分胁迫下的抗旱能力；③生育后期（孕穗至抽穗期），测定品种在水分胁迫下叶片的相对含水量和水势，判断品种生育后期的抗旱能力；④成熟期取样考种测产，考察产量相关指标，重点考查单株穗数、单株粒重、穗成粒数、结实率，看最终的产量及产量相关性状。

2. 抗旱性鉴定的方法

（1）高渗溶液模拟干旱法。在不同浓度的蔗糖、甘露醇或聚乙二醇（PEG）溶液中鉴别陆稻品种间抗旱性差异的方法。一般用于苗期、发芽期，也可进行全生育期的溶液胁迫培养，用以观察根系生长发育状况。

（2）室内鉴定床法。在抗旱性鉴定室内设置木制框架，干旱处理区框底设 5 cm 厚的砂砾断水层（上下铺尼龙网），上铺 25 cm 厚的客土，用这种设计阻止周围水的渗透及毛管水的上升，保证干旱处理的效果。对照区只铺30cm厚的客土，深根性品种根系可穿过断水层而吸收下层土的水分，水稻则不能，以此可鉴别品种间抗旱性差异。

（3）室外旱棚法。通过搭棚遮雨的方式控制降水影响，以盆栽或大田两种方式进行。

（4）大田自然干旱法。野外大田不进行灌溉，只接受自然降水进行抗旱性鉴定的方法。但对照必须设定人工灌溉，当大田含水量降到一定标准即行浇水，干旱区产量与对照产量之比即为抗旱系数。这是最常用的抗旱性鉴定方法。

第二节　北方粳稻资源耐旱性评价及耐旱核心亲本群体构建

种质资源在育种工作中发挥着举足轻重的作用，育种家们普遍利用不同的种质资源对品种进行遗传改良。广大育种者都或多或少的占有部分种质资源，但最终能成为育种者有效利用的资源却不多。一方面，资源鉴定工作需要大量的人力物力；另一方面，资源评价的方法也是对资源进行评价利用的限制因素。因此，如何对收集到的亲本资源进行有效评价并提供给育种者使用是一个亟待解决的问题。作者对收集到的281份粳稻亲本资源进行水旱条件下的耐旱性评价，并构建了北方粳稻耐旱核心资源库和优异耐旱亲本资源库。

一、材料与方法

1.试验材料

试验共收集北方粳稻育种资源281份（表4-1），其中日本粳稻品种18份，杂交粳稻亲本31份，外引资源4份，北方粳稻区育成品种70份，参加辽宁省2006年各级区试的品系158份。

2.耐旱资源评价方法

2006年，在沈阳对参试的水稻品种进行农艺性状耐旱性鉴定，以旱处理下获得的产量与水种条件下的产量差异大小作为评价一个品种耐旱性强弱的标准。方法为水种、旱种条件下各设置3次重复，每个耐旱处理株系种植3行，每行15穴，单苗插秧，插植密度为30cm×13.3cm。水种即是按照正常水田管理进行的试验，而旱种则是前期采取水种管理，后期进行干旱处理，除在生育前期（分蘖中期）为旱处理小区提供灌溉水保证正常生长外，其余全部依靠自然降水。水处理对照设置在正常的水稻试验田中，旱处理试验地选择在地势相对较高的河堤上，从而保证在进行耐旱处理时达到抗干旱效果。除水分管里外，水、旱处理在其他方面管理是一样的。

收获时选取每个小区中间一行的连续 5 株进行农艺性状调查，调查记载内容主要有株高、播始历期、穗数、平均穗长、平均穗重、结实率、单穗实粒数、每穗总粒数、千粒重、单穴草重、单穴实粒重，进而计算出单穴生物产量、谷草比、小区产量等 14 个农艺性状指标。

表 4-1　281 份粳稻资源清单及建库信息

品种代号	品种名称	类群号	抽样库	核心库	品种代号	品种名称	类群号	抽样库	核心库
1	奥羽 334	类群 1			31	中作 58	类群 1		
2	秋光	类群 1			32	通育 124	类群 2		
3	农林 310	类群 1			33	吉农大 3 号	类群 1		
4	农林 315	类群 1			34	通粘 2 号	类群 1		
5	农林 313	类群 1			35	99T2	类群 1		
6	农林 314	类群 1			36	特优 504	类群 1		
7	千代锦	类群 1			37	花粳 5	类群 1		
8	奥羽 316	类群 1			38	北中花 30	类群 1		
9	丰锦	类群 1			39	北中作 976	类群 1		
10	密阳 23	类群 1			40	津稻 490	类群 1		
11	绢光	类群 1			41	辽粳 6 号	类群 1		
12	幸稔	类群 1			42	辽粳 10 号	类群 1		
13	瓜哇稻	类群 1			43	76-152	类群 1		
14	IR36	类群 1			44	铁粳 1 号	类群 1		
15	土库曼	类群 3			45	铁粳 2 号	类群 1		
16	美国 5 号	类群 1			46	清选 1 号	类群 1		
17	朝鲜 5 号	类群 3			47	清杂 42	类群 2		
18	东北 15	类群 1			48	抚粳 1 号	类群 5	是	是
19	秋田 31	类群 1			49	铁 8467	类群 1		
20	通交 35	类群 3			50	抗盐 100	类群 2		
21	中作 28-5	类群 1			51	选 180	类群 1		
22	龙锦 1 号	类群 1			52	辽粳 371	类群 1		
23	中系 45	类群 1			53	辽开 79	类群 1		
24	通 456	类群 1			54	开系 7 号	类群 1		
25	超产 1 号	类群 1	是		55	开 9502	类群 3		
26	吉念粳	类群 1			56	辽盐 283	类群 1		
27	组培 47	类群 3			57	沈农 281	类群 1		
28	花能水稻	类群 1			58	78-421	类群 3		
29	花水稻	类群 1			59	盐粳 48	类群 1	是	
30	中香 1 号	类群 1			60	辽盐 241	类群 1		

（续表）

品种代号	品种名称	类群号	抽样库	核心库	品种代号	品种名称	类群号	抽样库	核心库
61	旱 72	类群 1			93	C4115	类群 3		
62	矮丰 2 号	类群 1			94	辽 5216	类群 3		
63	辽粳 5 号	类群 3			95	A106	类群 1		
64	辽粳 287	类群 3			96	辽 02B	类群 3	是	是
65	辽粳 326	类群 2	是		97	辽 30B	类群 2		
66	辽粳 454	类群 1			98	辽 20B	类群 3	是	是
67	辽粳 294	类群 3	是		99	辽 95B	类群 2		
68	辽优 7 号	类群 1			100	辽 99B	类群 3	是	
69	辽粳 288	类群 3	是	是	101	辽 91B	类群 1		
70	辽粳 9 号	类群 1	是	是	102	矮 82B	类群 2	是	
71	辽农 968	类群 3	是	是	103	辽 105B	类群 2		
72	旱 58	类群 3	是		104	紫秆	类群 1		
73	沈农 611	类群 1	是		105	保家	类群 1		
74	沈农 265	类群 3	是		106	兴亚	类群 3		
75	沈农 159	类群 3			107	关山	类群 1	是	是
76	盐丰 47	类群 1			108	红苗稻子	类群 1		
77	辽粳 207	类群 2			109	中新 120	类群 3		
78	辽粳 534	类群 2			110	公苗糯	类群 1		
79	C73	类群 3			111	公交 13	类群 1		
80	C238	类群 5	是	是	112	卫国	类群 1		
81	C2106-1	类群 3			113	卫国 7 号	类群 1		
82	C2106-2	类群 3			114	援朝	类群 1		
83	C74-1	类群 4			115	抗美	类群 1		
84	C74-2	类群 3			116	熊岳 613	类群 1		
85	C74-2	类群 5			117	沈农 1033	类群 1		
86	C258	类群 3			118	千重浪	类群 3		
87	C52	类群 3			119	岫岩不服劲	类群 3		
88	C190	类群 3			120	五龙糯 3 号	类群 1	是	是
89	C418	类群 4			121	花脸	类群 3		
90	C238	类群 3			122	红毛	类群 3		
91	C2106	类群 2			123	去系 2 号	类群 2	是	
92	C746	类群 3			124	山光	类群 3		

（续表）

品种代号	品种名称	类群号	抽样库	核心库	品种代号	品种名称	类群号	抽样库	核心库
125	嘉笠	类群 2			157	AB102	类群 3		
126	铁路稻	类群 4			158	开 408	类群 3		
127	京租	类群 2			159	铁 9868	类群 2		
128	京租	类群 3			160	沈稻 33	类群 3	是	
129	陆羽	类群 2			161	辽优 1498	类群 3	是	
130	早生爱国 3 号	类群 3			162	沈稻 29	类群 1		
131	辽粳 9 号	类群 2	是		163	东亚 02-H5	类群 3		
132	C73	类群 3			164	沈仙 S64	类群 3		
133	辽农 21	类群 2			165	化单 995	类群 4	是	
134	辽 105B	类群 3	是		166	沈糯 699	类群 4		
135	辽 371	类群 2			167	LDC271	类群 3	是	是
136	C285	类群 3			168	吉 2843	类群 2	是	
137	C285	类群 3			169	AB101	类群 6	是	是
138	C285	类群 2			170	苏 04-30	类群 3		
139	农林 313	类群 1			171	田丰 302	类群 3		
140	长白 6 号	类群 2			172	LDC355	类群 3	是	是
141	辽粳 326	类群 3			173	平粳 8 号	类群 4	是	
142	C52	类群 2			174	LDC355	类群 3		
143	旱 72	类群 1	是		175	沈农 9765	类群 3	是	
144	盐丰 47	类群 2			176	吉 2003G39	类群 3		
145	抗盐 100	类群 5			177	980172	类群 4	是	是
146	丰优 518	类群 3			178	富禾 9 号	类群 2		
147	辽粳 371	类群 2			179	沈稻 8 号	类群 2	是	
148	沈仙 S27	类群 2			180	铁 9638	类群 2		
149	HN0158	类群 3			181	秋光	类群 1		
150	HN0149	类群 3			182	沈粳 4311	类群 4		
151	沈星 4	类群 4			183	辽农 47	类群 3		
152	富友 668	类群 2			184	盘锦 96-21	类群 2	是	是
153	O5-21	类群 5			185	农实 99-1	类群 5		
154	沈农 3 号	类群 3	是		186	铁 9743	类群 2		
155	兴 10 号	类群 3	是		187	雨田 201	类群 3		
156	誉丰 7 号	类群 3			188	龙盘糯 2 号	类群 3		

（续表）

品种代号	品种名称	类群号	抽样库	核心库	品种代号	品种名称	类群号	抽样库	核心库
189	辽农 18	类群 2	是		221	辽优 9573	类群 5		
190	港旭 2 号	类群 2			222	农大 112 号	类群 4	是	是
191	庄研 7 号	类群 2			223	盐优 1609	类群 4		
192	晨宏 59	类群 2			224	誉丰 6 号	类群 3		
193	庄育 3 号	类群 3			225	沈 676	类群 4		
194	民喜 7 号	类群 3			226	盘锦 58	类群 4		
195	民喜 12 号	类群 3			227	润宇 1 号	类群 6	是	
196	丹 309	类群 3			228	AB104	类群 4	是	
197	黄海 6 号	类群 5			229	华单 566	类群 4	是	
198	港粳 3 号	类群 2			230	沈稻 28	类群 2	是	
199	农实 06-1	类群 3			231	HN0159	类群 3		
200	丹 1334	类群 4			232	兴 12 号	类群 3		
201	庄研 6 号	类群 4			233	苏 04-31	类群 4		
202	晨宏 28	类群 6			234	辽河 12 号	类群 4	是	
203	沈稻 16	类群 4			235	LDC370	类群 3		
204	辽丹 101	类群 3			236	沈仙 437	类群 4		
205	盐粳 167	类群 4			237	盐粳 228	类群 3		
206	港粳 8 号	类群 4			238	沈 616	类群 3	是	
207	辰禾 1 号	类群 3			239	农实 04-5	类群 4	是	
208	盐优 9958	类群 3			240	茂洋 3 号	类群 2		
209	沈 667	类群 2			241	苏 01-18	类群 2		
210	辽河 1 号	类群 4			242	丰民 7 号	类群 3	是	是
211	盘锦 78-2	类群 3			243	盐粳 56	类群 5		
212	LDC600	类群 4			244	花粳 10 号	类群 5	是	
213	辽优 9998	类群 6			245	丰民 2106	类群 3		
214	LDC428	类群 6			246	添丰 005	类群 4		
215	沈仙 S456	类群 3			247	辽优 9914	类群 5		
216	桥盐 10	类群 5			248	营禾 2	类群 4		
217	盐粳 218	类群 4			249	沈仙 S451	类群 6	是	是
218	沈仙 760	类群 6			250	盐粳 11	类群 4		
219	AB103	类群 6			251	雨田 301	类群 6		
220	兴 7 号	类群 4	是		252	O142	类群 4		

（续表）

品种代号	品种名称	类群号	抽样库	核心库	品种代号	品种名称	类群号	抽样库	核心库
253	盐优 5858	类群 6			268	龙盘 5 号	类群 5		
254	营 9207	类群 5			269	LDC166	类群 3		
255	兴 3 号	类群 6			270	LDC248	类群 5		
256	辽盐 208	类群 6	是		271	辽盐 158	类群 4		
257	桥 201-2	类群 4	是	是	272	星福 1 号	类群 4		
258	LDC119	类群 5			273	东亚 03-51	类群 4		
259	花粳 49	类群 3			274	O163	类群 5		
260	中丹 4 号	类群 5			275	沈农 693	类群 5		
261	沈农 9810	类群 4			276	辽农 49	类群 5		
262	茂洋 1 号	类群 5			277	LDC119	类群 4		
263	沈农 9819	类群 2			278	辽粳 294	类群 4		
264	京稻 26	类群 4			279	辽盐 188	类群 5		
265	中粳优 7 号	类群 6			280	田丰 201	类群 5		
266	O157	类群 5			281	金珠 1 号	类群 4		
267	沈农 9816	类群 5							

3. 统计分析方法

利用国际通用统计分析软件 SAS 进行参试材料一般统计量分析和主成分分析，利用一般统计量分析对参试品种进行品种多样性分析。由于农艺性状为连续性变异，故以此计算总体平均数和标准差、多样性指数（H′）。计算 H′时，首先根据总体平均数（x）和标准差（σ）将资料分为6组，从第 1 组（$X_i < x-2\sigma$）到第 6 组（$X_i > x+2\sigma$），每相邻两组差数为1.0σ，每一组的相对频率用于计算多样性指数。多样性指数公式为：

$$H' = -2p_i \ln p_i$$

式中，p_i 为某性状第 i 级别内材料份数占总份数的百分比。

对参试水稻材料进行聚类分析，聚类的方法为可变类平均法，聚类距离使用马氏距离。首先对数据进行标准化处理，以主成分分析对整体数据影响较大的性状值作为基因型值多次聚类的原始数据，根据聚类结果的树型结构图，从遗传变异相似的每组二个遗传材料中随机选取一个遗传材料，如组内只有一个遗传材料，则选取该样品，这样对上次选取的所有遗传材料利用同一聚类方法进行再次聚类、取样，直到所选取的样品的数量为总样本数量的15%。以最后选取的样本作为构建粳稻耐旱资源核心样本库，构建粳稻耐旱资源的核心亲本种质样本基因池，为北方粳稻耐旱育种提供品种资源。

二、结果与分析

1. 一般统计量及多样性分析

表4-2对参试的品种进行了一般统计量分析，对比水旱两种生长环境，大多数水稻品种在干旱环境下都表现出了生长受限的特点。在干旱胁迫条件下，水稻株高降低，生育期延迟，穗数减少，穗长缩短，穗重、千粒重、总实粒重、草重、生物产量及经济产量下降，结实率与谷草比降低。这是水稻对水分胁迫的正常生理反应，从数据中我们可以证实这一结论。但不同的水稻品种对水分胁迫表现出不同的反应，因此，不同的水稻品种对水分胁迫的生理反应差异形成了水稻耐旱特性的多样性，不同农艺性状对干旱胁迫所表现出来的多样性也不尽相同。如表4-2农艺性状多样性分析结果表明，在水处理条件下，参试的水稻品种表现出来的农艺性状多样性指数大于旱地中所表现出来的农艺性状多样性指数，说明参试的材料适合在水田中生长，它们在水田中能真正表现出水稻生长的特性。而在旱田中，由于水分胁迫使水稻生长受到抑制，从而缩小了不同的水稻品种间差异，进而影响不同品种的多样性表现。因此，对于水稻的基因多样性评价应以水田中所表现出来的性状为主，这样对水稻种性的评价可能会获得相对可靠的结果。

在不同处理条件下，不同农艺性状所表现出来的多样是有差异的。在水处理下，谷草比的多样性指数最高，结实率的多样性指数最低，其他农艺性状指标的多样性指数相差不大，说明了在水田中，参试的水稻品种表现出来的差异程度相比不大。在旱处理条件下，千粒重指标的多样性指数最大，总颖花数指标的多样性指数最小，不同农艺性状在旱处理条件下表现出较大的差异，这说明旱处理条件可能对千粒重指标的影响程度最大，而对总颖花数影响程度最小。生育期、穗重、结实率、经济产量等指标多样性指数变化也较大，说明这些指标可能受旱处理的影响也较大，因此，利用对旱处理反应较敏感的指标对不同品种、不同性状进行评价可能会有较好的效果。

2. 农艺性状的耐旱指数的主成分分析

利用农艺性状的耐旱指数可以评价水稻各农艺性状的耐旱性强弱，而通过对水稻耐旱指数的主成分分析能够找出影响水稻耐旱指数的主要农艺性状，从而为水稻农艺性状的耐旱类群分类提供依据。从表4-3来看，第5个

表 4-2　一般统计量及多样性指数分析

处理	农艺性状	平均数	标准差	标准误	方差	最小值	最大值	多样性指数
水处理	株高	114.3	10.4231	0.6218	9.12	72.9	149	1.3997
	生育期	114.2	4.6878	0.2796	4.1	94	129.7	1.3087
	穗数	14.4	3.8527	0.2298	26.79	5.8	29.9	1.3695
	穗长	19.4	2.6194	0.1563	13.5	11.9	26.9	1.4301
	穗重	41.9	9.8506	0.5876	23.5	8.8	75.1	1.3664
	结实率	0.9093	0.064	0.0038	7.04	0.4776	0.9875	1.1547
	总粒数	112.7	30.3979	1.8134	26.98	30	250.1	1.3466
	实粒数	102.3	27.1112	1.6173	26.5	51	224.7	1.3944
	干粒重	25.4	1.9515	0.1164	7.67	19.6	30.5	1.4007
	总实粒重	36	8.7959	0.5247	24.4	5.8	63.5	1.3993
	草重	40.6	8.2376	0.4914	20.27	23.8	80	1.41
	生物产量	76.6	13.988	0.8345	18.26	30.9	121.8	1.4253
	谷草比	0.9036	0.2195	0.0131	24.29	0.117	1.385	1.4415
	产量	9010.1	2199.1	131.2	24.41	1451.2	15859.4	1.384
旱处理	株高	105.3	0.689	11.543	133.249	77.600	135.9	0.898
	生育期	118.1	0.326	5.470	29.924	96.000	137.333	1.202
	穗数	11.0	0.154	2.582	6.668	5.200	21.100	0.829
	穗长	18.5	0.232	3.890	15.130	13.600	30.300	0.745
	穗重	26.5	0.443	7.430	55.207	4.700	50.900	1.049
	结实率	0.7033	0.010	0.172	0.030	0.141	0.9637	1.064
	总粒数	133.6	2.397	40.174	1613.99	61.300	203.800	0.686
	实粒数	90.8	1.489	24.968	623.406	17.200	170.500	1.066
	干粒重	23.1	0.156	2.610	6.812	12.490	30.100	1.361
	总实粒重	22.8	0.451	7.556	57.087	1.830	67.920	0.967
	草重	29.3	0.474	7.939	63.027	11.660	77.150	0.808
	生物产量	52.1	0.733	12.280	150.791	21.410	113.070	0.889
	谷草比	0.8156	0.016	0.266	0.071	0.042	2.027	0.990
	产量	5660.2	105.3	1764.9	3115021.2	454.1	11329.2	1.034

主成分的累积贡献率达到 0.8895，超过了 0.85 的选取标准线，因此，对农艺性状主要选取了 5 个主成分，这 5 个主成分的贡献率分别为 0.4554、0.1752、0.1201、0.0745、0.0644，第 1 主成分贡献率较大，说明第 1 主成分中权值较大的特征根对整体的农艺性状具有较大影响。

表 4-3　粳稻资源的耐旱指数的主成分分析

主成分	特征根	方差	贡献率	累积贡献率
1	5.9196	3.6426	0.4554	0.4554
2	2.2770	0.7151	0.1752	0.6305
3	1.5619	0.5935	0.1201	0.7507
4	0.9684	0.1312	0.0745	0.8252
5	0.8372	0.0868	0.0644	0.8895
6	0.7504	0.3052	0.0577	0.9473
7	0.4451	0.3399	0.0342	0.9815
8	0.1052	0.0453	0.0081	0.9896

对这 5 个主成分因子进行分析，见表 4-4。从表 4-4 可知，在第 1 主成分中，单穴实粒重指标具有最大的正向特征根植，因此，第 1 主成分称为单穴实粒重因子；在第 2 主成分中，草重指标具有最大正向特征根植，则第 2 主成分称为草重因子；在第 3 主成分中，总颖花数指标具有最大的正向特征根植，则第 3 主成分称为总颖花数因子；在第 4 主成分中，穗长指标具有最大正向特征根植，则第 4 主成分称为穗长因子；在第 5 主成分中，株高指标具有最大正向特征根植，则第 5 主成分称为株高因子。

表 4-4　粳稻资源的耐旱指数的主成分分析

指标	主成分 1	主成分 2	主成分 3	主成分 4	主成分 5	主成分 6	主成分 7	主成分 8
株高	0.1972	0.0159	-0.1359	0.2589	0.5041	0.7845	-0.0337	-0.0417
穗数	0.2011	0.3992	-0.2630	0.0194	-0.4864	0.2386	-0.1589	0.5811
穗长	0.0769	0.0762	0.1379	0.9450	-0.0696	-0.2659	-0.0226	0.0004
穗重	0.3888	0.0998	0.0356	-0.0318	-0.1603	0.0471	0.0600	-0.4338
结实率	0.2455	-0.3126	-0.3566	-0.0135	0.2666	-0.2806	-0.4467	0.2498
总颖花数	0.0927	0.0542	0.7550	-0.0789	0.0506	0.1313	0.1549	0.3733
实粒数	0.3051	-0.2546	0.3253	-0.0761	0.2821	-0.1566	-0.2552	0.1883
千粒重	0.2297	-0.3384	-0.2742	0.0467	0.0548	-0.0933	0.8072	0.2772
单穴实粒重	0.4051	0.0156	0.0318	-0.0606	-0.1098	-0.0295	0.0134	-0.1157
草重	0.1250	0.5618	-0.0569	-0.0928	0.3563	-0.2494	0.1270	-0.1034
生物产量	0.3240	0.3625	-0.0387	-0.0872	0.1683	-0.1914	0.0775	-0.0969

在第 1 主成分中，穗重、生物产量、单穗实粒重都具有较大的正向特征根，说明这些指标对提高单穴实粒重具有促进作用，它们都是表现单株经济产量能力的指标。由于第 1 主成分的贡献率较大，可以认为，耐旱指标中的主要参考指标应以形成最终经济产量作为主要标准，本试验结果与这一结论是比较吻合的，因此，在第 1 主成分值大的品种中，可能表现出单穴实粒重较重、穗重、生物产量高、单穗实粒重大等特点。第 2 主成分中，结实率、千粒重及实粒数对主成分的草重指标具有较大的负向特征根，因此在第 2 主成分值大的品种中，可能表现出实粒重较大、但结实率低、千粒重低、单穴实粒重低的特点。第 3 主成分中，实粒数指标具有较大的正向特征根，而结实率、穗数及千粒重则具有较大的负向特征根，说明在第 3 主成分值大的品种中，可能表现出总颖花数多、实粒数多、结实率低、穗数少、千粒重低等特点。在第 4 主成分中，穗数指标表现出较大的正向特征根，其他指标的特征根值相对较小，说明在第 4 主成分值较高的品种中，可能表现出穗长较长，株高较高的特点。在第 5 主成分中，草重指标具有较大的正向特征根，而穗数具有较大的负向特征根，说明在第 5 主成分值大的品种当中，可能会表现出株高较高、草重较大、穗数较少的特点。

3. 粳稻资源耐旱特性的聚类分析

对参试的粳稻资源进行了耐旱特性的聚类分析，以便更好地对这部分资源进行有效的管理与利用，剔除主成分分析中影响较小的性状指标，利用主成分中对耐旱指数影响较大的性状对参试的粳稻资源进行了聚类分析，聚类结果见图 4-1。在马氏距离等于 425 时，将参试的 281 份资源分为 6 大类群，各类群样本数分别为 76、43、83、41、25 和 13 个。对这 6 个类群进行农艺性状的均值分析，结果见表 4-5。类群 1 的特点是株高最低、播始期短、穗数多、穗长短、总粒数少、实粒数少，草重、生物产量及经济产量低；类群 2 的特点是株高较低、播始期适中、穗数较多、结实率高、穗重较小，总粒数和实粒数较少，草重、生物产量及经济产量较低；类群 3 的特点是千粒重大、谷草比高，其他农艺性状适中；类群 4 特点是穗重较大、总颖花数较多、千粒重低、谷草比低，其他农艺性状适中；类群 5 则播始期长、总粒数较多、结实率较低、生物产量较高的水稻品种；类群 6 的特点是株高最高、穗数最多、穗长最长、穗重最大、总颖花数最多，草重、生物产量及经济产量最大的水稻品种。

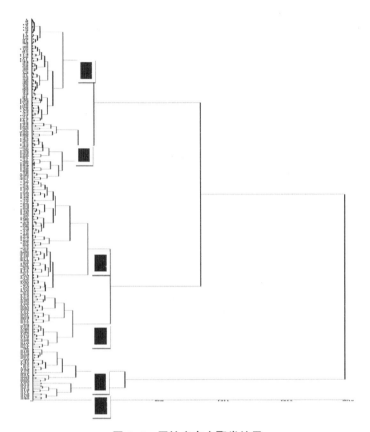

图 4-1　原始库亲本聚类结果

表 4-5　分类类群的均值分析

指标	类群 1	类群 2	类群 3	类群 4	类群 5	类群 6
株高	102.8	103.2	107.1	106.5	106.7	107.6
播始期	116.5	118.7	118.2	119.3	119.6	119.1
穗数	12.0	11.2	9.8	10.5	11.4	12.0
穗长	17.9	18.6	18.8	18.5	18.8	19.0
穗重	23.3	24.5	26.7	27.1	31.5	38.8
结实率	0.7343	0.7495	0.7078	0.6576	0.6216	0.6351
总颖花数	103.2	115.4	146.6	147.8	164.4	183.3
实粒数	74.0	83.7	100.4	96.0	100.5	114.0
千粒重	23.02	22.96	23.38	22.86	22.92	23.06
总实粒重	20.4	21.4	22.9	22.9	27.2	31.7
草重	25.4	27.1	28.2	32.8	36.7	40.9
生物产量	45.8	48.5	51.1	55.7	63.9	72.6
谷草比	0.8310	0.8279	0.8515	0.7353	0.7681	0.7806
产量	5 106.3	5 356.8	5 717.9	5 722.6	6 354.9	7 920.9

4. 粳稻耐旱性状核心亲本构建分析

对参试的 281 个粳稻品种进行了多次聚类，并开展了构建耐旱种质资源核心库的研究。聚类的次数为 5 次，每一次所进行抽取的样本数分别为 281、160、96、58、42，最终形成了包括 6 大分类类群、含 42 份样本（占总样本 14.94%）的粳稻耐旱基因核心亲本资源库。具体抽样过程详见表 4-6，聚类及抽样结果见图 4-1 和图 4-2。

表 4-6　多次聚类抽样数及各聚类类群分布

	第 1 轮	第 2 轮	第 3 轮	第 4 轮	第 5 轮
类群 1	76	46	29	17	13
类群 2	43	25	14	9	6
类群 3	83	45	34	19	11
类群 4	41	22	7	6	6
类群 5	25	14	8	5	4
类群 6	13	8	4	2	2
总计	281	160	96	58	42

为考察所构建"库"的耐旱核心亲本与原来总体样本的数据差异，对核心亲本与总体样本的数据变异进行了农艺性状的对比分析（表 4-7）。由表 4-7 可见，核心亲本的变异并没有比原样本的变异明显减少，且有些变异量表现为核心库大于原样本库。这说明了核心亲本相对较好地代表了原来样本数据的变异情况。因此，在材料份数较少的前提下，构建核心亲本库可以提高资源管理效率，提高资源利用率。

表 4-7　粳稻核心亲本库与总体资源库的统计量比较

指标	平均值		变异系数		标准差		方差	
	核心 core	总体 total	核心 core	总体 total	核心 core	总体 total	核心 core	总体 total
株高	101.8	105.3	0.0793	0.1096	8.1	11.5	65.04	133.25
生育期	117.0	118.1	0.0521	0.0463	6.1	5.5	37.15	29.92
穗数	10.9	11.0	0.2213	0.2353	2.4	2.6	5.81	6.67
穗长	18.4	18.5	0.1547	0.2104	2.9	3.9	8.14	15.13
穗重	25.9	26.5	0.2998	0.2806	7.8	7.4	60.14	55.21
结实率	0.7026	0.7033	0.2545	0.2452	0.1788	0.1724	0.0320	0.0297
总粒数	131.9	133.6	0.3786	0.3007	49.9	40.2	2 494.18	1613.99
实粒数	88.9	90.9	0.3139	0.2750	27.9	25.0	777.94	623.41
千粒重	23.4	23.1	0.1120	0.1130	2.6	2.6	6.87	6.81

（续表）

指标	平均值		变异系数		标准差		方差	
	核心 core	总体 total	核心 core	总体 total	核心 core	总体 total	核心 core	总体 total
总实粒重	23.3	22.8	0.4416	0.3313	10.3	7.6	105.73	57.09
草重	27.9	29.3	0.4108	0.2712	11.5	7.9	131.46	63.03
生物产量	51.2	52.1	0.3816	0.2358	19.5	12.3	381.65	150.79
谷草比	0.9	0.8	0.3060	0.3266	0.3	0.3	0.07	0.07
产量	5 523.2	5 660.2	0.3218	0.3118	1 777.3	1 764.9	3 158 924	3 115 021

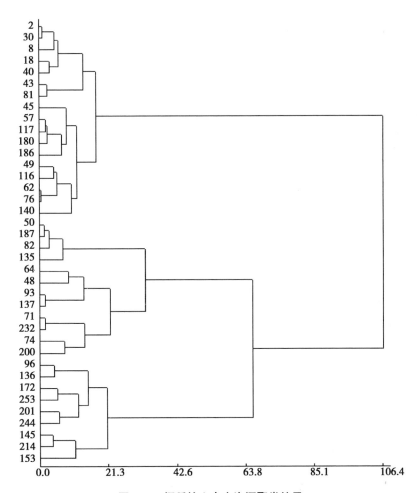

图 4-2 粳稻核心亲本资源聚类结果

5. 粳稻耐旱基因优异种质库的构建与分析

上面分析只是对不同类型的粳稻资源材料的耐旱特性进行了抽样与浓缩，但是，只有具有耐旱基因的材料才能作为优质资源提供给育种者利用。因此，可以利用与耐旱特性强弱评价相近的指标来进行分类分析，从中筛选出耐旱性较强的资源，作为水稻耐旱性改造的亲本。这里我们选取旱处理时产量、结实率、产量耐旱指数、生物产量、谷草比等5个性状作为对资源耐旱性评价的指标，抽取这5个指标的表现值均大于平均值的材料作为构建耐旱基因优异种质库进行分析。共选取51份材料构建了粳稻耐旱基因优异种质库，占总体样本的18.15%，通过对这51份材料进行2次聚类分析（图4-3），淘汰遗传距离相距较近的试材后，获得了具有优异耐旱基因的核心种质材料共18份（图4-4），占总体样本的6.4%。以

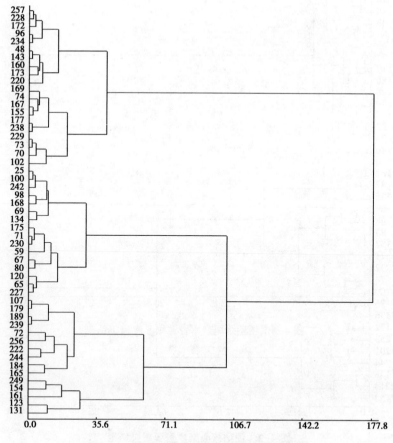

图 4-3　粳稻耐旱亲本资源抽样库聚类结果

此核心种质作为粳稻耐旱基因的供体亲本，构建了优异耐旱核心亲本资源库，用之对现有材料进行耐旱性改良，会取得较好的效果。具体的耐旱种质核心库材料的品种信息见表4-1。

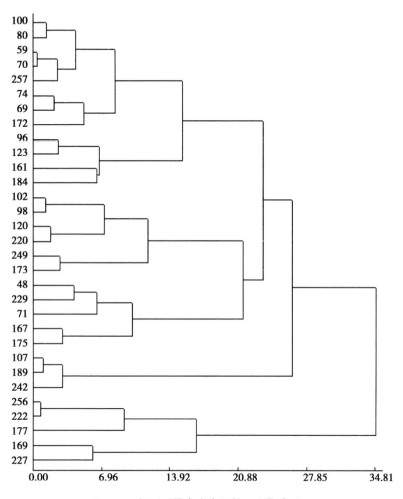

图4-4 粳稻耐旱亲本资源核心库聚类结果

对耐旱性状的抽样库及核心库与原来的总体样本进行了对比分析，结果见表4-8。由此表可知，抽样库与核心库的平均值均远远大于原库，说明抽样库与核心库的样本材料明显好于原库的样本材料，标准差、方差、极差及变异系数大多数指标的趋势表现为抽样库与核心库小于原库值。说明了抽样库与核心库中的数据变异程度小于原库，进一步说明了这种抽样方法只能部分代表原来的样本变异程度。但对比抽样库与核心库的差别，会发现大多指标表现都相差不大，有的指标还会表现为核心库值大于抽样库值，说明用数量相对更少的核心库来代替抽样库不会有太大的差别，但对于育种的工作量而言，则大大地减少了。说明构建样本核心库的方法是切实可行的一种特异亲本资源利用与研究方法。

表 4-8　耐旱种质抽样库及核心库与原库耐旱性状的比较

		观测数	平均	标准差	方差	最小值	最大值	极差	变异系数
产量	原库	281	5 660.2	1 765	3 115 021	454	11 329	10 875	0.3118
	抽样库	51	7 761.6	1 110	1 231 980	6 043	11 329	5 286	0.1430
	核心库	18	8 432.6	1 142	1 304 626	6 847	11 329	4 482	0.1355
产量耐旱指数	原库	281	0.6578	0.2391	0.0572	0.0634	1.5450	1.4816	0.3634
	抽样库	51	0.8444	0.1665	0.0277	0.6608	1.4607	0.7999	0.1971
	核心库	18	0.9187	0.2084	0.0434	0.6615	1.4607	0.7992	0.2268
结实率	原库	281	0.7033	0.1724	0.0297	0.1414	0.9626	0.8212	0.2452
	抽样库	51	0.8556	0.0614	0.0038	0.7304	0.9622	0.2318	0.0717
	核心库	18	0.8665	0.0653	0.0043	0.7603	0.9622	0.2019	0.0754
生物产量	原库	281	52.1	12.28	150.79	21.41	145.07	123.66	0.2358
	抽样库	51	62.0	8.71	75.79	52.29	87.2	34.91	0.1403
	核心库	18	66.2	8.68	75.42	56.13	83.06	26.93	0.1313
谷草比	原库	281	0.8156	0.2664	0.0710	0.0420	2.0270	1.9850	0.3266
	抽样库	51	1.0119	0.1241	0.0154	0.8380	1.3280	0.4900	0.1226
	核心库	18	1.0521	0.1439	0.0207	0.8670	1.3280	0.4610	0.1368

第三节　不同生育时期水分胁迫对水稻的影响

一、水分胁迫对水稻种子萌发的影响

1. 材料与方法

利用从国际水稻研究所引进的典型籼型水稻品种 IR64 和粳型水稻品种 Azucena（热带粳稻品种）杂交产生的包含 110 个纯合二倍体株系的群体，各株系种子在水分胁迫（15%的聚乙二醇溶液，WS）和蒸馏水处理（CK）5d 后，测其幼芽长度、根长度和发芽率；同时在网室进行干旱胁迫和正常灌溉种植，并于成熟期取样，计算抗旱系数（DRC）（抗旱系数=水分胁迫下的单株粒重/正常灌溉下的单株粒重）。

2. 结果与分析

（1）双亲及 DH 群体的表现。以 DH 群体平均数为单位，统计发芽相关性状发芽率、根长、芽长的平均值、标准差、变化范围、变异系数及正态分布变异参数基本描述性统计量（表4-9），并分别进行频率分布作图（图4-5至图4-10）。两年的结果表明，无论是水分正常还是水分胁迫，双亲在发芽相关的3个性状上均有较大的差异，说明双亲在该方面的遗传背景有较大差异。DH群体中，这些性状的平均数多介于双亲之间，也有的超过双亲，存在超亲现象。除2005年的根长外，其余指标在干旱情况下，双亲值和群体总平均值比对照均有不同程度的下降。从各指标的标准差、变异系数及均值的变化范围看，水分胁迫下均比对照显著增大，说明在水分胁迫下这些指标的变异度均明显增大，各株系对干旱的反应存在较大差异。从各指标的两个参数峰度和偏度及频率分布图可看出，所有性状均呈连续变异。

表 4-9 两种水分环境下发芽相关指标的基本描述性统计参数

环境	性状	处理	亲本		DH 群体					
			IR64	AZ	平均数	标准差	范围	变异系数	峰度	偏度
2004 年	根长	正常水分（CK）	4.98	7.50	5.52	1.66	2.54~10.46	30.05	-0.15	0.43
		水分胁迫	4.67	1.66	2.17	1.06	0.70~7.50	48.73	7.70	2.04
	芽长	正常水分（CK）	2.58	3.16	2.97	0.93	1.18~5.90	31.37	-0.22	0.43
		水分胁迫	1.61	0.86	1.18	0.75	0.40~5.76	64.04	15.53	3.17
	发芽率	正常水分（CK）	100.00	100.00	73.39	26.85	0~100.00	36.58	0.78	-1.20
		水分胁迫	70	60.0	35.98	28.15	0~100.00	78.52	-0.95	0.41
2005 年	根长	正常水分（CK）	6.26	6.44	5.39	1.5	2.82~9.18	27.89	-0.25	0.47
		水分胁迫	6.38	6.24	3.93	1.8	0.80~9.34	45.80	-0.30	0.44
	芽长	正常水分（CK）	2.48	2.36	2.92	1.07	1.24~5.78	36.63	-0.18	0.65
		水分胁迫	1.54	1.50	1.81	0.80	0.50~4.30	43.99	0.34	0.74
	发芽率	正常水分（CK）	100.00	100.00	95.69	8.96	50~100.00	9.36	8.34	-2.66
		水分胁迫	80.00	70.00	78.73	24.28	10~100.00	30.84	0.02	-1.03

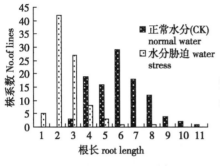

图 4-5 根长在群体中的分布

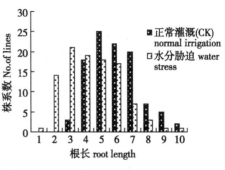

图 4-6 根长在群体中的分布

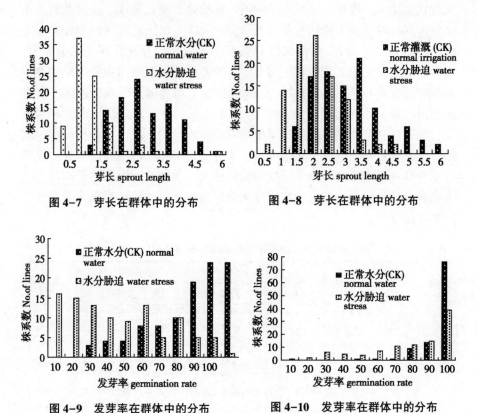

图 4-7　芽长在群体中的分布

图 4-8　芽长在群体中的分布

图 4-9　发芽率在群体中的分布

图 4-10　发芽率在群体中的分布

（2）水分胁迫对发芽相关指标影响的显著性分析。进一步对两年群体株系在正常水分溶液和 15% PEG 溶液下的发芽率、根长、芽长的表型值进行 t 测验（表 4-10）。结果表明，在胁迫溶液下，这 3 个指标的变化与对照相比均达极显著水平，15% PEG 溶液对群体的种子萌发特性有着显著的胁迫作用。

表 4-10　水分胁迫与正常灌溉下群体株系发芽相关性状平均值差异显著性分析（t-测验）

性状	根长	芽长	发芽率	$t_{0.05}$　$t_{0.01}$
t 值（2004）	22.83 **	19.97 **	14.31 **	1.981
t 值（2005）	10.99 **	12.82 **	6.877 **	2.621

注：* 和 ** 分别表示在 5% 和 1% 水平显著

（3）发芽相关指标间及其与抗旱系数间的相关分析。表 4-11、表 4-12 分别列出了 2004 年和 2005 年在水分胁迫和对照情况下发芽相关指标间及其与抗旱系数间的相关系数。从结果可看出，各指标之间，除2005年根长和发芽率之间的相关接近显著水平外，其他无论是水分胁迫下还是对照情况下，发芽率、根长和芽长之间的正相关均达极显著水平；同一指标在水分胁迫下的表型值平均值与对照下相应的表型平均值之间，除2005年的发芽率之间外，其他均呈极显著正相关，说明这3个指标间有着极显著的内在联系，水分胁迫对这种关系有着一定的影响，但影响不大。

正常灌溉下，所测验3个发芽相关指标与抗旱系数的相关均不显著，但在水分胁迫下根长与抗旱系数的相关系数分别为0.21和0.18，发芽率与抗旱系数的相关系数分别为0.19和0.23（b（0.05，110）= 0.194），均达到或接近显著水平，说明品种在胁迫溶液下的根长和发芽率与品种的抗旱性有着密切的相关性。

表 4-11　发芽相关指标间及与抗旱系数间的相关分析（2004）

	根　长	芽　长	发芽率	抗旱系数
根　长	0.37**	0.68**	0.43**	0.07
芽　长	0.59**	0.32**	0.37**	0.10
发芽率	0.51**	0.54**	0.46**	0.04
抗旱系数	0.21*	0.04	0.19	

注：对角线上的为同一指标在两种条件之间的相关系数；对角线上面的为正常灌溉下各指标间的相关系数；对角线下面的为水分胁迫下各指标间的相关系数。* 和 **，分别表示在5%和1%水平显著

表 4-12　发芽相关指标间及与抗旱系数间的相关分析（2005）

	根　长	芽　长	发芽率	抗旱系数
根　长	0.70**	0.63**	0.18	0.05
芽　长	0.65**	0.58**	0.22*	-0.1
发芽率	0.61**	0.60**	0.14	-0.03
抗旱系数	0.22*	0.02	0.23*	

注：对角线上的为同一指标在两种条件之间的相关系数；对角线上面的为正常灌溉下各指标间的相关系数；对角线下面的为水分胁迫下各指标间的相关系数。* 和 **，分别表示在5%和1%水平显著

二、水分胁迫对秧苗性状的影响

1. 材料与方法

同样利用从国际水稻研究所引进的典型籼型水稻品种 IR64 和粳型水稻品种 Azucena（热带粳稻品种）杂交产生的包含 110 个纯合二倍体株系

的群体（DH 群体）。试验于出苗后于 1 叶 1 心时开始设正常管理（对照）和干旱处理（采用周期性控水的反复干旱法，当土壤水势降到-10bar 左右时即叶片严重萎蔫时补水）2 个水平。于 3 叶期调查苗期秧苗素质，调查项目包括苗高（Seedling height，SH）、最长根长（Maximum root length，MRL）、根数（Root number，RN）、根重（Root weight，RW）、冠重（Shoot weight，SW）、根冠比（Root/shoot ratio，RSR），其中根数是指长于 1cm 的第 1 次分枝根和初生根的数目。根重、冠重为自然风干后的重量，根冠比为风干后根冠的干重比。成熟期每个处理取样进行室内考种，并计算抗旱系数（DRC）（抗旱系数＝水分胁迫下的单株粒重/正常灌溉下的单株粒重）。

2. 结果与分析

（1）双亲及 DH 群体的表现。

表 4-13　两种水分环境下 DH 群体秧苗性状的基本描述性统计参数

性状	处理	亲本		DH 群体					
		IR64	AZ	平均数	标准差	范围	变异系数	峰度	偏度
苗高	正常灌溉（CK）	14.82	20.00	15.84	3.19	9.80~24.24	20.16	-0.27	0.36
	水分胁迫	11.08	16.14	15.24	3.20	8.64~24.14	20.73	-0.36	0.29
最长根长	正常灌溉（CK）	2.96	3.46	3.83	0.86	2.16~6.04	22.54	-0.38	0.36
	水分胁迫	3.66	4.56	4.04	1.37	2.02~13.32	33.78	2.36	3.31
根数	正常灌溉（CK）	8.60	7.00	10.04	1.54	5.20~13.80	15.37	0.23	-0.14
	水分胁迫	7.00	3.00	9.11	1.59	6.40~13.40	17.50	-0.19	0.49
根重	正常灌溉（CK）	7.00	8.45	7.67	2.61	2.00~15.00	35.08	-0.40	0.28
	水分胁迫	7.52	9.55	9.15	3.81	1.00~21.00	41.68	0.53	0.62
冠重	正常灌溉（CK）	21.00	26.70	22.54	6.53	8.00~40.00	28.98	-0.18	0.27
	水分胁迫	20.25	24.50	21.34	8.65	3.00~44.00	31.63	-0.51	-0.20
根冠比	正常灌溉（CK）	0.33	0.34	0.34	0.12	0.15~0.73	34.00	0.40	0.83
	水分胁迫	0.37	0.39	0.43	0.10	0.14~0.71	30.48	1.46	0.86

以 DH 群体平均数为单位，统计苗期相关特性苗高、最长根长、根数、根重、冠重、根冠比的平均值、标准差、变化范围、变异系数及正态分布参数等基本描述性统计量（表 4-13），并分别进行频率分布作图（图 4-11 至图 4-16）。结果表明，在水分胁迫下，苗高、根数和冠重均比对照增加，其他指标均比对照明显降低。从双亲的性状特点看，二者之间差异显著，表明遗传背景差异显著。从群体的表型均值看，大多指标的均值介于双亲值之间。从指标的标准差、变异系数及均值的变化范

围看，大多指标水分胁迫下均比正常灌溉的显著增大，说明在水分胁迫下这些指标的变异度均明显增大，对干旱的反应存在较大差异。从各指标正态分布的两个参数峰度和偏度及频率分布图可看出，所有性状均呈连续变异。

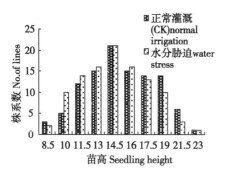

图 4-11　苗高在群体中的分布

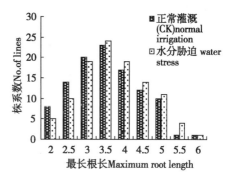

图 4-12　最长根长在群体中的分布

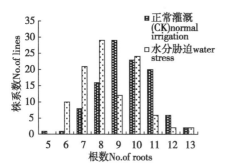

图 4-13　根数在群体中的分布

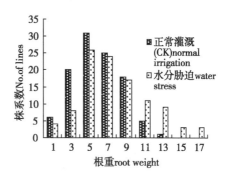

图 4-14　根重在群体中的分布

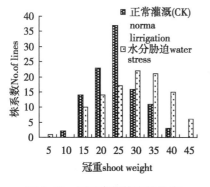

图 4-15　冠重在群体中的分布

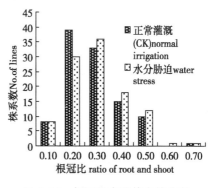

图 4-16　根冠比在群体中的分布

（2）水分胁迫对秧苗性状影响的显著性分析。进一步对群体株系在正常灌溉和水分胁迫下的苗高、最长根长、根数、根重、冠重和根冠比的表型值进行 t 测验（表4-14）。结果表明，在水分胁迫下，6个苗期指标中，除苗高的降低达显著水平外，其他生理指标的变化均达极显著水平，表明水分胁迫对群体植株苗期性状有着非常明显的胁迫作用。

表4-14 水分胁迫与正常灌溉下秧苗性状平均值差异显著性分析（t-测验）

性状	苗高	最长根长	根数	根重	冠重	根冠比	$t_{0.05}$ $t_{0.01}$
t 值（2004） t value	2.323*	2.775**	5.347**	3.916**	4.822**	5.213**	1.981 2.621

注：* 和 **，分别表示在5%和1%水平显著

（3）秧苗性状间及其与抗旱系数间的相关分析。秧苗性状之间及其与抗旱系数间的相关分析表明（表4-15），正常灌溉下，6个苗期性状中，根重、根冠比与抗旱系数之间呈显著正相关关系，水分胁迫下，根重、根冠比与抗旱系数之间呈极显著正相关关系，说明根重、根冠比与抗旱性关系密切，特别是在水分胁迫下与抗旱性关系更为密切，因此可以把根重和根冠比这两个指标作为苗期的抗旱性指标。

表4-15 秧苗性状间及与抗旱系数间的相关分析

指标	苗高	最长根长	根数	根重	冠重	根冠比	抗旱系数
苗高	0.79**	0.09	0.08	0.26**	0.77**	-0.35**	0.05
最长根长	0.24*	0.11	0.40**	0.33**	0.13	0.23*	0.17
根数	0.21*	0.26**	0.34**	0.37**	0.22*	0.22*	0.09
根重	0.46**	0.62**	0.43**	0.13	0.48**	0.64**	0.24*
冠重	0.71**	0.31**	0.42**	0.70**	0.33**	-0.32**	0.04
根冠比	-0.11	0.55**	0.19	0.60**	-0.09	0.19	0.21*
抗旱系数	0	0.12	-0.04	0.26**	-0.12	0.30**	

注：对角线上的为同一指标在两种条件之间的相关系数；对角线上面的为正常灌溉下各指标间的相关系数；对角线下面的为水分胁迫下各指标间的相关系数。* 和 **，分别表示在5%和1%水平显著

正常灌溉和水分胁迫下，最长根长、根数、根重和根冠比之间均呈极显著正相关关系，说明这些根部性状之间关系密切，水分胁迫对它们之间的关系有一些影响，但影响不大。正常灌溉下，苗高与根重、冠重呈极显著正相关关系，与根冠比呈极显著负相关关系，水分胁迫下，苗高与根重、冠重呈极显著正相关关系，与根冠比有一定的负相关关系，说明苗高

与根部性状有着密切的关系。正常灌溉下苗高、最长根长、根数、根重、冠重和根冠比的表型平均值和水分胁迫下相应的表型平均值间呈极显著、显著或接近显著正相关关系，说明这些苗期性状在正常水分灌溉和水分胁迫下的表现是一致的。

三、水分胁迫对水稻生育后期生理的影响

1. 材料与方法

同样利用从国际水稻研究所引进的典型籼型水稻品种 IR64 和粳型水稻品种 Azucena（热带粳稻品种）杂交产生的包含 110 个纯合二倍体株系的群体。试验连续 2 年设正常保水栽培（浅水层淹灌）（对照）和干旱栽培（在移栽 15d 后返青，在上壤持水量在 50% 左右，采用周期性控水的反复干旱法，当土壤水势降到-10bar 以下时即叶片严重萎蔫时补水）2 个水平，每株系 2 盆。于孕穗至出穗期用 HR-33 露点水势仪和 C52 样品室在每株系 3 个植株的剑叶顶部 1/3 处取样测定叶片水势（Leaf water potential，LWP）；用 spad-502 在每株系 3 个植株的剑叶顶部 1/3 处测活体叶片叶绿素相对含量（Chlorophyll content，以 ChlC）；用 LI-6400photosynthesis system 在每株系 3 个植株的剑叶顶部 1/3 处测定气孔导度（stomatal conductance，SC）和蒸腾速率（transpiration rate，TR）；用茚三酮法测定叶片游离脯氨酸含量（Proline content，Pro.）（郝建军和刘延吉，2001）；按郝建军和刘延吉编（2001）《植物生理学实验技术》中测定方法测量叶片相对含水量（Relative water content，RWC）。

成熟期每个处理取样进行室内考种，并计算抗旱系数（DRC）（抗旱系数=水分胁迫下的单株粒重/正常灌溉下的单株粒重）。

2. 结果与分析

（1）双亲及 DH 群体的表现。以 DH 群体平均数为单位，统计与抗旱相关生理指标相对含水量、水势、脯胺酸含量、叶绿素含量、气孔导度和蒸腾速率的平均值、标准差、变化范围、变异系数及正态分布参数等基本描述性统计量（表 4-16，表 4-17），并分别进行频率分布作图（图 4-17 至图 4-28）。结果表明，在水分胁迫下，脯氨酸含量比对照增加，其他指标均比对照明显降低；从双亲的性状特点看，二者之间差异显著，表明遗传背景差异显著。从群体的表型均值看，大多指标的均值介于双亲值之间。从指标的标准差、变异系数及均值的变化范围看，大多指标水分胁迫下均比正常灌溉的显著增大，说明在水分胁迫下这些指标的变异度均明显增大，对干旱的反应存在较大差异。从各指标正态分布的两个参

数峰度和偏度及频率分布图可看出，所有性状均呈连续变异。

表 4-16　两种水分环境下抗旱相关生理指标的基本描述性统计参数 (2004)

性状	处理	亲本		DH 群体					
		IR64	AZ	平均数	标准差	范围	变异系数	峰度	偏度
相对	正常灌溉（CK）	71.81	77.12	76.85	9.73	28.13~98.65	12.66	5.02	-1.18
含水量	水分胁迫	68.56	75.72	70.26	11.18	18.05~94.38	15.91	4.42	-1.27
水　势	正常灌溉（CK）	-1.77	-0.44	-1.03	0.47	-2.11~0.00	-45.62	-0.64	-0.09
	水分胁迫	-2.40	-0.81	-1.92	0.53	-2.47~0.00	-27.60	-0.11	-0.45
脯胺酸	正常灌溉（CK）	0.17	0.13	0.16	0.03	0.11~0.30	18.75	2.50	1.36
含量	水分胁迫	0.19	0.14	0.17	0.05	0.11~0.47	29.41	13.15	2.63
叶绿素	正常灌溉（CK）	40.73	42.50	41.10	3.29	32.07~48.63	7.99	0.06	-0.48
含量	水分胁迫	38.6	40.53	40.77	3.25	31.63~49.57	8.11	0.15	0.20
气孔导度	正常灌溉（CK）	0.04	0.05	0.04	0.03	0.001~0.12	75.00	-0.17	0.66
	水分胁迫	0.03	0.04	0.03	0.02	0.001~0.09	66.67	-0.55	0.44
蒸腾速率	正常灌溉（CK）	0.93	0.97	0.78	0.55	0.03~2.72	70.51	0.57	0.76
	水分胁迫	0.75	0.82	0.69	0.43	0.02~1.80	62.32	-0.50	0.41

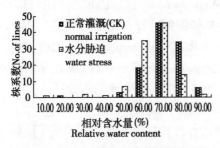

图 4-17　相对含水量在群体中的分布

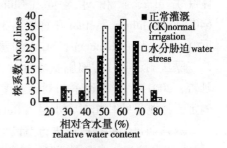

图 4-18　相对含水量在群体中的分布

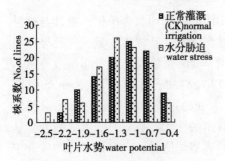

图 4-19　叶片水势在群体中的分布

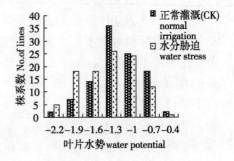

图 4-20　叶片水势在群体中的分布

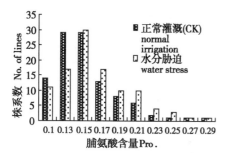

图 4-21　脯氨酸含量在群体中的分布

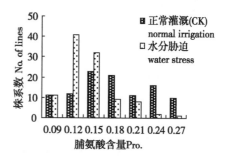

图 4-22　脯氨酸含量在群体中的分布

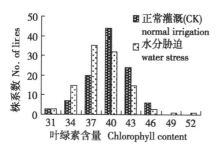

图 4-23　叶绿素含量在群体中的分布

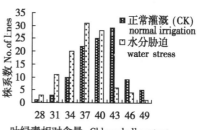

图 4-24　叶绿素含量在群体中的分布

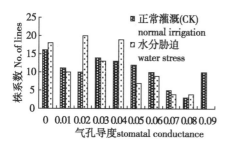

图 4-25　气孔导度在群体中的分布

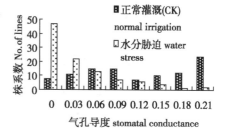

图 4-26　气孔导度在群体中的分布

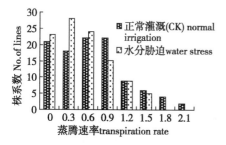

图 4-27　蒸腾速率在群体中的分布

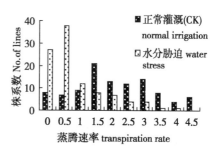

图 4-28　蒸腾速率在群体中的分布

表 4-17　两种水分环境下生理指标的基本描述性统计参数（2005）

性状	处理	亲本		DH 群体					
		IR64	AZ	平均数	标准差	范围	变异系数	峰度	偏度
相对	正常灌溉（CK）	79.39	78.11	62.66	10.86	28.26~88.78	17.33	0.40	-0.71
含水量	水分胁迫	51.64	64.85	57.47	10.54	23.46~86.98	18.33	0.79	-0.32
水　势	正常灌溉（CK）	-1.40	-0.68	-1.04	0.37	-2.11~-0.23	-35.58	0.28	-0.35
	水分胁迫	-1.62	-1.04	-1.21	0.48	-2.193~-0.309	-39.67	-0.79	-0.26
脯胺酸	正常灌溉（CK）	0.18	0.10	0.17	0.06	0.09~0.46	35.29	1.98	1.02
含量	水分胁迫	0.23	0.15	0.21	0.09	0.10~0.28	42.86	1.07	1.06
叶绿素	正常灌溉（CK）	40.07	45.47	41.70	4.35	28.1~51.57	10.43	0.15	-0.12
含量	水分胁迫	37.77	40.20	38.75	4.05	30.57~51.00	10.46	0.02	0.17
气孔导度	正常灌溉（CK）	0.04	0.05	0.15	0.09	0.002~0.43	60.00	0.16	0.71
	水分胁迫	0.02	0.01	0.05	0.09	0~0.25	80.00	1.94	1.49
蒸腾速率	正常灌溉（CK）	0.53	1.02	2.34	1.24	0.03~6.14	52.99	0.07	0.44
	水分胁迫	0.28	0.21	1.04	0.94	0.004~4.13	90.38	1.25	1.37

（2）水分胁迫对生理指标影响的显著性分析。进一步对群体株系在正常灌溉和水分胁迫下的生理指标相对含水量、水势、脯胺酸含量、叶绿素含量、气孔导度蒸腾速率的表型值进行 t 测验（表 4-18）。结果表明，在水分胁迫下，6 个抗旱相关生理指标中，除蒸腾速率的降低接近显著水平外，其他生理指标的变化均达显著或极显著水平。表明水分胁迫下对群体植株生理指标有着明显的胁迫作用。

表 4-18　水分胁迫与正常灌溉下抗旱相关生理指标
平均值差异显著性分析（t-测验）

性状	相对含水量	水势	脯胺酸含量	叶绿素含量	气孔导度	蒸腾速率	$t_{0.05}$ $t_{0.01}$
t 值（2004）t value	5.446**	2.023*	3.942**	3.603**	2.202*	1.620	1.981
t 值（2005）t value	3.472**	4.366**	5.729**	7.229**	10.683**	1.919	2.621

注：* 和 **，分别表示在 5% 和 1% 水平显著

（3）相关生理指标间及与抗旱系数间的相关分析。从表 4-19、表 4-20 两年的各生理指标间及与抗旱系数间的相关分析可看出，在正常灌溉下，所测验 6 个抗旱相关生理指标与抗旱系数的相关性均不显著，但在水分胁迫下相对含水量与抗旱系数的相关两年分别达极显著水平和显著水平，水势与抗旱系数的相关均达显著水平，说明在水分胁迫下相对含水

量和水势与产量的关系密切。

各生理指标之间，在正常灌溉下，相对含水量与气孔导度、蒸腾速率的相关性在两年均达极显著和显著相关关系；气孔导度与蒸腾速率的相关性两年均达极显著水平。在水分胁迫下，气孔导度与蒸腾速率的相关两年均达极显著水平。正常灌溉下脯胺酸含量、叶绿素含量、气孔导度和蒸腾速率的表型平均值和水分胁迫下相应的表型平均值间呈极显著正相关关系，相对含水量间呈显著正相关关系。说明这些抗旱相关生理指标存在着复杂的内在联系，且水分胁迫对这种关系有着一定的影响，这些结果对抗旱性品种的选育有着重要的指导意义和参考价值。

表 4-19　抗旱相关生理指标间及与抗旱系数间的相关分析（2004）

	相对含水量	水势	脯胺酸含量	叶绿素含量	气孔导度	蒸腾速率	抗旱系数
相对含水量	0.22*	0.17	0.02	0.25**	0.28**	0.24*	0.13
水　势	0.19	0.15	-0.02	0	0	0.04	0.09
脯胺酸含量	-0.02	0.10	0.29**	-0.06	-0.06	-0.07	0.04
叶绿素含量	-0.09	0.04	-0.03	0.6**	0.21*	0.17	0.12
气孔导度	-0.03	-0.04	0	0.28**	0.32**	0.97**	0.01
蒸腾速率	0	-0.13	-0.03	0.23*	0.97**	0.33**	0.11
抗旱系数	0.27**	0.22*	0.17	0.14	0.14	0.09	

注：对角线上的为同一指标在两种条件之间的相关系数；对角线上面的为正常灌溉下各指标间的相关系数；对角线下面的为水分胁迫下各指标间的相关系数。* 和 **，分别表示在 5% 和 1% 水平显著

表 4-20　相关生理指标间及与抗旱系数间的相关分析（2005）

	相对含水量	水势	脯胺酸含量	叶绿素含量	气孔导度	蒸腾速率	抗旱系数
相对含水量	-0.04	0.16	0.31**	-0.07	0.28**	0.20*	0.18
水势	0.18	0.56**	0.08	-0.06	-0.02	0.16	0.12
脯胺酸含量	-0.31**	0.15	0.13	-0.01	0.26**	0.39**	-0.05
叶绿素含量	-0.08	-0.04	-0.01	0.52**	0.06	0.1	0.13
气孔导度	0.02	-0.08	0.03	0.07	0.41**	0.86**	-0.03
蒸腾速率	0.01	0.01	0.12	0.09	0.92**	0.44**	0.01
抗旱系数	0.23*	0.21*	-0.03	0.03	-0.11	-0.06	

注：对角线上的为同一指标在两种条件之间的相关系数；对角线上面的为正常灌溉下各指标间的相关系数；对角线下面的为水分胁迫下各指标间的相关系数。* 和 **，分别表示在 5% 和 1% 水平显著

第四节 不同灌溉量和旱胁迫下水稻耐旱品系的生理效应研究

一、材料与方法

1. 材料

供试材料：5 个不同基因型耐干旱品种 HR6、HR356、HR563、HR94、HR95，其中 HR6、HR356、HR563 是以 C418 为轮回亲本，分别以 C34、D5、D50 为供体亲本的 BC_3F_6 代的耐旱近等基因选择导入系，HR94、HR95 以辽粳 454 为轮回亲本，以籼稻品种粤香占为供体亲本的 BC_3F_5 代的耐旱近等基因选择导入系，参试材料创建方法及来源参见第 3 章第 1 节。由于遗传背景不同，HR6、HR356、HR563 这 3 个品系表现为植株高大，株型松散，大穗长穗型；而 HR94、HR95 这 2 个品系表现为植株较矮，小穗短穗型。本试验以北方粳稻种植面积较大的推广品种辽粳 9 号为对照。

2. 试验设计

（1）处理。在大田中进行 5 种灌溉处理：1. 常规灌溉（CT）；2. 节水 30% 灌溉处理（TT）；3. 节水 50% 处理（FT）；4. 节水 70% 处理（ST）；5. 水种旱管（DT）。

生育期用水总量指从水稻移栽开始至收获期间本田灌溉用水。CT 为 15 000 m^3/hm^2，TT 为 10 500 m^3/hm^2，FT 为 7 500 m^3/hm^2，ST 为 4 500 m^3/hm^2，DT 为 3 000 m^3/hm^2。生育期用水比例为分蘖期占 1/2，拔节期占 1/4，灌浆期占 1/4，每次灌水 300 m^3/hm^2，按照每 hm^2 灌溉水层为 2cm 计算。

同时在盆栽条件下，在分蘖盛期、孕穗期、乳熟期、成熟期不同生育时期干旱胁迫下进行生理生化指标的测定。

（2）方法。试验地点位于辽宁省稻作研究所试验地。土壤为草甸土，肥力中等偏上，有机质含量 2.16%，碱解氮含量为 94mg/kg，有效磷含量为 68.8mg/kg，有效钾含量为 146mg/kg，土壤 pH 值为 6.8，灌溉和排水条件良好，河水与井水结合灌溉。

4 月 25 日播种，5 月 30 日移栽。移栽规格 33.3 cm×16.5cm，每穴 1 苗。用连续 5 个田块作为试验区，中间用防水沟进行分割防止试验区之间的水分交换。每个试验材料插 15 行，行长 30m，每一处理二次重复，每个重复设两个调查点。所有品种安排在同一田块，其中一个重复为取样重复。试验田的肥水及病虫害管理同常规生产田。

盆栽试验，盆高 40cm，直径 30cm，每桶装土 15kg，每盆施基肥 1.6g（NH₄）₂SO₄、1.3g（NH₄）₂HPO₄、1.1g K₂SO₄，每桶中栽 3 株苗，呈三角形栽植。

3. 调查项目

（1）生长量指标。分蘖动态指标：从插秧后每 7d 调查分蘖数，直到抽穗。

株高形成指标：从插秧后每 10d 测量一次株高值，直到抽穗。

全株干物重形成指标：插秧后，每 7d 取样进行根与地上部干物重测量，并分别测量和记录根、茎、叶、穗各个部位的干物重。方法：在烘箱中 105℃杀青 30min 后降温到 70℃烘至恒重后称量。

（2）生理生化指标测定。

①超氧化物歧化酶（SOD）活性。参照张宪政等（1994）采用的氯化硝基四氮唑蓝（NBT）光化还原法进行测定。分别取新鲜的叶片和根系各 0.5g 和 1g，加入 3mL pH 值为 7.8 的 0.05mol/L 磷酸缓冲液，冰浴中研磨成匀浆，定容到 5mL 离心管中，于 13 000g 冷冻离心 15min，取上清液 0.015mL，然后加入 0.885mL pH 值为 7.8 的 0.05mol/L 磷酸缓冲液，1.5mL 0.026mol/L 甲硫铵酸溶液，0.3mL 75×10⁻⁵mol/L NBT 溶液，0.3mL 1.0μmol/L EDTA 2×10⁻⁵mol/L 核黄素溶液，进行充分混匀后，在光强 3 000Lux 下照 15min，然后立即遮光停止反应，于 560nm 下测定光密度。

②丙二醛（MDA）含量。采用硫代巴比妥酸比色法（张宪政等，1994），首先吸取 2mL 叶片或根系的酶提取液，加入 3mL 0.5%硫代巴比妥酸的 5%三氯乙酸溶液，于沸水浴中加热 10min，迅速冷却，于 1 800g 离心 15min，然后取上清液在 532nm、600nm 波长下，用蒸馏水调零，测定光密度。

③过氧化氢酶（CAT）活性。按照朱诚等（2002）的方法测定。取叶片和根系各 0.5g 和 1g，加入 pH 值为 7.8 磷酸缓冲液研磨成匀浆后，离心，取上清液 0.2mL 加入磷酸缓冲液 1.5mL 和蒸馏水 1.0mL，然后加入 0.3mL 0.1mol/L 的 H₂O₂，立即在 240nm 下测定吸光度。

④过氧化物酶（POD）活性。参照陈宏等（1999）的方法进行测定。取叶片和根系各 0.3g 和 0.5g，加 5mL 0.1mol/L pH 值为 8.5 的 Tris-HCl 缓冲液，研磨成匀浆，以 4 000r/min 离心 5min，取上清液 1mL，加入 3mL

反应混合液（包含 0.2mol/L、pH 值为 6.0 磷酸缓冲液，0.028mL 的 30% H_2O_2，愈创木酚 0.019mL），在 470nm 下测定反应 4min 时光密度。

⑤脯氨酸（Pro）含量。茚三酮法测定。取叶片和根各 0.5g 和 1g，剪碎后放入具塞试管中，加 5mL 3% 磺基水杨酸溶液，在沸水浴中提取 10min，吸取提取液 2mL，加 2mL 水、2mL 冰醋酸和 4mL 酸性茚三酮，摇匀后在沸水浴中显色 30min，冷却后加入 4mL 甲苯，充分振荡，以萃取红色产物，静置分层，吸取甲苯层于 520nm 波长下测定光密度。

⑥可溶性糖含量。采用蒽酮法测定（张宪政等，1994）。取叶片和根各 0.2g 和 1g，剪碎后放入 50mL 三角瓶中，再加入 25mL 蒸馏水，放入沸水浴中煮沸 20min，取出冷却，过滤后入 50mL 容量瓶中定容。然后取 0.5mL 提取液加入 5mL 蒽酮试剂和 0.5mL 蒸馏水，摇匀后在 620nm 波长下测定吸光度。

⑦叶绿素含量。用日本产 SPAD-502 型叶绿素仪测定叶片 SPAD 值。在不同生育期，取上三叶在上午 10：00~11：00 之间测定一次，并做好标记。

⑧叶光合速率、蒸腾速率、气孔导度。用美国产 LI-6400 型便携式光合测定仪测定。在出穗时，选择出穗速度一致，大小一致的穗子，并做好标记。每隔 10d 对标记好的剑叶测定 1 次，测定时间选择晴好天气上午 11：00。

⑨产量形成指标。水稻收获时，取连续 3 穴进行室内考种，指标为：平均穗重、结实率、千粒重、穗长、有效穗数。

二、结果与分析

1. 不同灌溉量处理对群体分蘖动态的影响

图 4-29 至图 4-33 表明，不同水分管理条件下，各品种茎数增长趋势接近一致，但在 CT 和 TT 条件下，各品种分蘖最高峰较其他处理延迟，各处理的单穴茎数明显高于 DT 处理。

在 CT 处理下，紧穗型品种 HR94 和 HR95 前期生长发育快，分蘖增加迅速，而散穗型品种 HR6、HR356、HR563 相对发育迟缓，分蘖增加慢。各品种 HR94、HR95、HR6、HR356、HR563 和 CK 分蘖成穗率分别为 81.7%、82.3%、77.6%、79.8%、74.6% 和 80.6%，HR94、HR95，其成穗率比 CK 分别增加 1.1% 和 1.7%，而 HR6、HR356、HR563，其成穗率分别低于 CK 3.0%、0.8% 和 6.0%。说明 CT 处理下，与紧穗型品种相比散穗型品种成穗率高。

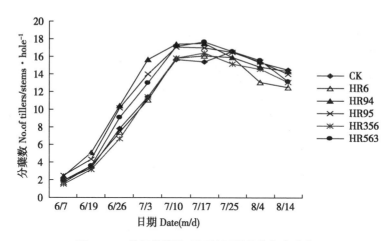

图 4-29　常规灌溉处理下的不同品种分蘖动态

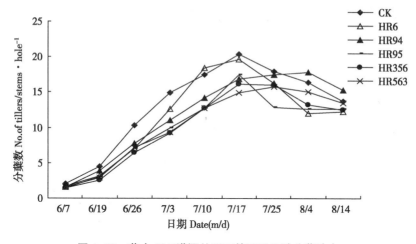

图 4-30　节水 30%灌溉处理下的不同品种分蘖动态

在 TT 处理下，HR94 和 HR563 分蘖成穗率为 90.5%和 90.6%，分别明显高于 CK 23.3%和 23.4%，HR95 和 HR356 比 CK 增加 4.5%和 10.4%，而 HR6 低于 CK 4.5%。

在 FT 处理下，各品种 HR94、HR95、HR6、HR356、HR563 和 CK 分蘖成穗率分别为 87%、90%、83%、88.7%、80.8 和 89.3%，明显高于其他处理。说明灌溉量减少 50%明显有利于增加有效分蘖率，从而增加单位面积穗数。灌溉量过多或过少都不利于成穗率增加。

在 ST 和 DT 处理下，各品种分蘖盛期比 CT 处理提前 5～7d，分蘖高

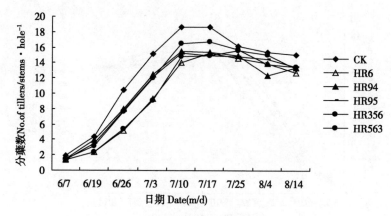

图 4-31　节水 50%灌溉处理下不同的品种分蘖动态

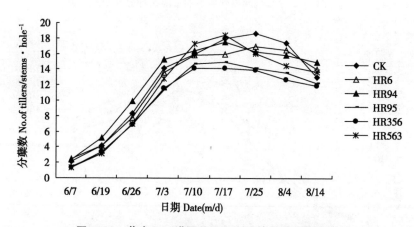

图 4-32　节水 70%灌溉处理下不同的品种分蘖动态

峰后下降比较平缓，其最高分蘖数明显低于其他处理。在 ST 和 DT 处理下，HR94 成穗率分别为 88.1%和 85.9%，明显高于其他品种，分别比 CK 增加 15.9%和 13.3%。

2. 不同灌溉处理对株高的影响

从表 4-21 可见，随着灌水量的减少，各参试品种株高明显降低。在 CT 处理下，HR6 和 HR94、HR95、HR356 的株高都显著低于 CK，HR563 显著高于前 4 个品种，但与 CK 差异不显著。在 TT 处理下，只有 HR563 显著高于 CK，其他品种则与 CK 差异不显著。在 FT 处理下，株高表现与 TT 相似，HR563 在此处理下株高表现最高。ST 和 DT 处理主要是降低了后期生长速度，导致株高降低。

在各处理中，HR563 株高一直是最高的，DT 处理比 FT 处理降低了

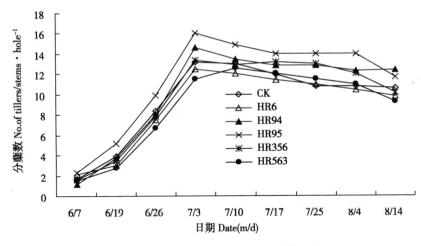

图 4-33　旱管处理下不同的品种分蘖动态

6cm，降幅为 5%，其他品种株高最大值与最小值相比，HR6 降低了 7.2%，HR94 降低了 11.4%，HR95 降低了 9.8%，HR356 降低了 13.1%，CK 降低了 10.2%。HR563 降低幅度最小，而 HR356 降低幅度最大，说明株高受干旱影响最小的是 HR563，最大的是 HR356。

表 4-21　不同灌溉处理对株高的影响

处理	品种	日　期（月/日）　　Date　（m/d）							
		6/12	6/19	6/26	7/3	7/10	7/17	7/24	8/14
常规灌溉 CT	HR6	29	38.3	44.2	52.4	61.6	72	79.4	98.8b
	HR94	24.6	32.7	40.3	49.7	60.2	69.6	78.6	99.2b
	HR95	25.7	33.4	39.7	48.2	59.6	66.6	77.8	104b
	HR356	34.3	40.4	44.7	52	65.2	75.2	86.8	104b
	HR563	32.4	40	45.9	54.6	67.4	78.4	93.6	115ac
	CK	25.1	32.4	36.9	44	57.8	63	73.4	108a
节水 30% TT	HR6	27.5	36	42.1	50.6	63.2	73.6	86.6	102.8a
	HR94	26.8	33.6	41.5	49.2	60.8	67.8	82.2	106.0a
	HR95	23.1	30.6	37.5	46.7	59.2	68.0	79.6	101.4a
	HR356	26.0	34.3	43.2	50.5	60.8	71.6	85.8	102.5a
	HR563	30.1	38.3	45.1	53.0	62.4	75.8	93.4	116.7b
	CK	23.7	29.3	37.2	46.4	55.2	62.4	80.4	100.4a

（续表）

处理	品种	日　期（月/日）　　Date　（m/d）							
		6/12	6/19	6/26	7/3	7/10	7/17	7/24	8/14
节水50% FT	HR6	25.5	34.7	43.0	51.6	61.0	72.6	84.6	97.8a
	HR94	23.7	33.4	41.5	51.7	60.6	68.8	78.8	103.0a
	HR95	24.8	31.8	38.2	49.4	61.7	67.0	79.8	103.0a
	HR356	28.1	35.0	42.3	51.9	62.6	75.0	87.8	99.8a
	HR563	34.4	40.0	48.7	58.0	68.0	73.8	99.2	119.0b
	CK	25.7	32.1	37.1	46.2	54.8	61.2	80.4	97.6a
节水70% ST	HR6	26.3	35.9	43.1	50.4	63	75.4	84.4	97.4ab
	HR94	23.5	31.7	39.5	48.6	61.2	70.2	79.8	99.6b
	HR95	24.6	31.8	39.3	49.6	61.4	67	75.2	96.4a
	HR356	29.3	37.8	44.6	52.9	66.4	79.2	89.8	107c
	HR563	28.8	37.2	46.9	53.9	67	82.2	97.6	117d
	CK	26.7	32.1	36.8	45.6	59.2	70.4	82.6	95.6a
旱管 DT	HR6	27.5	38.8	43.4	52.9	63.4	75.4	85.4	95.4ab
	HR94	26.9	33.4	39.6	47.5	61.6	67.4	77.0	93.7b
	HR95	25	32.3	39.2	48.2	60.2	67.0	72.4	93.8ab
	HR356	32.9	40	43.7	50.9	57.4	70.4	77.4	93.0ab
	HR563	30.3	39.1	45.1	51.8	67.0	78.4	91.8	113.0c
	CK	28.1	33.1	38.5	46.8	55.2	60.6	83.2	97.0a

Note：CT-Conve ntional irrigation treatment；TT-Saving water by 30% treatment；FT- Saving water by 50% treatment；ST- Saving water by 70% treatment；DT-Dry treatment. The same as below

3. 不同灌溉处理对干物质积累与转运效率影响

从表 4-22 可见，HR6 齐穗期干物重在 CT、TT、FT、ST 处理下都表现较高，而在 DT 处理下则显著降低，比 CK 减少 3.5%，与最大量相比，则降低了 45.2%。

HR94 在 ST 处理下干物重最低，比 CK 减少 8.7%，在 DT 下，比 CK 增加 8.3%。另 3 个品种都表现为受水分影响较小特点，在 FT 和 ST 处理下，干物重降低，但在 DT 处理下，比 CK 增加显著，分别增加了 27.5%、34.2%、46.3%。

表 4-22　不同灌溉处理下干物质积累与转运效率

处理	品种	齐穗期干重（g/plant）	成熟期干重（g/plant）	齐穗后积累量（g/plant）	单株穗重（g/plant）	茎鞘物质转运率（%）	茎鞘物质转换率（%）
常规灌溉 CT	HR6	52.15c	84.22a	32.07a	38.17b	43.14b	47.34b
	HR94	49.63ac	91.86b	42.23b	56.54b	46.76b	50.65ab
	HR95	52.01c	90.18b	38.17a	52.68a	63.78c	62.97c
	HR356	49.76ac	89.97b	40.21a	47.2a	46.52b	49.05b
	HR563	64.83b	96.1c	31.27a	52.58a	48.23b	59.47ac
	CK	46.94a	83.42a	36.48a	48.26a	56.41a	54.27a
节水 30% TT	HR6	69.18c	107.53c	38.35b	54.4a	55.44b	55.15b
	HR94	43.87a	76.05a	32.18b	57.99a	56.59b	55.49b
	HR95	46.16a	72.57a	24.41a	55.22a	52.88b	51.20a
	HR356	51.74b	82.14a	30.4a	41.98b	58.76c	45.27a
	HR563	54.46b	115.89c	28.43a	57.49a	52.20a	49.45a
	CK	45.9a	72.62a	26.72a	53.86a	45.14a	48.47a
节水 50% FT	HR6	51.22a	80.58a	29.36a	53.47a	57.32a	54.91c
	HR94	45.79b	77.5b	31.71a	43.34b	49.25b	40.28b
	HR95	47.13b	69.6b	22.47b	56.38a	47.68a	49.85a
	HR356	43.98a	74.13a	30.15a	55.99a	68.55c	65.56d
	HR563	51.41a	88.22a	36.81a	61.95b	71.60c	59.42c
	CK	53.05a	84.79a	31.74a	52.33a	59.83a	47.81a
节水 70% ST	HR6	59.17b	80.55c	21.38a	43.24a	36.13a	49.44b
	HR94	40.23a	64.92a	24.69a	50.69a	61.37c	48.71b
	HR95	45.37a	76.34bc	30.97a	53.65b	68.26d	57.73c
	HR356	45.11a	89.43d	44.32b	53.74b	49.57b	41.61a
	HR563	49.33a	80.58b	31.25a	43.52a	63.35c	71.81d
	CK	44.05a	61.5a	25.78a	47.62a	39.61a	36.64a
旱管 DT	HR6	37.9a	65.83a	22.93a	42.87a	60.50b	41.08a
	HR94	42.53a	75.42b	32.89b	36.24a	77.33c	47.50a
	HR95	50.09bc	75.5b	25.41a	48.46b	50.73a	52.43b
	HR356	52.73b	80.17b	27.44b	38.71a	52.04a	60.03c
	HR563	57.48b	87.56c	30.08b	43.29a	52.33a	49.89ab
	CK	39.28a	59.64a	20.36a	41.24a	51.83a	45.15a

Note：DMW- Dry matter weight；EPMSS- Export percentage of the matter in stem and sheath；TPMSS- Transformation percentage of the matter in stem and sheath

　　水稻抽穗后，光合物质积累量增加得越多，相应单株穗重也越高。HR6 在 DT 处理下，积累量增加得较快，单株穗重比 CK 增加 3.9%，说明

HR6虽然在前期受干旱影响导致生长量减小，但抽穗后光合速率并不减小，干物质增加较快。CT下，HR6、HR94、HR95分别比CK增加15.8%、4.6%、10.2%，HR563则比CK减少14.3%，单株穗重分别比CK增加了17.1%、9.1%和8.9%，HR356比CK减少了2.2%。在TT、FT、ST下，各品种都比CK光合物质积累量增加显著。TT下，HR94光合积累量和单株穗重较高，分别比CK增加20.4%和7.7%。FT下，HR563分别比CK增加16%和18.4%。ST、DT下，HR95、HR356、HR563都比CK增加显著。

茎鞘物质转运率=〔（齐穗期茎鞘干重−成熟期茎鞘干重）/齐穗期茎鞘干重×100%〕，茎鞘物质转换率=〔（齐穗期茎鞘干重−成熟期茎鞘干重）/穗重×100%〕（马均等，2003）。穗重越高，相应的茎鞘物质转运率和转换率也就越高。在CT下，HR6转运率和转换率最低，分别比CK减少24%和12.8%，而HR95则最高，分别比CK提高13.1%和16%。在TT下，品种间差异不明显。在FT下，HR356转运率和转换率表现较高，分别比CK高14.6%和37.1%。在ST下，HR95和HR563明显高于CK。在DT下，HR356分别比CK高4%和32.9%，差异明显。由此可见，适当干旱条件下，水稻物质转运率和转换率降低并不明显，有可能有利于光合物质转运，从而增加产量。

4. 对产量构成因素的影响

从表4-23可见，不同品种在不同水分供应条件下，产量构成因素有显著差异，但穗长差异最小，说明穗长受干旱胁迫影响最不敏感。单穗重、每穗实粒数和结实率在不同品种间和不同处理间则变化较大。

HR6穗长在TT和FT下显著增加，DT下穗长最短，比TT下降低6.2%。HR6在ST下产量最高，比在CT、TT、FT、DT下分别增产5.6%、1.3%、1.5%、12.6%。CT下，CK产量最高，但品种间差异不显著。TT下，HR6产量最高，而且差异显著，比CK高3.7%。FT下，HR356产量第一，比CK增加8.1%。DT下，HR356产量最高，比CK高9.7%，HR563产量也比CK高6.1%，与CK差异显著。说明高秆散穗大穗型品种有较强耐旱力，产量受土壤水分含量影响较小。HR356和HR563的谷草比较低，说明其生物产量高，"源"大于"库"，产量潜力大，采取合适的栽培措施，会进一步提高产量。而紧穗型品种HR94和HR95的谷草比明显高于其他品种，说明其经济产量占生物产量比重大，经济系数高，但在ST和DT下，谷草比变小，说明干旱胁迫对其产量影响较大，使产量降低。千粒重在DT下比其他处理显著降低，但在FT和ST下差异不明显，

HR356 和 HR563 在 ST 下，千粒重显著增加，致使产量显著增加。

表 4-23　不同处理下产量构成因素

品种	处理	穗长 （cm）	穗数 （个/m²）	穗重 （g/穗）	成粒数 （粒/穗）	结实率 （%）	谷草比	千粒重 （g）	理论产量 （kg/hm²）
HR6	CT	24.3a	221.4a	4.98a	170.9a	88.5a	1.02a	27.0a	11 031.23a
	TT	25.6b	219.6a	5.23a	161.8b	89.2a	0.94a	26.5a	11 490.82b
	FT	25.2b	219.6a	5.22a	181.7c	85.6a	0.83b	25.5b	11 468.85b
	ST	24.8a	243.0b	4.79a	164.8b	85.7a	0.92b	26.0a	11 645.52bc
	DT	24.0a	224.3a	4.61b	168.1a	81.0b	0.95a	25.5b	10 345.40a
HR94	CT	16.1a	262.8a	4.15a	150.2a	87.9a	1.22a	25.7a	10 911.65a
	TT	19.4b	259.6a	4.31a	161.8bc	90.9a	1.28a	25.9a	11 194.35a
	FT	17.3a	257.4a	4.57a	163.2bc	91.7b	1.15b	25.3a	11 769.06b
	ST	16.7a	244.3b	3.84b	157.5b	92.8b	1.13b	25.8a	9 385.81c
	DT	17.3a	236.8b	3.75b	166.9c	89.5a	1.14b	25.6a	8 884.44d
HR95	CT	16.6a	266.4a	4.28a	152.3a	92.5a	1.13a	26.0a	11 407.62a
	TT	16.3a	237.6b	4.50b	146.2a	86.5b	1.01a	26.8b	10 697.35a
	FT	16.0a	216.0b	4.75b	155.7a	90.6a	1.12a	25.9a	10 265.13b
	ST	17.4a	225.0b	4.84b	164.5b	78.1c	1.3a	26.0a	10 895.45a
	DT	17.1a	201.6c	4.37a	153.7a	90.9a	1.03a	26.7b	8 814.33c
HR356	CT	25.2a	237.6a	4.81ab	161.2a	84.4a	0.91a	26.5a	11 434.27a
	TT	25.5a	225.0a	5.29c	192.6c	86.1a	0.85a	24.8b	11 908.45a
	FT	23.0b	237.6a	5.05ab	176.7b	87.3a	0.85a	24.5b	12 004.8b
	ST	25.1a	207.0b	4.97b	161.4a	85.4a	0.82b	27.0a	10 293.04c
	DT	25.0a	230.4a	4.61b	165.2a	81.1b	0.93a	25.6c	10 626.75b
HR563	CT	25.7a	223.4a	5.05a	174.3a	80.4a	0.79a	25.2a	11 287.34a
	TT	24.7a	234.0a	4.94a	167.8a	82.8a	0.76a	25.2a	11 565.38a
	FT	25.1a	254.6b	4.62b	144.5b	87.8b	0.62b	25.2a	11 768.4b
	ST	24.7a	217.8c	4.91ab	171.8a	84.3b	0.77a	25.9b	10 699.33c
	DT	24.6a	219.6c	4.68b	166.8a	84.1b	0.75a	24.4c	10 282.42c
CK	CT	18.3a	284.4a	4.10a	154.9a	95.3a	1.05a	24.9a	11 666.23a
	TT	18.0a	275.4a	4.02ab	138.6b	97.8a	0.91a	25.7b	11 076.62a
	FT	18.5a	270.0b	4.11a	152.1a	94.9a	1.06a	24.5a	11 102.55a
	ST	18.5a	267.4b	3.86b	144.8a	92.2b	0.9a	25.2a	10 326.8b
	DT	17.3a	261.0c	3.71b	138.6b	90.2c	0.95a	24.2b	9 687.94c

5. 不同灌溉处理对叶片叶绿素含量的影响

从表 4-24 可见，在不同处理下，各品种前期叶绿素含量差异不明显，但抽穗期后，叶绿素含量逐渐下降。在分蘖盛期，叶绿素含量达到最高，剑叶、倒二叶高于倒三叶，差异明显。成熟期，HR6 的叶绿素含量下降幅度最大，在 DT 处理下更为明显，与 TT 下相比，3 个叶片分别降低了30.9%、32.6%、24.5%。HR94 在 DT 下最低，比最高的 CT 分别降低了22.3%、13.2%、8.0%。HR95 在 DT 下最低，比最高的 ST 分别降低了18.9%、41.8%和28.9%。而 HR356 在 DT 下比最高的 ST 下分别降低了6.5%、2.8%、25.2%，HR563 在 DT 下比最高的 ST 下分别降低 13.3%、7.7%、7.4%，这两个品种叶绿素含量降低的幅度比前两个紧穗型品种小，说明 HR356 和 HR563 抗衰老能力较强。从表中还可以看出，齐穗后至乳熟期，各部位叶片仍能保持较高叶绿素含量，以保证光合作用顺利进行。到成熟期时，各品种叶片叶绿素含量都有大幅度下降，倒二叶、倒三叶衰老得更快，而紧穗型品种表现得更为明显，大穗散穗品种则衰老较慢。此外，灌水量适当减少，叶片叶绿素含量并不明显降低，反而能促进叶绿素合成，增强抗衰老能力。

表 4-24　不同剩余时期上三叶叶绿素含量的变化（SPAD 值）

品种	处理	分蘖期			孕穗期			齐穗期			乳熟期			成熟期		
		剑叶	倒二叶	倒三叶	剑叶	倒二叶	倒三叶	剑叶	倒二叶	倒三叶	剑叶	倒二叶	倒三叶	剑叶	倒二叶	倒三叶
HR6	CT	47.1	43.2	38.1	45.8	43.5	44.2	46.1	41.2	38.3	38.5	42.3	45.9	17.1	24	17.7
	TT	46.3	42.1	39.8	42.3	45.2	47.4	41.6	40.8	39.6	41.2	47.7	49.2	24.3	21.8	18
	FT	48.1	45.8	39.4	33.7	42.5	46.9	40.6	42.4	41.2	41.6	42	51.2	24.6	16.2	14.1
	ST	46.5	42.3	39.4	40.1	41	44.3	42.5	44.6	39.8	37.8	48.1	46.8	18.4	25.2	16.4
	DT	48.5	48.2	41.7	41.1	43.6	49.1	39.6	38.5	41.3	36.5	44.9	43.2	16.8	14.7	13.6
HR94	CT	44.7	40.1	41.5	43.1	46.3	44.2	41.4	47.3	42.7	44.8	44.4	39.4	30.1	24.3	25
	TT	40.5	41.8	37.2	44.3	45.5	48.2	40.1	38.4	36.9	47.5	43.4	45.1	29.2	26.9	21.7
	FT	45.2	41.6	42.5	40.1	47.5	46.6	37.5	38.2	34.6	43.7	36.5	43.3	29.3	24.2	28.5
	ST	41.5	38.6	42.4	36.6	42.9	47.9	32.8	35.7	31.6	45.1	42.7	42.5	27.5	23.6	17.6
	DT	45.8	40.6	42.5	46.4	44.3	42.1	36.8	38.4	30.5	43.7	40.4	45.9	23.7	21.1	23
HR95	CT	45.7	43.6	39.4	45.8	43.5	44.2	43.1	44.3	42.6	40.9	45.2	39.4	24.5	24.5	10.9
	TT	43.4	46	45.9	39.2	41.6	38.7	38.9	37.2	40.1	42.8	43.1	41.9	26.9	28.4	22.2
	FT	44.7	42.3	35.8	40.8	44.4	45.8	46.3	42.8	39.2	43.6	43.2	47.4	24.7	19.7	15.2
	ST	40.6	41.5	43.2	42.3	45.3	47	40.2	39.3	36.1	42.1	47.8	46.8	32.9	27.8	21.5
	DT	47.6	43.4	46.2	44	44.8	48.8	33.8	35.9	30.2	32	44.2	41.6	26.7	16.2	15.3

（续表）

品种	处理	分蘖期			孕穗期			齐穗期			乳熟期			成熟期		
		剑叶	倒二叶	倒三叶	剑叶	倒二叶	倒三叶	剑叶	倒二叶	倒三叶	剑叶	倒二叶	倒三叶	剑叶	倒二叶	倒三叶
HR356	CT	48.1	44.3	36.1	43.1	46.3	44.2	45.3	42.6	37.8	41.6	45.1	47.6	20.8	16.9	10
	TT	44.6	42.3	41.7	40.9	47	42.8	43.1	48.4	35.9	37.8	45.9	38.7	24.3	20	22.9
	FT	48.2	38.7	42.9	39.7	42.5	40.9	39.5	38.4	40.6	34.6	30.5	31.8	28.4	28.3	19.3
	ST	43.8	41.5	40.2	42.4	50.7	55.2	42.4	45.7	41.6	43.6	50.8	42	33.9	29.1	24.2
	DT	40.8	49.1	48.1	34.2	44.1	49.7	35.6	38.7	36.1	41.3	42.7	49.2	31.7	28.3	25.6
HR563	CT	40.2	45.3	41.6	45.8	43.5	44.2	45.1	43.2	41.3	38.1	47.2	49	16.8	13.1	16.9
	TT	44.3	45.2	38.4	39.1	44.7	44.5	42.5	39.4	38.1	40.2	46.1	41.1	22.8	15.9	17
	FT	47.3	46.3	42.7	36.8	42.9	34.5	41	38.4	39.2	42.3	45	50.8	22.3	19.2	17.3
	ST	42.6	39.8	37.5	38.3	45.9	48.2	44.5	46.2	40.7	40.6	48.8	41.4	28.7	20.7	25.2
	DT	41.6	46.2	39.4	41.2	36	40.8	37.5	32.6	36.8	40.6	48.8	41.4	24.9	19.1	18.3
CK	CT	45.2	40.5	36.7	43.1	46.3	44.2	41.4	47.3	42.7	38.4	44.5	41.1	20.3	22.7	11.6
	TT	43.2	38.6	40.5	45	45.2	50.2	40.1	38.4	36.9	42.9	47.7	45.2	33.5	26.4	26.9
	FT	46.5	43.1	40.9	36.4	44.9	47.2	37.5	38.2	34.6	48.1	42	47	25.4	21.3	15.9
	ST	47.2	45.1	40.6	40.8	41	45.8	36.8	35.7	30.6	45.3	42.8	40.8	27	30.5	21.3
	DT	47.9	45.6	42.5	31.7	42.6	44.5	35.4	40.2	43.8	39.4	44.1	42.9	20	18.7	12.3

6. 不同灌溉处理对光合速率的影响

从图 4-34 可见，CT 下，各品种在分蘖期和乳熟期的光合速率明显高于孕穗期和成熟期。HR6 在分蘖期为最高，比 HR563 高 49.7%，比 CK 高 29.7%，但到孕穗期时却显著下降，比 CK 下降 18%。至乳熟期，各品种光合速率又大幅度增加。HR6、HR94、HR95、HR356 和 HR563 分别比孕穗期增加了 23.4%、29.1%、35.8%、12.8% 和 13.1%。成熟期光合速率明显下降，HR94 下降的幅度最小，为 48.9%，CK 下降了 54.1%。TT 下，各品种光合速率变化趋势与 CT 相似，但在成熟期明显偏低（图 4-35）。HR95 降低了 12.1CO$_2$ μmol/（m^2·s），CK 降低了 9.36CO$_2$ μmol/（m^2·s），比 CK 降低 29.3%。

FT 下（图 4-36），HR95 前期表现较高的光合速率，但在后期光合速率却较低，说明水分减少对其后期光合速率影响很大。HR94 光合速率表现比较稳定，分蘖期和孕穗期速率居较高水平，乳熟期和成熟期速率居中。HR356 前期光合速率较低，但在成熟期却最高，高于 CK 57.6%，说

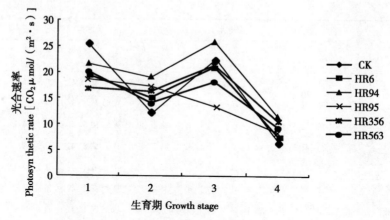

图 4-34 常规灌溉处理不同生育期剑叶光合速率变化
1-分蘖期；2-孕穗期；3-乳熟期；4-成熟期。下图同。

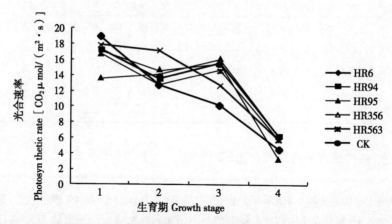

图 4-35 节水 30%灌溉处理不同生育期剑叶光合速率变化

明 HR356 光合速率前期受水分影响大，但后期能比较适应缺水环境，光合速率上升。ST 下（图 4-37），各品种的光合速率与前三个处理相比，都明显下降，但分蘖、孕穗和乳熟期各品种间光合速率起伏不大。HR6 在分蘖、孕穗和乳熟期均保持较稳定的速率，但在成熟期下降较快，比 HR356 减少了 46.5%，比 CK 降低了 30.2%。HR356 和 HR563 后期仍然保持较高的光合速率，说明后期水分缺乏对这两个品种光合速率影响不大，其抗旱性较强，抗衰老能力强。在 DT 下，分蘖期和乳熟期光合速率之间差异不明显。在孕穗期，HR6 明显高于其他品种，达到 17.9 $CO_2\mu mol/$（$m^2 \cdot s$），比 CK 多 20.9%，HR95 高于 CK3.2%，另 3 个品种明显低于 CK。成熟期 HR6、HR94 和 HR95 分别比 CK 增加 17.2%、10.3%和15%，但差异不明显。

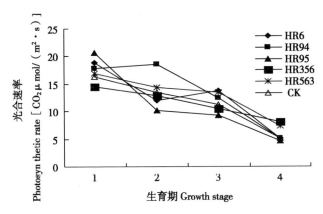

图 4-36 节水 50%灌溉处理不同生育期剑叶光合速率变化

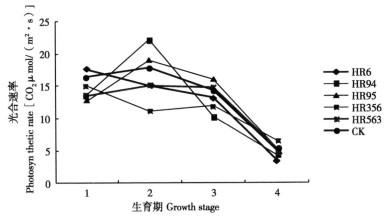

图 4-37 节水 70%灌溉处理不同生育期剑叶光合速率变化

7. 不同灌溉处理对光合特性及生理水分利用率的影响

从表 4-25 可见，HR563 在 TT 下生理水分利用率（PWUE）最高，其他品种都在 FT 下 PWUE 最高，并与其他处理差异显著，说明水分过多或过少都不利于提高 PWUE。HR356 在 FT 下的 PWUE 比 CK 下的 PWUE 提高了 52.5%。PWUE 增加，相应的光合速率、蒸腾速率、细胞间隙 CO_2 浓度都变大，说明整个植株处于生理活动旺盛的状态。在 CT 下，各品种蒸腾速率、气孔导度和细胞间隙 CO_2 浓度都处于较低水平，PWUE 相应也较低。随着灌水量的减少，根系处于缺水状态，光合参数增加，PWUE 也增

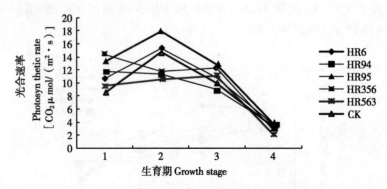

图 4-38 旱管处理不同生育期剑叶光合速率变化

加。但处于干旱胁迫下，光合速率降低，蒸腾速率仍然增加，PWUE 于是变小。

表 4-25 不同处理下光合特性及生理水分利用率

品种	处理	光合速率 [μmol/(m²·s)]	蒸腾速率 [mmol/(m²·s)]	气孔导度 [mol/(m²·s)]	细胞间隙 CO_2 浓度 (μmol/mol)	生理水分利用率 (μmol/mmol)
HR6	CT	14.1±0.26	4.87±0.81	0.077±0.011	170±6.33	2.90±0.04b
	TT	12.8±0.17	5.44±0.57	0.085±0.006	185±3.25	2.35±0.05b
	FT	19.6±1.22	4.67±0.48	0.074±0.019	216±8.55	4.20±0.31a
	ST	15.3±0.31	4.39±0.75	0.122±0.016	196±7.41	3.49±0.12c
	DT	16.4±0.43	5.16±0.72	0.104±0.018	206±10.25	3.18±025bc
HR94	CT	12.3±0.58	3.15±0.68	0.082±0.012	161±11.57	3.90±0.13
	TT	13.6±0.74	3.94±0.52	0.115±0.026	172±16.35	3.45±0.18
	FT	18.5±0.46	4.26±0.60	0.095±0.003	201±9.61	4.34±0.15
	ST	20.3±0.61	5.16±0.39	0.064±0.004	183±12.62	3.93±0.26
	DT	17.2±1.05	4.57±0.69	0.108±0.037	177±13.48	3.76±0.24
HR95	CT	16.2±0.66	4.41±0.75	0.087±0.028	150±22.36	3.67±0.30b
	TT	14.6±0.37	3.86±0.50	0.091±0.019	175±11.19	3.78±0.11b
	FT	18.2±1.58	4.05±0.81	0.112±0.042	190±30.25	4.49±0.28a
	ST	17.6±0.45	4.82±0.54	0.126±0.018	224±15.08	3.65±0.16b
	DT	11.3±2.06	3.51±0.28	0.134±0.035	209±15.31	3.22±0.63b
HR356	CT	15.2±0.19	4.12±0.75	0.092±0.015	195±9.36	3.69±0.35b
	TT	12.7±1.12	2.94±0.53	0.105±0.021	216±14.88	4.32±0.28b
	FT	19.9±0.57	3.16±0.71	0.096±0.003	210±6.32	6.30±0.54a
	ST	11.1±1.26	5.18±0.42	0.118±0.022	187±24.33	4.00±0.42b
	DT	14.3±0.17	5.37±0.60	0.109±0.016	220±20.48	3.68±0.21b

（续表）

品种	处理	光合速率 ［μmol/ （m²·s）］	蒸腾速率 ［mmol/ （m²·s）］	气孔导度 ［mol/ （m²·s）］	细胞间隙 CO_2浓度 （μmol/mol）	生理水分利 用率（μmol/ mmol）
HR563	CT	16.3±0.52	4.27±0.32	0.078±0.005	180±10.12	3.82±0.18b
	TT	17.1±0.29	3.28±0.54	0.084±0.013	192±5.26	5.21±0.34a
	FT	24.6±0.84	5.67±0.39	0.113±0.03	226±14.22	4.34±0.51b
	ST	15.1±1.23	4.18±0.71	0.096±0.011	208±16.33	3.61±0.22b
	DT	11.8±0.92	3.44±0.62	0.089±0.004	215±17.20	3.43±0.17b
CK	CT	14.8±0.37	3.51±0.24	0.058±0.003	192±19.24	4.22±0.12a
	TT	13.5±0.49	3.84±0.15	0.064+0.005	187+21.33	3.52+0.33b
	FT	19.3±1.34	4.67±0.48	0.076±0.012	214±15.62	4.13±0.46a
	ST	14.2±1.27	3.73±0.21	0.060±0.002	218±13.65	3.81±0.61a
	DT	10.1±0.18	3.19±0.17	0.063±0.014	196±23.48	3.17±0.08b

注：生理水分利用率=净光合速率/蒸腾速率（Condon 等，2002）

8. 不同灌溉处理对不同生育时期生化指标的影响

（1）对丙二醛（MDA）含量的影响。图 4-39 至图 4-46 可见，在不同生育期不同水胁迫处理下，根系 MDA 含量都明显低于叶片的含量。分蘖期叶片 MDA 含量结果发现（图 4-39），各品种在不同处理下，叶片 MDA 含量之间差异并不明显。HR6、HR95 和 HR356 在 ST 下，MDA 含量比其他品种高，分别比 CK 增加了 36.5%、97.6% 和 70.7%。在 DT 下，HR6 和 HR94 的 MDA 含量分别比 CK 增加了 32.4% 和 14.1%。

从图 4-40 可见，分蘖期 HR6 和 HR94 的根系 MDA 含量在 ST 下最高，说明根系 MDA 含量受土壤含水量影响显著，在含水量较低情况下，MDA 含量升高幅度较大。

在孕穗期（图 4-41），HR6、HR94、HR95、HR356、CK 叶片 MDA 含量都在 ST 下达到最高值。HR563 则是在 TT 下达到最高值，比在 ST 下增加 62.5%，差异明显。而根系 MDA 含量（图 4-42），各品种在 CT 下含量较高，在 TT 和 FT 下较低，ST 和 DT 下含量又升高。

从图 4-43 可见，乳熟期叶片 MDA 含量比分蘖期和孕穗期含量大幅度增加，表明在乳熟期各品种的抗旱性得到增强。HR95 在 FT 下明显高于其他品种，比 CK 增加 1.2 倍。HR94 在各处理下，MDA 含量都表现较高，在 DT 下达到最大值，结果表明 HR94 在乳熟期抗旱性较强，明显高于其他品种。根系 MDA 含量（图 4-43），各品种在不同处理下都高于 CK。HR6 在 DT 下达到最大值，比 CK 增加 60.9%。HR563 在 TT 下最高，比 CK 增加 79.6%。

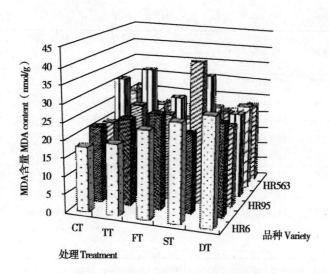

图 4-39 分蘖期不同处理下叶片 MDA 含量

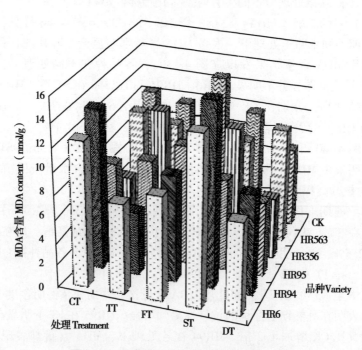

图 4-40 分蘖期不同处理下根系 MDA 含量

成熟期叶片 MDA 含量又比乳熟期有所增加（图 4-45）。结果表明 MDA 在衰老期受干旱胁迫影响较大，为了增强抗旱性，植株体内发生适

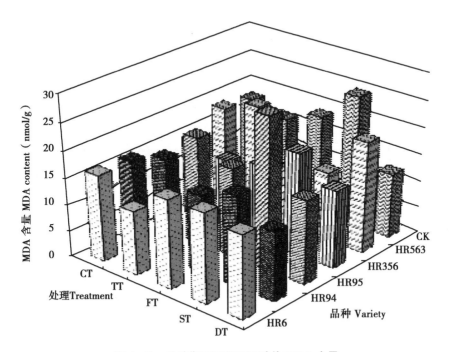

图4-41　孕穗期不同处理下叶片 MDA 含量

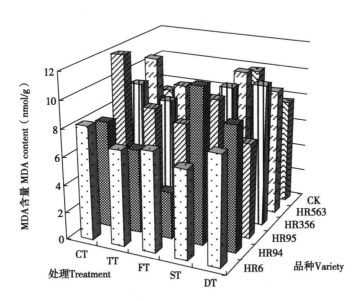

图4-42　孕穗期不同处理下根系 MDA 含量

应环境变化的生化反应，从而产生更多的 MDA。HR94 的 MDA 含量在不

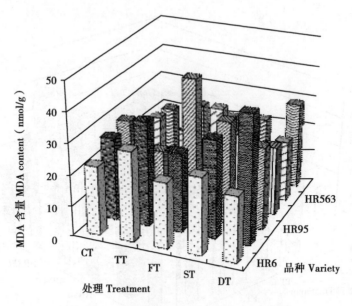

图 4-43　乳熟期不同处理下叶片 MDA 含量

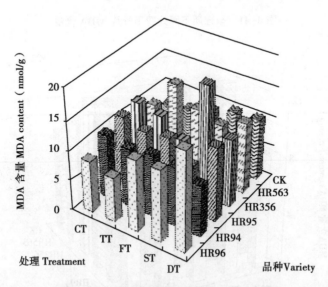

图 4-44　乳熟期不同处理根系 MDA 含量

同处理下都达到较高含量，说明该品种植株体内抗衰老反应比较快。成熟期根系 MDA 含量（图 4-46）也比其他生育期含量高得多，与乳熟期相比，成熟期根系 MDA 含量增加幅度明显高于叶片增加幅度，表明在旱胁

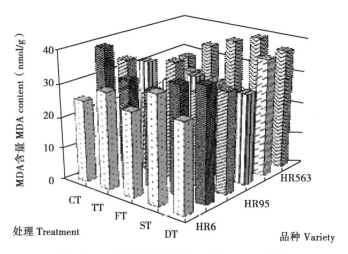

图 4-45　成熟期不同处理下叶片 MDA 含量

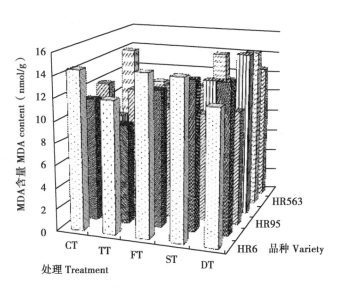

图 4-46　成熟期不同处理下根系 MDA 含量

迫下，根系衰老速度要快于叶片。

（2）对超氧化物歧化酶（SOD）活性的影响。从图 4-47 至图 4-54 可见，叶片 SOD 活性在分蘖期、乳熟期和成熟期不同处理下，其差异不明显。在孕穗期（图 4-50），ST 和 DT 下品种间差异明显，在 ST 下，HR563 的 SOD 活性最高，比 HR365 高 9.5%，但与 CK 相比差异不明显。在 DT 下，HR365 的 SOD 活性为最高，比最低值的 HR6 增加了 16.4%，比 CK 增加了 4.6%。

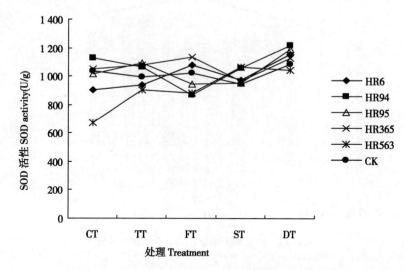

图 4-47　分蘖期不同处理下不同品种叶片 SOD 活性

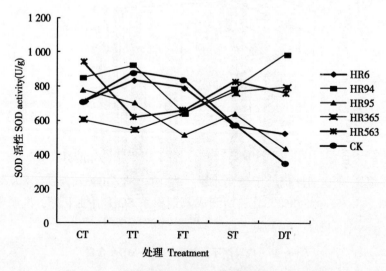

图 4-48　分蘖期不同处理下不同品种根系 SOD 活性

　　各品种在不同处理下，根系 SOD 活性在不同生育期差异明显。从分蘖期到孕穗期，根系 SOD 活性不断增加，但在乳熟期却下降，到成熟期，SOD 活性又上升。说明在孕穗期根系对水分亏缺比较敏感。在分蘖期，HR94 根系的 SOD 活性在各处理下都明显高于其他品种，而 HR95 活性却较低。说明在干旱胁迫下，HR94 抗旱能力明显优于其他品种。在孕穗期，

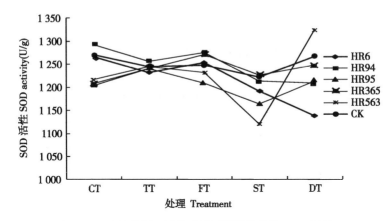

图 4-49 孕穗期不同处理下不同品种叶片 SOD 活性

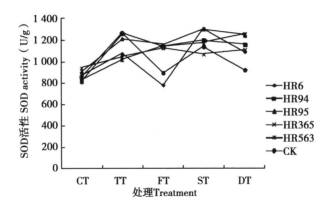

图 4-50 孕穗期不同处理下不同品种根系 SOD 活性

HR94 根系 SOD 活性仍处于较高水平，在 FT、ST、DT 下分别比 CK 增加 27.2%、5.3%、25.8%。乳熟期到成熟期根系 SOD 活性下降，说明根系活力逐渐减弱，在干旱胁迫下抗氧化能力也逐渐变弱。

（3）对脯氨酸（Pro）含量的影响。从表 4-26 可见，不同品种叶片 Pro 含量都明显高于根系含量，表明在干旱胁迫下，叶片产生的应激抗旱能力要高于根系。在 CT 下，HR95、HR356、HR563 的叶片 Pro 含量在分蘖期、孕穗期和乳熟期都明显高于其他品种。成熟期，HR95、HR356 下降幅度较大，但 HR563 仍保持较高水平。

在 CT 下，各品种根系 Pro 在分蘖期处于较高水平，然后逐渐下降，在乳熟期最低，成熟期又有所上升。在 TT 下，各品种根系 Pro 含量达到最高，CK 又明显高于其他品种。在 TT 下各品种叶片 Pro 含量在成熟期达

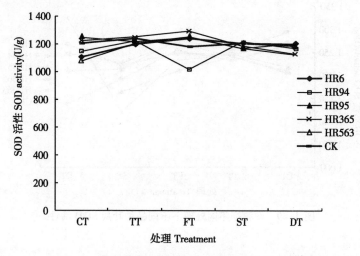

图4-51 乳熟期不同处理下不同品种叶片SOD活性

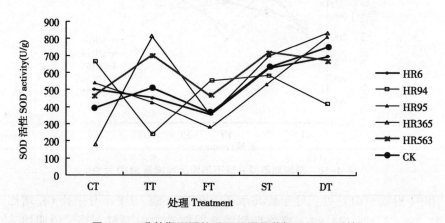

图4-52 乳熟期不同处理下不同品种根系SOD活性

到最低，比在CT下成熟期分别降低了42.3%、60.9%、57.7%、38.6%、67.2%、43.7%。在FT下，HR356叶片一直保持着稳定且较高的Pro含量。

在ST下HR94和HR356保持较高的含量。在DT下，各品种在不同生育时期叶片Pro含量变化较大，而根系Pro含量相对处于较低水平，但变化差异不明显。说明随着灌水量的减少，叶片产生Pro能力也相应地发生变化以适应干旱环境，但根系对缺水反应不敏感。

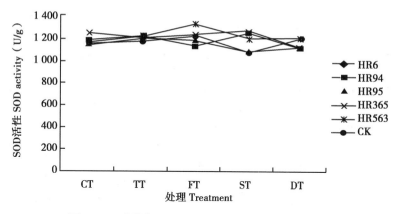

图 4-53　成熟期不同处理不同品种叶片 SOD 活性

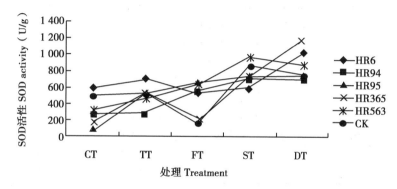

图 4-54　成熟期不同处理不同品种根系 SOD 活性

表 4-26　不同处理下不同生育期叶片和根系 Pro 含量　（μg/g）

处理	品种	分蘖期		孕穗期		乳熟期		成熟期	
		叶片 Leaf	根系 Root	叶片 Leaf	根系 Root	叶片 Leaf	根系 Root	叶片 Leaf	根系 Root
CT	HR6	22.4	12.16	31.16	25.21	58.00	1.86	18.65	4.08
	HR94	14.87	4.30	5.74	23.7	31.25	5.72	21.48	4.71
	HR95	38.84	21.29	30.61	8.25	37.73	2.32	12.08	6.92
	HR356	38.61	7.50	38.56	4.26	49.96	2.07	15.64	3.03
	HR563	47.17	13.30	44.13	6.58	21.21	6.36	21.2	6.31
	CK	30.5	27.13	41.38	16.44	23.86	1.33	11.88	2.34
TT	HR6	38.61	14.53	86.67	8.55	69.33	2.07	10.77	8.5
	HR94	29.71	11.97	34.08	3.31	42.39	8.82	8.4	3.48
	HR95	27.19	21.88	15.3	2.39	7.24	6.91	5.12	3.12
	HR356	32.56	14.58	9.89	3.77	24.31	1.65	9.61	3.97
	HR563	18.41	15.99	10.62	4.94	7.97	4.99	6.96	1.84
	CK	35.87	20.88	28.15	0.41	19.66	2.65	6.69	2.39

（续表）

处理	品种	分蘖期		孕穗期		乳熟期		成熟期	
		叶片 Leaf	根系 Root	叶片 Leaf	根系 Root	叶片 Leaf	根系 Root	叶片 Leaf	根系 Root
FT	HR6	47.5	1.2	29.06	15.65	35.54	2.98	24.4	1.71
	HR94	31.19	4.08	5.01	6.84	43.03	4.85	23.49	3.74
	HR95	10.99	2.8	28.67	3.68	30.61	3.98	8.97	6.81
	HR356	20.92	2.39	49.24	4.59	33.17	2.3	16.64	5.99
	HR563	14.3	7.45	20.78	6.35	42.94	2.61	5.23	2.47
	CK	60.41	4.71	19.11	25.59	30.61	2.52	11.07	2.02
ST	HR6	16.24	7.96	77.32	4.25	26.78	12.66	9.06	1.65
	HR94	23.77	5.81	38.92	4.77	24.68	3.44	10.07	3.3
	HR95	46.26	13.66	41.48	2.48	30.98	11.12	5.05	1.2
	HR356	40.09	11.15	14.54	8.08	28.24	10.03	10.43	1.84
	HR563	28.79	5.03	45.77	12.38	44.13	4.75	2.94	4.9
	CK	25.03	10.01	22.94	5.85	14.36	4.58	22.67	1.24
DT	HR6	25.94	6.22	63.3	12.8	39.65	7.82	6.96	3.24
	HR94	27.08	4.08	46.68	15.79	39.74	17.22	7.79	1.93
	HR95	33.48	2.89	52.00	12.94	14.18	7.27	3.58	6.36
	HR356	22.06	1.88	29.24	7.06	38.37	7.91	2.76	4.21
	HR563	24.57	1.24	71.62	5.56	24.31	6.22	3.31	5.17
	CK	15.21	7.23	30.25	3.4	29.79	15.31	4.59	2.7

（4）对过氧化氢酶（CAT）活性的影响。从表4-27结果分析看，不同品种在同一灌溉处理下叶片的CAT活性之间差异比较明显，而根系的CAT差异相对较小。在CT下，HR6的叶片和根系的CAT活性在分蘖期和成熟期明显高于孕穗期和乳熟期。HR94、HR95和HR356在成熟期的CAT活性都明显增加，但HR563则逐渐减少。在TT下，HR95在不同生育期叶片都保持较高的CAT活性，分蘖期比CK增加1.1倍，孕穗期比CK增加了11.9%，乳熟期比CK增加了12.2%，成熟期比CK增加了2倍。乳熟期各品种的叶片和根系都保持较高的CAT活性，在成熟期根系活性达到最高。FT下，各品种叶片和根系的CAT活性与CT和TT相比，只是成熟期叶片和根系CAT活性明显增加，HR6、HR94和HR563叶片的CAT活性分别比在TT下提高了15.2%、43.3%和61.2%。在ST下，根系的CAT活性分别提高了39.6%、29.7%和10.5%。说明节水50%干旱胁迫下，成熟期CAT活性发生较大变化，而生育前期和中期CAT活性受干旱影响并不敏感。在ST下，叶片的CAT活性明显减弱，而根系仍保持较

高活性。在 DT 下，叶片的 CAT 活性仍保持高位活性，但根系的 CAT 活性则随着生育期延长，明显变弱。在 DT 下，HR6 和 HR94 在前期根系的 CAT 活性较高，而 HR95 和 HR356 在后期则保持较高活性。

表 4-27　不同处理下不同生育期叶片和根系 CAT 活性　　(U/g)

处理	品种	分蘖期		孕穗期		乳熟期		成熟期	
		叶片	根系	叶片	根系	叶片	根系	叶片	根系
CT	HR6	280.47	40.63	86.25	11.25	174.21	14.63	278.75	39.58
	HR94	103.13	46.25	197.5	18.44	257.5	4.38	291.63	29.17
	HR95	86.72	34.06	156.3	23.44	217.34	10.02	229.38	29.17
	HR356	125.00	27.81	131.9	25.31	178.75	36.23	141.25	52.08
	HR563	300.78	31.56	244.4	46.25	157.3	41.25	172.50	90.42
	CK	65.63	42.81	197.5	25.94	304.38	17.50	271.25	32.92
TT	HR6	209.38	17.81	68.13	33.44	188.13	58.44	151.88	44.17
	HR94	152.34	53.75	157.50	8.13	240.12	34.06	158.75	42.08
	HR95	338.28	35.63	182.50	12.19	258.75	25.94	377.5	41.25
	HR356	131.25	33.75	125.00	6.25	174.38	47.81	218.75	27.50
	HR563	163.28	24.38	149.40	28.13	253.75	53.13	201.25	50.17
	CK	160.94	35.31	163.10	25.00	230.63	27.81	125.63	37.08
FT	HR6	86.25	30.94	164.40	8.12	146.25	30.31	175.00	61.67
	HR94	75.78	50.00	163.10	42.50	253.25	45.94	227.50	54.58
	HR95	226.25	13.13	241.90	21.25	224.38	49.06	230.00	55.00
	HR356	296.88	39.38	49.38	19.69	188.13	49.38	221.25	66.67
	HR563	235.16	34.06	188.10	80.31	124.35	58.13	324.38	55.42
	CK	199.22	41.56	248.80	20.31	217.5	27.81	159.38	45.00
ST	HR6	94.53	42.81	148.80	51.56	200.04	31.44	135.00	35.83
	HR94	162.50	24.38	188.10	18.14	178.15	40.00	173.75	35.83
	HR95	182.03	44.38	176.90	53.13	248.72	27.81	177.50	77.50
	HR356	221.09	43.44	206.90	70.00	176.88	41.56	82.50	68.33
	HR563	207.81	24.69	96.87	94.06	244.38	86.22	149.38	50.42
	CK	175.78	35.94	261.90	48.75	477.5	40.94	75.00	73.33
DT	HR6	324.22	26.56	82.50	20.94	188.13	30.31	221.25	18.33
	HR94	303.13	33.44	199.40	23.44	122.50	22.50	123.75	14.58
	HR95	29.38	20.94	199.40	14.26	175.63	26.25	248.75	26.25
	HR356	179.38	25.31	170.60	10.63	162.50	40.10	306.25	26.25
	HR563	65.63	35.00	225.20	28.20	211.08	17.50	205.63	21.67
	CK	117.97	39.69	188.10	15.00	245.03	24.38	361.25	12.92

（5）对过氧化物酶（POD）活性的影响。从表4-28可见，分蘖期在CT和TT处理下，叶片和根系之间的POD活性差异不明显。HR6在CT和DT下根系的POD活性明显高于叶片。总的趋势看，随着灌水量减少，分蘖期和成熟期POD活性逐渐增加，孕穗期和乳熟期则递减。在DT下，各品种在孕穗期和乳熟期叶片的POD活性明显低于分蘖期和成熟期的活性，而根系的POD活性则变化不大。DT下，HR94和HR563的POD活性保持较低水平。

表4-28　不同处理下不同生育期叶片和根系的POD活性

处理	品种	分蘖期		孕穗期		乳熟期		成熟期	
		叶片	根系	叶片	根系	叶片	根系	叶片	根系
CT	HR6	96.75	126.15	97.93	57.52	113.92	104.85	80.25	134.95
	HR94	83.67	86.05	114.70	89.97	105.00	50.65	95.75	94.30
	HR95	94.75	49.35	135.00	41.45	89.25	69.35	93.75	41.20
	HR356	176.25	86.05	72.80	65.30	160.08	72.80	79.25	68.85
	HR563	117.42	115.05	92.70	71.83	116.50	42.70	108.42	43.00
	CK	152.00	81.00	87.25	75.00	145.42	63.80	119.33	96.05
TT	HR6	100.42	107.3	84.95	76.90	154.50	50.20	108.42	107.75
	HR94	118.36	82.60	119.90	96.05	116.50	81.00	147.5	94.30
	HR95	129.10	74.15	97.95	76.40	116.50	54.85	84.83	94.30
	HR356	96.08	95.60	56.55	45.70	86.33	49.35	108.42	150.00
	HR563	104.83	67.95	61.45	51.80	86.75	56.10	153.5	73.40
	CK	113.50	91.25	84.95	87.25	174.75	76.15	250	87.25
FT	HR6	132.08	100.00	59.70	59.95	125.75	115.05	174.75	150.00
	HR94	120.33	83.90	94.30	84.10	138.17	126.15	143.42	126.15
	HR95	99.50	47.95	92.70	76.70	163.25	179.93	113.08	63.00
	HR356	130.75	81.00	104.90	111.10	120.33	69.20	94.25	104.85
	HR563	96.25	74.05	80.10	134.95	107.67	119.9	118.33	119.92
	CK	89.67	89.80	61.85	75.00	121.33	107.75	191.75	150.00
ST	HR6	138.08	78.15	54.73	102.33	89.25	97.62	97.83	152.34
	HR94	121.58	97.85	27.55	84.10	199.83	119.90	105.67	96.05
	HR95	89.00	101.8	135.00	96.35	185.17	102.30	174.75	86.05
	HR356	127.17	106.9	43.00	95.41	76.17	134.95	129.42	61.85
	HR563	112.83	93.1	52.55	75.00	116.50	134.95	122.42	134.95
	CK	102.08	96.7	67.85	43.63	101.83	92.70	210.25	102.30
DT	HR6	103.08	74.75	91.20	126.15	102.42	131.25	199.83	150.00
	HR94	88.00	115.05	89.97	77.65	74.33	102.30	179.58	97.95
	HR95	123.42	94.30	71.4	96.05	104.33	83.90	170.50	81.00
	HR356	128.17	81.90	104.9	87.25	98.92	67.35	174.75	200.00
	HR563	86.00	89.80	104.9	90.30	93.25	100.00	147.5	179.93
	CK	87.58	70.45	76.15	84.95	135.00	112.36	125.75	115.05

（6）对可溶性糖（SS）含量的影响。从表 4-29 可见，叶片的 SS 含量总的趋势是分蘖期较高，孕穗期下降，到乳熟期又迅速上升，成熟期又下降。根系的 SS 含量分蘖期最高，明显高于其他各生育期。可溶性糖含量越高，耐旱性越强，上述结果说明各品种在分蘖期耐旱性最强。CT 下，分蘖期 HR94 根系的 SS 含量最高，比 CK 增加 59.3%。TT 下，HR563 根系的 SS 含量最高，但与 CK 差异不明显。FT 下，HR6 和 HR356 根系的 SS 含量明显比 CK 低，说明该处理下其耐旱性不如 CK。在 ST、DT 下，HR6 根系的 SS 含量又升为最高，分别比 CK 增加 26.8% 和 15.6%，表明 HR6 在极度水胁迫下，根系具有很强的适应性，能充分利用水分变化调节植株生理功能，大量合成 SS。

表 4-29 不同处理下不同生育期叶片和根系可溶性糖含量

处理	品种	分蘖期		孕穗期		乳熟期		成熟期	
		叶片	根系	叶片	根系	叶片	根系	叶片	根系
CT	HR6	3.6	1.69	3.65	0.29	5.56	0.30	7.60	0.29
	HR94	6.32	4.03	2.15	0.20	5.10	0.18	4.89	0.39
	HR95	7.18	2.87	2.38	0.24	5.83	0.34	3.28	0.28
	HR356	6.58	2.13	2.82	0.18	4.46	0.32	5.72	0.39
	HR563	4.81	2.33	3.15	0.30	5.44	0.4	9.57	0.33
	CK	4.10	2.53	3.08	0.41	3.86	0.29	6.45	0.40
TT	HR6	4.09	1.69	2.86	0.31	3.87	0.17	6.07	0.28
	HR94	6.58	2.48	3.76	0.19	4.75	0.29	3.6	0.15
	HR95	6.00	2.38	4.03	0.22	4.58	0.24	4.69	0.32
	HR356	4.74	1.94	3.97	0.16	6.18	0.33	6.34	0.33
	HR563	5.84	3.04	3.33	0.13	4.7	0.26	8.57	0.45
	CK	4.86	2.99	3.1	0.14	3.79	0.29	6.9	0.32
FT	HR6	6.23	1.8	2.96	0.31	6.14	0.35	9.89	0.47
	HR94	6.93	2.87	2.83	0.29	4.59	0.21	5.45	0.37
	HR95	6.97	2.88	3.03	0.16	9.11	0.24	3.15	0.31
	HR356	6.48	1.72	2.87	0.23	4.96	0.18	5.18	0.47
	HR563	5.64	2.12	3.8	0.24	4.45	0.3	6.93	0.51
	CK	6.84	2.93	3.53	0.22	3.65	0.29	7.5	0.6
ST	HR6	4.81	2.93	3.37	0.10	7.09	0.41	8.10	0.63
	HR94	5.72	2.54	3.3	0.13	5.45	0.23	5.13	0.41
	HR95	4.55	1.99	4.76	0.45	4.25	0.43	7.32	0.31
	HR356	5.89	2.05	2.96	0.13	5.25	0.46	9.65	0.46
	HR563	4.86	2.15	3.85	0.17	5.69	0.34	5.66	0.51
	CK	4.53	2.31	2.57	0.22	3.6	0.41	8.34	0.57

（续表）

处理	品种	分蘖期		孕穗期		乳熟期		成熟期	
		叶片	根系	叶片	根系	叶片	根系	叶片	根系
DT	HR6	6.32	3.04	3.17	0.39	4.91	0.63	6.78	0.79
	HR94	8.19	2.88	3.93	0.79	6.2	0.27	4.12	0.69
	HR95	6.66	2.64	4.38	0.46	3.68	0.42	7.84	0.71
	HR356	6.73	2.57	2.79	0.27	5.05	0.38	8.89	0.52
	HR563	6.12	2.31	3.38	0.30	5.03	0.37	3.53	0.34
	CK	5.21	2.63	3.30	0.33	6.82	0.73	3.01	0.89

参考文献

陈承慈，等.1990.抗旱力不同的陆稻品种叶水势的差异［J］.北京农业大学学报，16（1）：45-48.

陈丹红.1993.旱稻品种的抗旱性鉴定初报［J］.福建稻麦科技，11（3）：41-43.

陈风梅，等.2001.杂交稻抗旱性状的筛选研究［J］.杂交水稻，16（4）：51-54.

陈军，等.1993.不同玉米杂交种孕穗、开花和灌浆期抗旱性研究［J］.沈阳农业大学学报，24（1）：1-5.

陈明亮.2001.水分状况及环境条件对水稻蒸腾的影响［J］.应用生态学报，12（1）：63-67.

陈培元，等.1982.不同水分张力和亚适温条件下冬小麦种子萌发特性和抗旱性的关系［J］.植物生理学报，6（4）：117.

陈善福，舒庆尧.1999.植物耐干旱胁迫的生物学机理及其基因工程研究进展［J］.植物学通报，16（5）：555-560.

陈温福，徐正进.1995.水稻超高产育种生理基础［M］.沈阳：辽宁科学技术出版社.

程保成.1990.作物抗旱鉴定及抗旱品种选育［J］.山西农业科学，1：30-36.

程建峰，等.2002.陆稻主要性状的产量效应及其育种应用［J］.江西农业大学学报（自然科学版），24（4）：460-463.

崔国贤，等.2001.水稻旱作及对旱作环境的适应性研究进展［J］.作物研究，3：70-76.

高吉寅.1984.水稻等品种苗期抗旱生理指标的探讨［J］.中国农业科学，17（4）：41-45.

高勇.1991.水稻抗旱性鉴定指标探讨［J］.辽宁农业科学，1：16-20.

高之仁.1986.数量遗传学［J］.四川大学出版社.

葛圣伦，等.2000.水稻高产抗旱的水分生理研究［J］.安徽农学通报，6（4）：34.

龚明.1989.作物抗旱性鉴定方法与指标及其综合评价［J］.云南农业大学学报，4（1）：73-81.

顾慰连，等.1990.玉米不同品种各生育时期对干旱的生理反应［J］.沈阳农业大学学报，21（3）：186-190.

关义新，等.1996.土壤干旱下玉米叶片游离脯氨酸的累积及其与抗旱性的关系［J］.玉米科学，4（1）：43-58.

郝建军，刘延吉.2001.植物生理学实验技术［J］.沈阳：辽宁科学技术出版社.

胡荣海.1986.农作物抗旱鉴定方法和指标［J］.作物品种资源（4）：36-39.

胡松平，周清明.2001.陆稻抗旱性研究进展［J］.湖南农业大学学报，27（3）：240-244.

蒋荷，等.1991.水稻品种资源抗旱性鉴定.江苏农业科学，1：10-12.

蒋明义.1992a.研究水稻种子萌发特性和抗旱性关系的高渗溶液法［J］.植物生理学通讯，28（6）：441-444.

蒋明义，等.1992b.水稻湘1和陆稻763612的抗旱性研究［J］.八一农学院学报，15（1）：16-20.

蒋彭炎.1993.水稻三高一稳栽培法论［M］.北京：中国农业出版社.

金千瑜，欧阳由男.1991.我国发展节水型稻作的若干问题探讨［J］.中国稻米，1：9-12.

金忠男.1991.稻的抗旱性机理与鉴定［J］.杂交水稻，4：45-48.

康绍忠.1998.新的农业科技革命与21世纪我国节水农业的发展［J］.干旱地区农业研究，16（1）：11-17.

莱斯特·布朗.1998.中国的水资源将震撼世界的食物安全［J］.中国农业资源与区划（2）：5-10.

李德全，等.1990.测定植物组织水势的压力室法［J］.山东农业科学，3：46-48.

李明生.1987.粳稻品种抗旱性及其评价方法的研究［D］.沈阳农业

大学.

李秧秧, 等.1993.快速干旱下钾对玉米叶片光合作用的影响 [J].西北农业学报, 2 (3)：48-52.

李自超, 等.2001.PEG胁迫下水、陆稻幼苗生长势比较研究 [J].中国农业大学学报, 6 (3)：16-20.

李冠, 等.1990.陆稻抗旱性与某些生理生化特性的关系 [J].新疆大学学报, 7 (1)：65-67.

凌祖铭, 等.2002a.水陆稻根性状的研究 [J].中国农业大学学报, 7 (3)：7-11.

凌祖铭, 等.2002b.水旱栽培条件下水、陆稻品种产量和生理性状比较 [J].中国农业大学学报, 7 (3)：13-18.

刘桂富, 等.1998.水稻产量、株高及其相关性状的 QTLs 定位 [J].华南农业大学学报, 19 (3)：5-9.

吕凤山, 侯建华.1994.陆稻抗旱性主要指标研究 [J].华北农学报, 9 (4)：7-12.

罗利军, 张启发.2001.栽培稻抗旱研究的现状与策略 [J].中国水稻科学, 15 (3)：209-214.

孟宪梅, 等.2003.水稻若干生理指标与品种抗旱性关系的研究 [J].安徽农业大学学报, 30 (1)：15-22.

莫惠栋.1996.数量遗传学的新发展 [J].中国农业科学, 29 (2)：8-16.

倪郁, 李唯.2001.作物抗旱机制及其指标的研究进展与现状 [J].甘肃农业大学学报, 36 (1)：14-22.

潘家驹.1992.作物育种学总论 [M].北京：中国农业出版社.

潘晓云.1997.不同药剂浸种对巴西陆稻种子萌发及幼苗抗旱性的效应 [J].江西农业大学学报, 19 (1)：5-10.

彭世彰, 等.1998.水稻节水灌溉技术 [M].北京：中国水利水电出版社.

彭永康.1989.陆稻和水稻苗期根系的比较研究 [J].植物学通报, 69 (1)：33-36.

山仑.1981.植物水分亏缺和半干旱地区农业生产中的植物水分问题 [J].植物生理生化研究进展, 3：114-119.

史延丽, 等.2005.水、陆稻品种在旱作时主要农艺性状与其抗旱性 [J].宁夏农林科技, 3：22-24.

舒薇，等.1992.谷子品种对干旱生理适应性的研究［J］.北京农业大学学报，18（增刊），156-160.

唐启义，冯明光.1998.DPS 数据处理系统［M］.北京：中国农业出版社.

汤章成.1983.植物对水分胁迫的反应和适应性［J］.植物生理学通讯，3：24-29.

王邦锡，等.1989.不同植物在水分胁迫条件下脯氨酸累积与抗旱性的关系［J］.植物生理学报，15（1）46-51.

王贺，等.2005.水稻抗旱性研究现状与展望［J］.中国农学通报，21（1）：110-113.

王洪春，等.1990.干旱诱导蛋白的研究进展［J］.华北农学报，5：8-12.

王秀珍.1991.水陆稻苗期淀粉酶活性与抗旱性的关系［J］.北京农业大学学报，17（2）：37-41.

王一凡，周毓珩.2000.北方节水稻作［M］.沈阳：辽宁科学技术出版社.

王永锐.1995.水稻生理育种［M］.北京：科学技术出版社.

王忠华，等.2002.作物抗旱的作用机制及其基因工程改良研究进展［J］.生物技术通报，1：16-19.

吴竞仑，等.1992.陆稻种质资源抗旱特性研究［J］.江苏农业学报，8（1）：13-18.

杨孔平，等.1991.水、陆稻在水田、旱地栽培的生态适应性研究-Ⅰ稻株生育、形态与组织结构的生态适应性研究［J］.北京农业大学学报，17（2）：19-29.

杨贵羽，等.2004.苗期土壤含水率变化对冬小麦根、冠生物量累积动态的影响［J］.农业工程学报，20（2）：83-86.

杨建昌，等.1995.水稻品种的抗旱性及其生理特性的研究［J］.中国农业科学，25（5）：65-72.

杨建设，许育彬.1997.论冬小麦抗旱丰产的根区调控问题［J］.干旱地区农业研究，15（1）：50-57.

俞世蓉，魏燮中.1981.长江下游地区几个小麦品种产量组成因素的相关和通径分析［J］.南京农学院学报，3：1-7.

张殿忠.1990.干物质积累和脯氨酸积累的水势阈值与小麦抗旱性的关系［J］.干旱地区农业研究，2：66-71.

朱德峰，严学强.1997.国外水稻直播栽培发展概况［J］.耕作与栽培，1：10-13.

周广春，等.1993.水陆稻种子萌发期抗旱性的比较及其鉴定方法的研究［J］.农业与技术，2：17-20.

章基嘉，周曙光.1990.我国的主要气候灾害及其对农业生产的影响［J］.南京气象学院学报，13（3）：259-264.

昝林森，等.1991.干旱及对策［J］.世界农业，7：42-44.

张燕之，等.1991.水、陆稻品种在旱作条件下主要农艺性状的遗传相关分析［J］.辽宁农业科学，1：12.

张燕之.1994.水稻抗旱性鉴定方法与指标探讨［J］.辽宁农业科学，5：46-50.

张燕之，等.1996a.水稻抗旱性鉴定方法与指标研究Ⅱ.旱作时稻的主要农艺性状与其抗旱性指标［J］.辽宁农业科学，2：6-8.

张燕之，等.1996b.水稻抗旱性鉴定方法与指标研究Ⅲ.水稻抗旱性指数与抗旱性［J］.辽宁农业科学，3：13-16.

张燕之，等.2002.不同类型稻抗旱性鉴定指标研究［J］.沈阳农业大学学报，33（2）：90-93.

张名恢.1994.国际水稻研究所旱稻生态系研究［J］.世界农业，3：21-24.

郑丕尧.1990.水陆稻在水田、旱地栽培的生态适应性研究Ⅱ.稻株碳、氮代谢的生态适应性观察［J］.中国水稻科学，4（2）：69-74.

周毓珩，等.1986.水稻品种在旱作时主要经济性状变化规律的研究［J］.辽宁农业科学，1：10-13.

周启星.2002.从第二届世界水资源论坛看辽宁的水资源危机及对策［J］.生态学杂志，21（2）：36-39.

张让康，刘本坤.1989.旱稻水稻不同品种类型产量及其性状的相关分析［J］.湖南农学院学报，15（2）：7-11.

郑成本，等.2000."热大99W"序列旱稻新品系农艺特性与抗旱性的研究［J］.热带作物学报，21（4）：52-57.

Asseng S, et al.1998.Root growth and water absorption during water deficit and rewatering in wheat［J］.Plant and Soil，201：265-273.

Brown L R, Halweil B.1998.China's water shortage could shake world food security［J］.World Watch .(7/8)：3-4.

Brown L R, Halwei L B.China's watershortage could shake world food seeurity.World Watch, 1998, 7 (18): 3-4.

Chang T T, et al.1972.Agronomic and growth characteristics of rainfed and lowland rice varieties [J].In: IRRI.Rice Breeding.

CHEN S F, SHU Q H.1999.Biological mechanism of and genetic engineering for drought stress tolerance in plants [J].Chinese Bulletin of Botany, 16 (5): 555-556.

Davenport, et al.1980.Reduction of auxin transport capacity with age and internal water deficits in cotton petioles [J]. Plant Plysiol, 65: 1023-1025.

Dure L.1993.Plant responses to cellular dehydration during environment stress [J].Plant Physiology, (10): 91-103.

Ekanayake J J.1985.Root pulling resistance in rice: Inheritance and association with drought tolerance [J].Euphytica, 34: 905-913.

Hall A E. 1976. Ecological studies [J]. Analysis and synthesis, 19: 76-83.

Lafitte R.2002.Relationship between leaf relative water content during reproductive stage water deficit and grain formation in rice [J].Field Crops Res, 76: 165-174.

Levitt J.1980.Response of plants to environmental stress .water, radiation, salt and other stress [J].New York: Academic Press, 325-358.

Li M, WANG G X.2002.Effect of drought stress on activities of cell defense enzymes and lipid peroxidation in Glycyrrhiza uralensis seedlings [J]. Acta Ecologica Sinica, 22 (4): 503-507.

Matsuo T.1977.Adaptability of Rice Varieties Grown under Controlled Environments [J].Plant Papers.3rd.International Congress of the Society for Advancement of Breeding Research in Asia and Oceania I, (3d): 51-53.

Morgan M J.1984.Osmoregulation and water stress in higher plants [J]. Ann.Rev.Plant Physiol., 35: 299-319.

Robin Clark R.1991.Water: The International Crisis [J].London: Earthscan Publications LTD.3-40.

Sorte N V.1993.Influence of water stress on physiological traits in upland paddy [J].Annuals of Plant Physiology, 7 (2): 200-205.

Sorte N V.1999.Relative water content in leaves of upland paddy cultivars under the influence of water stress [J].Journal of Soils and Crops, 3 (2): 146-148.

Turner N C.1979.Drought resistance and adaptation to water deficits in crop plants [J]. Stress Physiology in Crop Plants, New York: Wiley. 343-372.

Turner N C.1997.Further progress in crop water relations [J].Advances in Agronomy, 58: 293-339.

Wang H Q, Bouman B A M. 2002. Aerobic Rice Research in Northern China [J]. Worshop "Water Wise in Rice Production" Philippines: IRRI.

第五章　水稻盐分胁迫生理研究

　　土壤盐渍化是影响农业生产以及生态环境的一个全球性问题。在我国 $0.67×10^8hm^2$ 耕地中就有10%为盐渍化土壤，约为2 000万 hm^2。水稻是我国种植面积最广的作物之一，水稻作为禾本科植物的模式物种，也是一种对盐中度敏感的作物。我国盐碱化的稻田面积约占水稻栽培总面积的1/5，并且有扩大和蔓延的趋势。盐胁迫已成为中国盐碱稻区水稻稳定生产的主要制约因素。因此，为提高盐碱化稻田的产量，有关水稻抗盐机理的研究正日益受到重视。

　　植物对盐胁迫的反应机制和抗盐机理的探明，是指导通过生物工程方法或其他措施改造植物提高其抗盐能力的前提。水稻的耐盐性属于生理特性，主要受多基因控制，属数量性状，易受环境条件的影响（顾兴友等，2000）。由于光合作用是植物生长发育的基础，它为植物的生长发育提供所需的物质和能量，而盐害又严重限制光合作用和作物产量的提高。因此，植物盐胁迫对光合作用的影响及光合对盐渍的适应机理的研究越来越引起人们关注。

第一节　水稻耐盐性研究进展

一、水稻盐胁迫伤害机理研究

1. 盐胁迫对水稻生长发育的影响

　　到目前为止，盐胁迫对种子萌发的作用机理主要有三种观点：一是盐分限制萌发期水稻种子的生理吸水；二是盐分破坏吸涨过程中种子细胞膜，使其透性增大，溶质外渗；三是种子萌发过程中代谢相关酶活性受到影响，淀粉和蛋白质的水解缓慢，营养供应不足造成萌发困难。

　　盐碱胁迫推迟或抑制水稻分蘖高峰出现，延长抽穗期，降低株高，减少单茎绿叶数和有效分蘖数。盐胁迫下水稻幼苗存活率下降、单株分蘖数和穗粒数减少是造成水稻产量下降的主要原因。在幼穗分化前（3叶期）或在幼穗分化与孕穗期之间（幼穗分化后16d）进行盐胁迫，水稻每穗颖花数减少最为显著；颖花数的减少主要是一次枝梗、二次枝梗和花原基退化造成的。盐碱胁迫抑制水稻幼穗的正常分化和小穗形成，其中对幼穗的影响最大。盐碱胁迫下水稻幼穗长度显著缩短，一次枝梗数、小穗数、着粒密度、谷粒性状（长度、厚度、宽度）、千粒重及小穗重量下降，稻草和谷粒产量降低，稻米品质下降。

高林等以水稻品种中花11为材料进行高盐胁迫处理，发现水稻受到高盐胁迫后根长变短，根毛和不定根的数目也减少，说明高盐胁迫抑制胚根、不定根及根毛的发生和伸长。进一步发现盐处理使中花11根部木质化加快，木质素含量增加，表明盐胁迫影响水稻幼苗根系包括根毛的生长发育，其机制之一可能是盐胁迫改变了水稻幼苗根部木质素含量，从而由木质素变化导致影响根的生长和根毛发育。盐胁迫能够增强POD活性，从而增加细胞壁中木质素的含量，导致细胞壁硬化。表皮细胞的细胞壁硬化会导致根毛起始和伸长受阻，导致减少根毛数量。而根尖分生区和伸长区细胞过早木质化，会阻碍细胞的伸展和分裂，使根生长受阻。试验结果表明，高盐胁迫造成水稻幼苗根系中POD活性增强。POD能够与植物体中SOD、CAT及渗透调节物质等协同作用，清除活性氧自由基，保护细胞膜结构。因此，POD活性可以用来鉴别盐胁迫下水稻的抗性。

徐晨等以2个耐盐水稻品种和2个盐敏感型水稻品种为材料，研究盐胁迫对水稻植株生物量积累、光合特性等生理特性的影响。结果表明，在盐胁迫条件下，耐盐水稻品种和盐敏感型水稻品种地上和根系的干鲜质量均呈下降趋势，其中，以盐敏感型水稻品种的地上部鲜质量与根系干质量的下降最为显著。

2. 盐胁迫下水稻生理反应

（1）膜损伤。质膜在受到盐分胁迫后发生一系列的胁变，它的组分、透性、运输、离子流率等都会受到影响而发生变化，损害膜的正常功能，进而影响细胞的代谢作用，即使得植物代谢过程发生胁变，细胞的生理功能受到不同程度的破坏。膜损伤带来的伤害包括离子毒害、活性氧伤害等。

（2）叶绿体及叶绿素荧光。叶绿体是对盐胁迫最敏感的细胞器之一。类囊体膜含有大量的糖脂和不饱和脂肪酸，与光化学反应密切相关。膜脂的不饱和度增加有利于类囊体膜光合特性的维持。盐胁迫下，细胞中Na^+和Cl^-的积累使得类囊体膜糖脂的含量显著下降。不饱和脂肪酸的含量也下降，而饱和脂肪酸的含量却随之上升，从而破坏了膜的光合特性，必然引起光合能力的下降。

类囊体膜是叶绿体光能吸收、传递和转换的结构基础，植物进行光能吸收、传递和转换的各种色素蛋白复合体都分布于类囊体膜上。叶绿素是类囊体膜上色素蛋白复合体的重要组成。盐胁迫下叶片中的叶绿素含量会下降。叶绿素的减少主要由于叶绿素酶对叶绿素 b 的降解所致，而对叶绿素 a 和类胡萝卜素含量的影响较小。所以，盐胁迫下，植物的叶绿素含量降低，叶绿素 a/叶绿素 b 的比例上升。色素蛋白复合体的损伤，不仅影响能量的吸收，还会影响类囊体膜的垛叠，使叶绿体中的基粒的数量和质量下降。研究表明，盐胁迫可以影响两个光系统之间激发能的分配，对光合电子传递或多或少产生影响，从而影响了植物的光合性能。盐胁迫破坏了叶绿体的结构，使叶绿素的含量下降，引起植株光合能力减弱（扬升等，2010）。朱新广等指出，在盐胁迫下，尤其是高浓度 NaCl 的胁迫下，会大大降低单位面积叶绿素的含量和叶绿体对光能的吸收能力。同时也会降低光合放氧速率及光饱和点，使植物更易受到光抑制。朱新广等提出叶绿素荧光参数可以作为水稻的耐盐性指标。

（3）光合生理指标。徐晨等研究盐胁迫对水稻光合特性等生理特性的影响，结果表明在盐胁迫条件下，水稻叶片的净光合速率（Pn）、气孔导度（Gs）、蒸腾作用（Tr）和表观叶肉导度（AMC）均呈不同程度的下降趋势。其中，耐盐水稻品种 Pn、Gs、Tr 和 Pn/Ci 的下降均低于盐敏感型水稻品种。同时，耐盐品种水分利用效率（WUE）也高于盐敏感型品种。盐胁迫条件下，耐盐水稻品种和盐敏感型水稻品种的胞间二氧化碳浓度（Ci）变化并不明显，气孔限制百分率（Ls）均较低，品种间差异也不显著，而表观叶肉导度显著下降，由此推测盐胁迫条件下 Pn 的下降并非因为气孔的限制，而与 RuBPCase 活性的下降有关。

（4）有机渗透调节物质变化。在盐胁迫环境下，水稻细胞常通过积累一些有机小分子物质来维持较高的细胞质渗透压，以此来保证水稻能够从土壤中继续吸收水分。

①脯氨酸。脯氨酸积累是植物体抵抗渗透胁迫的有效方式之一。脯氨酸的增高能够降低叶片细胞的渗透势，防止细胞脱水；脯氨酸具有很高的水溶性，可以保护细胞膜系统，维持细胞内酶的结构，减少细胞内蛋白质的降解。大量研究表明，许多植物在盐胁迫下脯氨酸迅速积累，耐盐植物中的脯氨酸含量高于不耐盐植物（李辉等，2007）。符秀梅等研究发现，在一定范围内，随着 NaCl 处理浓度的增加，脯氨酸含量直线性上升。但

有些研究结果与此不同，刘娥娥等认为敏感品种比抗性强的品种能积累更多的脯氨酸。因此，在逆境条件下脯氨酸积累的多少不宜作为稻苗抗逆性的一个指标，似乎更适宜作为一个胁迫敏感性指标（刘娥娥等，2000）。

②甜菜碱。甜菜碱广泛存在于植物中，但在不同植物中的分布是不一样的，一般盐生植物含量多于非盐生植物，抗盐品种高于抗盐能力差的品种，在盐胁迫条件下植物体内甜菜碱含量增高，因此说明甜菜碱与植物的抗盐性有关。一定浓度范围内的甜菜碱可明显增强水稻对盐胁迫的抗性（张兆英等，2006）。

③可溶性糖。可溶性糖是很多植物的主要渗透调节剂，在盐胁迫条件下，耐盐植物的可溶性糖含量高于不耐盐的植物。符秀梅等研究表明，水稻进行盐胁迫后，在一定范围内，可溶性糖的含量也随着 NaCl 浓度的增加而增加（符秀梅等，2010）。

④可溶性蛋白。在盐胁迫条件下，植物细胞中蛋白质合成代谢增强，参与渗透调节，使植物适应盐胁迫环境（扬升等，2010）。张逸帆等测定分析了在盐胁迫条件下超级杂交稻国稻 6 号蛋白质含量的变化，结果表明：在盐胁迫处理 4d 内，国稻 6 号蛋白质含量有稍许增加，此后快速下降（张逸帆等，2009）。

⑤膜透性和丙二醛。盐分能增加细胞膜透性，加强脂质过氧化作用，最终导致膜系统的破坏。在植物生命活动中干扰或破坏膜结构和功能的因素很多，脂质过氧化作用是最引人重视的一个因素。MDA 作为脂质过氧化作用的产物，其含量的多少可以间接表示膜受损状况，并兼有反馈作用。水稻幼苗在 NaCl 胁迫下，随处理浓度的提高和时间的延长，细胞质膜相对透性及伤害率均有所加大（柯玉琴等，2002）。

⑥抗氧化酶。抗氧化酶类如超氧化物歧化酶（SOD）、过氧化物酶（POD）、过氧化氢酶（CAT）等是植物细胞中清除活性氧的重要组分，其活性的增加是植物提高耐盐能力的重要因素。在盐分条件下，膜系统的变化分成两个阶段：首先表现为盐分对膜系统的破坏，也反映其对盐分的忍耐程度；然后是植物对膜系统的修复。膜系统的修复与 SOD、POD 和 CAT 酶活性的升高是分不开的。符秀梅等研究表明：在一定范围内，POD 和 SOD 的活性与胁迫强度正相关，而 CAT 活性却没有显示出一定的规律（符秀梅等，2010）。

（5）营养亏缺。在盐胁迫下，植物在吸收矿物质元素的过程中盐离子与各种营养元素相互竞争而造成矿质营养胁迫，打破植物体内的离子平衡，严重影响植物正常生长，植物体内养分离子的不平衡是植物盐害的重要方面。高浓度的 Na^+ 严重阻碍了作物对 K^+ 和 Ca^{2+} 的吸收和运输。在盐胁迫下造成养分不平衡的另一方面在于 Cl^- 抑制植物对 NO_3^- 及 $H_2PO_4^-$ 的吸收，其原因可能是这些阴离子之间存在着竞争性抑制作用。

二、水稻盐胁迫相关鉴定指标筛选

水稻盐害的鉴定可以通过不同的指标，但对大量材料主要通过目测鉴定：从叶片的伤害程度直接判断水稻植株的耐盐能力。目测法操作简便，但容易受个人主观意识影响，不同试验的结果难以进行比较。基因型不同的水稻生长速率和生物量存在较大差异，以盐胁迫下的相对生物量进行品种间耐盐性的比较，可以较为真实地反映品种差异。王建飞等用 5 种不同的盐胁迫浓度进行处理，10d 后分别测定以下指标：①盐害级别（salinity tolerance rating，STR）。按秧苗叶片的受害程度由轻至重分 1~5 级。1 级，生长基本正常，有75%以上的叶面积呈绿色；2 级，生长接近正常，总叶面积的 50%~75% 呈绿色；3 级，生长受抑制，总叶面积的 25%~50% 呈绿色；4 级，生长严重受阻，少于 25% 总叶面积呈绿色；5 级，植株死亡或接近死亡。②相对苗高。③相对茎叶干物质量。④根系 Na^+/K^+ 含量比值（简称 Na^+/K^+ 值）。

试验结果表明，对盐胁迫相关指标进行相关分析，发现盐害级别与根系 Na^+/K^+ 值间以及相对苗高与相对茎叶干物质量间均呈极显著正相关关系，盐害级别和根系 Na^+/K^+ 值与相对苗高及相对茎叶干物质量间则呈极显著负相关关系，因此在对大量水稻材料进行耐盐性鉴定时，先以盐害级别为指标进行初步的筛选，然后再以根系 Na^+/K^+ 值或相对生物量指标进行验证。同时提出在适温条件下，以 0.5% 或 0.8% 的 NaCl 浓度进行水稻品种耐盐性的筛选和耐盐特性的遗传研究比较合适。

三、水稻耐盐机理

1. 膜系统的完整性

在盐胁迫条件下，细胞质膜首先受到盐离子胁迫影响而产生胁变，导致植物细胞质膜受到损伤。当受到盐胁迫后，细胞质膜的通透性、组成成分以及其在运输过程中所起到的作用等都会与盐胁迫处理前表现出明显不同，具体表现为膜脂的通透性增大和过氧化作用加强，使得细胞质膜的正常生理生化功能受到损害，进一步影响细胞的代谢作用（郦雷等，2008）。POD、CAT 和 SOD 是植物体内的保护酶系统，它们相互协调，共同协作，清除膜脂过氧化作用中的活性氧，最终达到保护膜结构的作用（舒卫国等，2000），其中 SOD 是生物体内普遍存在的一种酶，并在保护酶系中处于核心地位。

2. 离子区隔化

耐盐的植物可以通过调节离子的吸收和区隔化来抵抗或减轻盐胁迫造成的伤害。在盐胁迫条件下，在植物体内积累过多的盐离子就会使细胞内的许多功能蛋白或酶类丧失活性，干扰细胞的正常代谢。然而，植物有一种自然保护的能力，将细胞中积累的大部分无机离子能被运输并贮藏在液泡中，从而避免了过量的无机离子特别是 Na^+ 对代谢造成的伤害，使植株能在一定浓度盐分条件下正常生长，即离子的区隔化（胡时开等，2010）。离子的区隔化一方面使渗透压保持一定梯度，让水分进入细胞；另一方面维持细胞质中正常的盐浓度，避免高浓度盐对质膜的伤害，保持生物酶活性，维持细胞内离子平衡（杨少辉等，2006）。盐的区域化作用主要是依赖位于膜上的质子泵实现离子跨膜运输完成的。质子泵通过泵出 H^+，造成质子电化学梯度，驱动钠离子的跨膜运输，从而实现盐离子的区域化。当植物受到盐胁迫时，细胞膨压下降，诱导质子泵活性增加，从而激活系列渗透调节过程（孙建昌等，2008）。

3. 渗透调节

高盐对植物产生的渗透胁迫主要表现为细胞脱水。植物细胞避免脱水的机制主要是靠增加细胞中的溶质含量进行渗透调节。植物的渗透调节方式主要有两种：一是在细胞中积累和吸收 Na^+，K^+，Ca^{2+}，Cl^- 等无机离子形成离子调节；二是植物对盐渍适应的同时还能在细胞中积累一定数量的可溶性小分子有机物质，作为渗透调节剂共同进行渗透调节，以适应外界的低水势，这些可溶性有机小分子物质。

四、提高水稻耐盐性研究

1. 植物生长促生细菌增强水稻的耐盐性

植物生长促生菌（plant growth promoting Rhizobacteria. PGPR）是从水稻根际土壤中分离得到的 1 株植物生长促生菌。辛树权等利用 JT-5 的介入来处理普通的不耐盐碱的水稻种子，能够有效地解决水稻种子在盐碱胁迫下萌发及幼苗生长阶段所受到的危害。

在不同浓度盐（氯化钠）溶液的胁迫下，发现 JT-5 对水稻种子的萌发、幼苗的生长发育有显著的促进作用。水稻种子经菌株 JT-5 处理后，在第 3 天的发芽势显著地提高。同样浓度的盐胁迫下，JT-5 能够有效地促进水稻幼苗根长和苗高的生长，苗干重和根的含水量（占鲜重）均高于对照组。同时研究发现，JT-5菌株并非是通过增加水稻体内脯氨酸的含量来获得对盐溶液的抗逆能力的，该菌株并不具有ACC脱氨酶活性，因此JT-5菌株对水稻种子的萌发和对水稻幼苗生长的促进作用机制还需进一步的研究。

该研究在现有物理、化学手段利用盐碱地的基础上，开辟了一条综合利用植物和微生物技术参与治理和开发盐碱化土地的新途径。

2. 外源脯氨酸对水稻耐盐性的影响

沙汉景（2013）引入外源脯氨酸，研究脯氨酸与水稻耐盐性的关系。采用浸种、分蘖期和孕穗期叶面喷施不同浓度脯氨酸的方法，对盐胁迫下外源脯氨酸的作用效果进行研究，发现脯氨酸可有效缓解盐胁迫对水稻种子发芽的抑制作用。脯氨酸浸种提高了正常和盐胁迫下水稻的发芽势和相对发芽势，以及盐胁迫下水稻的发芽率和相对发芽率。同时显著提高了正常和盐胁迫条件下水稻种子的淀粉酶及总淀粉酶活性。脯氨酸浸种有效改善了盐胁迫下水稻幼苗形态指标，增加了幼苗地上部鲜重和根干重，提高了地上部和根部可溶性糖含量。盐-脯氨酸互作指数（SPII）和盐-脯氨酸互作比率（SPIR）能够较好地区分不同浓度脯氨酸作用效果之间的差别，可作为耐盐性评价的新指标。叶面喷施脯氨酸对盐胁迫下水稻株高影响较小，但适宜浓度脯氨酸可促进水稻分蘖早生快发，延缓分蘖消亡速度。脯氨酸可显著增加中度和重度盐胁迫下水稻地上部及根部生物量；适宜浓度脯氨酸，均可以提高盐胁迫下叶绿素含量，尤其是叶绿素a含量。

分蘖期或孕穗期喷施脯氨酸后，水稻叶片中内源脯氨酸含量显著增加，可溶性糖和可溶性蛋白含量受盐胁迫水平和脯氨酸浓度影响，适宜浓度脯氨酸处理可增加二者含量；外源脯氨酸可有效抑制水稻植株地上部钠离子含量，提高植株地上部和根部钾离子含量；POD活性在脯氨酸处理下均升高，但SOD和CAT活性在盐胁迫初期和后期的变化与盐胁迫水平和脯氨酸浓度有关。盐胁迫下喷施脯氨酸有效抑制了膜脂过氧化作用，降低了MDA含量。盐胁迫下喷施脯氨酸可以有效提高水稻产量，其中以30mmol/L脯氨酸处理增产效果最佳。在低度和中度盐胁迫下喷施外源脯氨酸使穗粒数或结实率增加，但对千粒重无影响；而重度盐胁迫下脯氨酸处理使穗粒数、结实率以及千粒重均显著增加。此外，外源脯氨酸有效增加二次枝梗总粒数和二次枝梗数。分蘖期耐盐指标综合评价结果表明，30mmol/L脯氨酸有效提高了水稻的耐盐性，缓解了盐胁迫对水稻分蘖期生长的抑制作用。孕穗期综合评价结果表明，低盐和高盐胁迫下以30mmol/L脯氨酸处理效果最佳，中盐胁迫下则以15mmol/L脯氨酸处理效果最佳。分蘖期和孕穗期综合评价结果以 30mmol/L 脯氨酸处理效果最佳。

3. 外源多胺对水稻盐胁迫的缓解效应及机理

多胺（Polyamines，PAs）是生物代谢过程中产生的具有生理活性的低分子量脂肪族含氮碱，广泛分布于高等植物体中，其中腐胺（Putrescine，Put）、亚精胺（Spermidine，Spd）和精胺（Spermine，Spm）分布尤为普遍。已有的研究发现当植物遭受水分胁迫、酸胁迫、盐胁迫等各种逆境胁迫时，PAs 合成酶活力增加，内源 PAs 大量累积。外施适量多胺也能在一定程度上缓解各种逆境胁迫。

张娅（2008）选用由国际水稻研究所（IRRI）提供的已确定具植株耐盐性差异的一组籼稻品种 Pokkali（耐盐）和 Peta（盐敏感）为材料，研究外源 PAs 对植物盐胁迫的缓解作用，及外施多胺缓解水稻盐害、改善光合作用的机制。比较研究了外源亚精胺处理对盐胁迫下水稻幼苗光合特性的影响。

研究结果表明，喷施 Spd 可以提高盐胁迫下两种水稻的叶绿素含量、PSI、PSⅡ及全电子链电子传递速率，施加外源多胺可提高叶片的光合能力。外源 Spd 处理可以降低 MDA 含量，提高 SOD、POD 活性。表明 Spd 对两种水稻抵抗盐胁迫具有一定的缓解作用。

4. 外源赤霉素对盐胁迫下水稻幼苗生长及生理基础的影响

赤霉素（gibberellins 或 gibberellic acid，GA）是一个较大的萜类化合物家族，在植物整个生命循环过程中起着重要的调控作用。GA3 还可以增加盐胁迫下水稻芽的长度和干重、增加氨基乙酰丙酸脱水酶活性、减少总卟啉含量并提高类胡萝卜素的含量，可以缓解盐对水稻等植物的抑制作用。

张丽丽等研究了外源赤霉素对盐胁迫下水稻幼苗生长的缓解效应。结果表明：外源赤霉素处理可以缓解水稻幼苗受到的盐伤害，提高水稻幼苗苗高、主胚根长、地上部和地下部干重，其中以 50mg/L GA 处理效果最佳。外源赤霉素处理增加了盐胁迫下幼苗叶片可溶性糖和脯氨酸含量。外源赤霉素处理显著提高了越光幼苗叶片 SOD 和 POD 活性。外源赤霉素对耐盐性不同水稻品种的缓释效应存在差异。

5. 脱落酸提高水稻耐盐性研究

脱落酸（ABA）是植物体内一种重要的激素，ABA 在提高植物抗逆性方面具有独特的生理功能，在一定程度上可以缓解盐害，在农业生产中有重要的应用价值和推广前景。汤日圣等研究了 ABA 对提高水稻耐盐性的作用效果。以武育粳 7 号为试材进行了三个方面的研究，一是 ABA 浸种提高水稻秧苗耐盐性试验，二是叶面喷施 ABA 提高水稻秧苗耐盐性试验，三是 ABA 对盐胁迫下水稻秧苗某些生理指标的影响。结果表明，ABA 能有效提高水稻秧苗的耐盐能力。盐胁迫处理后，ABA 处理和对照的秧苗叶片中的脯氨酸含量都显著增加，且 ABA 处理秧苗叶片中脯氨酸含量的增加幅度大于对照处理。ABA 处理的秧苗叶片中可溶性糖含量随着盐胁迫时间的延长大幅度增加，表明用 ABA 浸泡种子和喷施叶面都能有效地促进盐胁迫过程中水稻秧苗叶片中脯氨酸和可溶性糖含量的积累。抗坏血酸（AsA）和还原型谷胱甘肽（GSH）是植物体内的抗氧化剂，可以有效地清除活性氧自由基，对膜系统具有保护功能。随着盐胁迫天数的增加，ABA 处理的水稻秧苗叶片中 ASA 含量均增加，用 ABA 浸种和叶面喷施 ABA 的秧苗叶片中 GSH 含量分别比对照高出 42.9% 和 44.0%。表明 ABA 处理能有效地提高盐胁迫下水稻秧苗叶片中抗氧化剂 AsA 水平，并使 GSH 含量在盐胁迫期间维持在较高水平。

第二节　盐胁迫下水稻叶片气孔性状的生理调节

光合作用是植物生长发育的基础，它为植物的生长发育提供所需的物质和能量，而盐害又严重限制光合作用和作物产量的提高。因此，研究盐胁迫如何影响光合作用以及光合对盐渍的适应机理具有重大意义。本试验研究了盐分胁迫下气孔性状对叶片光合作用、蒸腾作用等光合生理过程的调节功能，以期为水稻逆境生理研究和抗逆育种提供参考。

一、试验材料及处理

试验于 2002 年在沈阳农业大学稻作研究室进行，试材为秋光和辽盐 2。营养土保温旱育苗，4 月中旬播种，5 月底移栽，盆栽试验用 26cm×26cm 的塑料桶，每桶装土 11kg（旱田土：农家肥 = 3：1），每桶施尿素 1g 硫酸钾 1g，磷酸二氢铵 1.5g。设置 NaCl 含量分别为 0、0.6g/kg 干土、1.4g/kg 干土、2.2g/kg 干土、3g/kg 干土 5 个盐分胁迫水平，即对照 CK、轻度盐分胁迫 LSS、中度盐分胁迫 MSS、重度盐分胁迫 CSS、极度盐分胁迫 ESS。每个处理 4 桶，每桶 3 穴，每穴 1 株。秧苗移栽前，将称好的 NaCl 混入盆土中，搅拌均匀，管理同大田。两个品种的 ESS 处理在移栽后不久即死亡，秋光的 CSS 处理在分蘖结束时死亡。

二、测定指标及方法

1. 剑叶气孔密度和气孔大小的观测

在水稻齐穗期，将每个处理的主茎剑叶剪下，每片平均分为 10 份，再将同一处理的相同位置的剑叶片段混合放在一起，并用改良刮制法对试材进行处理（Chen Wenfu et al., 2000），并制成永久封片。

（1）气孔密度。将剑叶分成 10 等份并经改良刮制法处理后，在 16× 10 倍显微镜下观测网格尺（0.253mm²）中的气孔数，再换算成单位面积内的气孔数，每段取 10 个观测值。10 段的平均数基本上可以反映出剑叶气孔密度的平均值。

（2）气孔大小。气孔长度和宽度的观测在 16×40 倍的显微镜下进行，每等份选择 5 个视野，每视野选择 2 个气孔。因用改良刮制法处理后气孔已经关闭，所以本文测量的气孔长度是气孔器哑铃形体的长度，气孔宽度是垂直于哑铃体气孔器的最宽值。

2. 剑叶净光合速率、蒸腾速率、气孔导度的测定

在水稻齐穗期，剑叶全展后，用 Li-6400 光合仪进行测定，使用内置光源，模拟 1d 中太阳辐射强度的变化，测定从日出到日中直至日落的剑叶功能。

3. 剑叶叶绿素含量的测定

用 SPAD-502 叶绿素仪测定每处理的剑叶叶绿素含量，叶绿素含量的绝对值用叶绿素含量 Y（mg/dm²）与 SPAD（X）值的对应公式 $Y = 0.197X+4.27$ 算出。

4. 剑叶叶面积、比叶重、叶片相对含水量（RWC）的测定

在水稻齐穗期，剑叶全展后，用 CI-203 激光叶面积仪进行活体测定，记录叶面积并取样烘干称重，计算比叶重。取剑叶洗净吸干称鲜重，105℃杀青致死，80℃烘至恒重，冷却至室温，称取干重，用鲜重减去干重再除以鲜重来计算叶片相对含水量。

三、结果与分析

1. NaCl 胁迫下水稻剑叶叶片面积、比叶重及叶绿素的变化

由表 5-1 和图 5-1 可知，辽盐 2 号的剑叶叶片面积大于秋光的叶面积。盐分胁迫使两个参试品种的叶面积均减小。从前三个胁迫水平的影响来看，辽盐 2 号的剑叶叶片面积下降趋势比秋光缓慢。CSS 处理使秋光死亡，在这种情况下，辽盐 2 号的剑叶叶片面积显著下降，与 CK 相比下降

了 41.91%，但仍保持一定的生命力，是其较强抗盐性的突出表现。对表 5-1 数据进行方差分析，结果表明，各处理剑叶面积之间存在显著差异，两个参试品种剑叶面积之间亦存在显著差异（表 5-2）。对叶面积数据进一步作多重比较，结果表明 CK 与 CSS、LSS 与 CSS、MSS 与 CSS 处理叶片面积之间差异显著，而 CK 与 LSS、CK 与 MSS、LSS 与 MSS 处理间差异不显著（表 5-3）。即 CSS 处理对参试品种剑叶面积的影响最大，在该胁迫水平下，水稻叶片的生长发育受到显著抑制。

表 5-1 NaCl 胁迫下水稻剑叶叶片面积、叶绿素含量和比叶重

处理	辽盐 2 号			秋　　光		
	叶面积（cm²）	叶绿素（mg/dm²）	比叶重（mg/cm²）	叶面积（cm²）	叶绿素（mg/dm²）	比叶重（mg/cm²）
CK	37.821	11.283	0.00473	29.367	13.056	0.00555
LSS	36.654	11.928	0.00469	24.338	12.969	0.00499
MSS	32.937	10.227	0.00434	23.232	12.86	0.00494
CSS	21.971	10.008	0.00453	0	0	0
Max changes	−41.91%	−16.1%	−8.25%	−20.89%	−1.5%	−10.99%

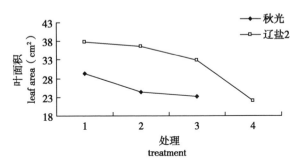

图 5-1 同程度盐分胁迫下剑叶面积的变化

表 5-2 盐分胁迫下剑叶面积的方差分析结果

差异源	SS	df	MS	F	P-value	F 0.05
处理	614.9736	3	204.9912	10.94063*	0.040094	9.276628
品种	343.8229	1	343.8229	18.35025*	0.023375	10.12796
误差	56.21005	3	18.73668			
总计	1 015.007	7				

表 5-3　各处理叶片面积平均数的多重比较

处理	平均叶面积		差　异	
CK	33.594	22.608*	5.509	3.098
LSS	30.496	19.51*	2.411	
MSS	28.085	17.1*		
CSS	10.986			

　　叶绿素含量反映叶片的衰老程度，由表 5-1 数据和图 5-2 可知，秋光各个处理剑叶叶绿素含量均高于辽盐 2 号，这可能是品种特性所致。且盐分胁迫使水稻叶片叶绿素含量减少。其中辽盐 2 号叶绿素含量变化幅度较大，达 16.1%，而秋光下降率仅为 1.5%。从图 5-2 可以看到，辽盐 2 号的叶绿素含量 LSS 处理高于 CK，即轻度盐胁迫对叶绿素的合成有促进作用，可能是离子的协同作用或是离子对叶绿素合成的酶促反应的促进作用的结果。然而随着胁迫水平的提高，叶片生理机能受到离子毒害及高介质浓度带来的水分胁迫等多重不利因素的共同作用而严重受损，其一表现为叶绿素含量的明显下降。对表 5-1 叶绿素数据作方差分析的结果表明，两个参试品种各个盐分处理剑叶叶绿素含量间的差异均未达到显著水平。

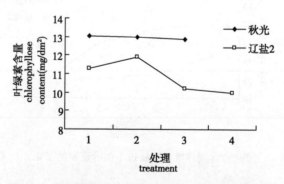

图 5-2　不同程度盐分胁迫下剑叶叶绿素含量的变化

　　叶厚与单位叶面积的叶绿素含量和单位叶面积的含氮量呈极显著的正相关关系，一定厚度的叶片对提高单位叶面积光合效率有利，而比叶重又是叶厚的一个良好指标，是一个比较稳定的品种特性，比叶重可以作为选择标准应用于育种实践。$SLW = Lw/L$（mg/cm^2）从表 5-1 数据和图 5-3 可知，盐胁迫使比叶重下降，辽盐 2 号比叶重最大变化率为 -8.25%，秋光的最大变化率 -10.99%。其中秋光 LSS 处理的比叶重与 CK 相比急剧下降，而 MSS 处理与 LSS 处理相比变化较小，即轻度盐胁迫下比叶重明显变小，该程度的盐胁迫水平就使秋光叶片发育受到明显抑制。辽盐 2 号的 LSS 处理比叶重与 CK 间差异很小，在 MSS 处理水平下，比叶重才表现为明显减小，这可能是辽盐 2 号较强抗盐性的一种表现，即轻度盐胁迫下，具有维持一定程度的正常生理机能的能力。而 MSS 处理已超出其抗性的调节范围，故比叶重表现为明显减小。方差分析的结果表明，处理间差异不显著，品种间差异也未达到显著水平。

相关分析结果表明，辽盐 2 号叶面积与叶绿素含量呈正相关（$r=0.786$），未达到显著水平；叶面积与气孔长度呈正相关（$r=0.914^*$），达到显著水平；叶面积与气孔密度呈极显著负相关（$r=-0.972^{**}$），与比叶重和气孔宽度呈正相关但均未达到显著水平；叶绿素含量与比叶重呈正相关（$r=0.78$），未达到显著水平，与气孔密度呈显著负相关（$r=-0.908^*$）。秋光叶面积与叶绿素含量呈正相关（$r=0.913$），但未达到显著水平，叶面积与比叶重呈极显著正相关（$r=0.995^{**}$），叶面积与气孔密度呈显著负相关（$r=-0.979^*$），与气孔长度、密度均呈负相关，但均未达到显著水平；叶绿素含量与比叶重呈正相关（$r=0.869$），未达到显著水平，与气孔密度呈显著负相关（$r=-0.976^*$）；而比叶重与气孔密度（$r=-0.956^*$）呈显著的负相关。

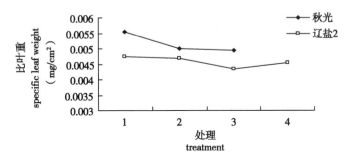

图 5-3　不同程度盐分胁迫下剑叶比叶重的变化

2. NaCl 胁迫下水稻剑叶光合、蒸腾、气孔导度的变化

由表 5-4 和图 5-4 可知，NaCl 胁迫下水稻剑叶光合速率两个试材发生了截然相反的变化，辽盐 2 号剑叶光合速率随着胁迫水平的增加而上升，其中 LSS 处理的剑叶光合速率与 CK 相比无明显变化，而 MSS 处理和 CSS 处理剑叶光合速率则显著上升；秋光剑叶光合速率则随着盐胁迫水平的增加而明显下降。辽盐 2 号剑叶光合速率最大增加率为 20.67%，秋光剑叶光合速率最大减小率为 20.69%。

表 5-4   不同程度盐分胁迫下剑叶净光合速率、蒸腾速率及气孔导度

处 理	辽盐 2			秋光		
	净光合速率 [μmol/ (mm² · s)]	蒸腾速率 [mmol/ (m² · s)]	气孔导度 [mol/ (cm² · s)]	净光合速率 [μmol/ (mm² · s)]	蒸腾速率 [mmol/ (m² · s)]	气孔导度 [mol/ (cm² · s)]
CK	9.739	2.864	0.148	8.9378	2.68	0.144
LSS	9.686	3.445	0.187	8.527	2.46	0.129
MSS	11.348	3.312	0.186	7.088	1.993	0.103
CSS	11.688	3.359	0.185	0	0	0
Max changes	20.67%	20.29%	26.35%	-20.69%	-25.63%	-28.47%

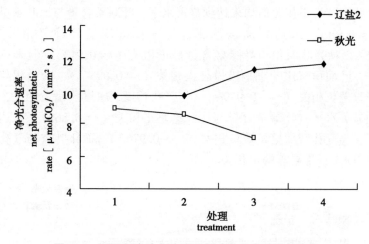

图 5-4   不同程度盐分胁迫下剑叶净光合速率的变化

由表 5-4 和图 5-5 可知，NaCl 胁迫下水稻剑叶蒸腾速率两个试材发生了不同的变化。秋光蒸腾速率随着盐胁迫水平的增加而明显下降，表现出与光合速率相似的变化趋势，最大下降率达 25.63%；辽盐 2 号的蒸腾速率随着盐胁迫水平的增加而上升，表现出与光合速率相似的变化趋势，其中 LSS 处理的蒸腾速率与 CK 相比明显上升，MSS 和 CSS 处理的蒸腾速率与 LSS 相比变化率很小，表现为略有下降。

由表 5-4 和图 5-6 可知，NaCl 胁迫下两个试材剑叶气孔导度发生了不同的变化。辽盐 2 号气孔导度随着胁迫水平的增加表现为上升，其中 LSS 处理的气孔导度与 CK 相比明显上升，MSS 和 CSS 处理的气孔导度与 LSS 处理相比无明显变化，表现出与光合速率、蒸腾速率相似的变化趋势，最大增加率为 26.35%。秋光剑叶气孔导度随着盐胁迫水平的增加而呈明显下降趋势，最大下降率为 28.47%。

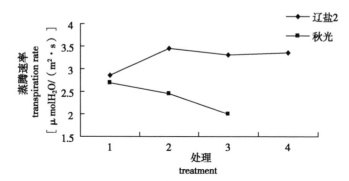

图 5-5　不同程度盐分胁迫下剑叶蒸腾速率的变化

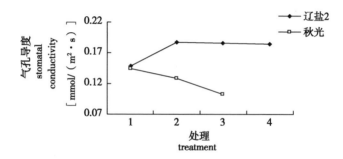

图 5-6　不同程度盐分胁迫下剑叶气孔导度的变化

　　从品种角度看，各个处理辽盐 2 号的光合速率、蒸腾速率及气孔导度均高于秋光。且观察到两个试材 CK 的光合速率、蒸腾速率及气孔导度无显著差异，而在相同水平的盐分胁迫下却发生了截然相反的变化，这可以看作是品种抗性差异的典型表现。相关分析结果表明，辽盐 2 号各个处理的气孔导度与蒸腾速率呈极显著正相关（$r = 0.9822^{**}$）。秋光各个处理剑叶蒸腾速率与光合速率之间呈极显著正相关（$r = 0.9944^{**}$），与气孔导度呈极显著正相关（$r = 0.9987^{**}$）；气孔导度与光合速率之间呈显著正相关（$r = 0.9877^{**}$）。

　　3. NaCl 胁迫下水稻剑叶胞间 CO_2 浓度、饱和水汽压差及叶片含水量的变化

　　胞间 CO_2 浓度与叶片光合速率、蒸腾速率及气孔导度之间存在着密切联系。在本试验中对两个品种各个处理的胞间 CO_2 浓度进行测量，结果见表 5-5 和图 5-7，就品种角度而言辽盐 2 号和秋光剑叶胞间 CO_2 浓度存在明显差异，CK 处理的两品种剑叶胞间 CO_2 浓度非常接近，随着盐分胁迫

水平的增加，两试材发生了不同的变化。辽盐 2 号的胞间 CO_2 浓度随着胁迫水平的增加而先升后降，LSS 处理的胞间 CO_2 浓度明显高于 CK，而 MSS 和 CSS 处理则急剧下降到低于 CK 的水平，下降率达到 10.86%。可以就此推测，LSS 处理对辽盐 2 号起到了激发抗盐潜能的作用，使水稻本身积极响应胁迫，以均衡其他生理过程受到的损失。秋光剑叶胞间 CO_2 浓度随着胁迫水平的增加而下降，LSS 处理与 CK 相比下降幅度很小，而 MSS 处理的胞间 CO_2 浓度则急剧下降，说明盐分胁迫对稻株生理机能造成了影响，尤其是 MSS 处理，与 CK 相比下降率为 14.07%。

表 5-5　不同程度盐分胁迫下剑叶胞间 CO_2 浓度、饱和水汽压差及含水量

处　理	辽盐 2			秋光		
	胞间 CO_2 浓度 (L/L)	饱和水汽压差	相对含水量	胞间 CO_2 浓度 (L/L)	饱和水汽压差	相对含水量
CK	235.067	2.022	0.6385	236	1.97	0.6464
LSS	254.2	1.957	0.6449	231.53	1.976	0.6498
MSS	231.53	1.976	0.6607	202.79	2.025	0.6633
CSS	226.6	1.95	0.6535	0	0	0
Max changes	-10.86%	-3.56%	3.48%	-14.07%	2.79%	2.61%

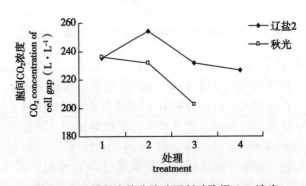

图 5-7　不同程度盐分胁迫下剑叶胞间 CO_2 浓度

叶室饱和水汽压差与光合速率、蒸腾速率及气孔导度密切相关。由表 5-5 和图 5-8 可知，CK 处理的两试材叶室饱和水汽压差相比，辽盐 2 号明显高于秋光，而在盐分胁迫下两试材叶室饱和水汽压差发生了不同的变化。LSS 处理的辽盐 2 号的叶室饱和水汽压差与 CK 相比急剧下降，且达到低于秋光的水平；MSS 处理的叶室饱和水汽压差略有上升，CSS 处理的叶室饱和水汽压差则继续下降，最大下降率为 3.56%。秋光叶室饱和水

汽压差则随着盐分胁迫水平的增加而呈上升趋势，其中 MSS 处理的叶室饱和水汽压差与 CK 和 LSS 相比，表现为急剧上升如图 5-8 所示。

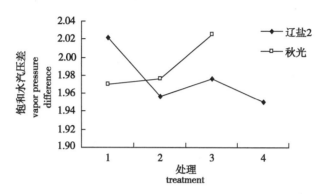

图 5-8　不同程度盐分胁迫下剑叶叶室饱和水汽压差

　　设想在盐分胁迫下，水稻根系吸水困难，可能会影响到稻株地上部分的含水量，故本试验测定了剑叶全展后的相对含水量，结果如表 5-5 和图 5-9 所示。就品种而言，秋光各个处理剑叶的相对含水量均高于辽盐 2 号。两个试材剑叶的相对含水量随着胁迫水平的增加表现为上升，这可能是盐分胁迫使得叶片气孔失水而关闭，从而保持叶内较高的水势。辽盐 2 号 CSS 处理叶片相对含水量明显下降，但仍高于 LSS 处理，最大增加率为 3.48%。秋光叶片相对含水量随着胁迫水平的增加而上升，其中 MSS 处理增加幅度较大，最大变化率为 2.61%。轻度盐胁迫下，叶片含水量无明显变化，表明无缺水伤害发生时叶片的光合速率显著下降主要是盐离子的毒害作用。结果与一般认为盐害对植物生长的伤害包括盐离子的直接伤害与生理缺水两个方面的看法相符合，也说明只有在较高盐浓度下，生理缺水才可能成为抑制植物生长的因素。

　　相关分析的结果表明，辽盐 2 号各个处理剑叶胞间 CO_2 浓度与光合速率呈负相关关系，未达到显著水平，与蒸腾速率和气孔导度呈正相关关系，但均未达到显著水平。饱和水汽压差与蒸腾速率呈极显著负相关关系（$r=-0.9611^{**}$），与气孔导度呈显著负相关（$r=-0.9362^{*}$），与光合速率呈负相关但不显著；叶片的相对含水量与比叶重呈极显著负相关（$r=-0.975^{**}$）。秋光各个处理剑叶胞间 CO_2 浓度与光合速率呈极显著正相关（$r=0.9961^{**}$），与蒸腾速率呈显著正相关（$r=0.9811^{*}$），与气孔导度也呈显著正相关（$r=0.9699^{*}$）；叶室饱和水汽压差与光合速率呈极显著负相关（$r=-0.9936^{**}$），与胞间 CO_2 浓度呈极显著负相关（$r=-0.9997^{**}$），与蒸腾速率呈显著负相关（$r=-0.976*$）；叶片相对含水量与光合速率及

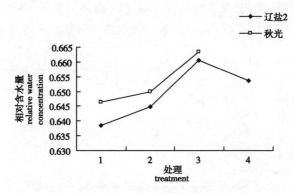

图 5-9　不同程度盐分胁迫下剑叶相对含水量的变化

蒸腾速率呈极显著负相关（$r=-0.9997^{**}$，$r=-0.9918^{**}$），与气孔导度呈显著负相关（$r=-0.9839^*$），与胞间 CO_2 浓度呈极显著负相关（$r=-0.9978^{**}$），与叶室饱和水汽压差呈极显著正相关（$r=0.9959^{**}$）。

4. 盐胁迫下光照强度与叶片各生理性状的关系

在本试验中用人工光源模拟自然光强 1d 的变化设定了 15 个光强值，即光量子通量密度在 $0 \sim 2\,000 \mu mol/$（m^2/s）范围内，公差为 50 的等差数列，叶室温度设定在（30 ± 1）℃分别得出相应的叶片生理反应的数值。该 15 个光强值的平均值范围在 $896 \sim 898 \mu mol/$（$m^2 \cdot s$）。设想光强对气孔行为有一定的诱导作用，故对本试验的光强数据和气孔导度、光合速率、蒸腾速率、胞间 CO_2 浓度以及叶室饱和水汽压差数据进行相关分析，结果表明辽盐 2 号各个处理光强与光合速率显著负相关（$r=-0.9678^*$），与蒸腾速率、气孔导度和叶片含水量也呈负相关性，但不显著，与胞间 CO_2 浓度以及叶室饱和水汽压差呈正相关性，但未达到显著水平。秋光各个处理光强与光合速率显著负相关（$r=-0.9765^*$），与蒸腾速率、气孔导度和叶片含水量也呈负相关性，但不显著，与胞间 CO_2 浓度呈显著负相关（$r=-0.9918^*$），与叶室饱和水汽压差呈极显著正相关性（$r=0.9946^{**}$）。

由图 5-10 可以看出，辽盐 2 号不同处理剑叶净光合速率随着光照强度的增加均呈类似的上升趋势，其中 CK 与 LSS 之间无明显差异，只是在光强较弱时 CK 的净光合速率略高与 LSS；而 MSS 与 CSS 处理的剑叶净光合速率在每个光强下均高于其他两个处理，表现出明显的优势，且 CSS 处理更优。可以归纳为 MSS、CSS 处理使得剑叶的光能利用能力明显增加，且在 1d 中的各个时段均保持较高的净光合速率；其他两个水平盐分胁迫下，1d 中彼此间剑叶净光合速率无明显差异，即基本未表现出盐害症状，或者说盐分胁迫促进了叶片的光合能力。

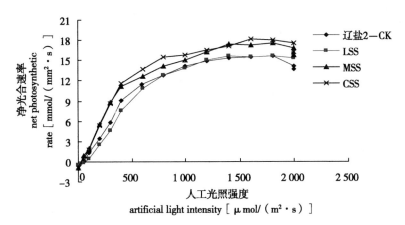

图 5-10 不同程度盐分胁迫的辽盐 2 号剑叶净光合速率在 1d 中的变化

由图 5-11 可以看到，1d 中秋光剑叶净光合速率不同处理间存在明显的差异。在光强较小的时候［<500μmol/（m² · s）］，MSS 处理的净光合速率值较高，而 CK 与 LSS 之间无明显差异，随着光强的增加，三者之间的大小关系发生了显著变化，CK 的净光合速率值越居最高位置，LSS 处理次之，MDS 处理最小，表现出与胁迫程度明显的相关性，即胁迫程度的增加，使得剑叶 1d 中的光合能力明显下降。与辽盐 2 号相比，在相同的胁迫水平下，表现出明显的抗逆性劣势。

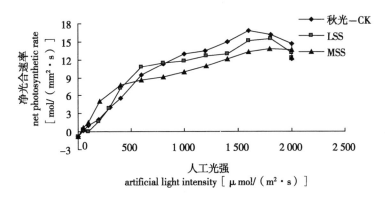

图 5-11 不同程度盐分胁迫的秋光剑叶净光合速率在 1d 中的变化

辽盐 2 号各个处理剑叶蒸腾速率在 1d 中随着光强的增加而上升，但上升幅度存在处理间差异，CK1d 中的蒸腾速率均低于受到盐胁迫的其他 3 个处理，LSS、MSS 及 CSS 处理三者蒸腾速率之间 1d 中无明显差异，只是在光强较弱时［<1 500μmol/（m² · s）］，MSS 处理的蒸腾速率略高于其他两个处理。即盐分胁迫使得辽盐 2 号 1d 中剑叶蒸腾速率升高，水分散失加剧，结合图 5-10 和图 5-12，发现 1d 中 MSS、CSS 的光合速率、蒸腾速率均较高，表现出很强的对应性，而 CK 与之相比则表现为光合速率、蒸腾速率均较低；尤为特殊的是 LSS 处理，其净光合速率接近 CK 而蒸腾速率却较高，接近 MSS 和 CSS，即水分散失与光合生产的失调表现突出。

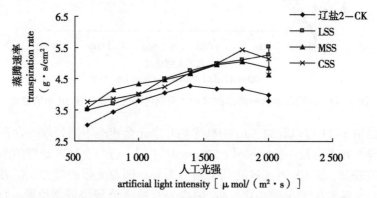

图 5-12　不同程度盐分胁迫的辽盐 2 号剑叶蒸腾速率在 1d 中的变化

由图 5-13 可知，秋光剑叶 1d 中蒸腾速率随着光强的增加而增加，但处理间存在差异。在光强较弱时［<500μmol/（m² · s）］，CK 与 LSS、MSS 三者间无明显差异，MSS 处理略低，随着光强的增加，表现出明显的处理间差异，从 CK 到 LSS、MSS 持续下降，即盐胁迫使得秋光剑叶 1d 中的蒸腾速率明显下降，胁迫程度越高，下降越明显。结合图 5-11 发现，蒸腾速率的这一变化趋势与净光合速率基本吻合，表现出水分散失与光合生产的同步，也是品种对盐胁迫敏感性的突出表现。

辽盐 2 号 1d 中剑叶气孔导度随着光强的增加而升高，表现出明显的光诱导反应，不同处理间的升高幅度存在明显的差异（图 5-14）。CK 的气孔导度 1d 中上升的幅度最小，盐胁迫的 3 个处理 LSS、MSS、CSS 之间无明显差异，表现出与蒸腾速率极其相似的变化趋势，是二者密切相关性的突出表现。结合图 5-10、图 5-12，发现 LSS 处理的气孔导度与蒸腾速率变化的同步程度大于与净光合速率变化的同步性，说明气孔导度与蒸腾速率相关性更为密切。而 MSS、CSS 的气孔导度 1d 中的变化与蒸腾速率、净光合速率 1d 中的变化均表现出高度的一致性，说明在 MSS、CSS 处理下，水稻叶片形成了高度的适应性，各种机能之间达到了协调合作的

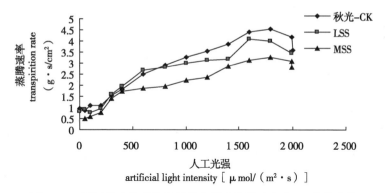

图 5-13 不同程度盐分胁迫的秋光剑叶蒸腾速率在 1d 中的变化

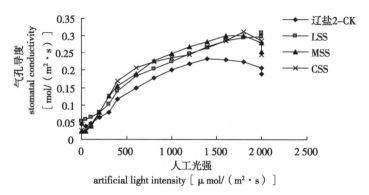

图 5-14 不同程度盐分胁迫辽盐 2 号剑叶气孔导度在 1d 中的变化

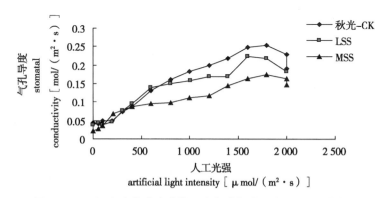

图 5-15 不同程度盐分胁迫的秋光剑叶气孔导度在 1d 中的变化

水平。

如图 5-15 所示，秋光剑叶气孔导度在 1d 中随着光强的增加而升高，在光强较弱时（<500μmol/m^2·s）），处理间无明显差异，随着光强的增加，CK 的气孔导度增加幅度明显高于 LSS 和 MSS，表现出与净光合速率、蒸腾速率一致的变化趋势，即盐胁迫使得水稻叶片的气孔导度在较强的光照下明显减小，结合净光合速率、蒸腾速率，秋光剑叶在盐胁迫下的光能利用率及生产能力明显受到抑制。

如图 5-16 所示，辽盐 2 号各个处理剑叶胞间 CO_2 浓度 1d 中随着光强的增加而呈现相似的变化趋势，即光强在 0~500μmol/（m^2·s）之间时，随着光强的增加，各个处理剑叶胞间 CO_2 浓度均急剧下降，处理间下降幅度存在明显差异，其中 LSS 处理的下降幅度最小，MSS 及 CSS 处理的下降幅度最大，二者间无明显差异；当光强>500μmol/（m^2·s）时，随着光强的增加，各个处理的剑叶胞间 CO_2 浓度均趋于恒定，其中 LSS 处理的剑叶胞间 CO_2 浓度大于其他 3 个处理，CK 与 MSS 处理间无明显差异，CSS 处理的浓度略低于 CK 和 MSS 处理。即在光合作用较弱的早晨胞间 CO_2 浓度较高，而在高光强下其浓度下降，这正是通过光合作用利用 CO_2 的结果。其中，LSS 的下降幅度最小反映了其光合能力较弱，与图 5-10 得出的结论相一致。结合胞间 CO_2 浓度与净光合速率在 1d 中的变化，可以看出二者间存在必然的联系，即不同处理间胞间 CO_2 浓度在 1d 中的变化趋势与叶片的净光合速率在 1d 中的变化趋势相一致。总的来看与 CK 相比轻度盐胁迫使得剑叶胞间 CO_2 浓度升高，而中、重度盐胁迫对剑叶胞间 CO_2 浓度无明显影响。

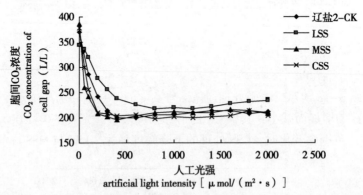

图 5-16 不同程度盐分胁迫的辽盐 2 号剑叶胞间 CO_2 浓度在 1d 中的变化

如图 5-17 所示，各个处理秋光剑叶胞间 CO_2 浓度随着光强的增加而下降，在光强>500μmol/（m^2·s）之后浓度趋于恒定，处理间存在明显差异，其中 MSS 处理的下降幅度最大，浓度最低，CK 与 LSS 处理间差异不大，CK 略高于 LSS 处理。秋光剑叶胞间 CO_2 浓度的这种变化反映了盐胁迫处理带来的差异，且与处理间净光合速率、蒸腾速率及气孔导度的大小关系是一致的，同是不同程度盐胁迫的结果。

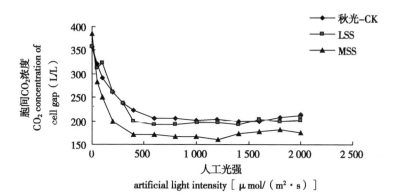

图 5-17　不同程度盐分胁迫的秋光剑叶胞间 CO_2 浓度 1d 中的变化

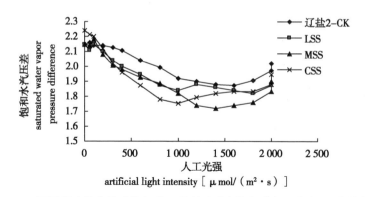

图 5-18　不同程度盐分胁迫的辽盐 2 号剑叶叶室饱和水汽压差在 1d 中的变化

如图 5-18 所示，各个处理辽盐 2 号剑叶的叶室饱和水汽压差在 1d 中随着光强的增加而减小，其中 CK 的下降幅度最小。光强在 $0\sim1\,000\mu mol/(m^2\cdot s)$ 范围内变化时，CSS 处理的下降幅度最大，LSS 与 MSS 之间无明显差异。当光强 $>1\,000\mu mol/(m^2\cdot s)$ 后，各个处理的剑叶的叶室饱和水汽压差均略有增加，且 LSS、MSS、CSS 之间的大小关系发生了变化，MSS 处理剑叶的叶室饱和水汽压差下降幅度最大，LSS、CSS 二者比较接近。处理间的这种变化表现出与处理间蒸腾速率、气孔导度相似的变化趋势。

如图 5-19 所示，各个处理秋光剑叶的叶室饱和水汽压差随着光强的增加而先下降而后略有上升。光强在 $0\sim600\mu mol/(m^2\cdot s)$ 时，处理间无明显差异，当光强>600μmol/（m²·s），MSS 处理的剑叶的叶室饱和水汽压差明显高于 LSS 和 CK，此时 CK 剑叶的叶室饱和水汽压差最小。即较高光强下，盐胁迫程度高的剑叶的叶室饱和水汽压差也高，表现出与盐胁迫程度一致的变化趋势。

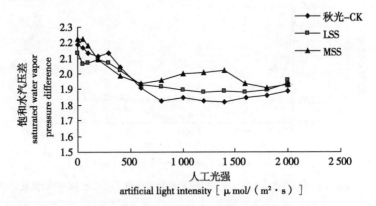

图 5-19　不同程度盐分胁迫的秋光剑叶叶室饱和水汽压差在 1d 中的变化

综上所述，各个处理 1d 中叶片的各种生理反应随着光强的这种变化更加真实地反映了盐胁迫程度不同所带来的影响。比较 1d 中两个试材的各项生理指标的变化趋势及变化幅度，我们可以清晰地看到二者间的抗性差异，即辽盐 2 号表现较优。

5. 盐胁迫下气孔性状与叶片其他生理性状之间的关系

气孔在叶片进行各种重要生理活动的过程中起着不可替代的作用。相关分析结果表明，辽盐 2 号各个处理剑叶气孔密度与叶面积显著负相关（$r=-0.9716^*$），与光合速率显著正相关（$r=0.9497^*$），与蒸腾速率正相关但不显著，与胞间 CO_2 浓度以及叶室饱和水汽压差呈负相关性，但均未达到显著水平；气孔导度与蒸腾速率极显著正相关（$r=0.98228^{**}$），与叶室饱和水汽压差显著负相关（$r=-0.93619^*$）。秋光各个处理剑叶气孔密度与叶面积显著负相关（$r=-0.9798^*$），与光合速率、蒸腾速率、气孔导度及胞间 CO_2 浓度均负相关，但未达到显著水平；气孔导度与光合速率显著正相关（$r=0.9877^*$），与蒸腾速率的正相关性达到极显著水平（$r=0.9987^{**}$）。

四、结论与讨论

试验中相同盐分处理下两个试材气孔导度发生了截然相反的变化，辽盐 2 号的剑叶气孔导度随着胁迫程度的增加而上升，秋光则下降，表现出与净光合速率、蒸腾速率相似的变化趋势，且得出气孔导度与蒸腾速率变化的同步性要比与净光合速率的同步性大，说明气孔对蒸腾作用的贡献要大于对光合作用的影响。辽盐 2 号 1d 中气孔导度随光强的变化随盐分胁迫程度增高而气孔导度增大，而且 1d 中净光合速率、蒸腾速率表现出类似的变化趋势。而秋光的气孔导度变化表现为盐分胁迫程度越高，气孔导度越小，表现出明显的盐抑制征状。本试验结果表明，耐盐品种在一定的盐分土壤中剑叶的各种生命活动受到促进，即表现出一定的喜盐性；而普通品种在含盐分土壤中的叶片生理机能受到明显的抑制。即品种抗性不同，盐分胁迫下各种生理过程受到的影响不同，提示我们在进一步的盐胁迫植物生理抗性研究时，试材的选择要广泛，有代表性的同时也要全面。

参考文献

邴雷，赵宝存，沈银柱，等 . 2008. 植物耐盐性及耐盐相关基因的研究进展 [J]. 河北师范大学学报（自然科学版），32（2）：243-248.

符秀梅，朱红林，李靖，等 . 2010. 盐胁迫对水稻幼苗生长及生理生化的影响 [J]. 广东农业科学（4）：19-21.

顾兴友，梅曼彤，严小龙，等 . 2000. 水稻耐盐性数量性状位点的初步检测 [J]. 中国水稻科学，14（2）：65-70.

高林，陈春丽 . 2012. NaCl 胁迫对水稻品种中花 11 幼苗根系生长发育的影响 [J]. 种子，31（7）：7-12.

胡时开，陶红剑，钱前，等 . 2010. 水稻耐盐性的遗传和分子育种的研究进展 [J]. 分子植物育种，8（4）：629-640.

柯玉琴，潘廷国，艾育芳 . 2002. 盐胁迫对发芽水稻种子质膜透性及物质转化的影响 [J]. 中国生态农业学报，10（4）：10-12.

李辉，李薄芳，陈安国，等 . 2007. 植物耐盐研究概况 [J]. 中国麻业科学，29（4）：227-232.

刘娥娥，宗会，郭振飞，等 . 2000. 干旱、盐和低温胁迫对水稻幼苗脯氨酸含量的影响 [J]. 热带亚热带植物学报，8（3）：235-238.

郦雷，赵宝存，沈银柱，等 . 2008. 植物耐盐性及耐盐相关基因的研究进展 [J]. 河北师范大学学报（自然科学版），32（2）：243-248.

舒卫国，陈受宜．2000．植物在渗透胁迫下基因表达及信号传递［J］．生物工程进展，20（3）：3-6．

孙建昌，王兴盛，杨生龙．2008．植物耐盐性研究进展［J］．干旱地区农业研究，26（1）：226-230．

沙汉景．2013．外源脯氨酸对盐胁迫下水稻耐盐性的影响［D］．东北农业大学．

汤日圣，童红玉，唐现洪，等．2012．脱落酸提高水稻秧苗耐盐性的效果［J］．江苏农业科学，28（4）：910-911．

王建飞，陈宏友，杨庆利，等．2004．盐胁迫浓度和胁迫时的温度对水稻耐盐性的影响［J］．中国水稻科学，18（5）：449-454．

徐晨，凌风楼，徐克章，等．2013．盐胁迫对不同水稻品种光合特性和生理生化特性的影响［J］．中国水稻科学，27（3）：280-286．

辛树权，王贵，高扬．2012．植物生长促生菌对盐胁迫下水稻种子萌发及幼苗生长的影响［J］．湖北农业科学，51（3）：490-496．

扬升，张华新，张丽．2010．植物耐盐生理生化指标及耐盐植物筛选综述［J］．西北林学院学报，25（3）：59-65．

杨少辉，季静，王罡．2006．盐胁迫对植物的影响及植物的抗盐机理［J］．世界科技研究与发展，28（4）：70-76．

朱新广，王强，张其德，等．冬小麦光合功能对盐胁迫的响应［J］．植物营养与肥料学报，2002，8（2）：177-180．

朱新广，张其德，匡廷云．1999．Nacl胁迫对Ps Ⅱ光能利用和耗散的影响［J］．生物物理学报，15（4）：787-790．

张兆英，于秀俊．2006．植物抗盐性评价生理指标的分析［J］．沧州师范专科学校学报，22（4）：51-53．

张逸帆，倪沙，邓双丽，等．2009．超级杂交稻国稻6号盐胁迫下的农艺生理变化［J］．中国稻米（3）：7-9．

张娅．2008．盐胁迫对水稻光合生理和多胺水平的影响［D］．南京师范大学．

张丽丽，张战，赵一洲，等．2013．外源赤霉素对盐胁迫下水稻幼苗生长及生理基础的影响［J］．北方水稻，43（3）：4-7，41．

第六章 水稻低温冷害研究

目前，在各种自然灾害造成的损失中，气象灾害给农业造成的直接经济损失可达 100 亿元/年（王连喜等，2003）。水稻是仅次于小麦的世界第二大粮食作物，也是我国播种面积最广和总产量最高的商品粮食作物，因而关注水稻生产安全对于中国的可持续发展十分重要。水稻低温冷害在全世界的水稻种植区均有发生，对全球的粮食安全和经济发展产生很大的威胁。研究水稻低温冷害对防灾减灾、水稻安全生产有非常重要的意义。我国大部分稻区都受到低温冷害的威胁，冷害发生频繁。我国东北地区 19 世纪 50 年代后曾发生过 10 多次严重的低温冷害，平均每次粮食减产约 50 亿 kg（赵正武等，2006）。

第一节 东北地区气候特点与低温冷害发生规律

一、东北地区气候特点

东北地区包括黑龙江、吉林、辽宁 3 省和内蒙古东北地处中温带，气候资源特点表现为：①热量资源较少，是全国热量资源较少的地区，≥0℃积温 2 500~4 000℃，无霜期 90~180d；②夏季气温高，冬季漫长气候严寒，春、秋季时间短；③年降水量为 400~1 000mm，由东向西减少；④太阳总辐射量为 4 800~5 860MJ/（m² · 年），与全国同纬度地区相比偏少，其分布由西南向北、向东减少。

二、东北地区低温冷害区域分布特征

由于东北地区的特殊地理位置，该地区低温冷害的发生具有面积广、频次高、周期性强等特点。同时，气候变化具有明显的阶段性和突变性，东北地区低温冷害的发生具有时空性、地域性的特点。目前年及冬、夏季气温均处在高气温基本态高变率状态，春季降水处在少降水基本态高变率

状态,年及夏季降水处于少降水基本态低变率状态:由此推断 21 世纪初开始该地区将进入新一轮的低温冷害高发期。

东北地区低温冷害出现频率最高的十年是 1966—1975 年,最小的十年是 1986—1995 年。黑龙江省发生频率最高的十年是 1956—1965 年,平均为两年一遇,最小的十年是 1986—1995 年。吉林省频率最高的十年是 1966—1975 年,平均为十年四遇,最小的是在 1976—1985 年,平均为十年两遇。辽宁省频率最高的十年是 1976—1985 年,平均十年三遇,最小的在 1956—1965 年,平均十年一遇。由此可见,对于整个东北地区而言,低温冷害出现频率最高的十年时间上有从南到北更替的现象,同时空间次数上有递减的趋势。对东北地区 1956—1995 年一般低温冷害分布情况的分析发现,东北地区一般低温冷害频率由西南向东北递增,最大值出现在黑龙江省北部,最低值在辽宁省南部。东北中部地区的分布特点是东高西低,由于东部主要是山地丘陵地区,因此与海拔高度分布相同,冷害发生频率部分在 15%~40%,个别海拔高的地点比率大于 40%。黑龙江省冷害频率分布的特点是南低北高,大部分地区在 25%~40%,少数地区的频率在 40%以上。

东北地区的低温冷害发生面积呈现明显的年季特征,其中 1967—1984 年低温冷害发生面积和频率均有所增加,主要体现在黑龙江省和东北中部地区。1984—2002 年,低温冷害面积大大减少,主要分布在黑龙江省中西部和东北中部地区,低温冷害发生频率降低且造成的危害呈降低趋势。东北地区低温冷害的发生具有时空性、地域性的特点,由此推断 21 世纪初开始该地区将进入新一轮的低温冷害高发期。

郭晓丽等利用 1:400 万地理信息数据及东北三省 76 个气象站 20 年的气候资料,提出东北地区水稻冷害指标,并根据冷害分级指标,将东北划分为轻冷害和中度、重、极重冷害等 4 个冷害区。其中辽宁地区的划分如下:①轻冷害区,包括辽宁中部、西部和南部的大部分地区,在该区域热量资源丰富,作物生育期间(5~9 月)≥10℃的积温高于 3 100℃,稳定通过 10℃的天数在 140d 以上,光照充足,该区域水稻轻冷害或无冷害,冷害发生频率低于 20%;②中度冷害区,包括辽宁的东部山区,作物生育期间(5~9 月)≥10℃的积温在 2 800~3 100℃,稳定通过 10℃的天数在 130~140d,能满足水稻生长发育需要,冷害发生频率在 20%~25%。

三、低温冷害的发生规律

1880—1950 年,低温冷害高值区发生在辽宁北部、吉林、黑龙江,发生低温冷害的频率在 40% 以上，相当于 2~3 年发生 1 次。严重低温冷害发生频率的空间分布也基本相似。1951 年以来，东北地区一般低温冷害的地理分布呈两侧多、中间少的空间形式，即东部的小兴安岭东缘、长白山区以及西部的内蒙古高原东部的海拉尔、锡林浩特一带为大值区，这些地区在 54 年以来发生低温冷害的频率均在 25% 以上，相当于三四年发生 1 次低温冷害；而松嫩平原、辽宁南部低温冷害发生的频率较低，在 15% 以下，尤以辽宁近海地区发生频率最低。在近 54 年间，东北地区严重低温冷害的空间分布，高发区位于大、小兴安岭山地、长白山地以及黑龙江、吉林、内蒙古三省区交界地带，这些地区严重低温冷害发生频率在 10 次以上，即不足 5 年发生 1 次严重的低温冷害。总的来说，1951 年以来，东北地区低温冷害现象发生频率随纬度和海拔的增高而增大，即北部高于南部、山地高于平原。

第二节　辽宁省冷害区划及评述

一、辽宁省水稻生产的自然条件概况

辽宁省位于东北地区南部，地处东经 118°50′~125°47′，北纬 38°43′~43°29′，西南与河北省交界，西北与内蒙古自治区相依，北部和东北部与吉林省接壤，东南隔鸭绿江和朝鲜民主主义共和国为邻，南邻黄海、渤海，陆地总面积约 14.81×10⁴km²。东部有长白山山系千山山脉，自东北向西南伸入黄海和渤海，构成辽东半岛。全省地势自东、西、北三面向中部和南部倾斜，东西两侧为丘陵山地，中部为自东北向西南倾斜的辽河平原，全省具有山、平、洼等多种多样的地势类型。辽宁省地处中纬度，属温带大陆性季风气候区，主要气候特点是：气候资源比较丰富，各地全年降水主要集中在夏季，雨量比较稳定，与农作物需水高峰期相一致。

辽宁省各地年平均气温 4.6~10.3℃，≥10℃ 活动积温 2 731.2~3 674.3℃，变幅 15%~20%，初日至终日 128~190d，无霜期 127.6~202.3d，平均气温 15℃ 以上的月份有 5 个月。各地 5—9 月平均气温之和为 90.5~106.0℃。水稻插秧至成熟期 ≥18℃ 的有效积温 400~500℃，水稻幼穗分化至开花期 <17℃ 低温出现频率为 5%~20%。5—9 月日照时数为 965.1~1 343.6h，年日照百分率 54%~66%。5—9 月太阳辐射总量为 64~

$76kcal/cm^2$。上述温光条件对获得水稻高产和提高品质十分有利，但由于积温变幅较大，低温出现频率高，有的年份易遭低温冷害（周毓珩等，1996）。

二、辽宁省水稻生产区划

辽宁省水稻种植范围较广，全省十四个市均有。辽宁省的稻作区划按照自然条件，可分为中部辽河平原区（C）、东南部沿海平原区（A）、辽东山地丘陵区（B）、辽西山地丘陵区（D）4个区。中部辽河平原区包括沈阳、辽阳、鞍山、盘锦、营口、铁岭及抚顺市一部分，本区水稻种植面积占全省水稻总面积的70%。其次是东南部沿海平原区，包括丹东、大连两个市，水稻种植面积占全省的23%左右。其余分布在辽东及辽西山地丘陵区的低洼地带。辽宁省种植制度为一年一熟制，栽培方式以育秧移栽为主。在保温育苗条件下，可以种植水稻生育期140~170d，从播种至成熟需≥10℃活动积温2 700~3 400℃的北方粳稻早、中、晚熟各类型品种（倪善君等，2001）。

三、辽宁省低温冷害区划研究

低温冷害是辽宁水稻生产的主要逆境之一。历史上在1969年、1972年和1976年东北地区发生了3次严重的低温冷害，每次低温冷害造成的粮食减产都达到50亿kg以上，1978年成立了"北方主要作物冷害科研协作组"，对冷害的发生原因、主要类型、指标、发生规律以及防御措施进行了较为系统的研究。但是20多年过去了，在全球气候变暖的大趋势下，冷害发生的频率、强度在减少，人们的关注度不断下降，相关研究也在减少。辽宁省冷害发生频率最高的十年是1976—1985年，平均十年三遇，发生频率平均在25%以下，东部山区有些地方大于30%，跟高海拔有关，其地区分布特点是中部低，东、西部高。

马世均等（1981）对辽宁省26个主要产粮基地20年的气候变化及粮食减产数据进行分析，提出以低温指数与低温减产事件相关显著程度作为低温冷害区划的指标，指数在1 500以上且相关显著的为重冷害区，指数在1 000~1 500的为次重冷害区，指数在1 000以下且相关不显著的为轻冷害区。辽宁全省冷害分区如下：

（1）重冷害区。包括昌图、西丰、开原和铁岭县东部、抚顺市、本溪市和凤城宽甸东沟等县及西部的建平县。该区低温指标在1 500℃以上，低温与减产密切相关。该区营养生长期积温1 000~1 300℃，营养生长与生殖生长期积温 900~1 050℃，灌浆成熟期 800~1 050℃。该区作物生长特点，苗期发苗慢、灌浆期短、千粒重低，品种布局应选早熟、中早熟品种以防冷害。

（2）次重冷害区。包括彰武、法库、康平、沈阳、鞍山、辽阳、营口、旅大地区、锦县、锦西、兴城、绥中等。该区低温指数在 1 000~1 500且大部分地区低温与减产相关显著。该区营养生长期积温 1 200~1 400℃，营养生长和生殖生长期积温 980~1 000℃，灌浆成熟期积温 950~1 300℃。该区热量丰富，是省内中晚熟、晚熟品种比例最大的区。

（3）轻冷害区。包括阜新、黑山、北镇、义县和朝阳地区，冷害指数在 1 000以下，减产与低温的关系小，而受水分因素干扰较大。该区热量资源较好，营养生长期积温 1 300~1 450℃，春旱较重；营养生长和生殖生长期积温 980~1 000℃，与次重冷害区基本相同；灌浆成熟期积温 1 000~1 130℃。

第三节　水稻低温冷害研究

水稻是喜温作物，在整个生育期内各个阶段均对低温较为敏感，尤其是在生殖生长的关键期内，环境温度过低会导致产量大幅下降。辽宁地区热量条件不是十分充足，在 7—8 月夜间常会出现短期的低温，因而常发生水稻障碍型冷害。辽宁地区水稻低温冷害常发生于 2 个时期：一是 4—5月育苗期出现的冻害，即幼苗青枯病；二是大田期由延迟型冷害和障碍型冷害造成的"秃尖""瘪粒"，甚至不抽穗等。温度也是决定水稻品质的关键因素，引进和筛选耐低温的水稻新品种，降低低温冷害对水稻产量和品质的影响，对于保障粮食高产稳产，具有重要现实意义。

近年来，气候的改变，尤其是 7—8 月经常发生阶段性低温，障碍型冷害成为今后相当一段时间内的主要冷害类型，也是水稻生产上尤其要关注的问题。

一、低温冷害的类型

水稻冷害是指水稻遭遇到低于其正常生长发育的温度一段时间后，其正常的生长发育受到影响的一种现象。根据低温对水稻生长发育的影响可以分为四类：延迟型冷害、障碍型冷害、混合型冷害及稻瘟病型冷害。

延迟型冷害是指在营养生长期受到低温影响，导致幼穗分化和出穗延迟，或乳熟期低温导致成熟不良，最终造成减产的一种冷害类型。这种冷害类型易在水稻可生长季节较短的稻区也会发生，我国高纬度的东北及高海拔的云南省丽江等地区也会发生。水稻抽穗期的早晚是监测和判断是否发生低温冷害的最有效的指标。如果出穗期比正常日期延迟 6d 左右，则水稻不会正常成熟，会发生低温冷害。障碍型冷害是指在水稻开始幼穗分化至完成受精的过程中遭受低温，使水稻不能正常地开花受精造成空粒，最终影响产量的一类冷害。我国长江中下游和华南地区的"寒露风"危害即属于这类冷害。水稻进入生殖生长低温敏感期后，遇低温天气而使生殖生长过程受阻，雄性不育产生空壳，这是障碍型冷害形成的主要机制。水稻生殖生长对低温的反应有两个敏感期，一是穗分化期，东北地区一般在6月下旬至7月中旬；二是抽穗开花期，东北地区一般处于7月下旬至8月上旬。这两个时期出现较强降温天气，会对生殖器官的形成、发育及结实造成严重影响，产生障碍型冷害，减产幅度将达到10%以上，严重年份减产50%以上。除了上述两类冷害以外，还有混合型冷害和稻瘟病型冷害。混合型冷害是指延迟型冷害和障碍型冷害共同作用导致稻谷产量受损的一种冷害。稻瘟病型冷害是指由于低温危害和在低温条件下穗颈瘟大发生，严重地影响稻谷产量的一类冷害，这类冷害在云南省高原粳稻区时有发生（戴陆园等，2002）。

对冷害类型的划分还有另一种按照低温冷害发生的时期来划分的方法，如芽期冷害、苗期冷害、孕穗期冷害、开花期冷害和灌浆期冷害。

表 6-1 东北地区水稻障碍型冷害指标

致灾因子	致灾时段	致灾指标	受害品种	适用地区
日均气温	孕穗期间（7 月 15 至 30 日）	日均气温连续 2d 以上低于 17℃	粳稻	北方地区
	抽穗期间（7 月 30 日至 8 月 10 日）	日均气温连续 2d 以上低于 19℃	粳稻	

注：摘自马树庆等（2007 年）

二、低温冷害风险评估系统研究

马树庆等应用历年气象、水稻产量资料和冷害指标，分析东北地区水稻低温冷害发生的温度条件、气候频率和风险概率，建立了水稻冷害气候风险度模式，将东北地区分成高、偏高、中等、较低和低风险 5 级水稻冷害气候风险度区。在气候风险性分析的基础上，考虑各地水稻冷害减产率、总产量和面积比例等经济损失因素，建立水稻生产对低温冷害反应的经济脆弱度模式，将东北地区划分成高度脆弱、脆弱、低脆弱和不脆弱4级区。东北地区的北部和东部是水稻冷害高气候风险区，中部为中度冷害气候风险区，南部冷害气候风险较低。吉林省东部和黑龙江省东北部是水稻冷害经济高度脆弱区，黑龙江省东部多数县市、吉林省东部半山区为脆弱区，黑龙江省西南部、吉林省中北部和辽宁省东北部为低脆弱区，吉林省西南部和辽宁省大部为不脆弱区。改善种植结构、调整品种布局和采用抗低温栽培技术是降低水稻冷害风险度和经济脆弱度的主要措施。

低温造成减产5%及以上视为灾害，水稻冷害按减产幅度分为轻度、中度、严重三个级别。①轻度冷害，导致水稻单产降低5%～10%的冷害；②中度冷害，导致水稻单产降低10%～15%的冷害；③严重冷害，导致水稻单产降低15%以上的冷害。（马树庆等，2010年，《水稻低温冷害评估技术规范》）。该技术规范主要针对北方单季稻区低温冷害评估和南方晚稻寒露风评估工作，将多年来一直沿用的水稻冷害评估分级的两级法即一般性冷害和严重冷害进行了细化。

张淑杰等利用VB6.0编程语言和AUIHORWARE多媒体软件建成了东北夏季低温冷害对玉米和水稻的影响评价系统和防御服务系统，该系统可利用预报气象信息对旱涝和低温冷害发生程度进行预测和评估。对水稻从移栽到抽穗这个生育阶段进行监测。该研究涉及辽宁的桓仁、东沟、本溪和开原等地气象数据和低温年产量数据。随着5—9月月平均气温的不同，减产程度不同。

三、低温应答蛋白质组学研究

崔为同研究了水稻防御低温冷害的蛋白质组学基础。以灌浆期水稻为研究材料，将整个灌浆期分四个阶段，在每个阶段用12℃低温连续处理48h。结果发现，水稻灌浆期四个阶段分别受低温胁迫后，籽粒灌浆速率都会受到严重抑制，而且灌浆初期（开花后6～9d）受抑制程度最严重。为进一步解析灌浆期水稻响应低温胁迫的代谢途径，采用差异显示蛋白质组学手段对灌浆初期水稻顶节茎秆和籽粒受低温胁迫后蛋白质组的变化进行了研究。从上述两组织中提取水溶性全蛋白质，并用双向电泳技术对蛋白质进行分离，所得顶节茎秆和籽粒的蛋白图谱上均检测到大约800个蛋白点。用ImageMaster2D Platinum软件分析后发现，顶节茎秆蛋白质组中有148个蛋白点的表达量发生变化，其中85个上调表达量，63个下调表达量；籽粒中有71个蛋白点的表达量发生变化，其中42个上调表达量，29个下调表达量。差异表达蛋白质经质谱分析后，茎节中鉴定出71个蛋白质，籽粒中鉴定出 53 个蛋白质。茎节和籽粒中鉴定出的低温应答蛋白质参与多个代谢过程，如蛋白质折叠、组装和降解、信号转导、细胞氧化还原状态维持、能量代谢、细胞壁合成、淀粉代谢、次级代谢物合成等重要生理过程。受低温胁迫后，水稻籽粒和茎中能量生产、细胞结构加强、蛋白质质量控制等相关的代谢途径都在积极发挥功能，一些抗胁迫蛋白质被诱导加强表达，细胞内多种代谢途径共同作用以减小低温对机体的伤害。但水稻籽粒和茎应答低温胁迫的方式还是有一些差异。茎是重要的输导器官，负责灌浆过程中有机物的转运。受低温胁迫后，茎中一些转运相关的酶类下调表达，说明有机物的运输过程可能受低温影响，导致输送到穗中的有机物减少，这可能也是籽粒灌浆受阻的原因之一。另外，与籽粒有显著差异的是：茎秆受低温胁迫后大量次级代谢物合成相关的蛋白质上调表达，大部分与强化细胞结构和防御反应相关。

籽粒作为生殖器官，养分贮藏充足才能保证下年的繁殖。低温胁迫虽然严重抑制了水稻籽粒的灌浆，但从鉴定出的蛋白质表达情况分析，籽粒可能通过增加淀粉合成和蛋白质合成相关的蛋白质的表达量来尽可能保证淀粉和谷蛋白等重要有机物的贮藏。灌浆期是籽粒主要的增重时期，因此在该时期内水稻籽粒发育迅速，蛋白质组的变化也比较大。通过比较灌浆初期正常条件下不同发育时间的籽粒蛋白质图谱，作者研究发现了一些鉴定出的低温胁迫应答蛋白点在籽粒正常发育过程中丰度是逐渐升高的，但在低温处理后籽粒蛋白图谱中这些点的丰度变化却很小。鉴定结果显示这些蛋白质主要与淀粉和谷蛋白等贮藏物质相关，这与低温处理后的水稻籽粒发育过程被严重抑制的现象相吻合。

四、低温伤害机理

1. 对生殖生长的伤害机理

低温冷害的作用机制主要是影响水稻的正常发育，如孕穗期低温导致雄蕊受害，花粉不能充分发育造成不育率升高，秕粒率大大增加，严重威胁水稻产量。

水稻生殖生长阶段对低温反应敏感的时期有 3 个，即幼穗分化期、花粉母细胞减数分裂期、抽穗开花期。我国北方障碍型低温冷害的敏感期强调前两个时期，多数人认为减数分裂期是造成结实障碍的主要时期。水稻生殖生长期受到低温影响会产生障碍型冷害。水稻生殖器官形成和发育的临界温度比营养生长期要高，因而它们对低温的反应比营养生长敏感。在遇到降温时，水稻茎叶尚无反应，而正在发育的幼穗或花粉却已受害。由于障碍型冷害直接破坏穗和花的发育，所以是形成籽粒空秕的主要原因，也是导致我国水稻遭受低温减产的主要原因。一般认为是低温导致减数分裂期生理机能紊乱，使花粉不能正常发育，形成空壳或畸形粒；抽穗开花期遇低温，则抑制花粉粒正常生长，物质代谢失常，这种受害的花粉粒有的虽然仍可完成发芽和受精过程，但受精后的谷粒不能进一步发育，后期仍形成空壳。

2. 低温对水稻生理的影响

低温可以改变植物体内膜的透性，导致电解质外渗，可以使水分失去平衡从而导致代谢失调，原生质流动减慢或停止，光合速率下降、呼吸速率大起大落；低温可以使植物叶绿体膜相固化，叶绿体活性下降，光合速率卜降（呼吸>光合，饥饿）；低温也可以导致线粒体膜相固化，抑制有氧呼吸、不抑制无氧呼吸，有毒物质过多积累，有机物分解；脯氨酸作为渗透调节物质，能够防止原生质体的水分散失，增加蛋白质的可溶性，减少可溶性蛋白质的沉淀，增强蛋白质的水合作用，保持膜结构的完整性。脯氨酸在逆境下主要累积在细胞质中，故称细胞质渗透调节物质，这些均成为判定植物耐冷或不耐冷的主要依据。

低温胁迫可以大大降低叶绿素的合成，从而降低植物体内有机物的合成；POD 在保护酶系统中主要起到酶促降解 H_2O_2 的作用，从而使植物在逆境胁迫下表现出一定的抗逆性；MDA 含量的增加是植物受到逆境胁迫、细胞膜透性增加的一个重要标志。

3. 低温对水稻根系的影响

温度对水稻根系的影响主要表现在生长前期根系的生长和后期的衰竭，根系生长的最适温度在 $25 \sim 30 ℃$。张成良通过对东乡野生稻苗根系耐冷性的生理生化特性研究发现，水稻根系活力变化趋势与品种特性有关。根的生长情况和活力水平直接影响地上部的营养状况、植株生长和最终产量，测定根系活力，可为植物营养研究提供依据。

通过对东乡野生稻苗根系耐冷性的生理生化特性研究发现，水稻根系活力变化趋势与品种的特性有关。不同温度处理下，不同水稻品种的根系活力与低温处理时间之间均呈直线关系，通过回归分析建立根系活力与低温处理时间之间的直线回归方程，总体上，随着温度的提高，根系活力的降低幅度均呈上升趋势，不同品种之间根系活力的降低幅度均不同。表明水稻幼苗期根系耐冷性与水稻品种的属性相关。水稻根系活力对水稻的生长具有重要意义，水稻幼苗期根系活力比较容易受到低温影响，幼苗期低温容易造成烂秧等苗床期病害发生，轻者根系活力下降、苗弱，重者造成植株死亡，进而影响水稻的适时移栽。因此，研究幼苗期低温胁迫下根系活力的变化情况，对水稻根系活力进行准确判断，对于更好地进行水稻苗床管理具有重要意义。宋广树等对吉林省7个主栽品种幼苗进行8~12℃低温处理1~6d，比较幼苗根系活力，利用统计回归方法建立了不同温度下处理时间与水稻根系活力之间的关系。结果表明：水稻幼苗期低温胁迫下，根系活力随着处理温度的降低和处理时间的延长，根系活力均呈降低趋势，不同温度下处理时间与根系活力之间均呈现直线线性关系，不同的水稻品种自身的根系活力存在较大差异，在相同的温度处理下根系活力的降低幅度不同，降低幅度顺序与水稻品种自身的根系活力强度一致。在8℃、10℃、12℃不同温度处理下，7个水稻品种的根系活力在不同的处理时间下，均表现出一致性，进而验证了水稻幼苗期根系的耐冷性与品种的特性相关。

对同一水稻品种在相同处理温度条件下不同处理时间的根系活力以及相同处理条件下不同水稻品种间的根系活力进行对比分析，为低温胁迫下判断水稻的根系活力提供有力依据，同时也首次有效对目前吉林省主要栽培水稻品种幼苗期低温胁迫下根系活力进行判断。同时得出根据温度条件可以对水稻幼苗期根系活力进行有效预测，并且发现水稻幼苗期根系耐冷性与水稻品种的属性相关。

五、低温伤害评价指标

1. 不同生育时期评价指标

水稻冷害研究始于日本。我国水稻低温冷害研究主要集中在云贵高原和东北三省且以黑龙江寒地稻区为主。提出的低温评价指标多以空秕率为主。李霞等对常规粳稻和杂交稻在不同生育期的鉴定结果表明，芽期存活率、苗期的枯死率和孕穗期结实率均为可靠的水稻耐冷性鉴定指标。进一步从叶片的光合速率、PSⅡ光化学效率、脂肪酸组分、活性氧指标（丙二醛、过氧化氢和超氧阴离子）和抗氧化物质（抗坏血酸和谷胱甘肽）的变化等方面，研究耐冷性不同的水稻耐冷生理机制。表明耐冷的水稻品种生育粳含较多的不饱和脂肪酸，在低温逆境下，膜的流动性愈大，低温对其伤害愈小。认为水稻叶片维持高的脂肪酸不饱和指数和谷胱甘肽的周转循环能力是水稻耐冷的重要特征。水稻苗期的耐冷性与孕穗期（幼穗分化期）的类似，可以将苗期的耐冷性鉴定结果作为生育后期的重要参考指标。

傅泰露等利用5个不同类型的水稻品种，在开花期低温胁迫条件下，测定了剑叶叶绿素含量、光合速率、蒸腾速率、可溶性糖含量、脯氨酸含量、超氧化物歧化酶（SOD）活性、过氧化物酶（POD）活性、丙二醛含量等10项与耐冷性有关的生理生化指标，进行了主成分分析和逐步回归分析。结果表明，水稻开花期剑叶光合速率和SOD酶活性对水稻的耐冷性有显著影响，可作为水稻开花期耐冷性鉴定指标。利用所建立的最优回归方程对供试品种进行了耐冷性预测，结果与它们的结实率表现基本一致。表明用这两个指标在开花期对水稻耐冷性进行鉴定是可行的，用该方法对水稻耐冷性进行综合评价也是可行的。

2. 综合评价指标

水稻从种子发芽到成熟均有可能发生低温冷害，鉴于东北地区水稻生育期气象条件的特点，苗期、孕穗期、抽穗期和灌浆期低温对该地区水稻生产影响较大。其中，苗期日平均气温过低易得立枯病，造成烂秧，降低成苗率，延迟生育期；孕穗期低温往往容易造成水稻空壳率大幅上升，降低单位面积产量；而抽穗期和灌浆期低温往往降低水稻的灌浆速率及稻米品质。因此，对水稻上述四个时期进行耐低温评价，为选育优良耐低温品种具有重要生产意义。

宋广树选用POD、MDA、脯氨酸和叶绿素等反映不同方面的4类指标对水稻耐冷性作综合评价，筛选适合水稻的低温评价生理指标。试验分别在苗期（三叶期）、孕穗期（主茎变圆起）、抽穗期（主茎抽穗起）和灌浆期（开花期末起）进行低温处理，其中苗期取植株的上三叶，孕穗期与抽穗期取倒数第三叶，灌浆期取倒数第二叶，从而研究POD、MDA、脯氨酸和叶绿素等生理指标的变化情况和对水稻产量的影响，进而对不同时期水稻的耐冷性进行鉴定。同时利用不同时期各种生理指标的变化情况进行低温冷害诊断。

同时，作者还提出了耐低温系数在低温诊断中的应用。抗低温系数（D值）是指低温处理的品种产量占对照产量的百分比，能够从生物学的角度反映植物的抗低温能力。低温处理品种产量越高，抗低温系数越大，反之则越小。D值分析法定量地反映了各品种耐低温特性，对D值的最终应用是进行品种耐低温性分级。对不同生育时期各种生理指标隶属函数及D值进行分析发现：苗期4种生理指标隶属函数与耐低温系数的相关系数均达到极显著水平（$P<0.01$），从大到小顺序依次是：Pro>MDA>POD>Chl。孕穗期四种生理指标隶属函数与耐低温系数的相关系数均达到极显著水平（$P<0.01$），从大到小顺序依次是：MDA>Chl>Pro>POD。抽穗期四种生理指标隶属函数与耐低温系数的相关系数均达到极显著水平（$P<$

0.01），从大到小顺序依次是：Chl>MDA>POD>Pro。灌浆期四种生理指标隶属函数与耐低温系数的相关系数均达到极显著水平（$P<0.01$），从大到小顺序依次是：MDA>Chl>Pro>POD。

运用隶属函数加权综合评判方法 D 值法，对叶绿素、MDA、POD 和脯氨酸 4 个生理生化指标参数进行综合分析，4 种生理指标 D 值在苗期、孕穗期、抽穗期和灌浆期与耐低温系数之间具有良好的一致性，比其中任何一个单一指标均能更好地反映水稻品种的耐冷性。根据以上所述三级标准将 15 个品种进行分类，每类均含 5 个品种，与生产实际相吻合。

植物的耐冷性与植物的保护酶活性以及植物体内的渗透调节物质的浓度变化紧密相关，POD、MDA、叶绿素和脯氨酸等生理指标在不同时期的低温胁迫下的变化幅度综合表现可以有效客观反映水稻的耐冷性，并对水稻耐冷性进行有效分类。

3. 米质相关指标与低温冷害的关系

水稻冷害的产生对大米品质的影响较大，尤其是延迟型冷害的发生造成秕粒增多、千粒重下降及成熟度差均可能很大程度地影响大米的外观品质、碾米品质和食味品质。导致糙米率、精米率和整精米率降低，透明度差，直链淀粉含量高，蛋白质含量高，食味较差。

直链淀粉和蛋白质含量是稻米的主要品质指标，也是影响米饭适口性的重要因素，直链淀粉含量高，使米饭的黏性、柔软性和光泽度变差，进而影响米饭的食味品质。脂肪是稻米的重要成分，它与蛋白质、淀粉相比具有更高的能量，且与维生素 A、维生素 D、维生素 E、维生素 F、维生素 K 共存，多为优质不饱和脂肪酸或者淀粉脂肪的复合物，是影响稻米食用品质的重要因素。

根据东北中部地区水稻生产的特点，宋广树等对目前东北中部地区 7 个主要栽培品种分别在水稻孕穗期、抽穗期和灌浆期进行低温处理，分析不同时期低温处理对稻米品质的影响、三种营养物质的变化及低温下三种营养物质的相互变化关系。已有的水稻低温冷害研究主要是进行空气低温处理，而鉴于水稻自身的生长特性，深入研究水温过低对水稻的影响具有重要意义。试验通过冷水低温处理，分析目前东北中部地区 7 个主栽水稻品种低温胁迫时间与空壳率之间的关系。

描述不同低温持续期间对水稻空壳率的影响，利用线性内差法将处理天数内差为 1d，分析低温处理 6~14d 连续 9d 的水稻空壳率。利用 Microsoft Excel 软件对水稻空壳率进行线性内插法分析和回归分析。

试验结果表明，蛋白质、脂肪和直链淀粉是水稻重要的营养物质成分，低温处理下三种营养物质降低幅度均表现为：孕穗期<抽穗期<灌浆期；7 个水稻品种的营养物质在 3 个生育时期各品种间同比的降低幅度具有相似的一致性，三种营养物质在孕穗期和抽穗期降低幅度较小，并且两个时期变化趋势较为相似，而在灌浆期降低幅度最大。因此表明品种特性：低温是水稻品质的决定因素，并且灌浆期是影响稻米品质的关键时期。

通过建立 7 种水稻低温处理时间和空壳率之间的回归方程，可以有效地根据低温胁迫时间对水稻的空壳率进行预测，并根据实际生产条件，采取相应经济有效的防护措施，使损伤降到最低，鉴于水稻水生的自身特点，研究冷水胁迫下水稻孕穗期空壳率更具有实际生产意义。

对水稻的全生育时期不同阶段低温对稻米品质影响的分析，可以根据水稻生育中前期气象条件对稻米品质进行初步判断和掌握，同时采用有效的拯救和预防措施降低低温对稻米品质的影响；根据东北地区水稻生育期气候条件的特点，分析水稻孕穗期低温对产量主要构成因子——穗粒数的影响，为有效选取耐低温水稻品种、在孕穗期采取相应栽培管理措施、避免和降低低温对水稻产量的影响提供了理论依据。

第四节　水稻冷害规律及防御技术

水稻低温冷害是指水稻遭遇生长发育最低临界温度以下的低温影响，从而导致水稻不能正常生长发育而减产。一般包括苗期低温冻害，易发生幼苗青枯病；大田期延迟型冷害和障碍型冷害造成的瘪粒、灌浆差、结实率低、品质差等问题。

一、北方粳稻颖花结实低温伤害机理及预防技术

主要试验内容是对试材辽星 1 号和辽优 5218 生殖生长阶段，包括孕穗期、抽穗开花期和灌浆初期低温胁迫下，一些与产量相关的生理性状、形态指标的受害情况进行调查研究。采用室外盆栽试验，4 月 12 日播种，常规育苗，5 月 23 日移栽，每盆 3 苗插单株，每品种栽种 90 盆，肥水等栽培管理同大田。在孕穗期（花粉母细胞减数分裂期）、开花期和灌浆初期将水稻移入人工气候室进行低温冷害处理 1d、3d、5d，处理期间白天用日光灯照明，日落后关闭。温度的选择是根据各生育时期的界限温度而定，其中孕穗期进行 12℃（极限温度）和 17℃（界限温度）低温处理，

开花期进行 10℃ 和 15℃ 低温处理，灌浆初期进行 10℃ 和 15℃ 低温处理。处理后移至室外正常生长至成熟。调查的指标主要包括：叶绿素含量（a 和 b）（采用无水乙醇、丙酮等量混合提取法）、脯氨酸含量（茚三酮显色法）、光合功能（Li-6400）、观测每株主茎单穗颖花数，同时每株主茎取 3 朵颖花，用奥林帕斯 X40 倒置显微镜放大 50 倍，测定花药长（L）、花药宽（W），用公式 $V = 0.34LW2$ 计算花药体积；收获后考种：株高、穗长、穗抽出度（即剑叶节至穗茎节间距离，露出剑叶鞘外记为正值，包在剑叶鞘内的为负值）、穗粒数、穗实粒数、秕粒数、单株结实率。

1. 低温胁迫下水稻生理指标的变化

（1）叶片中叶绿素含量的变化。低温处理后，立刻取叶片进行叶绿素含量的测定，试验结果（表 6-2）表明：孕穗期、抽穗期及灌浆期低温均降低叶片的叶绿素含量，且温度越低，持续时间越长对叶绿素的破坏作用越强。与叶绿素 a 比较，叶绿素 b 含量下降的幅度较大可达 40%，这可能是因为叶绿素 b 是由叶绿素 a 转化而来，低温下叶绿素 a 合成速度小于分解速度，含量下降，从而减少了向叶绿素 b 的转化反应。低温处理后 1 周左右，可见叶片外缘的黄枯，即叶肉组织的坏死现象。灌浆中后期（9 月 6 日）使用 SPAD-502 对所有盆栽处理剑叶的上、中、下三个部位进行读数，取平均值作为该片剑叶的叶绿素含量。如图 6-1、图 6-2 所示，三个生殖生长时期低温处理后，经过一段时间的自我修复，所有处理的剑叶叶绿素含量均出现了回升，达到了对照水平，甚至高于对照，在统计上未达到显著水平。说明前期的低温对叶绿体功能的伤害未达到器质性深度，叶绿素的合成功能逐渐恢复，叶绿素含量恢复到正常水平。

表 6-2　低温胁迫下辽星 1 号和辽优 5218 叶片叶绿素含量及脯氨酸含量的变化

生育时期	低温（℃）	时间（d）	辽星 1 号			辽优 5218		
			叶绿素 a（mg/g）	叶绿素 b（mg/g）	脯氨酸（μg/g）	叶绿素 a（mg/g）	叶绿素 b（mg/g）	脯氨酸（μg/g）
孕穗期	CK	0	2.79b	0.81b	9.71a	3.16d	1.49b	3.97a
	12	1d	2.51b	0.78ab	8.65a	2.65bc	1.29b	7.66a
		3d	2.27ab	0.73a	16.03b	2.11b	1.01ab	14.47b
		5d	1.98a	0.65a	35.48d	1.58a	0.61a	34.37c
	17	1d	2.78b	0.80b	15.33b	2.83c	1.34b	7.87a
		3d	2.33ab	0.71a	22.19c	2.33b	1.37b	10.41ab
		5d	2.18a	0.69a	13.69ab	1.99ab	1.07ab	9.84ab

（续表）

生育时期	低温(℃)	时间(d)	辽星1号			辽优5218		
			叶绿素a(mg/g)	叶绿素b(mg/g)	脯氨酸(μg/g)	叶绿素a(mg/g)	叶绿素b(mg/g)	脯氨酸(μg/g)
抽穗开花	CK	0	3.64c	1.26c	9.71ab	3.86c	1.34b	3.97a
	10	1d	2.90b	0.95b	8.52a	3.12bc	1.07ab	4.54a
		3d	2.64ab	0.87ab	14.02b	2.60ab	0.85a	23.29c
		5d	2.29a	0.75a	24.89c	2.22a	0.76a	30.72d
	15	1d	3.58c	1.23c	7.82a	3.82c	1.26ab	6.31a
		3d	2.92b	0.90b	7.09a	2.93b	0.92ab	16.48b
		5d	2.34a	0.77a	6.35a	2.44a	0.85ab	13.36b
灌浆初期	CK	0	2.93b	1.09b	8.77ab	3.08b	1.39c	17.63b
	10	1d	2.90b	0.98b	11.19bc	2.89b	1.27bc	19.19b
		3d	2.73b	0.92b	13.86c	2.81b	1.16ab	15.87b
		5d	2.22a	0.86a	26.49d	2.11a	0.91a	46.02c
	15	1d	2.93b	1.08b	5.49a	2.91b	1.34c	15.58b
		3d	2.50ab	1.02b	8.36ab	2.49ab	1.30bc	21.57b
		5d	2.29a	0.83a	11.44bc	2.40ab	1.01a	19.40b

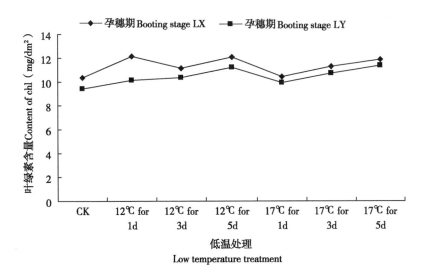

图6-1 生育后期叶片叶绿素含量

（2）叶片中脯氨酸含量的变化。脯氨酸含量在孕穗期、抽穗期及灌浆

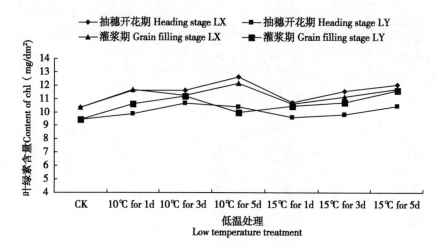

图 6-2　生育后期叶片叶绿素含量

期低温胁迫下均表现出明显增加的趋势（表6-2），处理温度越低、时间越长增加越明显，其中辽星1号孕穗期低温脯氨酸含量最高，辽优5218灌浆期低温脯氨酸含量最高。孕穗期12℃处理5d，辽星1号脯氨酸含量增加了近4倍，辽优5218增加了7倍多。抽穗开花期10℃处理5d，辽星1号增加了2.6倍，辽优5218增加了7倍多。灌浆期10℃处理5d，辽星1号增加了3倍，辽优5218增加了2倍。相关分析结果表明，孕穗期低温处理，辽优5218叶片脯氨酸含量与单株成粒数、单株结实率均显著负相关，辽星1号叶片脯氨酸含量与各考种指标间均无显著相关性。抽穗开花期低温处理，辽优5218叶片脯氨酸含量与株高、单株成粒数、单株结实率和实测谷重均呈显著负相关关系，与千粒重呈显著正相关关系；辽星1号叶片脯氨酸含量与株高、单株穗重、单株成粒数、单株结实率、实测谷重显著负相关，与单株秕粒数极显著正相关。灌浆期低温处理，辽优5218叶片脯氨酸含量与产量性状间无显著相关；辽星1号脯氨酸含量与单株穗重、单株结实率、实测谷重显著负相关，与单株秕粒数显著正相关。

　　通常人们对脯氨酸的认识是它作为逆境蛋白，对植物抵抗逆境伤害起到促进作用，而且脯氨酸的含量还常被作为衡量植物抗性强弱的重要指标。本研究中，低温逆境下脯氨酸也大量增加，这一点与以往的报道相一致，但是结合最终的产量性状各项指标来看，温度越低、脯氨酸含量越高、产量性状的表现也越差，在此脯氨酸含量提高抵抗逆境的作用并没有表现出来，而相反脯氨酸含量还与很多的产量性状呈显著的负相关，它的含量的迅速增加更多的是低温伤害程度的一种直观体现。

（3）低温胁迫下剑叶光合功能的变化。低温胁迫对水稻一个重要的伤害表现在影响叶片的光合功能，通过对剑叶光合功能进行的测定，发现低温处理后剑叶的光合能力出现了不同程度的下降，主要表现为温度越低、持续时间越长，净光合速率和气孔导度下降的幅度越大。三个生育时期相比较，辽星 1 号孕穗期低温对其剑叶 Pn 的影响最大，与对照相比下降了20.49%~41.20%，其次是灌浆期、抽穗开花期；气孔导度的表现与 Pn 一致，孕穗期低温处理比对照下降了 20.14%~49.31%。辽优 5218 剑叶的Pn、Gs 受低温影响由重到轻为孕穗期、抽穗开花期和灌浆初期，其中孕穗期低温伤害使剑叶的 Pn、Gs 分别比对照下降了 12.42%~29.86% 和9.09%~20.61%。方差分析的结果显示，三个不同生育时期低温处理的Pn、Gs 间均表现为显著或极显著的差异。不同低温处理间、不同时间处理之间均存在显著或极显著差异（表 6-3）。两个品种一致表现为孕穗期低温对剑叶的光合功能影响最大，而且这种伤害的表现一直持续到灌浆期，可能是孕穗期剑叶刚抽出全展，叶片的各个组织还处在很幼嫩的状态，此时的对低温胁迫的抵抗能力还较弱，所以低温伤害表现最重。低温处理后剑叶气孔导度的降低可能也是净光合速率下降的一个原因。后面将结合产量性状进行分析，进一步阐述低温的伤害。

表 6-3　低温胁迫下辽星 1 号和辽优 5218 剑叶净光合速率和气孔导度的变化

生育时期	低温（℃）	时间（d）	辽星 1 号		辽优 5218	
			净光合速率[CO_2 μmol/（$m^2 \cdot s$）]	气孔导度（H_2O mol/（$m^2 \cdot s$）]	净光合速率 Pn [CO_2 μmol/（$m^2 \cdot s$）]	气孔导度（H_2O mol/（$m^2 \cdot s$）]
孕穗期	CK	0	12.33d	0.432d	9.98d	0.330d
	12	1d	10.37c	0.402d	8.23bc	0.289bc
		3d	8.93b	0.336c	7.91b	0.275ab
		5d	7.25a	0.219a	7.00a	0.262ab
	17	1d	10.27c	0.324c	9.71d	0.323d
		3d	7.39a	0.284b	8.74c	0.306cd
		5d	6.84a	0.242a	7.15a	0.254a
抽穗开花	CK	0	12.33d	0.432de	9.98d	0.330bcd
	10	1d	12.90d	0.401cd	9.24c	0.337cd
		3d	10.65bc	0.370b	8.29b	0.324abcd
		5d	9.95b	0.315a	7.02a	0.296a
	15	1d	13.17d	0.440e	11.43e	0.352d
		3d	11.15c	0.390bc	9.26c	0.315abc
		5d	8.76a	0.300a	7.84b	0.306ab

（续表）

生育时期	低温(℃)	时间(d)	辽星1号		辽优5218	
			净光合速率[CO₂μmol/(m²·s)]	气孔导度(H₂Omol/(m²·s))	净光合速率 Pn[CO₂μmol/(m²·s)]	气孔导度(H₂Omol/(m²·s))
灌浆初期	CK	0	12.33d	0.432c	9.98cd	0.330bcd
	10	1d	11.60d	0.418c	12.62f	0.347cde
		3d	9.70b	0.363b	9.21b	0.318abc
		5d	8.27a	0.227a	8.33a	0.302ab
	15	1d	10.66c	0.417c	11.5e	0.376e
		3d	8.42a	0.372b	10.47d	0.359de
		5d	8.05a	0.349b	9.43bc	0.300a

2. 低温胁迫下稻穗颖花性状的改变

（1）花药长度、宽度及体积的变化。分别对孕穗期和抽穗开花期低温处理的水稻取样观测颖花性状的变化（表6-4）。低温处理后，花药长度、宽度及花药体积都发生了改变，总的趋势是随着处理温度的降低、处理时间的延长花药变短、变窄，体积变小。辽优5218在12℃低温处理5d后，花药的长度下降最大达16.2%，花药宽度下降了15.6%，花药体积下降率最大达到38.9%。低温处理5d，辽星1号花药长度下降了13.6%，宽度下降了7.5%，花药体积的最大下降率为22.2%。品种间比较，低温胁迫对杂交稻辽优5218颖花花药的伤害要大于常规水稻辽星1号。

表6-4 低温胁迫下辽星1号和辽优5218花药长、宽、体积及单穗颖花数的变化

生育时期	低温(℃)	时间(d)	辽星1号				辽优5218			
			花药长(mm)	花药宽(mm)	花药体积(mm³)	单穗颖花数	花药长(mm)	花药宽(mm)	花药体积(mm³)	单穗颖花数
孕穗期	CK	0	1.69c	0.40b	0.09b	202cd	2.59d	0.45b	0.18b	221b
	12	1d	1.67c	0.41b	0.10b	220d	2.50c	0.44b	0.16b	223b
		3d	1.48a	0.38ab	0.07a	163abcd	2.39b	0.40a	0.13a	207ab
		5d	1.46a	0.37a	0.07a	189bcd	2.17a	0.38a	0.11a	168a
	17	1d	1.68c	0.42b	0.10b	155ab	2.49c	0.45b	0.17b	165a
		3d	1.66c	0.41b	0.09b	142a	2.47c	0.40a	0.13a	255b
		5d	1.54b	0.39ab	0.08ab	183abc	2.24a	0.38a	0.11a	256b
抽穗开花	CK	0	1.60b	0.40bc	0.09c	202b	2.59d	0.45b	0.18c	221b
	10	1d	1.66c	0.41c	0.09c	189b	2.49ab	0.41a	0.14ab	246b
		3d	1.56bc	0.38abc	0.08bc	110a	2.45a	0.40a	0.15b	156a
		5d	1.45b	0.35abc	0.07abc	202b	2.45a	0.40a	0.15b	206ab
	15	1d	1.70bc	0.40ab	0.09ab	178b	2.58ab	0.41a	0.14ab	187ab
		3d	1.65bc	0.36a	0.08a	179b	2.48ab	0.40a	0.13a	200ab
		5d	1.62a	0.37a	0.07a	203b	2.47ab	0.40a	0.13a	197ab

　　与孕穗期相比，抽穗开花期低温处理对花药长、宽及体积的影响较小，是因为此时的花药已经发育完成，形态相对固定。从花药长度和宽度的变化幅度来看，花药长度的变化要大一些，花药宽度比较稳定，花药体积的变化主要是源于花药长度的改变。品种间比较，低温胁迫对杂交稻辽优 5218 颖花花药的伤害要大于对常规水稻辽星 1 号。

　　（2）单穗颖花数的变化。单穗颖花数可以用来描述水稻库容的大小，在低温处理后对水稻单穗颖花的个数进行了调查，发现孕穗期、抽穗开花期低温处理后，单穗颖花数都受到了一定的影响，总的趋势是数量在减少，孕穗期低温对该指标的影响要大于抽穗开花期，其中辽优 5218 单穗颖花数受低温影响更大，孕穗期 12℃低温处理 5d，单穗颖花数比对照下降了 23.98%，差异极显著。辽星 1 号孕穗期低温单穗颖花数也下降，但与对照相比较未达到显著水平。

　　3. 低温处理对产量性状的影响

　　（1）穗抽出度的变化。水稻的穗抽出度是指剑叶节到穗颈节之间的距离，露出剑叶叶鞘外的记为正值，包在鞘内的为负值。有研究证实，低温环境下，穗抽出度对水稻抗性的评价具有一定的应用价值。本试验的结果表明，抽穗开花期低温对穗抽出度的影响最重，其中辽星 1 号在 10℃ 5d 低温处理后，穗抽出度只有 1cm 长，比对照 5.89cm 减少了 82.97%，15℃ 5d 低温处理后也下降了 52.52%；其次是孕穗期低温 5d 处理，穗抽出度下降率在 23.49% ~ 32.54%。辽优 5218 在低温处理 5d 后，下降了 43.58% ~ 63.10%。灌浆期低温对穗抽出度无显著影响。

　　（2）株高的变化。水稻在进入生殖生长阶段其节间的伸长生长正在进行中，幼穗分化期也是倒数第 2 节间伸长生长的时期，抽穗开花期是倒 1 节间伸长生长的时期，此时的低温也会对节间生长产生影响，从而最终影响到植株的高度。所以在收获后考察了株高指标（表 6-5、表 6-6），结果表明：孕穗期、抽穗开花期低温处理均明显降低了水稻的植株高度，且随着处理温度的降低、处理时间的延长而效果越明显。其中辽星 1 号在抽穗开花期 10℃低温处理 5d 后，株高降低了 15.22%，其次是孕穗期 12℃低温 5d 处理也显著抑制株高达 9.76%，与对照之间的差异均达到显著或极显著水平；辽优 5218 在孕穗期 12℃低温 5d 处理后，株高降低了 7.1%，其次是抽穗开花期 10℃低温 3d、5d 处理，只有抽穗开花期低温处理与对照间的差异达到了显著水平。两个品种的株高指标均是在抽穗开花期对低温更为敏感，说明与倒 2 节间比较，倒 1 节间（穗颈节）是对低温更为敏感的指标，对株高的影响更大。

（3）单株穗数、穗长、穗重及草重指标的变化。单株穗数、穗长指标在各低温处理间无显著差异与对照也无明显差异。孕穗期低温处理后，单株穗重明显降低，尤其在低温 5d 处理后，辽星 1 号降低了 36.87% ~ 50.23%，辽优 5218 也降低了 20.37% ~ 30.66%。方差分析的结果显示，其中辽星 1 号孕穗期 5d 低温、抽穗开花期极端低温 5d 处理均显著抑制了穗重指标，辽优 5218 只有孕穗期 12℃低温处理 5d 后，穗重与对照间达到显著水平。单株草重指标的变化在辽星 1 号和辽优 5218 表现相反趋势，低温处理后，辽星 1 号草重均低于对照，尤其灌浆期 10℃低温 5d 处理后，下降了 30.4%，其次是抽穗开花期下降了 28.92%；辽优 5218 多数低温处理后草重都增加，灌浆期 10℃低温 5d 处理草重增加了 42.23%，其次是孕穗期 12℃低温 5d 处理后，草重增加了 40.87%。方差分析的结果显示，辽星 1 号只有灌浆初期极端低温处理 5d，草重指标与对照间差异达显著水平，辽优 5218 则仅有孕穗期界限低温 5d 处理后，草重显著高于对照。

（4）产量相关性状的变化。孕穗期低温对单株成粒数影响最大，尤其是长时间低温，辽星 1 号降低了 20.89% ~ 32.05%，辽优 5218 降低了 50.55%，其次是开花期 10℃ 5d 处理后下降 39.3%。方差分析的结果表明，辽星 1 号孕穗期低温处理 5d、抽穗开花期极端低温 5d 处理后，单株成粒数指标与对照之间差异达显著或极显著水平；辽优 5218 只有孕穗期极端低温 5d 处理后，该指标与对照间差异达显著水平。

单株秕粒数在低温处理下均增加，辽星 1 号秕粒数在抽穗开花期 10℃ 低温 5d 处理后变化最大，增加了 199.9%，辽优 5218 秕粒数在孕穗期 12℃低温 5d 处理后增加了 105.89%。方差分析的结果表明，辽星 1 号孕穗期低温处理 5d、抽穗开花期极端低温处理 5d 后，单株秕粒数与对照相比差异达显著或极显著水平；辽优 5218 在孕穗期极端低温 5d 处理、抽穗开花期极端低温 5d 处理后，单株秕粒数与对照间差异达显著或极显著水平。

多数低温处理后，千粒重显著下降，尤其是孕穗期 12℃ 5d 处理后，辽星 1 号下降了 5.71%，辽优 5218 下降了 8.49%；但是一些低温处理也显著增加了千粒重，如辽星 1 号灌浆期 15℃ 1d 处理后千粒重增加 2.83% 达显著水平，辽优 5218 抽穗开花期 10℃ 5d 处理后，千粒重极显著提高达 7.38%。

孕穗期、抽穗开花期低温对单株结实率影响大于灌浆期低温处理。品种间辽星 1 号高于辽优 5218，孕穗期低温处理，辽星 1 号单株结实率下降了 18.99% ~ 25.59%，辽优 5218 单株结实率下降了 14.03% ~ 30.23%；抽穗开花期低温辽星 1 号单株结实率下降了 7.37%~29.72%，辽优 5218 下降了 8.42%~25.13%。辽星 1 号开花期 10℃低温处理 5d，单株结实率下降最大为 29.72%，辽优 5218 则是孕穗期 12℃低温处理 5d 单株结实率下降幅度最大为 30.23%。

实测谷重结果表明孕穗期低温危害最重，辽星 1 号在 12℃低温 5d 处理后，谷重减少了 30.37%，辽优 5218 降低了 10.31%。方差分析的结果表明，辽星 1 号孕穗期低温 5d、抽穗开花期低温 5d 及灌浆期极端低温 5d 处理后，实测谷重与对照间差异均达到显著或极显著水平。辽优 5218 则在抽穗开花期、灌浆初期低温处理 5d 后，实测谷重与对照间差异达显著或极显著水平。

表 6-5 低温处理对辽星 1 号产量性状的影响

生育时期	低温(℃)	时间(d)	株高(cm)	穗抽出度(cm)	穴穗数	穗长(cm)	穗重(g)	草重(g)	穴成粒数	穴秕粒数	千粒重(g)	单株结实率(%)	单盆谷重(kg)
	CK		96.3c	5.89c	13.7a	17.5bc	59.2b	47.2a	2 196.3c	254.0c	24.5c	89.5d	0.166e
	12	1	95.3c	6.15c	13.0a	18.3c	59.0b	46.0a	2 110.0c	314.7a	25.2d	86.9cd	0.161e
		3	90.3bc	5.09ab	12.7a	16.9b	39.8ab	37.4a	1 488.3ab	387.0abc	23.7b	79.8b	0.109c
孕穗期		5	86.7ab	4.51ab	13.7a	16.6b	37.3a	45.0a	1 363.3a	525.0bc	23.7b	72.5a	0.101b
	17	1	94.3c	6.82c	12.7a	17.2bc	52.0b	39.7a	1 919.3bc	210.3a	24.4c	90.1d	0.145d
		3	93.3bc	5.30b	13.3a	16.4ab	41.6ab	45.0a	1 526.3ab	349.3ab	24.2c	81.5bc	0.114c
		5	82.0a	3.97a	15.0a	15.4a	29.4a	48.1a	1 086.0a	547.3c	23.1a	66.6a	0.079a
	CK		96.3d	5.89c	13.7a	17.5a	59.1b	47.2b	2 196.3b	254.0a	24.5c	89.5c	0.166d
	10	1	92.3bcd	4.83c	14.0a	17.5a	53.0b	42.2ab	2 017.3b	435.7ab	25.7d	82.8bc	0.161d
		3	87.3ab	2.53b	13.0a	17.9a	47.4ab	38.8ab	1 709.3ab	500.7b	24.2bc	77.5b	0.128b
抽穗开花		5	81.7a	1.00a	12.3a	17.4a	38.6a	44.4ab	1 333.0a	761.7c	23.8a	62.9a	0.098a
	15	1	94.7cd	5.33c	12.0a	17.8a	50.9ab	35.4a	1 863.3b	299.3a	24.1ab	85.8c	0.142c
		3	91.3bcd	3.11b	12.0a	17.8a	47.0ab	33.6a	1 732.3ab	355.7ab	24.0ab	83.0bc	0.131c
		5	88.7bc	2.80b	12.0a	18.3a	53.0b	42.4ab	1 950.7b	391.3ab	24.3bc	82.9bc	0.146c
	CK		96.3a	5.89a	13.7a	17.5a	59.1c	47.3b	2 196.3a	254.0a	24.5c	89.5b	0.166d
	10	1	96.3a	5.57a	12.3a	17.7a	44.8ab	39.3ab	1 697.0a	366.0a	23.7a	82.2a	0.132b
		3	92.3a	5.30a	12.3a	18.2a	49.4abc	43.7ab	1 841.0a	263.7a	24.1b	87.6ab	0.136b
灌浆初期		5	91.7a	5.46a	11.0a	18.2a	42.2a	32.9a	1 867.0a	423.0a	23.7a	81.7a	0.113a
	15	1	98.3a	6.66a	12.0a	18.5a	56.9bc	42.5ab	2 068.7a	215.0a	25.2d	90.5b	0.160d
		3	93.3a	5.64a	13.7a	16.9a	52.7abc	39.7ab	2 017.0a	202.3a	24.1b	91.0b	0.150c
		5	95.0a	6.53a	11.3a	17.9a	49.2abc	44.0ab	1 797.3a	261.0a	24.6c	87.3ab	0.137b

表 6-6　低温处理对辽优 5218 产量性状的影响

生育时期	低温(℃)	时间(d)	株高(cm)	穗抽出度(cm)	穴穗数	穗长(cm)	穗重(g)	草重(g)	穴成粒数	穴秕粒数	千粒重(g)	单株结实率(%)	单盆谷重Y(kg)
孕穗期		CK	103.3a	8.13bc	12.3a	23.2a	57.9bc	36.7ab	1 865.3bc	509.0ab	27.1d	78.4bcd	0.155a
	12	1	107.0a	9.19c	12.3a	23.7a	63.4c	34.6a	2 122.7c	362.3a	26.9d	85.4d	0.163e
		3	104.3a	8.02bc	15.0a	22.7a	59.5bc	46.4abc	1 973.0bc	609.0ab	26.3c	76.5bcd	0.155d
		5	98.3a	5.54a	12.7a	23.5a	40.2a	48.5bc	1 289.3a	1048.0c	24.8a	54.7a	0.099a
	17	1	106.3a	8.29bc	14.3a	23.6a	64.4c	49.2c	1 957.3bc	846.0bc	28.6e	70.5bc	0.168f
		3	107.0a	9.80d	11.7a	23.2a	54.5abc	41.1abc	1 844.0ab	409.7a	26.0b	82.4cd	0.100b
		5	99.7a	7.32b	13.7a	22.4a	46.1ab	51.7c	1 549.3ab	752.0abc	26.0b	67.4b	0.173g
抽穗开花		CK	103.3a	8.13c	12.3a	23.2abc	57.9ab	36.7a	1 865.3ab	509.0a	27.1c	78.4bc	0.155c
	10	1	105.0a	8.45c	15.0a	23.4bc	72.0b	42.2a	2 173.0b	746.3ab	25.9a	74.7bc	0.185g
		3	96.0a	5.54b	12.3a	16.6a	54.6a	36.8a	1 644.7ab	796.3ab	27.9d	67.4ab	0.142b
		5	99.7a	4.59ab	11.7a	24.3c	51.1a	38.7a	1 391.3a	958.3b	29.1e	58.7a	0.116a
	15	1	108.0a	7.90c	12.3a	24.1c	65.9ab	37.3a	2 151.3b	431.0a	27.3c	82.8c	0.180f
		3	101.3a	6.01b	13.0a	23.9c	65.1ab	37.6a	2 028.7b	590.0ab	28.1d	77.8bc	0.175e
		5	99.7a	3.00a	15.0a	16.3a	64.2ab	41.3a	2 015.3b	807.0ab	26.8b	71.8bc	0.166d
灌浆初期		CK	103.3a	8.13ab	12.3a	23.2a	57.9a	36.7ab	1 865.3a	509.0ab	27.1d	78.4a	0.155c
	10	1	113.0b	9.09ab	14.0a	25.4a	68.9a	52.2c	2 156.0a	672.5ab	27.5d	76.4a	0.176g
		3	113.0b	10.26c	11.3a	24.2a	53.6a	33.2a	1 687.0a	723.0ab	26.5c	70.3a	0.139b
		5	111.3b	9.44ab	11.3a	24.7a	53.5a	34.5a	1 701.0a	744.0ab	26.1b	69.2a	0.136a
	15	1	108.7ab	9.94b	11.7a	24.2a	59.4a	33.4a	1 825.3a	507.0a	27.7e	77.9a	0.157d
		3	105.3ab	7.81a	16.7a	24.0a	66.2a	39.0abc	2 137.3a	748.3ab	26.3bc	75.2a	0.171e
		5	108.0ab	8.26ab	18.3a	22.9a	68.3a	47.8bc	2 203.0a	997.0b	25.5a	68.3a	0.173f

（5）各性状间的相关分析。孕穗期低温处理，各考察性状均发生了改变，对各生理指标、植株性状及产量相关性状进行相关分析结果表明（表6-7、表6-8）：孕穗期低温处理，辽星1号的株高指标、穗抽出度、穗长、单株穗重、单株成粒数、千粒重指标与单株结实率、实测谷重间均呈极显著正相关关系；辽优5218的穗抽出度、株高与单株成粒数、单株结实率呈极显著正相关关系，单株穗重与单株成粒数呈极显著正相关关系。

抽穗开花期（表6-9、表6-10），辽星1号的穗抽出度、株高与单穴穗重、单穴成粒数、单株结实率及实测谷重，单株穗重与单株成粒数、单株结实率、实测谷重指标两两间均呈显著或极显著正相关。辽优5218单株穗重与单株成粒数、实测谷重呈极显著正相关，单株成粒数与单株结实率、实测谷重呈显著或极显著正相关，千粒重则与单株穗数、单株穗重、单株成粒数及实测谷重呈显著负相关。

灌浆期低温处理（表6-11、表6-12），辽星1号穗抽出度与千粒重呈显著正相关关系，单株穗重与单株草重、单株成粒数、单株结实率、千粒重及实测谷重均呈显著或极显著正相关，单株秕粒数与单株穗重、单株结实率及实测谷重呈显著或极显著负相关，单株草重与实测谷重呈显著正相关；辽优5218穗抽出度与株高呈显著正相关，单株穗数与单株穗重、单株成粒数、实测谷重呈显著或极显著正相关，单株穗重与单株草重、单株成粒数及实测谷重两两之间呈显著或极显著正相关，单株结实率与单株秕粒数呈显著负相关，与千粒重呈显著正相关。

表6-7　孕穗期辽星1号各性状间相关分析

	脯氨酸含量	穗抽出度	株高	单穴穗数	穗长	单穴穗重	单穴草重	单穴成粒数	单穴秕粒数	单穴结实率	十粒重	实测谷重
脯氨酸含量	1	-0.449	-0.412	0.057	-0.381	-0.533	-0.078	-0.538	0.529	-0.475	-0.421	-0.535
穗抽出度		1	0.889*	-0.734	0.782*	0.871*	-0.332	0.875	-0.957**	0.960**	0.835*	0.876*
株高			1	-0.710	0.849**	0.915**	-0.182	0.921**	-0.927**	0.971**	0.895**	0.919**
穴穗数				1	-0.7	-0.540	0.764*	-0.544	0.679	-0.725	-0.596	-0.542
穗长					1	0.919**	-0.165	0.907**	-0.714	0.831*	0.919**	0.910**
单穴穗重						1	0.01	0.998**	-0.856*	0.924	0.930*	0.999**
单穴草重							1	-0.013	0.309	-0.276	0.028	-0.003
单穴成粒数								1	-0.873*	0.935**	0.909**	1.000**
单穴秕粒数									1	-0.980**	-0.771*	-0.869*
单穴结实率										1	0.854*	0.932**
千粒重											1	0.917**

注：* Correlation is significant at the 0.05 level . ** Correlation is significant at the 0.01 level

表6-8　辽优5218孕穗期各性状相关分析

	脯氨酸含量	穗抽出度	株高	单穴穗数	穗长	单穴穗重	单穴草重	单穴成粒数	单穴秕粒数	单穴结实率	千粒重	实测谷重
脯氨酸含量	1	-0.771*	-0.664	0.003	0.161	-0.734	0.443	-0.758*	0.702	-0.780*	-0.728	-0.653
穗抽出度		1	0.918**	-0.253	0.095	0.741	-0.592	0.830*	-0.875**	0.936**	0.492	0.166
株高			1	-0.097	0.355	0.884**	-0.560	0.906**	-0.715	0.845*	0.642	0.167
穴穗数				1	-0.430	0.205	0.629	0.116	0.400	-0.251	0.303	0.551
穗长					1	0.273	-0.445	0.180	0.010	0.051	0.253	-0.284
单穴穗重						1	-0.490	0.969**	-0.587	0.758*	0.844*	0.532
单穴草重							1	-0.587	0.806*	-0.759*	-0.168	0.029
单穴成粒数								1	-0.748	0.879**	0.711	0.492
单穴秕粒数									1	-0.971**	-0.220	-0.152
单穴结实率										1	0.422	0.262
千粒重											1	0.659

注：* Correlation is significant at the 0.05 level . ** Correlation is significant at the 0.01 level

表6-9 辽星1号抽穗开花期各性状相关分析结果

	脯氨酸含量	穗抽出度	株高	单穴穗数	穗长	单穴穗重	单穴草重	单穴成粒数	单穴秕粒数	单穴结实率	千粒重	实测谷重
脯氨酸含量	1	-0.655	-0.784*	0.014	-0.543	-0.756*	0.368	-0.785*	0.896*	-0.913**	-0.377	-0.783*
穗抽出度		1	0.964**	0.463	-0.140	0.851*	0.043	0.860*	-0.840*	0.863*	0.511	0.873*
株高			1	0.322	0.013	0.857*	-0.118	0.867*	-0.942**	0.946**	0.402	0.863*
穴穗数				1	-0.512	0.472	0.555	0.502	-0.108	0.230	0.787*	0.557
穗长					1	0.197	-0.370	0.177	-0.322	0.309	-0.206	0.117
单穴穗重						1	0.254	0.994**	-0.858*	0.910**	0.528	0.970**
单穴草重							1	0.220	0.224	-0.155	0.270	0.198
单穴成粒数								1	-0.857*	0.916**	0.598	0.989**
单穴秕粒数									1	-0.988**	-0.238	-0.822*
单穴结实率										1	0.376	0.894**
千粒重											1	0.699

注：* Correlation is significant at the 0.05 level . ** Correlation is significant at the 0.01 level

表6-10 辽优5218抽穗开花期各性状相关分析结果

	脯氨酸含量	穗抽出度	株高	单穴穗数	穗长	单穴穗重	单穴草重	单穴成粒数	单穴秕粒数	单穴结实率	千粒重	实测谷重
脯氨酸含量	1	-0.684	-0.756*	0.014	-0.197	-0.737	-0.174	-0.846*	0.737	-0.863*	0.848*	-0.815*
穗抽出度		1	0.715	-0.105	0.602	0.404	-0.200	0.448	-0.664	0.614	-0.432	0.479
株高			1	0.113	0.665	0.634	0.098	0.682	-0.697	0.721	-0.471	0.653
穴穗数				1	-0.346	0.748	0.868*	0.636	0.138	0.207	-0.787*	0.615
穗长					1	0.149	-0.155	0.101	-0.366	0.243	0.161	0.116
单穴穗重						1	0.549	0.952**	-0.424	0.690	-0.789*	0.957**
单穴草重							1	0.339	0.457	-0.157	-0.563	0.308
单穴成粒数								1	-0.642	0.862*	-0.790*	0.993**
单穴秕粒数									1	-0.939**	0.316	-0.639
单穴结实率										1	-0.569	0.856*
千粒重											1	-0.765*

注：* Correlation is significant at the 0.05 level . ** Correlation is significant at the 0.01 level

表6-11 辽星1号灌浆初期各性状相关分析结果

	脯氨酸含量	穗抽出度	株高	单穴穗数	穗长	单穴穗重	单穴草重	单穴成粒数	单穴秕粒数	单穴结实率	千粒重	实测谷重
脯氨酸含量	1	-0.530	-0.743	0.014	0.293	-0.778*	-0.734	-0.405	0.834*	-0.763*	-0.657	-0.873*
穗抽出度		1	0.716	-0.195	0.228	0.495	0.401	0.278	-0.472	0.447	0.873*	0.495
株高			1	0.192	0.119	0.591	0.500	0.317	-0.369	0.338	0.676	0.683
穴穗数				1	-0.724	0.649	0.485	0.593	-0.573	0.610	0.060	0.707
穗长					1	-0.181	-0.098	-0.200	0.297	-0.295	0.278	-0.264
单穴穗重						1	0.771*	0.861*	-0.825*	0.887**	0.776*	0.979**
单穴草重							1	0.421	-0.704	0.660	0.616	0.770*
单穴成粒数								1	-0.565	0.726	0.563	0.788*
单穴秕粒数									1	-0.975**	-0.717	-0.825*
单穴结实率										1	0.730	0.860*
千粒重											1	0.734

注：* Correlation is significant at the 0.05 level . ** Correlation is significant at the 0.01 level

表 6-12 辽优 5218 灌浆初期各性状相关分析结果

	脯氨酸含量	穗抽出度	株高	单穴穗数	穗长	单穴穗重	单穴草重	单穴成粒数	单穴秕粒数	单穴结实率	千粒重	实测谷重
脯氨酸含量	1	0.047	0.214	-0.207	0.308	-0.358	-0.180	-0.316	0.211	-0.466	-0.396	-0.479
穗抽出度		1	0.758 *	-0.729	0.494	-0.592	-0.417	-0.696	-0.258	-0.161	0.332	-0.617
株高			1	-0.330	0.719	-0.160	0.150	-0.247	0.202	-0.430	0.059	-0.286
穴穗数				1	-0.426	0.839 *	0.660	0.900 **	0.711	-0.226	-0.536	0.788 *
穗长					1	-0.055	0.122	-0.154	-0.246	0.127	0.452	-0.118
单穴穗重						1	0.869 *	0.987 **	0.390	0.154	-0.043	0.980 **
单穴草重							1	0.852 *	0.457	-0.039	-0.073	0.800 *
单穴成粒数								1	0.458	0.093	-0.163	0.963 **
单穴秕粒数									1	-0.838 *	-0.876 **	0.233
单穴结实率										1	0.856 *	0.323
千粒重											1	0.087

注：* Correlation is significant at the 0. 05 level . ** Correlation is significant at the 0. 01 level

4. 结论

北方粳稻颖花结实低温伤害机理试验，经过 2009 年一个生长季的研究，得出以下结论。

生理指标测定了叶片叶绿素含量、脯氨酸含量，结果表明：孕穗期、抽穗期及灌浆期低温均降低叶片的叶绿素含量，其中叶绿素 b 含量下降幅度较大，可达 40%，这可能是因为叶绿素 b 是由叶绿素 a 转化而来，低温下叶绿素 a 合成速度小于分解速度，含量下降，从而减少了向叶绿素 b 的转化反应；灌浆中后期叶绿素测定结果显示这种叶绿素含量的降低可能是低温对叶绿素本身的破坏，可能并未涉及叶绿体的功能。脯氨酸含量在孕穗期、抽穗期及灌浆期低温胁迫下均表现出明显增加的趋势，尤其是灌浆期 10℃长时间（3d、5d）处理下，脯氨酸含量可增加 3~7 倍。相关分析结果表明，孕穗期低温处理，辽优 5218 叶片脯氨酸含量与单株成粒数、单株结实率均呈显著负相关，辽星 1 号叶片脯氨酸含量与各考种指标间均无显著相关性。抽穗开花期低温处理，辽优 5218 叶片脯氨酸含量与株高、单株成粒数、单株结实率和实测谷重均呈显著负相关，与千粒重呈显著正相关；辽星 1 号叶片脯氨酸含量与株高、单株穗重、单株成粒数、单株结实率、实测谷重呈显著负相关，与单株秕粒数呈极显著正相关。灌浆期低温处理，辽优 5218 叶片脯氨酸含量与产量性状间无显著相关；辽星 1 号脯氨酸含量与单株穗重、单株结实率、实测谷重呈显著负相关，与单株秕粒数呈显著正相关。由于脯氨酸含量的变化对逆境中植物的作用还存在争议，所以我们也很难解释灌浆期低温处理下辽优 5218 叶片脯氨酸含量最高，但却与产量性状无显著相关关系这一结果，可能是低温加速了植株、叶片的衰老使脯氨酸含量急剧增加。总的来看，脯氨酸含量的增加似乎没有缓解低温对结实性状的伤害。

对孕穗期、抽穗开花期低温处理后的颖花花药长、宽进行测量并计算花药体积，结果表明花药宽的变化幅度较小范围在 2%～10%，花药长对低温较敏感，较长时间（3d、5d）的低温处理明显抑制花药的发育，花药体积可降低约 30%。相关分析结果表明，只有抽穗开花期低温处理下，辽星 1 号千粒重与花药长呈极显著负相关。

水稻齐穗后对光合速率的测定结果显示，低温处理抑制叶片的净光合速率，尤其极端低温处理下抑制率可达 50%以上。两个品种一致表现为孕穗期低温对剑叶的光合功能影响最大，而且这种伤害的表现一直持续到灌浆期，可能是孕穗期剑叶刚抽出全展，叶片的各个组织还处在很幼嫩的状态，此时对低温胁迫的抵抗能力还较弱，所以低温伤害表现最重。方差分析结果显示，三个不同生育时期低温处理的 Pn、Gs 间均表现为显著或极显著的差异；不同低温处理间、不同处理时间之间均存在显著或极显著差异。低温处理后剑叶气孔导度的降低可能也是净光合速率下降的一个原因。相关分析结果表明，叶片的净光合速率与各产量构成因素呈显著或极显著正相关关系。

对考种结果进行统计分析，结果表明：株高性状在抽穗开花期对低温最为敏感，辽星 1 号在 10℃低温 5d 处理后，株高降低了 15.22%。其次是孕穗期 12℃低温 5d 处理也显著抑制株高达 9.76%；辽优 5218 在孕穗期 12℃低温 5d 处理后，株高降低了 7.1%，其次是抽穗开花期 10℃低温 3d、5d 处理。穗抽出度在抽穗开花期受害最重，辽星 1 号在 12℃低温 5d 处理后，穗抽出度降低了 83.02%，辽优 5218 下降了 62.96%。单株穗数、穗长指标在各低温处理间无显著差异与对照也无明显差异。孕穗期低温处理后，单株穗重明显降低，尤其在低温 5d 处理后，辽星 1 号降低了 36.87%～50.23%，辽优 5218 也降低了 20.37%～30.66%。单株草重指标的变化在辽星 1 号和辽优 5218 表现相反趋势，低温处理后，辽星 1 号草重均低于对照，尤其灌浆期 10℃ 5d 处理后，下降了 30.4%，其次是抽穗开花期下降了 28.92%；辽优 5218 多数低温处理后草重都增加，灌浆期 10℃低温 5d 处理草重增加了 42.23%，其次是孕穗期 12℃低温 5d 处理后，草重增加了 40.87%。孕穗期低温对单株成粒数影响最大，尤其是长时间低温，辽星 1 号降低了 20.89%～32.05%，辽优 5218 成粒数降低了 50.55%，其次是开花期 10℃低温 5d 处理后下降 39.3%。单株秕粒数在低温处理下均增加，辽星 1 号秕粒数在抽穗开花期 10℃ 低温 5d 处理后变化最大，增加了 199.9%，辽优 5218 秕粒数在孕穗期 12℃ 低温 5d 处理后增加了 105.89%。多数低温处理后，千粒重显著下降，尤其是孕穗期 12℃ 低温 5d 处理后，辽星 1 号下降粒 5.71%，辽优 5218 下降了 8.49%；但是一些低温处理也显著增加了千粒重，如辽星 1 号灌浆期 15℃ 低温 1d 处理后千粒重增加 2.83% 达显著水平，辽优 5218 抽穗开花期 10℃ 低温 5d 处理后，千粒重极显著提高达 7.38%。孕穗期、抽穗开花期低温对单株结实率影响大于灌浆期低温处理，品种间辽星 1 号高于辽优 5218，孕穗期低温处理，辽星 1 号单株结实率下降了 18.99%~25.59%，辽优 5218 单株结实率下降了 14.03%~30.23%；抽穗开花期低温辽星 1 号单株结实率下降了 7.37%~29.72%，辽优 5218 下降了 8.42%~25.13%。辽星 1 号开花期 10℃ 低温处理 5d，单株结实率下降最大为 29.72%，辽优 5218 则是孕穗期 12℃ 低温处理 5d 单株结实率下降幅度最大为 30.23%。实测谷重结果表明孕穗期低温危害最重，辽星 1 号在 12℃ 处理 5d 后，谷重减少了 30.37%，辽优 5218 降低了 10.31%。相关分析结果表明，三个低温处理时期与产量构成因素密切相关的指标各有异同。孕穗期低温处理，辽星 1 号的株高、穗抽出度、穗长、单株穗重、单株成粒数、千粒重指标与单株结实率、实测谷重间均呈极显著正相关；辽优 5218 的穗抽出度、株高与单株成粒数、单株结实率呈极显著正相关，单株穗重与单株成粒数呈极显著正相关。抽穗开花期，辽星 1 号的穗抽出度、株高与单穴穗重、单穴成粒数、单株结实率及实测谷重，单株穗重与单株成粒数、单株结实率、实测谷重指标两两间均呈显著或极显著正相关。辽优 5218 单株穗重与单株成粒数、实测谷重呈极显著正相关，单株成粒数与单株结实率、实测谷重呈显著或极显著正相关，千粒重则与单株穗数、单株穗重、单株成粒数及实测谷重呈显著负相关。灌浆期低温处理，辽星 1 号穗抽出度与千粒重呈显著正相关，单株穗重与单株草重、单株成粒数、单株结实率、千粒重及实测谷重均呈显著或极显著正相关，单株秕粒数与单株穗重、单株结实率及实测谷重呈显著或极显著负相关，单株草重与实测谷重呈显著正相关；辽优 5218 穗抽出度与株高呈显著正相关，单株穗数与单株穗重、单株成粒数、实测谷重呈显著或极显著正相关，单株穗重与单株草重、单株成粒数及实测谷重两者之间呈显著或极显著正相关，单株结实率与单株秕粒数呈显著负相关，与千粒重呈显著正相关。

　　总之，孕穗期受低温伤害较为敏感的包括叶绿素含量、脯氨酸含量、株高、单株穗重、单株草重、单株成粒数、千粒重、单株结实率、实测谷重；抽穗开花期敏感性状包括叶绿素含量、脯氨酸含量、株高、穗抽出度、单株草重、单株成粒数、单株秕粒数、单株结实率；灌浆期较敏感的性状包括叶绿素含量、脯氨酸含量、单株草重、千粒重和单株结实率。

二、对低温伤害的预防措施进行探索性研究

这方面在实际生产中是非常重要的措施，可行之有效的减少低温对产量造成的损失。

1. "易丰收"液体复合肥对水稻低温伤害的预防效果

（1）试验材料。试材选用生产上的主栽品种辽星1号和辽优5218。

（2）试验方法。试验于2009年在辽宁省水稻研究所试验基地进行。采用室外盆栽试验，盆直径35cm，高40cm，装稻田土15kg/盆。4月12日播种，常规育苗，5月22日移栽，每盆3苗，插单株，3次重复，肥水等栽培管理同大田。在孕穗期（7月28日）将水稻移入人工气候室，12℃处理5d，试验设置3个处理：①处理前1周叶面喷施"易丰收"5 000倍液（BT）；②处理后叶面喷施"易丰收"5 000倍液（AT）；③不喷施"易丰收"（T0）；室外正常生长为对照（CK）。处理期间人工气候室内白天用日光灯照明，日落后关闭。处理后移至室外正常生长至成熟。

（3）测定指标。收获后考种指标包括：株高、穗抽出度、单株穗数、单株草重、单株实粒数、千粒重及单株结实率。

（4）数据处理。试验数据采用Excel 2003进行均数计算，SPSS 13.0进行方差分析。

（5）结果分析。

①"易丰收"微肥对低温胁迫下水稻株高和穗抽出度的影响。孕穗期在低温胁迫下，水稻株高和穗抽出度被明显抑制（表6-13）。与对照相比，辽优5218的T0处理株高下降了3.7%，处理前喷施"易丰收"的BT处理株高下降了2.0%，而处理后喷施"易丰收"的AT处理株高下降了2.2%。辽星1号低温处理后，与对照比较，T0处理株高下降了10.0%，BT处理株高下降了6.1%，AT处理株高下降了7.9%。喷施"易丰收"的处理株高下降率要低于未喷施易丰收的处理，两品种表现一致。

穗抽出度指标是近年来被广泛关注的抗性评价指标。由表6-13可知，低温处理后，两品种穗抽出度均明显下降。与对照比较，辽优5218的T0处理穗抽出度下降了39.3%，BT处理穗抽出度下降了29.2%，AT处理下降了31.5%。辽星1号低温处理后，T0处理穗抽出度下降了29.0%，BT处理下降了16.1%，AT处理下降了25.8%。"易丰收"喷施对低温下两

品种穗抽出度的下降起到了缓解作用。

表 6-13　易丰收微肥对低温胁迫下辽优 5218 和辽星 1 号考种指标的影响

品种	易丰收处理	株高（cm）	穗抽出度（cm）	单株穗数（个）	单株草重（g）	单株实粒数（个）	单株结实率（%）	千粒重（g）
辽优 5218	CK	117.3b	8.9c	13.3a	47.7a	2103c	93.5b	25.7a
	T0	113a	5.4a	13.1a	47.5a	1727a	82.4a	25.4a
	BT	115ab	6.3b	13a	50.9a	1822b	90.3b	26.2a
	AT	114.7ab	6.1ab	12a	47.2a	1806b	84.0ab	25.7a
辽星 1 号	CK	109.7c	6.2b	12a	48.1a	1833.3c	91.3b	24.0b
	T0	98.7a	4.4a	12a	71.4b	1138.7a	78.7a	21.6a
	BT	103b	5.2ab	13a	69.3b	1486b	82.1a	21.6a
	AT	101ab	4.6a	13a	70.1b	1438b	78.1a	22a

注：表中同列数字后的字母表示在 0.05 水平的差异显著性

②"易丰收"液体复合肥对低温胁迫下水稻产量性状的影响。"易丰收"喷施处理对低温下水稻单株穗数的影响不显著（表 6-13）。单株草重的变化率两品种间差异较大，辽优 5218 所有低温处理与对照间差异均不显著。辽星 1 号表现为低温下草重明显增加，与对照比较，T0 处理增加了 48.4%，BT 处理增加了 44.1%，AT 处理增加率 45.7%。

单株实粒数在低温处理下显著下降，BT 和 AT 处理可明显缓解下降的趋势。辽优 5218 的 T0 处理单株实粒数下降率为 17.9%，BT 和 AT 处理后下降率分别为 13.4% 和 14.1%。辽星 1 号 T0 处理单株实粒数下降率为 37.9%，BT 和 AT 处理后下降率分别为 18.9% 和 21.6%。方差分析结果表明，喷施"易丰收"微肥可显著减少秕粒的出现，缓解低温对灌浆的伤害。

单株结实率在低温处理后不同程度的下降，两品种均表现为喷施"易丰收"可以有效提高低温下单株结实率，未喷施的处理下降率最大，辽优 5218 为 11.9%，辽星 1 号为 13.8%。

辽优 5218 低温下千粒重变化不明显，辽星 1 号千粒重在低温处理后显著下降。"易丰收"的施用对两品种千粒重的影响不显著。

（6）结论与讨论。水稻进入孕穗期是对低温十分敏感的时期。此时的低温对植株发育及颖花的发育都会产生明显影响。本试验的结果表明，两参试品种的株高性状、穗抽出度性状均是非常敏感的指标，低温下降率在 3.7%~10% 和 29.0%~39.3%，"易丰收"的喷施对低温伤害的预防和修复效果都很明显，尤其是低温处理前 1 周喷施效果更明显，与未喷施处理

T0 比较，株高下降率可以小 1.7~3.9 个百分点，穗抽出度下降率小
10.1~12.9 个百分点。

产量性状中，两品种间低温敏感指标存在一定的差异，辽优 5218
单株草重和千粒重指标比较稳定，受低温影响不明显，且"易丰收"的
施用也对其无明显影响；辽优 5218 单株实粒数和单株结实率受低温影
响明显，且"易丰收"的施用可显著改善低温伤害，低温处理前喷施效
果更佳。辽星 1 号除单株穗数指标较稳定外，其他各产量性状均对低温
比较敏感；单株结实率和千粒重在低温下显著下降，"易丰收"对低温
影响无显著改善效果；但可以显著降低单株草重的增加幅度，同时明显
提高单株实粒数。

本研究得出低温处理前 1 周喷施效果明显好于低温处理后喷施，喷施
效果要好于未喷施处理。本研究结论可作为"易丰收"液体复合肥推广应
用的参考。

2. 不同叶面肥对水稻低温冷害防治效果

王银锁等试验叶面肥对水稻障碍型冷害及延迟型冷害的预防效果。试
验各处理叶面肥用量，处理 1~7 每小区（18m^2）分别用农利 9mL、乌苏
比特 10mL、稻之素 10mL、特点 3mL、NM 菌剂 20mL、绿色杨康 10mL、
施必丰 3mL，处理 8 为对照，喷施清水。农利含有 SOD 酶类的高浓缩微生
物复合菌液；NM 菌剂含有光合菌、乳酸菌、酵母菌、芽孢菌、放线菌和
丝状菌等活性菌；特点叶面肥为胺酰脂+植物激酶及钼、硅、硒和稀土元
素等；稻之素含锌、镁、钙和锰、氨和黄腐酸；乌苏比特为有机螯合硅、
钾叶面肥；绿色杨康为含 P、K 类叶面肥；施必丰为海藻素和有机物螯合
物。喷施含植物代谢酶（农利、特点）和含有螯合钾（乌苏比特）能提
高水稻抗障碍性冷害能力。试验所选叶面处理均能提高水稻抗冷害能力，
综合比较农利、特点和乌苏比特效果最好。

3. 磷肥对低温冷害的缓解作用

多年的生产实践证实，低温能影响水稻对磷素营养的吸收、抑制生
长，而增施磷肥则能促进水稻根系生长，有助于插秧后返青，从而提高水
稻产量（侯立刚等，2013）。侯立刚等以耐冷性品种吉粳 81 号和非耐冷性
品种长白 9 号为供试材料，通过不同的磷肥施用量，研究低温下磷肥对水
稻幼苗耐冷性及相关生理特性的影响。结果表明，适当增加磷肥用量可增
强水稻幼苗素质，提高水稻生物量，减缓水稻幼苗叶绿素相对含量降低程
度。并提高净光合速率及不饱和脂肪酸指数等指标，有效提高耐冷性能
力，且增磷对非耐冷品种的影响明显高于耐冷品种。

4. 壳聚糖及其衍生物对水稻抗冷性的影响

壳聚糖具有促进植物生长，提高低温下作物的发芽率，降低细胞膜透性及 MDA 的积累，还可以使植物中可溶性糖、游离脯氨酸含量增加，降低幼苗在低温胁迫下冷害指数、提高植物的抗冷性等优点。孙磊等以剑叶全展后的"两优培九"为材料，探讨了低温下喷施过壳聚糖的处理对水稻剑叶类囊体膜光合特性和叶绿素荧光参数的影响。结果表明，经壳聚糖处理的低温下水稻具有较高的光合色素含量和电子传递链活性，维持较高的光化学效率，以及可能利用不断增加的 qN 来进行耗散过剩激发能，保护了类囊体膜系统，减缓了低温对光合机构的破坏，具有一定的缓解低温胁迫伤害的能力。

5. 外源水杨酸对水稻低温冷害的缓解作用

外源水杨酸（salicylic acid，SA）是植物体内普遍存在的一种小分子酚类化合物，被认为是一种新的激素参与调节植物的许多生理过程。研究表明 SA 能通过调节其抗氧化机制提高水稻幼苗的抗寒性。

张蕊等以西农优 1 号为材料，用 0.5mmol/L 外源水杨酸（SA）对水稻幼苗进行叶面喷施和灌根预处理。结果表明，用 0.5mmol/L SA 预处理使水稻幼苗叶片在低温胁迫下总叶绿素含量增加，气孔导度及胞间 CO_2 含量下降，净光合速率增加，电解质渗漏率和丙二醛（MDA）含量降低。说明 SA 可能为低温胁迫下水稻幼苗的光合器官提供保护作用，从而减轻低温胁迫对水稻幼苗的伤害，提高水稻幼苗的抗寒性。

参考文献

崔为同 . 2012. 水稻灌浆期籽粒及茎秆低温应答蛋白质组学研究 ［J］. 中科院研究生院 .

戴陆园，叶昌荣，余腾琼，等 . 2002. 水稻耐冷性研究 I . 稻冷害类型及耐冷性鉴定评价方法概述 ［J］. 西南农业学报，15（1）：41-45.

傅泰露，马均，王贺正，等 . 2007. 水稻开花期耐冷性综合评价及鉴定指标的筛选 ［J］. 西南农业学报，20（5）：965-969.

郭晓丽，王立刚，邱建军，等 . 2009. 基于 GIS 的东北地区水稻低温冷害区划研究 ［J］. 江西农业大学学报（3）：494-498.

侯立刚，马巍，齐春艳，等 . 2013. 低温条件下磷肥对水稻幼苗耐冷性及相关生理特性的影响 ［J］. 东北农业大学学报，44（7）：

39-45.

刘民 . 2009. 水稻低温冷害分析及研究进展 [J]. 黑龙江农业科学
　(4)：154-157.

李霞，戴传超，程睿，等 . 2006. 不同生育期水稻耐冷性的鉴定及耐
　冷性差异的生理机制 [J]. 作物学报，32 (1)：76-83.

马世均，曲力长，张淑金，等 . 1981. 辽宁省抗御低温冷害论文选编
　(1977—1981) [J]. 辽宁省农业科学院，3-7.

马树庆，王琪 . 2007. 东北地区水稻低温冷害监测技术方法研究 [J].
　第二届全国生态与农业气象业务发展与技术交流会，305-310.

马树庆，王琪，王春乙，等 . 2011. 东北地区水稻冷害气候风险度和
　经济脆弱度及其分区研究 [J]. 地理研究，30 (5)：931-938.

倪善君，路洪彪，张战，等 . 2001. 辽宁省水稻品种分布与思考 [J].
　垦殖与稻作 (3)：6-8.

宋广树，孙蕾，杨春刚，等 . 2012. 吉林省水稻幼苗期低温处理对根
　系活力的影响 [J]. 中国农学通报，28 (3)：33-37.

宋广树 . 2011. 东北地区玉米和水稻低温冷害诊断指标与远程决策管
　理系统研究 [D]. 中国农业科学院 .

宋广树，孙忠富，王害，等 . 2011. 不同生育时期低温处理对水稻品
　质的影响 [J]. 中国农学通报，27 (18)：174-179.

孙磊，陈国祥，吕川根，等 . 2010. 壳聚糖对低温处理下水稻剑叶光
　合特性的影响 [J]. 南京师大学报，33 (4)：75-79.

王主玉，申双和 . 2010. 水稻低温冷害研究进展 [J]. 安徽农业科学，
　38 (22)：11971-11973.

王银锁，孙海龙，周庆华，等 . 2011. 不同叶面肥对水稻低温冷害防
　治效果 [J]. 现代化农业 (3)：18-19.

王连喜，秦其明，张晓煜 . 2003. 水稻低温冷害遥感监测技术与方法
　进展 [J]. 气象，29 (10)：3-7.

周毓珩，陈振野，孙天石，等 . 1996. 辽宁省水稻种植区划研究 [J].
　辽宁农业科学 (3)：3-7.

赵正武，李仕贵，黄文章，等 . 2006. 水稻不同低温敏感期的耐冷性
　研究进展及前景 [J]. 西南农业学报，19 (2)：330-335.

张蕊，龚守富，李可凡，等 . 2012. 低温外源水杨酸对水稻幼苗光合
　作用的影响 [J]. 湖北农业科学，51 (5)：883-886.

张淑杰，班显秀，张玉书，等 . 2002. 东北地区害季旱涝、低温冷害

评估系统的设计与实现 [J]. 沈阳农业大学学报，33（4）：244-248.

张成良. 2007. 幼苗期低温处理对水稻根系活力的影响及诊断 [J]. 中国农业科技导报，9（2）：49-52.

袁隆平院士（右三）参观考察辽宁省农科院水稻所

袁隆平院士听取隋国民院长（时任水稻所所长）介绍杂交粳稻制种情况

袁隆平院士（右一）参观考察辽宁省农科院水稻所杂交粳稻示范田

陈温福院士（左三）考察辽宁省农科院水稻所超级稻示范田

张启发院士（左一）来辽宁省农科院水稻所检查合作项目进展情况

万建民院士（中）在辽宁省农科院水稻所了解杂交粳稻科研和生产情况

时任农业部副部长危朝安（右）在辽宁省农科院水稻所科研基地参观时与
隋国民院长（时任水稻所所长）合影

华中农业大学彭少兵研究员（右三）、四川省农业科学院任光俊
研究员（右二）参观辽宁省农科院水稻所科研基地

根系研究

常规稻和杂交粳稻根系对比

CLP 提高氮肥利用率研究　　　　氮肥试验（IRRI 合作项目）

实时氮肥试验

氮高效研究

肥密耦合试验

精准定量施肥研究

增密减氮技术研究

精确定量施肥技术研究

高产高效群体结构研究

节水研究

抗寒性研究

测定光合速率

田间数据采集

田间试验调查

高产栽培模式示范